Olivier Walther

Affaires de patrons

Villes et commerce transfrontalier au Sahel

Préface de Denis Retaillé

PETER LANG
Bern · Berlin · Bruxelles · Frankfurt am Main · New York · Oxford · Wien

Information bibliographique publiée par «Die Deutsche Bibliothek»
«Die Deutsche Bibliothek» répertorie cette publication dans la «Deutsche Nationalbibliografie»; les données bibliographiques détaillées sont disponibles sur Internet sous ‹http://dnb.ddb.de›.

Publié avec le soutien de l'Université de Lausanne

Illustration de couverture: © J.-M. Walther

Réalisation de couverture: Eva Rolli, Peter Lang AG

ISBN 978-3-03911-468-9

Hochfeldstrasse 32, Postfach 746, CH-3000 Berne 9
info@peterlang.com, www.peterlang.com, www.peterlang.net

Affaires de patrons

A Lisa, en souvenir des heures africaines de Gaya

Remerciements

Le thème des relations transfrontalières qui constitue le cœur de cette étude s'applique également à la manière dont les recherches de l'auteur furent conduites au point de vue institutionnel. C'est ainsi que, grâce à un financement de la Conférence des Recteurs des Universités Suisses (CRUS), cette thèse de doctorat, publiée ici dans une version révisée, a été réalisée en cotutelle entre la Suisse et la France. Je désire par conséquent exprimer toute ma gratitude au professeur Jean-Bernard Racine de l'Institut de Géographie de l'Université de Lausanne et au professeur Denis Retaillé du Département de Géographie de l'Université de Rouen qui ont codirigé ce travail de leurs conseils avisés et n'ont pas ménagé leurs efforts pour rendre intelligibles les chemins tortueux de la frontière étudiée. Je souhaite également remercier les professeurs Ronald Jaubert et Jörg Winistörfer de l'Institut de Géographie de l'Université de Lausanne pour m'avoir associé au projet *Négocier les conflits d'intérêts liés à l'exploitation de l'eau* du Réseau Universitaire International de Genève (RUIG), ainsi que le Dr Odette Louiset de l'Université de Rouen et le professeur Jean Ruegg de l'Université de Lausanne pour leurs commentaires constructifs. Ce travail a également bénéficié des réflexions africanistes conduites en collaboration avec Bernard Zuppinger et de la profonde complicité intellectuelle qui lie l'auteur à Laurent Matthey de l'Université de Lausanne.

Ma reconnaissance s'adresse en outre à Soumana Saïbou, Moustapha Koné et Issifou Koné, étudiants en géographie à l'Université de Niamey, qui m'ont servi d'interprètes et d'intermédiaires sur le terrain ainsi qu'aux enseignants et collaborateurs du Département de Géographie de l'Université de Niamey qui ont grandement facilité mes recherches scientifiques, en particulier Maman Waziri Mato, Henri Motcho, Lawali Dambo et Salissou Ibrahim. Je remercie également la Direction Générale des Douanes du Niger ainsi que le recteur de l'Université de Niamey, M. Alhassane Yenikoye, pour m'avoir grandement facilité l'accès aux statistiques, de même que Claudio Tognola et Pierre Petitat de la Direction du Développement et de la Coopération suisse (DDC).

A Gaya (Niger), mes remerciements s'adressent en particulier à M. Ibrahim Beïdou, Ministre de la Justice à la retraite et représentant de l'ANPIP de même qu'à M. Abdou Garba, chef d'agence BIA; M. Gayakoye Moussa Ekoye, chef de canton et Commissaire National aux Droits de l'Homme; M. Amadou, adjoint du préfet; M. Amadou Mamane, enseignant au lycée; M. Abdulkarim Na Argoungou, enseignant à la retraite; M. Youba Diallo, chef des Douanes; M. Tounao Kiri et M. Souleymana Hachimou, Coordonnateur et coordonnateur adjoint, Routes Rurales de Gaya (RRG); M. Boubacar Ibrah Alou, Directeur de la Mutuelle d'Epargne et de Crédit du Dendi Asusun Dendi; M. Hassoumi Dan Barro, Maire; M. Hassane Harouna, secrétaire général section SNCRN; M. Ousmane Taher, directeur régional ONAHA et Projet Irrigation Dallol Maouri (PDM); M. Moussa Bouda, Coordonnateur du Programme d'Appui au Développement Local (PADEL); El Hadj Mamane Garba, hôtelier; M. Moussa Gani, chef de quartier de Lawey; M. Abdou Béri, notable; M. Alfa Amadou, notable; M. Amadou Alfa Diafago, notable; M. Hassane Doutchi, maire de Tounouga; M. Rachid Tidjani, représentant du chef de quartier yoruba; M. Diafarou Adamou, chef de quartier haoussa; M. Boubacar Oumarou, président du syndicat des transporteurs; M. Sambou Daouda, chef de quartier Koyzey Kounda; M. Ibrahim Hassan, chef de quartier Carré; El Hadj Abdou Hima dit Petit, vice-maire et commerçant; M. Nouffou Soulé, représentant chef de quartier de Bagueyzé; El Hadj Ousmane Abdou dit Dan Daoura, syndicat patronal des gros-porteurs; M. le chef du quartier touareg; M. Iro Hassane, commerçant; M. Youba Diallo, chef des Douanes de Gaya; M. Bouzou Lawel, secrétaire exécutif du Fonds de Soutien aux Investissements Locaux (FSIL); El Hadj Laouali Ibrahim, commerçant; M. Mahamane Moussa et M. Issaka Morou, GIE-Agrobusiness; M. Nasser Ibrah, entrepreneur; M. Idrissa Damalan et M. Tahirou, Coopérative de l'Oignon de Gaya; M. Ibrahim Seïdou, secrétaire intérimaire de la Commission foncière; MM. Boubacar Sombo, Yassan Garba, Jibo Abdou, syndicat des transporteurs gros-porteurs; M. Saley Moumouni, transitaire; MM. Mohamed et Awalid Thabti, commerçants; M. Mahmane Chékaraou, Directeur général des Douanes à la retraite; M. Namatou Boureima, Affaires domaniales; El Hadj Issa Ibrah, inspecteur des Douanes à la retraite; M. Maman Souley, arboriculteur; M. Boubacar Oumarou, gare routière; M. Mounkaila Boureima, 2e vice-maire; M. Issa Yacouba, préfet; M. Namata Boureima, Affaires domaniales; M. Mamane Altiné, directeur de la Direction du Développement Communautaire (ex-Plan).

A Dosso, je remercie M. Bolla Moussa, chef d'antenne de l'Agence nigérienne de Promotion de l'Irrigation privée (ANPIP) et son équipe, notamment M. Boubacar Mahamadou, responsable Suivi-Evaluation.

A Malanville (Bénin), je souhaite que les personnes suivantes trouvent dans ce travail un témoignage à la hauteur de leur dévouement: M. Koumba Gadjé, Maire; M. Anassi Dambaro, secrétaire général de la Mairie; M. Dominique Adjovi, libraire; M. Djibril Arzuma, Archives; M. El Hadj Adamou Arbi dit Djouma, commerçant; M. El Hadj Zibo Gouda, président de l'Association des Propriétaires de Magasins de Stockage et des Vendeurs de Produits Agricoles Ka Bai Ka Kungu; M. Hamidou, commerçant; El Hadj Djibo, grossiste en friperies; M. le secrétaire du Comité de Réception et de Vente d'oignon (CORVO); M. Alou Homourou, assesseur au tribunal de conciliation; M. Maazou Doumbani, notable; M. Soumana Souley, président de l'Union des Groupements de Producteurs du Périmètre de Malanville (UGPPN).

A Kamba (Nigeria), je tiens à remercier l'Honorable Garba Rabiu Kamba, chairman of Dendi Local Government Area; M. Kyanga Ibrahim Wata, chef de Kyangakwai; M. Marafan Kyangakwai; M. Barajan Kyangakwai et les membres de la cour.

Puisqu'un itinéraire scientifique est rarement indépendant des passions qui l'animent, je souhaite exprimer ma reconnaissance à mes parents qui, les premiers, m'ont transmis le goût du terrain africain.

Table des matières

Introduction
Questions et concepts

Partie I
Les spécificités de l'Afrique sahélienne

Partie II
La centralité économique frontalière de Gaya – Malanville – Kamba

Partie III
Les logiques de production: l'agriculture de rente

Partie IV
Les logiques de circulation: l'import-export et le commerce de détail

Partie V
La bataille du développement

Chapitre VI
Conclusion et perspectives: renouveler les politiques transfrontalières

Annexes

Table des cartes, encadrés, figures, photos et tableaux

Cartes

Encadrés

Figures

Photos

Tableaux

Préface

Le Sahel a occupé l'actualité au tout début des années soixante-dix, après le Biafra, avant l'Ethiopie et sur fond de guerre du Viêtnam finissante. Ces rapprochements peuvent sembler guidés par une chronologie dénuée de sens. Je ne le crois pas. Les médias avaient déjà pris le tournant de la «mondialisation»; c'est dans l'immédiateté, donc une nouvelle forme de la proximité, que les drames locaux ou régionaux devenaient ceux de l'humanité tout entière. Mais au Sahel, les drames humains avaient, semblait-il, la nature comme «cause» et, derrière cette apparence, l'inconséquence des hommes souvent rendus responsables de la «désertification», thème et terme très à la mode alors. La sécheresse sahélienne donnait aux mouvances écologiques et humanitaires des capacités de mobilisation inégalées et conjointes. Une bonne vieille géographie environnementaliste pouvait même fournir le viatique d'une action impérative parée d'une morale inattaquable.

Il a donc pu sembler, au Sahel, que la nature implacable accablait les quelques-uns de cette humanité qui avaient eu la malchance de naître aux marges de l'oekoumène, dans l'isolement et la pauvreté des ressources disponibles. Il a pu sembler aussi qu'un gros investissement technique – l'irrigation pour aller vite – permettrait le dépassement de la contrainte naturelle. L'aide autrement dit, en urgence puis de fond, l'application de quelques modèles simples de gestion des territoires, devaient aboutir à sauver les hommes, à éviter leur fuite, en même temps qu'à les éduquer: produire plus et mieux, survivre sans tomber dans l'exploitation minière de maigres ressources. L'eau était au centre de toutes les attentions. Forages, barrages pour la technique investie; sédentarisation, culture irriguée de contre-saison pour l'action sociale et économique, les solutions s'imposaient «naturellement». Le développement ne pouvait passer que par l'augmentation de la production agricole, le tout promu par l'éducation. Peu de temps après, ce furent démocratie, puis bonne gouvernance.

Ces différents slogans de l'intervention humanitaire au sens large restaient cependant indifférents aux sociétés locales. Je veux dire que les travaux des sciences humaines et sociales n'étaient utilisés que dans un sens très normatif. Sachant, croyait-on, ce qu'étaient les conditions du développement, il était possible de comprendre les causes naturelles, historiques voire culturelles du sous-développement. Avec le Sahel et sa crise des années soixante-dix, le paroxysme aidait même à la démonstration. Il a bien fallu en revenir, mais la leçon des échecs n'a pas porté; l'usage des travaux fondamentaux relevant de la géographie (mais aussi de l'ethnologie, de l'économie voire de la science politique) est resté utilitariste sans toucher au fond des orientations de l'action. Il faudra y réussir un jour.

Le livre que nous propose Olivier Walther est un livre de géographie, tiré d'une recherche ancrée dans l'intimité d'une société locale sahélienne dont les caractères nous sont donnés comme autrement plus complexes que la seule approximation d'un lien hommes-milieu. Une géographie commune qui traîne encore dans les manuels scolaires mais qui surtout reste à la base de toutes les manières dont les sociétés du monde sont présentées aux divers publics, formée d'images stéréotypées, confortées par les informations répétées, toujours fixées aux mêmes schémas. Il existait bien des régions du monde impropres à la vie des hommes; il existait bien des hommes incapables de sortir de la misère des territoires qui étaient les leurs.

Ce livre nous rappelle, après d'autres, qu'une inversion du regard géographique serait bien utile à quiconque se mêle de juger, à quiconque surtout se mêle d'intervenir, fût-ce au nom de l'impératif moral. Il revient à la charge pourrait-on dire, pour qu'enfin, sérieusement, la manière d'habiter socialement donc culturellement l'espace soit prise en compte dans toute opération d'intervention. On n'oubliera pas que ce qui vaut pour le lointain, ailleurs, exotique, est aussi vrai pour ce qui concerne le plus proche. Jamais ni nulle part la légitimité ne se proclame unilatéralement. Le développement donc, puisqu'il est question de cela, ne peut se formuler malgré l'habitude acquise que nous avons de l'enfermer dans des indicateurs qui lui donnent le statut de fait mesurable.

Trois idées majeures tiennent ce livre.

La première dessine la perspective des générations de travaux qui se sont attachés à ce pays: le Sahel. Est-ce bien un «pays» d'ailleurs? La géographie le décrit savamment comme une zone bioclimatique. Le modèle général des genres de vie associés aux conditions du milieu se traduit ici en une ligne de front: celle de l'agriculture qui progresse ou régresse face au nomadisme pastoral. La simplicité du schéma a pu faire illusion et continue parfois de le faire. Mais avant même le drame des années soixante-dix, une première génération de chercheurs a tenté de faire évoluer la compréhension géographique de ladite «zone», en s'attachant à montrer comment il était plus utile de placer les hommes au centre de l'investigation en observant leur manière de faire avec le système des distances. Parmi elles, la distance écologique, variable culturelle, désignait des régions «ethniques» en-deçà des calibres imposés par les isohyètes. De surcroît, il apparaissait que plusieurs «régions» pouvaient se constituer dans un même espace, réglage des distances écologiques privilégiées par chaque groupe de peuplement. C'est ainsi qu'est arrivée une nouvelle interrogation sur le contact entre les pasteurs et les agriculteurs comprenant la question du pouvoir d'intégration régionale.

Une deuxième génération s'est attachée à résoudre le problème des principes présidant à l'organisation de l'espace ainsi décrit, par le pouvoir. Après la grande sécheresse des années soixante-dix et la montée en puissance des opérations de développement, l'analyse spatiale pouvait venir compléter les travaux précédents en mettant en évidence des formes régulières répétées, à l'articulation de ce que l'on prenait autrefois pour une zone bioclimatique, devenant ainsi «charnière». Pas de Sahel sans rencontre de deux formes spatiales, l'une organisant l'espace de production et l'autre organisant l'espace de circulation. Mais dans les circonstances d'incertitude climatique, la seconde a semblé finalement devoir l'emporter, non en termes de pouvoirs ethniques, sédentaires contre nomades, mais en termes de capacité à traiter l'incertitude. Avec cette incertitude climatique, les sociétés locales ont toujours traité, jusqu'à ce que l'idée de développement, fondamentalement productiviste, impose la fixation de l'espace selon des vocations de production qui ont même pu faire l'objet de dispositions réglementaires ou légales. C'est à ce moment que l'investissement technique est venu effacer la capacité d'adaptation contenue jusque dans les structures même des sociétés. Cette fixation a été l'une des causes majeures du drame des années soixante-dix sans que les aides conséquentes n'y apportent aucune solution.

Une troisième génération apparaît, à laquelle appartient Olivier Walther. Elle doit prendre en compte les circonstances nouvelles qui s'imposent: ce que l'on appelle rapidement mondialisation. Il est remarquable de noter comment la mise en place d'un nouveau paradigme de recherche que l'on pourrait nommer ici «espace culturel de l'économie» assimile parfaitement les résultats des travaux antérieurs, sans les dénaturer, les plaçant utilement dans les perspectives nécessaires au traitement des problèmes nouveaux qu'il faut d'abord réussir à formuler. Ecologie culturelle et analyse spatiale de l'espace culturel sont ainsi intégrées dans l'observation des fonctionnements de l'espace économique général, chaque acteur identifié étant porteur d'un modèle de solution qui fait de l'espace du développement un espace de la controverse. Il apparaît alors la nécessité de ne pas en rester aux formes institutionnelles ou quasi institutionnelles du pouvoir, y compris les pouvoirs dits traditionnels, mais de saisir les formes sociales du jeu. Les *patrons* qu'Olivier Walther nous décrit se rencontrent à la fois du côté des chefferies et de l'Etat, du côté de la production et du commerce, et, pour ne rien oublier du tableau, de chaque côté d'une frontière. Comme pour ajouter une loupe au dispositif expérimental, l'auteur a choisi ce lieu du paroxysme où s'affrontent la logique sédentaire et territoriale (du côté de l'Etat donc) et la logique du mouvement (du côté de l'échange). Nous sommes loin de la ligne de front séparant les agriculteurs des pasteurs nomades et nous retrouvons les principes d'organisation de l'espace général à la fois culturels, politiques et économiques.

La deuxième idée porte sur l'hypothèse et sur l'objet de la recherche. Le travail d'Olivier Walther l'affiche clairement comme suite aux travaux précédents et pour validation. Cette hypothèse héritée est prise ici comme un problème et non comme un cadre assuré. Il s'agit d'observer la manière de traiter l'incertitude, ce qui est un savoir faire «traditionnel» au Sahel et en Afrique en général. Cette formulation du problème géographique qui est aussi celle du développement n'est encore que fort peu retenue et il faut une forte dose de courage à un jeune chercheur pour oser s'aventurer dans des démonstrations neuves. La géographie commune que j'évoquais plus haut reste campée sur une axiomatique sédentaire: l'espace est différencié, en un lieu, il n'y a qu'une seule chose, deux lieux sont nécessairement espacés. Dans ce Sahel, on peut observer que ces attendus ne tiennent pas toujours. C'est la difficulté d'un travail d'investigation qui se présente là: comment décrire et comprendre une situation avec des instruments d'observation mal réglés? En suivant les acteurs décisifs de l'organisation régionale: les *patrons.* C'est un pari osé à plus d'un titre. D'abord parce que ceux-là ne sont pas les victimes des difficultés sahéliennes. Ensuite parce que les catégories qu'ils représentent ne sont pas circonscrites aux groupes sociaux institutionnels trop souvent admis par les observateurs. Le groupe des *patrons* est mobile lui aussi, ce qui a à voir avec la mobilité de l'espace.

La troisième idée souligne et prolonge les deux premières à travers l'exploration des premières formulations d'une géographie économique culturelle, à la fois comme suite des paradigmes précédents et comme champ de validation d'une hypothèse nouvelle. La géographie économique culturelle permet de conforter quelques critiques portées aux approches techniques du développement: l'autosuffisance alimentaire, l'enclavement par exemple, qui sont habituellement traités selon des critères d'évaluation et des objectifs occidentaux, apparaissent mal adaptés aux situations socio-spatiales observées. La révision des concepts eux-mêmes est alors rendue nécessaire, ce à quoi s'attache ce travail. Mais ce n'est qu'un début et l'on peut imaginer qu'une assez longue période (une génération de recherche?) sera nécessaire pour stabiliser l'hypothèse de l'espace mobile comme réponse «culturelle» à l'incertitude économique au moins, et, plus loin, aux incertitudes sociétales qui ne sont plus seulement caractéristiques des malheureuses populations profondément sous-développées de l'Afrique sahéliennes comme les doctrines condescendantes de l'aide au développement voudraient nous les présenter, mais concernent désormais l'humanité dans sa presque généralité.

Les *patrons*, la frontière en Afrique sahélienne, l'environnement économique local, l'Etat faible ne sont pas ici les objets d'une monographie mais bien d'une réflexion générale sur la manière dont les sociétés sont avec l'espace. Elle porte même sur la nature de l'espace des sociétés lorsque le mouvement l'emporte sur l'ancrage. Cela nous rappelle les nouvelles conditions du monde.

Denis Retaillé
Professeur à l'Université de Rouen

Introduction

Questions et concepts

L'échange généralisé

Pour saisir les manifestations les plus puissantes et les plus originales de la vie humaine, il faut les chercher là où s'exerce la mobilité des habitants.

J. Gallais, 1984. *Hommes du Sahel;* 22

En nommant *Sahel* ce «rivage» atteint au sortir de l'aridité saharienne, les marchands arabes précoloniaux ont contribué à alimenter deux discours géographiques contradictoires en ce qui concerne l'Afrique située entre le désert et la forêt. S'appuyant sur une vision déterministe des rapports entre l'environnement et les sociétés, le premier discours interprète le «rivage sahélien» comme une ligne de front délimitant, de l'Atlantique à la Mer Rouge, une zone aux attributs bioclimatiques intermédiaires entre les domaines sahariens et soudanais, à laquelle correspond également un «genre de vie» particulier. Constatant les insuffisances de cette vision, notamment l'impossibilité de s'appuyer sur des moyennes de précipitations sans cesse irrégulières pour en déduire des comportements humains, le second discours s'attache à montrer que le «rivage sahélien» peut être conçu dans une perspective dynamique au sein de laquelle la «formule de contact» sahélienne (Retaillé, 1989) est sans cesse soumise aux flux et reflux méridiens des populations agricultrices et pastorales. Récusant la représentation du «front» comme ligne d'affrontement entre deux formes concurrentes d'organisation de l'espace et s'appuyant sur l'étude des pratiques territoriales, certains géographes imaginent alors le Sahel essentiellement comme un espace de circulation. Dans celui-ci, les villes assurent un rôle tout à fait prépondérant puisqu'elles marquent, du moins jusqu'à la colonisation, les étapes des flux caravaniers et le centre des noyaux de fortes densités paysannes, héritiers de structures socio-politiques (Gallais, 1984). Ainsi, avant même l'époque coloniale, l'espace sahélien est-il marqué par la prépondérance des logiques urbaines et commerçantes. Celles-ci sont rendues possibles par une conception particulière de l'espace dans laquelle la lutte que les hommes mènent contre l'incertitude climatique rend nécessaire d'accorder une importance déterminante à la circulation des biens et des personnes par rapport à la production agricole. En d'autres termes, les flux qui traversent le Sahel possèdent la propriété de jouer au mieux des variations en s'approvisionnant sur des marchés variés. Dans la mesure où les échanges empruntent des canaux structurés par des villes de taille et de fonctions différentes, mais dont la principale caractéristique est de s'ordonner selon des canaux non hiérarchisés, cette forme d'organisation territoriale s'apparente à une conception mobile de l'espace (Retaillé, 2005). Jusqu'au début du XXe siècle qui inaugure la période coloniale, le Sahel était donc, malgré une population majoritairement attachée aux travaux ruraux, un territoire ayant pour propriété de faire coexister deux formes d'espaces très différentes, unifiées par des marchés, lieux de négociations entre éleveurs et agriculteurs et ports d'attache des réseaux commerçants.

La colonisation européenne puis l'émergence des Etats-nations ouest-africains vont profondément modifier ce schéma général. Leurs actions ne se bornent pas à instaurer des limites à l'intérieur d'ensembles économiques linéaires et de formations politiques aux contours flous. Motivés par des représentations spatiales eurocentrées et des motivations géopolitiques, elles contribuent, dans une logique commune, à favoriser la production au détriment de la circulation, fixant des groupes sociaux là où ceux-ci vivaient de la mobilité, attribuant des fonctions nouvelles aux centres urbains et organisant l'économie selon le principe de la spécialisation zonale. La nouvelle gestion des territoires qui débute à l'aube coloniale se poursuit donc après les indépendances des années 1960 et légitime son action par la nécessité de réduire l'incertitude climatique. Elle impose un espace de production agricole spécialisé et orienté vers les centres urbains dans une perspective zonale, là où dominaient l'interdépendance des modes d'exploitation du milieu selon une perspective méridienne. Ce faisant, elle rigidifie des structures territoriales pourtant éprouvées par des siècles d'échanges et échoue à prévenir les conséquences dramatiques des sécheresses comme en témoignent les crises alimentaires récurrentes des années 1972-73, 1982-84 et 2005. En considérant qu'il faut lutter contre l'irrégularité des précipitations par l'autosuffisance de la production alimentaire, en appuyant de manière croissante des programmes attribuant un rôle prépondérant à la production, notamment irriguée, les logiques de la colonisation et de l'ère post-coloniale s'inscrivent dans une logique radicalement différente de celle qui assurait autrefois la souplesse sahélienne.

Il est dès lors peu surprenant que l'essentiel des activités économiques sahéliennes se localise aujourd'hui dans ce qui est appelé d'une manière imprécise le secteur informel au point de vue sectoriel, c'est-à-dire en marge de l'Etat et des agences de développement alors que, du point de vue territorial, ces activités trouvent un terreau particulièrement fécond dans les zones frontalières. Au travers de nouvelles limites, la colonisation et l'Etat-nation ont en effet conduit à reconstituer de nouvelles lignes d'échanges, parfois décalées par rapport à l'ancienne charnière sahélienne qui passait par les villes de Tombouctou, Gao et Zinder. Sur ces frontières sont venues s'implanter des activités économiques précisément liées aux différentiels monétaires et législatifs. Alors que les anciens marchés étaient situés à l'interface des logiques de production et de circulation selon un axe méridien, le pouvoir colonial a forcé les logiques marchandes à se réorganiser selon d'autres perspectives, recréant un espace qu'il est toujours possible de qualifier de sahélien, au sens socio-économique et non plus bioclimatique[1]. Ce rivage contemporain, dominé par des logiques commerciales informelles et périphériques, constitue ainsi une tentative profondément moderne des populations sahéliennes de répondre à la désarticulation de leur espace marchand. Loin de s'apparenter à un déni de «développement», les initiatives des acteurs qui œuvrent à son économie – localement qualifiés de *patrons*[2] – sont aujourd'hui reliés à l'économie globale, puisque les marchés considérés se sont ouverts aux échanges internationaux, d'abord à la faveur de l'économie de rente, puis de la mondialisation des flux.

La vitalité de ces marchés est puissamment influencée par l'urbanisation rapide que connaît le sous-continent. Si, en 1950, seuls 10% de la population ouest-africaine résidait en ville, cette proportion est passée à 40% en 2000 et sera de presque 60% à l'horizon 2025 (United Nations, 2001a). A

1 C'est dans ce sens qu'il faut comprendre, dans la suite de ce travail, l'adjectif «sahélien» qui est utilisé pour qualifier l'espace frontalier de Gaya – Malanville – Kamba. Celui-ci relève physiquement du domaine bioclimatique sahélo-soudanien mais ses caractéristiques sociales et économiques l'apparentent au Sahel de la circulation.

2 Il a été jugé préférable de conserver le qualificatif de *patron* pour traiter des individus qui sont reconnus comme tels en Afrique sahélienne malgré leurs profils parfois divergents, plutôt que d'assimiler ces individus à une catégorie préalablement définie, telle que les «bourgeois» par exemple, dont l'origine est trop marquée par le contexte occidental. Par ailleurs, le terme de capitalisme marchand est utilisé pour qualifier les individus actifs dans l'investissement productif ou circulatoire, mais sans prétendre que ces *patrons* sont réductibles aux hommes d'affaires occidentaux. L'usage de la mobilité pourrait laisser penser que les logiques sahéliennes se rapprochent de celle du capitalisme global, qui se sert également des lieux (à travers la division spatiale du travail) pour accroître les revenus. Cependant, il est nécessaire de garder en mémoire que la conception de l'espace mobile sahélien se distingue de celle du capitalisme occidental par le fait qu'au Sahel, les lieux sont considérés comme une unité de relations sociales qui annule la distance plutôt que comme une abstraction qui joue de la faiblesse de certaines solidarités (notamment syndicales) pour générer du profit.

mesure qu'une proportion croissante des habitants du sous-continent devient citadine, la taille des centres urbains se renforce. Les capitales d'Etat ou les grandes cités commerçantes atteignent puis dépassent le million d'habitants, à l'image de Ouagadougou, Niamey, Bamako ou des grandes villes du nord du Nigeria, tandis qu'une multitude de plus petites cités croissent aux échelons intermédiaires et inférieurs de la hiérarchie urbaine. Le Niger compte ainsi une centaine de centres de plus de 5000 habitants en 2005, alors que le nombre de ces villes n'était que de 10 en 1960 et de 50 en 1987 (s.a., 1988). Les petites et moyennes villes, situées à l'interface entre les campagnes et les grandes métropoles, connaissent souvent un développement économique spectaculaire dans la mesure où elles polarisent de façon croissante les flux de biens et de personnes et contribuent à transformer les espaces agricoles périphériques à travers le dynamisme de leurs marchés (Baker, 1997; Bertrand et Dubresson, 1997; Bossard, 1995; Chaléard, 1998; Club du Sahel, 2000).

L'étude du rôle de ces petites et moyennes villes ouest-africaines dans le développement local est devenu un thème d'importance croissante depuis l'*International Conference on Population and the Urban Future* des Nations Unies (1986; 3) au cours de laquelle fut reconnu «the need for the development of medium and small cities bearing in mind the freedom of individuals to establish their places of residence». Les auteurs se disputent toujours les termes de «secondaires», «moyennes» et «intermédiaires» qui permettraient de classifier les villes d'importance inférieure aux métropoles et/ou aux capitales des Etats. Il est vrai que la catégorie des petites et moyennes villes n'est pas homogène. «C'est alors moins la particularité de la ville secondaire par rapport aux métropoles primatiales qui est en jeu» – rappelle M. Bertrand (1995; 122) – «[...] que les différentiations en cours dans une gamme très large de cités intermédiaires, dont la catégorisation ne pose pas moins de problèmes dans les économies développées.» Cette approche revient alors à définir les petites et moyennes villes par deux attributs: un rang secondaire dans la hiérarchie urbaine nationale qui illustre la dimension verticale et une certaine capacité à susciter des dynamiques régionales en relation avec les campagnes qui constitue la dimension horizontale (Champaud, 1989).

Ainsi, le processus d'urbanisation que connaît le sous-continent n'est-il pas uniquement quantitatif, mais s'accompagne également d'une profonde remise en question de la territorialité des sociétés ouest-africaines. La réussite de certains marchands spécialisés dans le commerce international ou la collecte de produits agricoles d'exportation, la transformation rapide des terroirs à l'initiative de certains investisseurs, la mobilité extrême des individus entre les espaces des villes et des campagnes ne sont que quelques exemples des recompositions qui agitent l'Afrique de l'Ouest. Ils obligent non seulement à reconsidérer ce qui fonde l'organisation territoriale de cette partie du continent africain, mais également les modèles explicatifs utilisés par les sciences sociales pour expliquer leur fonctionnement économique, de même que les programmes qui sont engagés par les agences de la coopération au développement. Confrontées à la nécessité de «lutter contre la pauvreté», ces dernières sont en effet de plus en plus nombreuses à reconnaître que les petites et moyennes villes peuvent jouer un rôle économique durable en tant que marchés stimulant la croissance rurale et le développement local. Aussi, il devient évident que les enjeux de l'urbanisation ne questionnent pas uniquement le champ académique mais également celui de l'action entreprise par les bailleurs. C'est sans doute cette double préoccupation qui fait l'urgence et l'intérêt des démarches fondées sur l'étude des nouvelles dynamiques territoriales en Afrique sahélienne.

Ces formes récentes nécessitent aujourd'hui d'être interprétées dans un cadre dynamique qui puisse tenir compte non seulement des éléments qui distinguent les territoires et les agents, mais également des liens qui les unissent. Un des moyens d'y parvenir est de tenter de rapprocher deux espaces longtemps dissociés, celui de la ville et celui de la campagne, de rapprocher deux types d'acteurs que tout semble opposer, ceux qui maîtrisent les réseaux et qui sont populairement reconnus comme des *patrons* et ceux qui sont leurs obligés, à travers l'étude du lien commercial qui les unit et de rapprocher deux logiques aujourd'hui désarticulées, celle de la circulation et celle de la production. Cette démarche nécessite un triple abandon: d'une part, il devient impossible, en centrant le propos sur les liens entre villes et campagnes, de ne considérer que les espace nationaux; d'autre part, l'intérêt porté aux relations clientélistes commerciales rend inopérante la division usuellement postulée entre les «grands» et les «petits» acteurs de la société marchande; enfin, l'étude de l'économie spatiale ne peut envisager de séparer radicalement ce qui relève des échanges méridiens de ce qui appartient au domaine de la production agricole locale.

Les espaces frontaliers fournissent un cadre adapté à ce genre d'approche géographique, par le fait que les processus de différentiation spatiale et sociale sont amplifiés par la proximité des frontières. «Les différences dans les structures économiques et monétaires des deux pays [le Niger et le Nigeria]» – affirment les auteurs du *Diagnostic du secteur urbain* au Niger (s. a., 1988; 5)

> ont donné lieu à la création d'importants échanges commerciaux inofficiels et incontrôlés dont les effets se font sentir sur toute l'étendue du territoire national. L'essor de ce commerce transfrontalier a été, entre autres choses, à l'origine de la transformation de centres proches de la frontière en villes-marchés florissantes.

Les réseaux qui naissent des relations commerciales permettent de mettre en évidence, dans une perspective dynamique, des équilibres ou des ajustements sans cesse négociés, plutôt que des situations figées (Antheaume et Giraut, 2002; Bennafla, 2002; Club du Sahel, 2003; Codo, 1986; Grégoire et Labazée, 1993; Retaillé, 1993; Soulé, 2000). Tant du point de vue historique que contemporain, les variables explicatives du dynamisme de ces espaces restent encore discutées, notamment parce que tous les auteurs ne s'accordent pas à reconnaître les mêmes propriétés aux frontières. Certes, les réseaux économiques transfrontaliers fonctionnent comme des vecteurs de développement, mais le devenir économique de ces espaces et leur durabilité vis-à-vis des nombreuses incertitudes affectant l'Afrique subsaharienne demeurent encore l'un de ces «espaces en creux qui dessinent la connaissance de demain» (Racine, Isnard et Reymond, 1981; 157). Certains auteurs considèrent à ce propos que le potentiel économique reste directement lié au contexte colonial et à la présence de groupes ethniques arbitrairement divisés par la colonisation (Dillé, 2000; Igué, 1993, 1995, 1999). Mais l'arbitraire des frontières coloniales n'est pas une spécificité sahélienne et il ne saurait expliquer à lui seul la mise en place de réseaux commerciaux transfrontaliers, contrairement aux disparités fiscales ou monétaires entre les Etats (Bach, 1994, 1998) et à l'habileté des marchands qui développent, à partir d'une conception mobile de l'espace, des compétences particulières dans le domaine des réseaux commerciaux de rente ou d'import-export (Grégoire et Labazée, 1993). Dans ce contexte, les villes établies de part et d'autre des frontières fournissent le substrat le plus adapté à la constitution des réseaux économiques qui structurent ce type d'espace. A mesure que l'urbanisation progresse en Afrique sahélienne, les auteurs engagés dans cette problématique constatent une double transition: «transition morphologique des armatures urbaines qui s'étoffent; transition fonctionnelle des systèmes urbains qui d'embryonnaires et externes deviennent, dans le contexte de crise des économies rentières, de véritables réseaux liés à l'économie marchande endogène» (Bertrand et Dubresson, 1997; 32).

Certains de ces réseaux sont formels et institutionnalisés, alors que d'autres privilégient une extrême souplesse, une fluidité qui se joue des espaces, pour mieux tirer parti des différentiels régionaux ou internationaux. C'est le cas de l'espace frontalier de Gaya – Malanville – Kamba, situé entre Niger, Bénin et Nigeria, qui constitue un carrefour d'importance internationale, grâce à une combinaison de conditions climatiques et hydrologiques favorables au développement d'une agriculture de rente et d'éléments stratégiques liés à sa situation à la charnière sahélienne (Carte 1). Relié aux métropoles ouest-africaines du Golfe de Guinée comme à l'intérieur du sous-continent par des réseaux d'affaires généralement informels, il assure des fonctions de production, de commercialisation et de transit très diversifiées. La plupart des flux empruntent des itinéraires extrêmement variables entre les espaces ruraux, les principaux centres urbains et les marchés mondiaux. Cette configuration fluide est encore accentuée par les stratégies des commerçants locaux, lesquels tentent de bénéficier des opportunités régionales ou internationales, selon des variations saisonnières ou conjoncturelles qui affectent autant l'intensité de l'activité économique que le cours des produits de part et d'autre des frontières.

Ces propriétés militent pour un renouvellement des approches géographiques de l'espace marchand en milieu frontalier. Dans celui-ci, la compréhension du fonctionnement économique frontalier, qui constitue l'interrogation générale de ce travail, doit nécessairement tenir compte de la fluidité des échanges et s'appuyer sur une conception mobile de l'économie locale, attentive aux liens qui unissent les espaces séparées par des limites administratives, aux relations inégales entretenues entre les acteurs sociaux et aux liens éventuels unissant production et circulation. A ce sujet, il est probable que le potentiel de ces zones dépendra de leur capacité à fonctionner, non comme des régions «en marge» des espaces nationaux, mais comme le point central de ramifications économiques parcourant les frontières et reliant des espaces hétérogènes à plusieurs échelles d'analyse. C'est pourquoi il est possible de prétendre que les réseaux marchands y participent du «bon usage» de la partition coloniale et non de son refus, en s'appuyant sur un réseau de petites et moyennes villes en construction et en tirant parti des disparités régionales et nationales qui sont la résultante des frontières. En étudiant le potentiel économique de certains des réseaux qui s'articulent entre Gaya, Malanville et Kamba, cette étude cherche alors à évaluer, dans un même mouvement, l'*échange généralisé* qui caractérise les relations entre les petites et moyennes villes entre elles ainsi qu'avec les campagnes. En accordant moins de poids aux délimitations rigides et statistiques qui définissent l'urbain et le rural qu'aux acteurs qui animent les flux économiques, elle souhaite s'interroger sur l'intensité et la valeur des interactions spatiales, par le biais de l'étude des *patrons*

Carte 1. Localisation de la zone d'étude de Gaya – Malanville – Kamba
Cartographie: Walther, 2006.

et de leurs stratégies flexibles, en prenant pour exemple le fonctionnement de leurs réseaux organisés autour des denrées agricoles de rente, des biens internationaux et du commerce de détail. Ce faisant, elle ne peut négliger l'ampleur des changements sociaux liés à l'urbanisation, qui est tout à la fois facteur et conséquence du développement des flux de richesses. Elle conçoit alors que les dynamiques économiques sont indissociables de l'étude des villes, en tant que lieux de marché, d'investissement et d'innovation sociale. A mesure que progressent conjointement les échanges économiques et l'urbanisation à toutes les échelles d'analyse, elle postule donc que l'émergence du développement local ne peut se faire sans tenir compte des transformations sociétales qui marquent les sociétés sahéliennes.

Mais ce type d'approche n'est-il pas contradictoire, dans la mesure où la frontière renvoie généralement à des formes plus ou moins poussées de fermeture tandis que l'urbanité se voit habituellement associée au dépassement des clivages socio-culturels? Dépasser ce paradoxe apparent nécessite alors de chercher ce qui, à l'intérieur de la frontière, autorise l'échange, et réciproquement, ce qui est synonyme de division dans l'urbanité. C'est pourquoi l'étude des potentialités économiques frontalières nécessite de prendre en considération la manière dont, sans cesse, les marchands enjambent les divisions administratives, tout autant que les moyens qui sont mis en œuvre par les agents sociaux pour créer, au sein même des petites et moyennes villes qui font l'objet de cette analyse, des divisions entre statuts, origines et religions.

Pour traiter des rapports économiques entretenus entre les lieux et entre les acteurs, le travail est organisé autour de quatre grandes interrogations:

1. Quelles sont les spécificités de l'Afrique sahélienne qui obligent à renouveler les approches géographiques de l'espace marchand?
2. Quels sont les facteurs déterminants de l'activité économique frontalière à l'échelle de l'espace de Gaya – Malanville – Kamba?
3. Les formes d'organisation de l'espace (production et circulation) qui concourent à la structuration de l'économie sont-elles concurrentes ou coopératives?
4. Les logiques économiques frontalières sont-elles compatibles avec l'orientation des programmes adoptés par les pays sahéliens et leurs partenaires bi- ou multilatéraux?

Dans ce qui suit sont présentés les arguments qui justifient le découpage du travail selon ces interrogations de même que les hypothèses correspondantes.

L'Afrique sahélienne, une articulation spécifique?

Considérant que le Sahel est caractérisé par des formes différentes d'organisation de l'espace, l'analyse postule que les spécificités de la zone d'étude résultent d'une conception et de pratiques mobiles de l'espace. L'étude de la diversité de son peuplement et de la vitalité des échanges qui unissent villes et campagnes permettent de l'illustrer (Partie I) en se basant sur le fait que les logiques territoriales actuelles puisent leurs fondements dans des formes plus anciennes pour imaginer de nouveaux modes de fonctionnement adaptés à la gestion de l'incertitude.

Ceci conduit à envisager que l'espace frontalier de Gaya – Malanville – Kamba ne peut être appréhendé sous l'angle de la région, «probablement une image dépassée de la géographie» (Retaillé, 1995; 127) à laquelle il faut préférer le modèle de l'arborescence ou de la ramification. La région frontalière n'est pas, en effet, l'objet même de l'étude, comme dans la géographie régionale qui se fondait sur des indicateurs d'homogénéité culturelle, ethnique et morphologique (Pélissier, 1966; Sautter, 1966). Elle sert plutôt de référent à l'analyse des dynamiques commerciales et des inégalités socio-spatiales associées à la frontière. Les limites du terrain sont donc constituées par l'extension des réseaux plutôt que par la définition stricte d'une «région» ou d'un «pays». Ce qui veut dire que l'objet étudié est moins une étendue qu'un ensemble de linéaments et qu'il convient de considérer l'hétérogénéité et l'inégalité comme deux caractéristiques de l'organisation économique. Cette inégalité prend une dimension spatiale lorsqu'elle permet de distinguer les espaces concernés par les flux et ceux qui restent en marge de l'activité économique, et une dimension sociale, lorsqu'elle oppose les individus qui dominent les réseaux marchands à ceux qui en sont exclus.

Cette thématique permet de poser la question des rapports entre les sociétés et leurs espaces en se demandant comment lier le social et le spatial d'une manière originale qui évite les travers du déterminisme environnemental autant que les biais du culturalisme. En tout état de cause, il est possible de faire l'hypothèse que, profondément souple et fluide, le cadre d'étude échappe autant à la délimitation régionale qu'à l'enfermement identitaire. Aussi, de même que les espaces marchands ne sont pas nécessairement toujours bornés de manière rigide par le cadre d'une «région», les cultures qui les animent jouent d'une certaine latitude à s'extraire de la réduction ethnique. Mais alors, quel est le ressort de la géographie, dans l'identification d'un espace de pratiques et de représentations, si elle n'est pas à même de faire «naître» un territoire? Le cadre d'étude ne perd-t-il pas de sa substance, si au préalable on lui soustrait la stricte bordure régionale et s'il n'est pas possible, au moins, de s'appuyer sur une entité «ethnique» discrète? Ne s'oriente-t-on pas vers une géographie évanescente, qui s'appuie sur des lieux privés de leur sphère, et sur des liens diffus qui transgressent les barrières de la nature et de la culture? Répondre à cette question nécessite de considérer qu'il n'existe pas «un type unique de lien entre la culture et la surface terrestre» (Retaillé, 1997; 209). Cela exige également de ne pas associer de façon trop rigide ce qui relève de la «région» et ce qui appartient à l'identité, en focalisant sur un découpage préconçu de l'espace et sur l'identification d'un seul groupe ethnique.

Pour y parvenir, il convient d'interroger la configuration socio-spatiale spécifique à l'Afrique sahélienne, cette «articulation» bien particulière qui réunit des logiques de production et de circulation très différentes et dans laquelle la ville-marché représente un point de convergence des produits de l'import-export et de l'activité agricole ou pastorale régionale. Cette démarche nécessite de questionner les attributs fondamentaux des territoires considérés, en prenant en compte que les facteurs bioclimatiques zonaux sont inadaptés à la compréhension de la diversité du peuplement régional d'une part et de l'intensité des échanges entretenus entre villes et campagnes d'autre part. Débarrassée de ses sous-entendus bioclimatiques, cette configuration constitue une scène privilégiée d'analyse des différentiels de peuplement et de développement humain. Une attention particulière est également accordée à la construction historique des identités au travers de l'étude des attributs de l'espace socio-politique riverain du fleuve Niger appelé Dendi et des récits relatant l'origine de ses populations.

L'intensité de la croissance urbaine permet d'interroger la définition de la ville autant que son rôle dans le système économique qui la relie à la campagne. A ce propos, l'hypothèse privilégiée est de considérer que la ville reste incontournable en termes de production de richesses et que la recherche de la bonne distance par rapport au centre passe aujourd'hui par la construction de réseaux, comme autant d'espoirs de relier et d'être relié. Ce postulat nécessite de revenir à une définition culturelle de la cité et aux événements socio-politiques qui ont présidé aux fondations urbaines pour ensuite s'attacher aux échanges entre ces villes et les campagnes. Il est en effet constaté qu'à mesure que s'intensifient les échanges économiques et sociaux entre espaces urbains et ruraux, il devient impossible de séparer radicalement les deux parties. Depuis le centre de la ville, parfois multiplié par ses fonctions diverses, prolongé par les faubourgs, les banlieues proches et éloignées, les cités satellites et jusqu'aux espaces ruraux, les frontières sont aussi floues que disputées. Dynamisés par des pratiques de mobilité complexes et hiérarchisées, les espaces des villes et des campagnes semblent parfois marquer une coupure stricte, à l'image par exemple du front des buildings niaméens qui se détachent des quartiers défavorisés ou, en d'autres circonstances, s'associer jusqu'à former des ensembles indistincts dans lesquels les cultures et l'élevage ont investi une superficie considérable de la cité.

Aussi, la réflexion sur les rapports entre villes et campagnes bute-t-elle presque irrémédiablement sur l'impossibilité de dégager une tendance particulière et explicative. S'agit-il d'une forme de domination structurelle de l'urbain sur le rural, liée à des déséquilibres économiques synonymes de paupérisation ou au contraire d'une forme originale de réciprocité et de souplesse des échanges? Comment, dans ces conditions, concevoir un schéma des mobilités spatiales qui évite la dichotomie entre villes et campagnes, laquelle ne renseigne réellement ni sur les rapports réciproques entre les deux espaces, ni sur les phénomènes migratoires qui les relient? Au Sahel, deux tendances contradictoires sont à l'œuvre en ce qui concerne cette problématique. D'une part une migration urbaine prolongée dans la durée et dans l'espace, peut-être assimilable à une faillite des campagnes ou à une stratégie conjoncturelle en réponse à une situation de crise, d'autre part, des mouvements complexes de retour à la campagne d'anciens citadins illustrant une forme d'émigration urbaine originale. Celle-ci est-elle à son tour synonyme de faillite des villes? Si, comme l'affirment A. Dubresson, J.-Y. Marchal et J.-P. Raison (1994; 53), «le chemin de la ville n'est pas sans retour», est-il alors concevable d'imaginer une géographie de l'ensemble des pratiques de mobilité, et cela pour éviter de figer deux univers, ville et campagne, qui évoluent peut-être ensemble? Afin d'y parvenir, il est nécessaire de concevoir que les rapports entre le centre et ses périphéries se distinguent par leur flexibilité et par une recherche continue des avantages comparatifs de l'un et des autres en fonction de la conjoncture économique, mais aussi des ambitions des individus et des groupes. C'est dire si les représentations figées du rural et de l'urbain doivent être modifiées, à la recherche d'un modèle spatial approprié à la compréhension de la territorialité sahélienne.

Cette conception s'appuie sur une vision souple de l'espace dans laquelle les villes se situent à l'articulation des espaces de production et des linéaments de circulation (Retaillé, 1986, 1993, 1995). Elle reste proche de celle des *rural-urban linkages* (Cour et Snrech, 1998; Lynch, 2005; Pedersen, 1997; Taccoli, 2002) qui prétendent que le fonctionnement des petites et moyennes villes s'effectue non seulement au travers de relations interurbaines mais également par l'intermédiaire des liens entre villes et campagnes et considèrent avec intérêt les ramifications qui structurent l'espace marchand. Dépasser les positions tranchées entre pros et anti-urbains nécessite alors de reconnaître l'importance des liens qui unissent le milieu rural au milieu urbain, singulièrement ceux qui concernent les petites et moyennes villes, généralement les plus nombreuses dans ces zones. Il s'agit d'une position qui a l'avantage de centrer l'intérêt sur les flux qui s'exercent entre les espaces non cloisonnés des villes et des campagnes, plutôt que de focaliser l'attention sur une hypothétique délimitation spatiale des unes et des autres, rendue largement improbable par les définitions multiples, les bases statistiques lacunaires, et surtout, par les modes de vie adoptés par les sociétés étudiées, lesquelles privilégient le mouvement face à l'incertitude. En Afrique de l'Ouest, l'espace de Gaya – Malanville – Kamba n'a jamais fait l'objet d'une analyse fondée sur cette perspective malgré certains travaux relatifs au commerce frontalier (Boluvi, 2004; Coste et Soulé, 2003; Igué, 1989, 1993; Igué et N'Bessa, 1980, 1987; Igué et Soulé, 1993), la plupart des études frontalières traitant surtout des espaces haoussa de Birni N'Konni – Sokoto (Dillé, 2000) et de Maradi – Kano (Grégoire, 1986, 1991; Nicolas 1986).

Economie et frontières: le bon usage de la partition coloniale?

En admettant une conception mobile de l'espace sahélien, il découle que les facteurs principaux du dynamisme frontalier peuvent être assimilés aux conditions qui assurent la circulation la plus aisée et la plus fluide à travers les limites administratives. Sur ce point, quatre facteurs principaux sont susceptibles d'influencer significativement ce dynamisme: le degré d'enclavement, la libre circulation, l'organisation des marchés et les relations entretenues par les agents économiques entre eux (Partie II). Alors que les deux premiers éléments résultent d'un accès différencié aux marchés ruraux ou urbains, le troisième illustre le fait que ces marchés demeurent les pivots de l'organisation économique malgré les profonds remaniements qui ont affecté le Sahel depuis la période précoloniale. Enfin, le quatrième facteur est directement lié à *l'espérance de recevoir et à l'obligation d'offrir* qui constitue la clé de lecture des rapports clientélistes marchands.

En Afrique sahélienne, les activités frontalières sont généralement dominées par des agents spécialisés dans le commerce au long cours, comme les Haoussa, les Dioula et les Sarakollé. Situé en marge des grandes formations socio-politiques précoloniales, l'espace frontalier de Gaya – Malanville – Kamba présente de ce point de vue une situation atypique car les activités économiques y sont davantage liées à une rente de situation coloniale et postcoloniale qu'à la présence immémoriale d'une «ethnie commerçante». Ceci permet alors de questionner les arguments des auteurs qui considèrent que le dynamisme d'une frontière proviendrait du désir de groupes ethniques homogènes, arbitrairement divisés par la colonisation, de remédier à cette situation en mettant en œuvre des réseaux articulés autour de leur solidarité lignagère, dans ces espaces où existe «une forte solidarité des populations victimes de la partition coloniale, comme l'expression du refus de cette partition» (Igué, 1995; 57) et dans le but de «sauvegarder leur unité culturelle et historique» (Igué, 1999; 280). Cette posture suscite en effet un grand nombre d'interrogations. Sans nier totalement son importance et en se basant sur les fondements théoriques de certains anthropologues (Amselle, 2001; Amselle et M'Bokolo, 1999; Poutignat, Streiff-Fenart et Barth, 1995), il paraît possible de problématiser cette variable et de soutenir l'hypothèse de groupes socio-politiques précoloniaux non nécessairement unifiés par des critères ethniques ou religieux. Par conséquent, l'instauration de la frontière n'a pas représenté partout une coupure traumatisante mais plutôt une condition du dynamisme économique de certains espaces spécifiques. L'étude des réseaux marchands entre Niger, Bénin et Nigeria doit alors permettre de montrer que le commerce frontalier participe du bon usage de la partition coloniale et certainement pas de son refus.

Les petites et moyennes villes représentent aujourd'hui un milieu favorable à l'épanouissement de certaines activités économiques qui valorisent essentiellement les potentialités liées à la situation. Compte tenu des différentiels douaniers et législatifs caractéristiques des trois Etats considérés, il en résulte une économie orientée principalement sur des activités informelles, qui permettent une grande souplesse opérationnelle aux marchands installés de part et d'autre des frontières. Toutefois, il n'est pas certain que le qualificatif d'informel soit nécessairement synonyme de désorganisation. En l'absence d'un marché financier structuré sur des bases capitalistes et d'institutions opérationnelles en matière de régulation macro-économique, l'essentiel des activités économiques se développe en marge du secteur formel. Le secteur informel concerne aujourd'hui une part croissante des activités économiques, qui peut représenter jusqu'à 60 % du PIB et occuper 80 % des actifs (BIT, 2003). Cette situation est évidemment dépendante du contexte général de l'emploi sur le sous-continent, marqué par de faibles créations de postes dans les industries extractives ou de transformation et par une évolution à la baisse des salaires réels.

Le cadre de l'activité économique est également très dépendant des qualifications et des ambitions spécifiques aux acteurs économiques qui animent les marchés, spéculent sur les récoltes, les pénuries et les surproductions agricoles, bâtissent des réseaux internationaux et organisent la vente au détail. En Afrique sahélienne, le langage commun utilise le terme de *patrons* pour qualifier les individus représentatifs d'une élite particulière. Directeurs, grands commerçants, *El Hadj* enrichis, notables de quartier, chefs de service ou de canton et jusqu'au Président de la République, tous peuvent potentiellement être appelés *patrons*. Pourtant, on ne saurait mettre sur un même pied d'égalité les influences qu'ils exercent envers leurs obligés, de même qu'on ne pourrait identifier un domaine particulier dans lequel ils auraient spécialisé leurs activités. Le lignage, la notabilité et les manifestations ostentatoires de leur richesse – c'est-à-dire les trois capitaux de la naissance, du mérite et de l'argent – semblent certes s'entremêler d'une manière complexe pour asseoir leur position vis-à-vis de tous les obligés dont ils entretiennent la dépendance. Cependant, de même que la pauvreté connaît d'innombrables niveaux liés aux conditions matérielles et aux déterminants sociaux de la richesse, tous les *patrons* ne se ressemblent pas. Comment, dans ce cas, le même qualificatif peut-il s'étendre à des individus manifestement si différents? A partir de cette première interrogation très générale, l'ambition est de questionner la définition même du *patron* dans le contexte de l'espace frontalier. Si les *patrons* correspondent bien à une certaine «étiquette» sociale, dans quelle mesure s'apparentent-ils au concept analytique développé par l'anthropologie politique (Bierschenk, Chauveau et Olivier de Sardan, 2000)? Et s'ils représentent bien des figures emblématiques au sein des rapports sociaux inégaux, comment fonctionnent alors les obligations réciproques qui structurent le clientélisme? On peut faire l'hypothèse à ce propos que la position relative des deux acteurs que sont le *patron* et son obligé est une manière de toujours se situer dans *l'espérance de recevoir et dans l'obligation d'offrir*, c'est-à-dire que l'individu est jugé à la hauteur de ce qu'il est supposé capable de redistribuer.

Ces éléments, qui fournissent une meilleure compréhension du clientélisme, doivent pourtant s'inscrire dans une réalité socio-économique concrète. Par conséquent, il s'agit de découvrir les domaines d'action privilégiés qui mènent à la réussite sociale des *patrons*, de même que les raisons qui motivent un nombre croissant d'entre eux à entrer en politique. Sur le plan social, l'analyse cherche à connaître les ressources contrôlées par les acteurs engagés dans les flux marchands, les domaines dans lesquels ils investissent, les conditions socio-économiques qui sont nécessaires pour exercer leurs activités et la manière dont se réalisent les profits et les carrières. Dans l'optique d'une éventuelle transformation de la production agricole à destination des marchés urbains, il faut en effet connaître les agents qui ont les possibilités et l'envie de changer leurs pratiques, selon le jugement de M. Wertheimer (1985; 154), qui considère qu'une

> politique d'aménagement du territoire ne peut réussir que si elle s'appuie et favorise des groupes sociaux dont le développement économique et le désir d'entreprendre sont entravés par l'organisation actuelle de l'espace, et qu'elle permet à ces groupes de tirer avantage de nouvelles formes d'organisation permises ou suscitées par l'Etat.

Les acteurs les plus innovants appartiennent-ils à une élite en place, légitimée historiquement et socialement par le jeu des alliances généalogiques ou s'agit-il d'un processus plus complexe qui permet l'ascension sociale d'acteurs destinés à devenir des «aînés sociaux» (Chabal et Daloz, 1999; Daloz, 1991)? Forment-ils un nouveau groupe social issu des villes frontalières ou représentent-ils un groupe de marchands d'origine exogène, attirés par les perspectives de profits de la frontière?

L'enjeu de cette question est d'une part de savoir si ces manifestations sont limitées à des dépenses ostentatoires et à l'entretien d'une cour particulière d'obligés ou si, au contraire, elles peuvent aussi servir une forme de mécénat, spécialement dans le contexte urbain, d'autre part de connaître les rapports qui unissent aujourd'hui le monde marchand et la sphère politique nationale. Il est également nécessaire de se demander si les *patrons* une fois identifiés forment une élite fondamentalement conservatrice du fait des pesanteurs sociales qui s'exercent sur eux et qui réprouvent l'enrichissement, ou si on assiste à l'émergence d'innovateurs et d'investisseurs en rupture avec les normes dominantes. En définitive, le clientélisme qui découle des relations inégales entre les *patrons* et leurs obligés conduit-il à un renforcement des inégalités ou à une meilleure redistribution des richesses?

Une intégration croissante des sphères productive et marchande?

Après avoir montré que le clientélisme qui structure l'échange marchand est une condition nécessaire à la souplesse des réseaux, l'analyse postule que les deux formes d'organisation de l'espace frontalier de Gaya – Malanville – Kamba que sont la production et la circulation peuvent être appréhendés par l'étude respective des productions agricoles de rente (Partie III) et des produits d'import-export et du commerce de détail (Partie IV). Ces éléments doivent permettre d'illustrer l'importance relative et les relations éventuelles qui peuvent exister entre ces logiques économiques diverses: le domaine agricole sert à approvisionner les grands marchés de consommation à une échelle régionale alors que le commerce au long cours répond aux impératifs d'importation des économies enclavées sahéliennes à une échelle internationale et trouve, dans les activités de détail, une forme appropriée à sa distribution. Cette distinction se base sur les caractéristiques de la zone frontalière, à la fois espace de potentialités agricoles endogènes, espace de transit des flux de denrées importées et exportées par les Etats et espace de consommation urbaine.

La convergence de ces activités n'est a priori pas évidente. Certes, le développement économique général de la zone considérée est globalement et positivement influencé par l'intensité du processus d'urbanisation et la proximité des frontières, mais les acteurs présents dans l'agriculture de rente, le commerce à longue distance et la vente de détail appartiennent à des catégories différentes, aux compétences et aux motivations diverses et travaillant à des échelles distinctes. En d'autre termes, production et circulation semblent a priori désarticulées. D'une part, du fait de la taille encore réduite du marché local, les agents actifs dans l'agriculture de rente auront intérêt à développer des réseaux orientés vers les grands centres internationaux que sont par exemple les villes côtières du Golfe de Guinée ou les capitales sahéliennes, utilisant les marchés locaux comme des centres de collecte plutôt que comme des débouchés potentiels de consommation. D'autre part, les opérateurs d'import-export auront tendance à construire des réseaux encore plus étendus, de manière à bénéficier des fluctuations des marchés mondiaux pour alimenter les zones enclavées sahéliennes, quitte à contourner les interdictions nationales d'importations. Par conséquent, il est probable que leur investissement local restera très dépendant des opportunités spéculatives à court terme offertes par les villes frontalières. Enfin, les détaillants travaillant à l'échelle des villes et de leurs proches périphéries ne disposeront pas d'un bassin de consommateurs suffisant pour diversifier leur offre et s'alimenter directement auprès des importateurs. De fait, ils privilégieront des activités peu innovantes qui ne pourront se brancher sur aucun des deux groupes précédents. En fin d'analyse, il est alors très probable qu'il ne soit guère possible de dresser une mise en perspective intégrée de tous les secteurs économiques contribuant à la richesse de Gaya – Malanville – Kamba, par le fait que l'articulation entre eux reste insuffisante.

Plusieurs éléments sont néanmoins susceptibles de nuancer ces prévisions pessimistes. En effet, même si les logiques de production et de circulation sont le fait d'acteurs différents, ceux-ci trouvent, dans les villes-marchés de la frontière, un point de convergence potentiel. Gaya, Malanville ou Kamba, qui appartiennent à la catégorie des petits et moyens centres, totalisent à elles trois environ 120 000 habitants, une taille susceptible d'engendrer des dynamiques commerciales entrecroisées entre investisseurs agricoles et marchands. En supposant que les citadins changent leurs comportements alimentaires par exemple, l'agriculture de rente située à proximité des centres urbains pourrait ne plus être uniquement destinée à l'exportation mais également au marché local. De plus, l'influence des activités d'import-export sur le développement local n'est pas nécessairement négligeable: en effet, les retombées urbaines de ces activités sont importantes, notamment dans le secteur de l'immobilier et de la consommation de biens de première nécessité ou de luxe.

En ce qui concerne la production locale, l'analyse se donne pour ambition de spatialiser les flux des produits de rente et de s'interroger sur les transformations des espaces agricoles. Il s'agit de savoir si les terroirs frontaliers sont aujourd'hui concernés par une spécialisation progressive en faveur des productions de rente ou de contre-saison, un domaine d'intérêt croissant des investisseurs locaux leur permettant de dégager des profits importants relativement au développement des marchés urbains régionaux. Une différentiation spatiale avancée est-elle observable, notamment de part et d'autre des frontières nationales et si c'est le cas, quels sont les critères les plus marquants qui favorisent l'activité marchande? Quelles sont les productions qui semblent les plus pratiquées et avec quelles contraintes?

Cette problématique est abordée au travers de l'analyse des grands types d'investissements agricoles qui dominent dans la région: d'une part les périmètres réalisés avec le soutien de bailleurs de fonds et/ou des gouvernements et gérés sous la forme de coopératives paysannes, d'autre part des aménagements privés de plus petite taille mais comparativement très productifs. D'une manière générale, l'évolution comparée de ces deux types d'investissements permet de faire l'hypothèse que la production privée est mieux adaptée au contexte local. La promotion de l'irrigation privée entreprise sous le financement de la Banque mondiale au Niger n'est certainement pas étrangère à ces bons résultats. En appuyant massivement le développement des cultures de rentes, le projet de la Banque mondiale mis en œuvre par l'Agence Nigérienne pour la Promotion de l'Irrigation Privée (ANPIP) est-il parvenu, comme il en avait le souhait, à soutenir de manière équilibrée petits propriétaires et grands exploitants ou a-t-il au contraire contribué à l'accroissement des inégalités socio-économiques locales? Grâce à ses financements destinés aux infrastructures, a-t-il réussi à influencer significativement l'organisation économique régionale et à promouvoir un changement des pratiques culturales?

L'étude du profil socio-professionnel des irriguants ayant bénéficié des financements de l'ANPIP et l'analyse géographique de leurs investissements devrait permettre de répondre à ces interrogations, en faisant l'hypothèse que le projet en question s'inscrit dans un contexte de fortes inégalités sociales et spatiales préalables, qu'il est pour le moins difficile de réduire par un appui financier privé. A ce titre, il est probable que les financements accordés dans ce domaine puissent bénéficier à une élite de *patrons* distincte des commerçants et déjà bien implantée aussi bien dans le contexte local que dans l'appareil d'Etat. Des travaux précédents (Gallais, 1984; Giraut, 1994) montrent que ces investisseurs sont majoritairement des fonctionnaires.

Les commerçants, quant à eux, auront tendance à exploiter les potentialités fournies par le commerce d'import-export, lequel fait la renommée du carrefour frontalier de Gaya – Malanville – Kamba depuis au moins 30 ans, avant d'investir dans la production agricole de rente. Deux raisons concourent à cela: d'une part, les individus qui appartiennent à l'élite des *patrons* commerçants disposent généralement de compétences réduites en matière de production. Leurs activités dans le domaine agricole se limitent généralement à la spéculation saisonnière des grains sur les marchés de collecte, sans toutefois intervenir directement dans le choix des produits de rente ou de contre-saison des producteurs. Il s'agit là, encore une fois, d'une propriété du commerce sahélien que de diversifier les sources d'approvisionnement au gré des incertitudes climatiques. D'autre part, les commerçants sont moins attachés aux lieux qu'aux opportunités marchandes qui existent entre ces lieux, c'est-à-dire que leurs stratégies privilégient des rentes de situation conjoncturelles plutôt que des ancrages territoriaux fixes, tels que des investissements fonciers.

L'étude des réseaux d'import-export fournit alors l'occasion de s'interroger sur les principales rentes de situation qui permettent aux commerçants de réaliser des bénéfices importants, sur leurs stratégies pour profiter des différentiels frontaliers et sur leur savoir-faire en matière de contournement des interdictions d'importation. Par l'analyse des principales importations et exportations transitant par les douanes locales (friperie, céréales, voitures d'occasion) l'accent est porté sur l'évolution concurrentielle ou coopérative des marchés de Gaya, Malanville et Kamba.

Outre le commerce des biens agricoles et des produits de l'import-export, ces trois villes concentrent également un nombre croissant d'activités de vente au détail dont le profil socio-professionnel des acteurs reste méconnu. L'enjeu des enquêtes est donc de connaître l'origine géographique et ethnique, la formation et l'expérience professionnelle des petits marchands. Compte tenu du peu d'intérêt accordé au commerce par les autochtones tchenga et songhay de l'espace économique en question, il est probable que ces détaillants présentent un profil marqué par une origine allogène. En outre, du fait de l'absence ou de l'insuffisance de filières d'enseignement commercial dans les Etats concernés et du caractère informel des activités des détaillants, ceux-ci sont susceptibles de présenter des niveaux de formation très bas. L'analyse portant sur l'évolution des affaires et de la clientèle des détaillants des trois marchés de Gaya, Malanville et Kamba doit en outre répondre à deux objectifs distincts: permettre d'évaluer les critères d'appréciation de la bonne marche des affaires en termes sociaux, avec pour objectif de comprendre la manière dont les commerçants locaux se représentent le succès; connaître l'étendue des réseaux de vente et d'approvisionnement des activités de détail en termes spatiaux. Ces deux critères doivent contribuer à illustrer l'émergence d'une culture marchande fondée sur l'intensification des relations entretenues entre les trois villes-marchés.

Un axe d'intervention privilégié pour le développement?

Le domaine de l'économie frontalière est souvent ignoré des programmes de développement contemporains, lequels sont conçus selon la rhétorique d'une bataille qui oppose les acteurs du développement à la pauvreté et non sur la base d'une analyse préalable des potentialités propres au Sahel.

En prenant pour cadre théorique la récente «lutte contre la pauvreté» menée par les Institutions Financières Internationales (IFIs), les agences bilatérales de coopération et les Organisations Non Gouvernementales (ONGs), il s'agira alors de débattre de la stratégie particulière à la «bataille» qui se joue sur le théâtre des opérations développementalistes et de ses principes directeurs, en cherchant à savoir comment les acteurs des réseaux précédemment décrits peuvent s'inscrire dans ces principes (Partie V). Pour cela, l'analyse postule que la «bataille» du développement s'exprime en trois temps. En premier lieu, elle requiert une phase d'incantation au cours de laquelle sont façonnés certains mots d'ordre internationaux plus consensuels que problématisés. Ensuite, elle met en œuvre une stratégie spécifique qui doit conduire à l'engagement proprement dit, selon des principes d'action qu'on suppose inspirés des valeurs occidentales. Enfin, cette bataille connaît des phases d'attaque selon trois fronts principaux dans les domaines économiques, politiques et sociaux, qui correspondent à une certaine promotion du libéralisme économique, de la bonne gouvernance et de la société civile. Chacun de ces domaines possède une dimension susceptible d'intéresser directement l'étude générale des opérateurs économiques précédemment définis comme des *patrons*. En effet, l'ouverture des marchés est d'abord celle d'un espace de consommation aux flux extérieurs, sans cesse menacé par la velléité des gouvernements d'y introduire des barrières douanières, et par l'intérêt des acteurs commerciaux de mettre en place des structures marchandes informelles qui se jouent de ces barrières. La promotion de la bonne gouvernance passe nécessairement par la création de structures décentralisées au niveau territorial, valorisant l'échelon local par rapport à la dimension nationale ou interrégionale. Quant à la société civile, elle interroge très directement la place des *patrons* puisqu'elle postule que le changement social peut être issu de la «base», vertueusement située entre un Etat corrupteur et une sphère privée caractérisée par la spéculation et l'inégalité.

En matière de coopération au développement, les éléments dégagés par l'analyse doivent servir à la mise en œuvre de réponses locales adaptées aux caractéristiques des lieux. Selon l'hypothèse privilégiée par ce travail, ces lieux sont fondés sur une conception de l'espace mobile qui s'oppose à la rigidification des structures commerciales. Or, si aujourd'hui la gestion de l'incertitude locale semble aux mains des multiples acteurs du champ du développement, il importe alors de privilégier une conception basée sur les caractéristiques mêmes des systèmes de production et de commercialisation locaux: mobilité, légèreté, opportunisme. L'apport extérieur, dans cette optique, doit conduire à soutenir l'investissement et à favoriser l'éducation en matière économique, mais sans intervenir directement dans le domaine de la production ou de la commercialisation par des institutions rigides qui bloqueraient les ressorts des dynamiques commerciales.

Cette capacité d'adaptation doit certainement être prise en compte dans les programmes qui s'adressent spécifiquement à l'appui des fonctions marchandes et du milieu urbain. Les programmes de réduction de la pauvreté consacrent actuellement une part restreinte au développement urbain. Même s'ils insistent sur la nécessité de prévoir des stratégies spécifiquement adaptées aux citadins – «urban development is a priority for Niger» (République du Niger, 2002d; 64) – la plupart n'accordent que quelques lignes à cette question. Cela signifie-t-il que les petites et moyennes villes ne constituent pas réellement un axe privilégié d'intervention de l'aide au développement? Les effets d'entraînement économique dans ces centres sont-ils assez importants pour justifier que cette aide s'adresse prioritairement aux urbains? Faut-il, au contraire, considérer au vu des éléments précédents que le milieu de la ville compte moins que l'intensité des réseaux qui sont branchés sur elle?

Compte tenu des imbrications attendues entre villes et campagnes, les politiques de développement ont certainement beaucoup à gagner de «mettre un pied de chaque côté» selon le mot de J.-P. Raison (1993; 14), c'est-à-dire de reconsidérer la relation entre développement rural et urbain. L'importance de concevoir des politiques qui renforcent les liens entre les villes et les campagnes résulte du fait que la croissance seule de la taille des villes n'est pas suffisante pour stimuler de manière adéquate l'économie locale. Certes, les villes fournissent des emplois informels et des consommateurs, mais l'urbanisation engendre également des inégalités importantes, entre les villes et les campagnes et au sein même du milieu urbain; ces inégalités doivent alors être appréhendées au moyen de stratégies particulières. Le contexte de démocratisation en cours au Niger, au Bénin et au Nigeria a, de ce point de vue, des répercussions majeures sur l'orientation des stratégies propres aux marchands et à leurs obligés. Les programmes actuels de décentralisation qui affectent les politiques des Etats subsahariens nécessitent de s'appuyer sur des centres régionaux qui permettent, dans l'idéal, une promotion de la société civile par la pratique de la démocratie locale. Par conséquent, il est possible que les petites et moyennes villes constituent un laboratoire stimulant à l'action concertée des bailleurs de fonds et des institutions aujourd'hui de plus en plus décentralisées. Malgré l'importance de leurs actions dans l'espace frontalier considéré par l'étude, les agences de développement se sont encore peu investies dans ce nouveau champ d'action. Elles craignent notamment que l'appui aux structures commerçantes et à la production privée favorise un accroissement des inégalités dans un contexte socio-économique déjà profondément inégalitaire. Si les *patrons* mettent en œuvre des réseaux économiques souples et efficaces dans la région de Gaya – Malanville – Kamba, est-il envisageable d'imaginer un encadrement ou un accompagnement de ces initiatives et, partant, une politique d'action en matière de développement qui prenne activement place sur les marchés urbains? Il semble qu'à mesure que s'accentue le poids démographique et économique des petites et moyennes villes de l'espace frontalier, ce genre de perspective s'impose de manière croissante aux bailleurs de fonds. L'étude souhaite montrer que, dans le contexte actuel de décentralisation, l'axe le plus approprié d'un appui au secteur marchand dans les régions frontalières passe par une collaboration plus étroite avec les récentes municipalités urbaines. Ces dernières forment en effet de nouveaux relais de pouvoir desquels les marchands ne sont pas absents.

Les villes-marchés et la frontière dans la théorie géographique

> A decolonisation of the presumption in urban studies about «city-ness» is required in order to explore urban futures in the postcolonial world.
>
> M. Power, 2003. *Rethinking Development Geographies;* 140

L'intérêt des géographes pour les marchés frontaliers s'est longtemps heurté à deux difficultés principales: celle d'abord de reconnaître l'importance des villes dans l'organisation de l'espace sahélien, celle ensuite d'admettre que les frontières pouvaient constituer des milieux particulièrement innovateurs, plutôt que de simples «périphéries informelles». Peut-être ces difficultés sont-elles liées à l'héritage scientifique qui pèse sur les villes sahéliennes, lesquelles ont longtemps nourri les représentations les plus antagonistes. Alternant au gré des auteurs et des périodes entre deux pôles radicalement opposés, ces villes ont servi le discours alarmiste des afro-pessimistes, qui voyaient en elles l'incarnation du «sous-développement», son cortège de corruption morale, de rupture définitive avec les modes de vie «ancestraux», d'abandon irrémédiable de la «tradition» et d'impasse absolue. Mais les villes ont également alimenté les espoirs de ceux qui voyaient dans la modernisation des appareils de production et la fondation de nouvelles capitales les signes d'un renouveau africain, intimement lié aux décennies euphoriques qui ont suivi les indépendances des années 1960. Entre les prévisions alarmistes des tenants du frein à l'exode rural, favorables à un retour aux «valeurs africaines» et les partisans d'une «cité africaine heureuse», l'écart est à la mesure du gigantesque enjeu que représentent aujourd'hui le phénomène d'urbanisation en Afrique sahélienne et le développement économique qui l'accompagne. Dans cette région a priori plus marquée de continuités, d'indistinctions et d'absence de repères stricts, les potentialités et les contraintes attribuées aux villes et à leurs acteurs économiques ont été fortement imprégnées d'ethnocentrisme. Tour à tour «berceaux» ou «cercueils» des civilisations, les villes du Sahel n'en finissent pas d'alimenter l'imaginaire et, par voie de conséquence, les modèles scientifiques qui se donnent pour but de cerner leur développement. Dans ce débat, l'importance des frontières comme espaces de circulation fut longtemps négligée au profit de l'étude du caractère «artificiel» des limites administratives.

Petites villes ou gros villages?

Malgré le fait que tous ne soient pas savants – R. Caillé était domestique, M. Park *surgeon* et H. Clapperton marin – les explorateurs européens qui parcourent les villes sahéliennes au XIXe siècle font preuve d'une remarquable absence de préjugés. Ainsi d'H. Barth (1859-1863; 256):

> Tessaoua était la première grande ville que j'eusse vue, de la Nigritie proprement dite, et elle m'avait laissé une très favorable impression. Partout j'y rencontrais les preuves évidentes de la vie commode et paisible des indigènes; leurs habitations étaient convenablement appropriées à toutes les nécessités de l'existence

ou de M. Park (1799 [1975]; 150) découvrant Ségou:

> The view of this extensive city; the numerous canoes upon the river; the crowded population, and the cultivated state of the surrounding country, formed altogether a prospect of civilisation and magnificence, which I little expected to find in the bosom of Africa.

Ce «cœur» de l'Afrique décrit par l'auteur n'est pas encore celui des «ténèbres» du colonialisme, mais représente un objet de curiosité. L'intérêt porté aux villes n'est pas dépréciatif malgré les déceptions. Ainsi celle de R. Caillé (1830 [1996]; 212) lorsqu'il atteint Tombouctou et décrit pour la première fois la «ville mystérieuse» selon ses mots célèbres («un amas de maisons en terre, mal construites») ou celle de H. Clapperton (1826) entrant à Kano. Dans les deux cas, la déception des explorateurs provient du décalage entre les caractéristiques de la ville rêvée et celles de la ville découverte, alors que le jugement colonial se basera plus tard sur l'écart supposé entre les villes découvertes et le modèle d'origine occidentale, considéré comme référence absolue. Les explorateurs sont notamment sensibles au rayonnement économique des cités: «La ville [de Djenné] est bruyante et animée» – écrit R. Caillé (1830 [1996]; 148) –; «tous les jours il part et arrive des caravanes nombreuses de marchands qui apportent toutes sortes de productions utiles.» Au nord du Nigeria, «les marchands entendent le monopole aussi bien que qui que ce soit au monde» se souvient H. Clapperton (1826; 34).

H. Barth (1859-1863; 246) note quant à lui l'importance économique d'Agadez, «depuis longtemps le grand marché de l'or pour l'Afrique septentrionale», de Say, «un marché qui est encore renommé parmi les populations de la Nigritie occidentale» (252), de Kano «la première ville de la Nigritie centrale [...] sous le rapport mercantile», «une grande ville industrielle pleine de vie, dont les manufactures approvisionnent une grande partie du continent africain» (259-260) et des marchés du Bornou. Cet intérêt porté au commerce et aux réseaux marchands constitue d'ailleurs l'une des caractéristiques les mieux partagées par les récits des explorateurs, alors que s'affirme une dichotomie stricte entre les villes, lieux de la richesse et du négoce, et leurs campagnes, dévolues aux travaux de peine.

Dès la fin du XIXe siècle, la colonisation affecte profondément ce regard et contribue à forger une représentation valorisant systématiquement la ruralité du continent au détriment de l'étude des formes et des usages socio-économiques en milieu urbain. La colonisation introduit des frontières rigides là où existaient des ensembles fluides et contribue à diviser durablement ce qui relève du monde urbain et ce qui concerne la campagne, de même qu'à l'intérieur des cités sont introduites des divisions entre la ville coloniale et la ville «indigène». Cela s'explique avant tout par l'orientation civilisationelle de l'entreprise coloniale et, jusqu'aux indépendances, un grand nombre d'observateurs considèrent encore que

> Les villes noires de l'Afrique intérieure, étendues à l'ombre chaude de l'Islam, doivent le jour à l'influence de La Mecque. Les populations païennes, elles, se contentent de villages, car vous ne sauriez appeler ville une agglomération de huttes, même importante et capable d'abriter une population nombreuse (Blanchod, 1948; 30).

Cette absence de reconnaissance provient sans doute du fait que les Européens de cette époque sont influencés par une idéologie de la ville d'inspiration antico-religieuse, dans laquelle les cités grecques et romaines tiennent lieu de berceaux des valeurs morales et politiques occidentales (McIntosh, 1999). Par rapport à ce référent ethnocentré, les administrateurs, les historiens, les géographes et les anthropologues qui décrivent ses logiques se heurtent alors à la difficulté de reconnaître ses spécificités et leurs analyses souffrent d'un biais important, parce que les villes sahéliennes ne présentent ni les fortes densités, ni la monumentalité, ni les murailles caractéristiques de l'urbanité occidentale. L'assimilation de ces cités à de gros villages pendant la période coloniale passe bien souvent sous silence leur épaisseur historique et contribue à façonner une représentation a-historique et immobiliste du sous-continent. La ville est alors conçue comme un bourg dont les habitants reproduisent les manières traditionnelles des campagnes. Etonnant consensus, qui témoigne peut-être de la difficulté des sciences sociales de l'époque d'appréhender le mouvement autrement qu'en lui donnant la forme du «déjà connu» et en privilégiant la répétition, certes déformée par la modernité, de ce qui était supposé originel.

En réduisant les villes sahéliennes à des villages, certains auteurs croient approprié de comparer la vie urbaine à celle des campagnes. Une vision de «villages dans la ville» s'affirme progressivement dans la recherche africaniste et stipule qu'en raison de leur caractère fondamentalement rural, les Africains reproduisent les modes de vie traditionnels quel que soit leur milieu de vie. «Le schéma colonial était simple» – rappelle C. Coquery-Vidrovitch (1993; 20):

> les Africains sont des ruraux; émigrés vers la ville, ils demeurent des paysans égarés en milieu étranger [...] Les Français, par exemple, ont si bien refusé les réalités urbaines coloniales africaines qu'ils surnommaient leurs quartiers des «villages» en raison de l'analogie des matériaux et des techniques de construction, ces agglomérations de plusieurs milliers, voire de millions d'individus n'avaient plus rien à voir avec les réalités villageoises d'établissements de 50 à 500 habitants.

Il faut attendre G. Balandier (1955 [1985]), sur un terrain certes éloigné de l'Afrique de l'Ouest, pour que la vision de l'Africain comme *homo ruralis* fasse place à des représentations plus dynamiques. Sa contribution majeure, à laquelle la présente étude reconnaît sa dette, a été de montrer que la ville africaine pouvait aussi être le lieu du changement social, conduisant au «relâchement des liaisons traditionnelles, [à] l'apparition de nouveaux rapports de force et surtout [à] une disponibilité qui va à l'encontre de tous les comportements conformes à l'ancienne organisation clanique» (ibid.; 148). Ce faisant, l'auteur contribue à définir la ville non plus seulement à travers ses fonctions et ses formes mais par rapport à sa signification dans la mise en place des structures internes de la société, en mettant à distance les modèles anciens de la sociologie. En outre, son analyse du milieu urbain tient compte des relations nécessaires qui lient la ville au milieu rural – «la réciprocité d'influence existant entre les villes et la brousse» (ibid.; 128) – aussi bien que des différenciations sociales et spatiales internes au milieu urbain. Comme il le reconnaît lui-même, cette recherche

> fut la première effectuée dans une capitale appartenant à l'ensemble colonial français, et en prenant le parti de la considérer comme une ville noire et non comme la réalisation équatoriale d'une ville blanche dont les «centres indigènes» (les Brazzavilles noires) ne seraient en quelque sorte que les compléments serviles (ibid.; IX).

Le courant dynamiste de G. Balandier permettra dès lors aux chercheurs de ne plus seulement s'en tenir aux modifications récentes envisagées sous l'angle du «contact de civilisations», de l'acculturation et des transformations exogènes. En cela, son anthropologie rompt définitivement au milieu des années 1950 avec la tradition griaulienne, incapable de sortir de l'étude de la «tradition» pour envisager la modernité des sociétés africaines. Cependant, malgré l'intérêt de cet auteur, ce courant de pensée ne se diffuse que très lentement dans la recherche en sciences sociales.

Les géographes modernistes des années 1960-1970, fortement influencés par la théorie des lieux centraux de W. Christaller (1933), s'orientent plus tard vers l'étude de la croissance des capitales et de ses effets en termes de suburbanisation (Berry, 1967). Au cours de ces deux décennies optimistes, ce courant dont les racines remontent à l'économie classique, s'intéresse aux grands programmes urbains dirigistes dits *top-down*, à l'industrialisation et à la modernisation (Gould, 1969, 1970; Mabogunje, 1968). Les géographies de la modernisation attribuent aux villes, même de petite taille, un rôle central dans la diffusion des innovations, par un effet de «ruissellement» *(trickle-down).* Même si elles tiennent compte de la dimension urbaine de l'économie spatiale, la transposition de leurs modèles aux contextes sahéliens, caractérisés par une prédominance des activités d'import-export informelles, est ardue car ces modèles sont basés sur l'industrialisation et/ou les services formels. La perspective historiciste de J. Friedmann (1972), qui contrairement aux approches néoclassiques, postule que les périphéries se vident d'abord au profit d'un centre unique, puis se recomposent éventuellement en noyaux plus petits dans un système de villes interdépendantes, est quant à elle avant tout une conception hiérarchique, attentive aux liens qui unissent les espaces urbains et ruraux. Dans ce schéma, les pays en développement ne parviennent généralement pas au stade d'un système urbain parfaitement fonctionnel, ce qui autorise l'auteur à remettre en cause l'effet de «ruissellement» systématique et de lui préférer celui de polarisation en faveur des grands centres.

Les travaux d'inspiration marxiste vont quant à eux essentiellement traiter des phénomènes de dépendance qui s'établissent entre les économies du centre et la périphérie du marché mondial et de la domination des capitales sur les villes secondaires (Slater, 1975). Mais l'école dite de la dépendance (Amin, 1973, 1976; Emmanuel, 1972) conduit à accorder moins d'intérêt aux processus de différentiation internes des villes ouest-africaines qu'aux inégalités macroéconomiques (Santos, 1971, 1975). En outre, les petites villes y sont considérées «as administrative and political centres of resource exploitation, taxation and control rather than as service centres for rural development» (Pedersen, 1997; 11) ce qui constitue un a priori défavorable à l'étude de leurs caractéristiques économiques.

Les potentialités des petites villes sont également ignorées des théories du développement «par le bas» (Stöhr et Taylor, 1981) qui voient le jour dans les années 1980, au profit de l'analyse des «communautés». La mise en place des programmes dits *bottom-up* lancés à partir de 1976 par l'OIT puis par le PNUE et la Banque mondiale axent en effet leurs études sur la priorité des besoins fondamentaux et la *self-reliance*. Malgré un regain d'intérêt pour les groupes sociaux, ces approches admettent que ceux-ci vivent mieux dans les campagnes, dont l'idéalisation est à la mesure des gigantesques enjeux du développement rural. Ces démarches qui partent de la base de la société sont imprégnées d'un *neo-populism* synonyme de préservation des qualités de la campagne vis-à-vis du monde corrupteur et acculturant de la ville. Cela explique que dans certains contextes comme au Niger, l'étude de l'économie urbaine soit ignorée jusqu'à la fin des années 1980. Comme le regrettent d'ailleurs les auteurs du premier *Diagnostic du secteur urbain* au Niger (s. a., 1988; 12),

> en l'absence de toute étude spécifique sur les structures économiques des villes au Niger, il est extrêmement difficile de saisir la nature et l'importance du rôle que jouent les différents centres à l'intérieur de l'économie nationale. Il est tout aussi difficile de se faire une idée précise des conditions économiques et, partant, sociales réelles qui existent dans ces centres, ou se prononcer sur la nature et l'intensité de leurs liens avec l'arrière-pays rural.

Cette orientation est d'autant plus surprenante que les villes, et notamment les centres comptant entre 5000 et 10000 habitants, constituent un trait à la fois durable et distinctif des espaces sahéliens (Gallais, 1984).

En revanche, dès la fin des années 1980, un net regain d'intérêt se manifeste en faveur des petites villes africaines, marqué par une approche «fonctionnelle» (Rondinelli, 1988, 1989) inspirée à nouveau des modèles centraux de W. Christaller (1933) et qui montre l'importance des petits centres dans l'offre de biens et de services aux zones rurales. En outre, se développent des travaux comparatistes (Baker, 1990; Hardoy et Satterthwaite, 1986) qui permettent de conclure à la très grande hétérogénéité des petites villes, à l'importance des inégalités foncières et monétaires dans le développement économique local, à la nécessité d'aboutir à des politiques publiques appropriées qui tiennent compte de la spécificité des petits centres et des liens qu'ils entretiennent avec les campagnes (Bâ, 1982; Okafor, 1988). D'une manière générale, les travaux de cette période aboutissent au constat que le développement des petites et moyennes villes est dépendant du processus de décentralisation.

Les années 1990, marquées par une crise économique durable tant au Nord qu'au Sud, de même que par un renouveau démocratique, vont donc encourager les études portant sur la décentralisation (Jaglin et Dubresson, 1993) et la construction de la société civile, à savoir une conception à la fois plus libérale et plus culturaliste des phénomènes urbains ouest-africains. Il devient de plus en plus manifeste que la dynamique des petites et moyennes villes ne peut être séparée de celle des périphéries agricoles (Club du Sahel, 1996; Coquery-Vidrovitch, Almeida-Topor et Sénéchal, 1996; Giraut, 1997). Le sous-continent fait aussi l'objet d'une vaste *Etude des Perspectives à long terme en Afrique de l'Ouest* menée par le Club du Sahel (1994), dans le but d'analyser les «dimensions spatiales des évolutions du peuplement et leurs impacts en termes de changements économiques et sociaux». Ce programme débouche sur des modèles prospectifs qui tiennent compte des mutations démographiques, économiques et politiques et sur la nécessité de concevoir des actions appropriées. Les auteurs y relèvent notamment le «fort biais agricole et rural» qui a marqué les interventions des bailleurs de fonds et «qui s'est traduit entre autre par l'apologie de la ferme – puis de la fermette – familiale, et [par une] défiance à l'égard du processus d'urbanisation» (Cour et Snrech, 1998; 16). A l'échelle de l'Afrique de l'Ouest, ils concluent à la nécessité de considérer l'urbanisation comme «facteur principal de la structuration du peuplement» (ibid.; 20), réceptacle privilégié des logiques commerciales informelles et facteur d'accélération des transformations agricoles.

Progressivement, la manière d'appréhender le terrain des villes sahéliennes et des réseaux commerciaux qui s'appuient sur elles se transforme. Les auteurs reconnaissent alors que les signes conventionnels de l'urbain associés à la ville occidentale ne sont pas les plus appropriés à l'analyse de ces «villes d'ailleurs» (Louiset, 2000).

Plus précisément, les analyses ne sont plus restreintes aux formes historiques de la spatialité urbaine et tentent d'éviter de procéder à l'inventaire d'un monde hérité qui se maintient dans ses formes mais dont le sens s'est profondément modifié (Racine et Walther, 2003). Plus que la seule condition de production des formes urbaines, l'invention, le choix, la composition de ces formes, associés à des signifiants mouvants retiennent l'attention des chercheurs. Ceux qui attribuent des capacités créatrices aux villes africaines s'accordent également à reconnaître que ce potentiel doit demeurer un futur façonné de manière démocratique. Ils considèrent alors que la cité est autant un produit des élites de l'*en-haut*, pour lesquelles la ville constitue de manière croissante le moyen d'une réaffirmation de leurs influences héritées, qu'un produit des gens de l'*en-bas*, pour lesquels la ville représente un terrain de lutte dans l'émergence et la reconnaissance de leurs droits.

Plus que jamais, les espaces et les sociétés sahéliennes restent confrontés aux incertitudes de leur environnement climatique, politique, économique et social, et vivent une modernité synonyme de recompositions multiples. Ces transformations spatiales et culturelles prennent forme dans un cadre renouvelé et chaotique, où les villes constituent, pour un nombre croissant d'auteurs, des lieux privilégiés du changement social (Dubresson et Raison, 1998). Ce «mouvement» urbain, générateur d'ordres et de désordres nouveaux (Chabal et Daloz, 1999) est associé à une forte mobilité géographique entre les villes et les campagnes (Beauchemin, 2002) ainsi qu'entre les centres urbains eux-mêmes (Adepoju, 2000; Bocquier et Traoré, 2000). Consécutivement, l'autonomie des acteurs locaux prend toute son importance dans ce double mouvement qui associe mobilité spatiale et ascension sociale. Dans le domaine des idées et des pratiques, les mécanismes internes se connectent de manière complexe sur les logiques importées pour produire une urbanité et un développement économique spécifiques (Amselle, 2001). Il est alors reconnu que les villes forment des vecteurs de développement potentiellement efficaces, dans la mesure où leurs marchés permettent de transformer les économies agricoles (Chaléard, 1998; Club du Sahel, 2000). Dans les zones frontalières, ce phénomène est encore amplifié par d'importantes rentes de situation.

Conceptions théoriques de la frontière

Longtemps cantonnées à la critique de l'artificialité des limites coloniales, les contributions des géographes à la théorie des frontières s'attachent aujourd'hui à montrer comment ces espaces peuvent constituer des environnements potentiellement fertiles pour les activités productives et marchandes. Ce paradigme s'est substitué au point de vue qui considérait que la partition coloniale n'avait été motivée que par des considérations géopolitiques, ignorantes de la diversité des ethnies et de leur désir de vivre dans des territoires homogènes du point de vue culturel. Insistant sur la construction historique des identités et des territoires, les conceptions défendues par les géographes d'aujourd'hui suivent C. Raffestin (1986; 20) lorsqu'il affirme que «toute culture, au sens anthropologique du terme, est une théorie en acte de la limite», l'instauration de cette limite sert à définir ce qui et ceux qui se trouvent au-delà d'une certaine marche, terme dont la connotation ancienne et militaire montre suffisamment l'action d'un pouvoir sur l'espace et sur les hommes.

Ils admettent également que les frontières actuelles sont souvent à l'origine même des groupes ethniques (Amselle et M'Bokolo, 1999) et que par conséquent, il eut été vain de vouloir tracer des Etats en séparant ce qui n'avait pas encore pris la forme d'une identité supra-locale. «Rejeter le découpage de l'espace au nom de l'unité ethnique» – insistent sur ce point A. Dubresson, J.-Y. Marchal et J.-P. Raison (1994; 29) –

> est oublier que l'ethnie est une réalité mouvante; quels que soient ses fondements culturels, elle est de géométrie variable dans l'espace parce qu'elle se définit par comparaison ou opposition et elle est fluctuante dans le temps comme une coupure d'occasion dans une chaîne de groupes où les ruptures sont rares.

Il découle de ces éléments que «si des frontières posent problème aujourd'hui, notamment celles qui sont d'origine exogène, c'est moins par ce qu'elles découpent que par ce qu'elles regroupent» (Foucher, 1991; 217). Il n'est pas d'Etat-nation ethniquement homogène aujourd'hui en Afrique de l'Ouest. Tous doivent composer avec la mixité des appartenances et l'unicité de la nation. Cette articulation a été au centre des stratégies politiques des dirigeants africains jusqu'à la fin de la Guerre froide. A l'image de Félix Houphouët-Boigny, catholique et pro-occidental ivoirien ou de Thomas Sankara qui instaura la Révolution démocratique et populaire au Burkina Faso, les chefs d'Etat se donnèrent le rôle de père de la nation tout en faisant jouer les rouages clientélistes fondés sur la famille et la filiation.

En admettant que les frontières coloniales peuvent potentiellement former des ensembles économiques dynamiques, se pose la question de savoir comment ces zones sont reliées aux territoires des Etats-nations. Les modèles théoriques qui s'y rapportent sont multiples. En admettant que la frontière est radicalement séparatrice de deux entités distinctes selon le modèle de la «frontière-barrière» (Dillé, 2000) (Figure 1.1), la limite qu'elle dessine isole un espace «intérieur» d'un espace «extérieur» quel que soit l'endroit où se trouvent les activités considérées. La possibilité de collaboration entre Etats est nulle de même que les opportunités marchandes internationales, limitant considérablement le développement des villes se situant de part et d'autre de la frontière. Il s'agit d'une conception qui convient mieux aux contextes militaires ou idéologiques et qui paraît donc mal adaptée aux réalités sahéliennes et aux hypothèses de départ de la présente recherche, laquelle se fonde précisément sur les opportunités liées au franchissement de la frontière. En introduisant une perméabilité partielle («frontière-filtre») (Figure 1.2), le modèle paraît plus dynamique quoique toujours réducteur puisque qu'il n'explique pas les raisons pour lesquelles les flux se concentrent en un point spécifique de la frontière. La conception de la «frontière-contact» (Figure 1.3) ne paraît pas non plus satisfaisante, car elle isole un espace frontalier de ses relais nationaux et peut laisser croire que la «région transfrontalière» est parfaitement autonome. Dans ce schéma, l'espace frontalier possède sa propre homogénéité et constitue une zone intermédiaire qui s'étend de part en part de la ligne frontière, marquant deux fronts d'hétérogénéité. Les Etats qui partagent le fil de la frontière peuvent potentiellement mettre en œuvre certaines stratégies de coopération, de même que les populations riveraines peuvent bâtir des liens de plus en plus denses. C'est une conception proche de l'enclave, qui paraît indépendante de la présence ou non de centres urbains.

A ces modèles s'ajoutent ceux qui considèrent la frontière comme le noyau de réseaux économiques fondés sur un certain nombre de centres urbains («frontière en réseaux»). Dans le premier cas (Figure 1.4), ce réseau est non hiérarchisé, c'est-à-dire que les flux marchands s'organisent dans un fuseau urbain transfrontalier coupé par une frontière administrative considérée comme un accélérateur des dynamiques commerciales. Dans le second cas (Figure 1.5), le schéma général est complexifié par l'introduction d'une hiérarchie urbaine transfrontalière, qui a le mérite de relier les petites et moyennes villes proches de la frontière aux réseaux urbains nationaux dans un ensemble plus ou moins complexe de dépendance réciproque. Ces petites et moyennes villes fonctionnent alors comme des relais en direction des centres de consommation et de décision situés en périphérie du système. Il n'y a pour ainsi dire pas réellement de «région» frontalière, car les flux qui y transitent sont organisés dans une perspective plus large qui prend pour cadre les opportunités économiques à l'échelle internationale. Cette conception s'accommode également des potentialités productives locales, notamment agricoles, car elle permet à une région de bâtir une économie très largement extravertie en direction des grands marchés régionaux. Elle présente alors les frontières comme des espaces de négociation générateurs d'opportunités économiques.

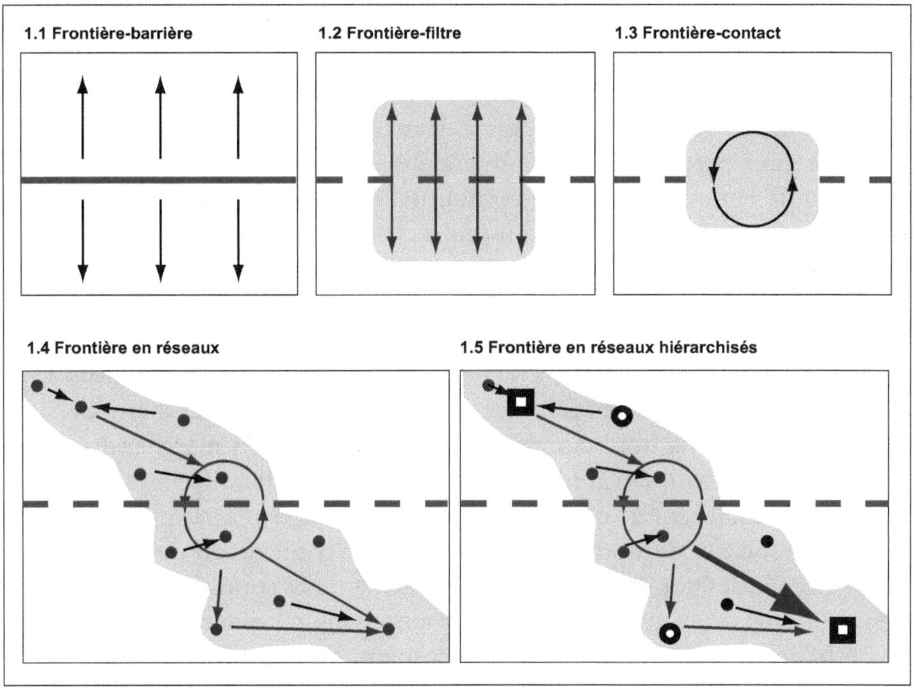

Figure 1. Les frontières comme espaces de négociation générateurs d'opportunités économiques
Sources: Dillé, 2000; Walther, 2006.

Dans ce modèle, les acteurs doivent une grande partie de leurs profits à l'existence même des frontières nationales, instaurant des variations tarifaires et législatives dont ils usent et parfois abusent. Il s'agit en premier lieu des marchands, qui, dans ces confins administrés d'une manière clientéliste, constituent des sociabilités particulières qui doivent beaucoup aux réseaux de parenté et aux appuis d'alliés choisis en fonction de leur influence. C'est grâce à eux que les passeurs font circuler leurs chargements à travers les frontières, qu'il s'agisse de voitures, de textiles d'occasion ou de biens agricoles. En second lieu, le modèle en réseaux est ouvert aux stratégies de branchements des acteurs formels comme les douaniers ou les policiers, qui agissent dans le cadre de l'Etat-nation et qui régulent, par leur présence ou leur absence, les flux traversant la frontière. Il serait en effet réducteur de croire que tous les flux de contrebande se font aux dépens des fonctionnaires des douanes et des élites nationales. L'exemple du pétrole nigérian est à ce propos très illustratif: entre le Nigeria, plus grand producteur de la région et ses voisins nigériens et béninois, la contrebande était très active dans les années 1974-1983, car basée sur un réseau transfrontalier de commerçants haoussa (Grégoire, 1991). Ni la fermeture de la frontière, ni la dévaluation de la monnaie nationale nigériane n'ont réellement pu faire cesser les flux illégaux, dès lors que la frontière était perçue par les commerçants et les élites locales comme une opportunité et non comme une contrainte. Ainsi, les régions frontalières ne forment pas des zones d'exception qui «échappent aux lois économiques en vigueur dans les Etats qui les abritent» selon la conception de J. O. Igué (1989; 603), mais plutôt les postes avancés des économies nationales dans lesquels les élites des plus grands centres participent au commerce. Un nombre croissant de chercheurs (Grégoire, 2002; Pourtier, 2001) s'accordent alors à reconnaître l'importance rentière des zones frontalières. «Loin d'être de simples contraintes à la libre circulation des personnes, des marchandises, des services ou des flux financiers» – affirme D. Bach (1998; 20) – «les frontières africaines cristallisent et matérialisent des possibilités d'accumulation et de régulation sociales devenues essentielles dans le contexte du déclin des conditions de vie des populations et du durcissement des conditionnalités imposées de l'extérieur aux dirigeants en place.» Sans nécessairement s'opposer aux échanges modernes, les frontières contemporaines tracées dans un contexte d'exploitation despotique des ressources n'entravent pas fondamentalement les échanges mais favorisent les opportunités commerciales à l'intérieur d'un système qui considère l'Etat comme le vecteur principal de l'enrichissement (Bayard, 1989).

Ces potentialités expliquent que la remise en cause des frontières issues de la colonisation ne constitue pas une revendication actuelle et que l'ensemble des acteurs soit favorable à leur maintien (Raison, 1993). Plus que jamais, dans un contexte de crise des économies de production, les Etats vivent de leurs frontières. C'est le cas du Niger, qui dépend presque entièrement des échanges internationaux pour son approvisionnement national en biens de consommation et en hydrocarbures, mais aussi du Bénin parce que le port de Cotonou lui permet de fonctionner comme un Etat transit ou entrepôt (Igué et Soulé, 1993), et du Nigeria parce que la déliquescence de son économie formelle et l'impuissance de ses gouvernements régionaux ne lui permettent pas de vivre sans ses voisins.

Les glissements du terrain

> On me demandait s'il pleuvait en Angleterre, s'il y avait du froment, des moutons, des chevaux, etc.; mais la question la plus commune était celle-ci: «Que viens-tu faire dans ce pays?» Je m'efforçais d'y satisfaire en répondant: «Je suis venu pour voir le terrain, les habitants, et les productions.»
>
> H. Clapperton, 1826. *Voyages et découvertes dans le nord et dans les parties centrales de l'Afrique;* 83

Ce travail comporte un certain nombre de questionnements qui partagent la propriété d'interroger les rapports personnels et scientifiques qui lient le chercheur à la pratique de son terrain. En tant que traduction spatiale des phénomènes économiques, il se distingue plus par son objet – l'étude des inégalités engendrées par les réseaux marchands d'un espace frontalier – que par ses méthodes, qui rejoignent le «régime de scientificité commun» (Olivier de Sardan, 2004; 40) aux sciences sociales et associent une pratique prolongée du terrain ainsi que des enquêtes empiriques et descriptives à des éléments interprétatifs et modélisateurs. Il ambitionne de dépasser le cas spécifique des villes de Gaya, Malanville et Kamba, pour aboutir à un tableau dynamique des usages que certains acteurs économiques appelés *patrons* font de l'hétérogénéité de l'espace frontalier.

Compte tenu de l'intensité et de l'épaisseur historique des représentations véhiculées par l'Afrique sahélienne, qui après avoir nourri l'explorateur, l'adjudant-chef et le missionnaire, est devenue le terrain des techniciens de l'action développementaliste et humanitaire, il semble nécessaire de revenir minutieusement sur les motivations qui ont conduit à investir cet espace à la recherche des potentialités des réseaux marchands s'appuyant sur les petites et moyennes villes frontalières. Même si l'enjeu de cette démarche ne se résume pas à proposer des pistes d'intervention dans le domaine du développement, il imprègne les réflexions et la pratique de terrain et impose de se situer par rapport à lui. C'est pour préciser l'écart, et parfois la convergence qui lie cette recherche à ce champ développementaliste que sont présentés les arguments suivants, qui constituent une prise de position critique, en même temps qu'ils en soulignent les caractéristiques épistémologiques et méthodologiques.

Dans une première partie, le propos s'attache à montrer que la géographie retenue par l'analyse se situe entre les pôles réducteurs de l'afro-optimisme et de l'afro-pessimisme. La seconde partie est consacrée à présenter les méthodes et le cadre institutionnel qui ont conduit les enquêtes de terrain, en insistant sur les critères d'identification des acteurs et des espaces concernés. Enfin, la troisième partie insiste sur les ambiguïtés qui naissent des rapports de réciprocité entretenus entre le chercheur et ses informateurs, dans le contexte particulier d'une étude consacrée aux logiques marchandes, elles-mêmes fortement teintées de clientélisme.

Quelle géographie?

Idéalement, les représentations et méthodes utilisées dans ce travail résultent d'une approche du terrain sahélien qu'il est possible de qualifier de décentrée dans la mesure où le chercheur doit s'imprégner du fonctionnement économique des acteurs locaux, de déculpabilisée dans le sens qu'il effectue ses travaux sans verser dans l'optimisme ou le pessimisme a priori, et de désimpérialisée par le fait que ses résultats ne doivent pas conduire à plaquer sans nuances des modèles universalisants sans se soucier des valeurs qui les sous-tendent. Il s'agit donc d'une géographie économique qui prend en compte le fait que l'Afrique n'est pas extérieure à la modernité «but a central part of its make-up and origins» (Power, 2003; 138) et qui doit conduire à une interprétation culturelle de l'économie sans pour autant verser dans le «culturalisme» ou l'«essentialisme», c'est-à-dire vers un ensemble de démarches considérant «comme une essence une réalité qui est à la fois une création historique et le résultat d'une interprétation» (Saïd, 2000; 73).

Cette démarche est problématique dans le sens où faire le choix d'étudier les *patrons*, c'est-à-dire les formes de la fortune dans un environnement à fortes contraintes plutôt connu pour ses manques que pour ses potentialités, peut paraître quelque peu déplacé dans le contexte économique actuel de l'Afrique subsaharienne. Pourtant, il est possible de soutenir cet angle d'approche, en postulant que les *patrons* sont une porte d'entrée méthodologique appropriée à la compréhension de la société dans son ensemble (Agier, 1982; Banégas et Warnier, 2001; Chabal et Daloz, 1999). Montrer les ressorts du clientélisme, son efficacité dans la recherche de l'ascension sociale et l'importance du milieu urbain dans ces dynamiques, sert à mieux connaître les disparités structurant la société frontalière. A travers la réhabilitation d'un champ économique spécifique, certes profondément marqué par des logiques éloignées de la «démocratie» ou de la «participation», il devient possible de mettre en évidence les principales inégalités sociales et spatiales. C'est pourquoi il a été jugé préférable de se distancier des divisions sociales issues du culturalisme ou des études ethniques postcoloniales, lesquelles valorisent systématiquement les «communautés» au détriment de la «société» et renvoient à une valorisation de l'échelle microgéographique et du quotidien qui délaisse les enjeux politiques et structurels dans la formation des inégalités. En revanche, l'étude du processus de la société marchande, dans son ensemble, semble présenter l'avantage de replacer les «minorités» dans le cadre général de leur éventuelle exploitation. C'est là très certainement une rupture par rapport aux règles implicites de la recherche et de l'action en terrain de développement: ce travail n'est pas une géographie fondée sur l'étude exclusive d'un groupe défavorisé, ethnique ou d'un genre et focalise son intérêt sur une élite – les commerçants et les investisseurs qualifiés de *patrons* – ainsi que sur les rapports qu'elle entretient avec ses clients.

Ce travail n'est pas non plus une géographie de l'espoir inspirée de l'afro-optimisme, pour qui l'Afrique est systématiquement présentée comme un ensemble indivisible fort de qualités convenues telles que le «lien social», l'«hospitalité» ou les «forces de l'esprit» et l'Occident, inversement, comme le responsable des maux passés et actuels du sous-continent. En mettant l'accent sur l'apport culturel africain, le risque est grand d'ignorer les différences internes du continent et de tendre à la réification d'une Afrique immémoriale. Par conséquent, une approche critique du continent noir passe nécessairement par une étude de l'incessante recomposition de ses éléments culturels.

En travaillant sur des pays classés parmi les plus pauvres du monde, il a paru particulièrement important que cette étude se détache des illusions et des croyances aux vertus intrinsèques du développement. Cette distanciation permet d'esquiver le piège qui consiste à penser que, du fait de la différence culturelle, le scientifique est investi d'une «mission», mot qui résume à lui seul l'origine de l'espoir projeté ainsi que le nécessaire devoir de secours qu'il *faut* offrir aux détresses exotiques. Le terme, s'il est couramment utilisé en Afrique francophone, est pourtant inapproprié. Le scientifique qui *croit* aux vertus de sa présence et aux bienfaits qu'elle doit nécessairement apporter se met dans la position du croyant. Or, le développement n'est pas une religion et les rapports qui s'y engagent concernent avant tout des êtres sociaux, avec leurs envies secrètes et inavouées et leurs précieuses fragilités, et non des dieux. L'expérience du terrain montre sur ce point l'extraordinaire diversité des stratégies d'acteurs, dont l'appétit grandissant s'accommode d'une capacité infinie de formulations de nouveaux «besoins». Bien chanceux est le chercheur dont les méthodes et les buts correspondent absolument à ceux des acteurs de son champ. Aussi longtemps que les rapports professionnels du développement à son objet demeurent empreints de réciprocité, de calculs et d'enjeux, c'est-à-dire aussi longtemps qu'ils resteront des rapports humains, la croyance ne peut constituer un cadre épistémologique.

Est-ce à dire que les motivations à travailler sur le thème du développement se rapportent uniquement à du cynisme et dénotent une forme de détachement désabusé? Au contraire. A l'origine de ce travail, il y a la conviction que l'émergence de réseaux marchands associés à l'urbanisation n'est pas seulement inévitable mais qu'elle peut également devenir socialement profitable. Non pas que ces réseaux et ces villes soient forcément destinés à améliorer les conditions d'existence des populations, à réduire définitivement les inégalités et à fournir le substrat à plus de justice sociale ou qu'ils apparaissent comme la condition unique du développement. L'économie locale à elle seule n'y réussirait pas. Mais plutôt qu'ils constituent une potentialité intimement liée à l'émergence des petites et moyennes villes et qui peut répondre aux ambitions des individus et à l'affirmation des groupes en tant que sociétés nouvelles. C'est cette possibilité qui rend l'étude et la fréquentation urbaine nécessaires, peut-être parce que le mouvement d'urbanisation est aussi associé à un souvenir historique de luttes et d'émancipation des générations et des classes. S'il n'était que cela, l'intérêt qu'on lui porte ne serait que projection d'un imaginaire européen sur un contexte qui n'en a que faire. Il faut donc qu'il y ait plus. Aussi y a-t-il dans ce travail l'idée de se situer à l'amont d'un événement historique important et perturbateur, comme l'ont été la traite, la colonisation et la décolonisation, ainsi que la curiosité de savoir à quoi ressemblera l'Afrique urbaine de demain.

Sur un autre plan, cette recherche s'efforce également de montrer comment les concepts novateurs sont imprégnés idéologiquement, en décortiquant à qui profitent autant les mots nouveaux pétris d'immobilisme que les manières anciennes soigneusement cachées sous le couvert de la modernité. Ce travail souhaite en effet prendre en compte des temps longs, des stratégies prolongées, des ambitions multiples et non circonstancielles, c'est-à-dire un faisceau large de dynamiques qui ne sont pas conciliables avec l'humanitaire mais qui fondent l'humain en société. Les crises alimentaires qui secouent périodiquement le Sahel ne sont pas appréhendées au travers de réponses immédiates mais selon une perspective qui tient compte de l'inadéquation des logiques étatiques et développementalistes avec les structures territoriales profondes de cette partie de l'Afrique subsaharienne. Ce travail s'éloigne donc d'une recherche de foi, d'une espérance ou d'une mission portée par un idéal inébranlable, tant il apparaît aujourd'hui que tout ce qui touche à l'Afrique doive nécessairement prendre la forme du mythe ou du prêche.

L'étude ne constitue pas non plus une géographie du chaos, inspirée des pessimismes les plus sombres, réduisant le continent à ses maux. En particulier, elle s'éloigne des thèses développées sur la «mort» du continent et l'impossibilité congénitale des Africains à bâtir des institutions durables et démocratiques. Elle ne souscrit pas aux arguments des tenants du «laisser-aller» vis-à-vis de l'Afrique, qui postulent que l'ordre surgira du chaos et la croissance des dérégulations.

Le terrain institutionnel et les méthodes

Au plan institutionnel, ce travail est le fruit d'une collaboration avec le Département de Géographie de l'Université Abdou Moumouni de Niamey, le Programme d'Appui au Développement Local (PADEL), le programme des Routes Rurales de Gaya (RRG), le Fonds de Soutien aux Investissements Locaux (FSIL) de la Direction du Développement et de la Coopération suisse (DDC), ainsi qu'avec les services décentralisés (douanes, préfectures, mairies) des villes de Gaya, Malanville et Kamba. Un partenariat avec l'Agence Nigérienne pour la Promotion de l'Irrigation Privée (ANPIP) a en outre permis d'accéder aux statistiques relatives à l'agriculture de rente du département de Gaya. Trois séjours de terrain d'une durée totale d'un an, réalisés d'octobre 2003 à janvier 2006 ont été consacrés à collecter l'information. Le premier fut effectué dans le cadre d'un mémoire de DESS soutenu aux universités de Lausanne et de Genève, financé par le Réseau Universitaire International de Genève (RUIG) (Jaubert, Bakonyi-Moeschler, Caloz et Winistorfer, 2005) et consacré à l'analyse spatiale des cultures de rente du département de Gaya (Walther, 2004a). Les deux autres ont été entrepris alors que l'auteur travaillait à l'Institut de Géographie de l'Université de Lausanne. Des allers et retours multiples entre enquêtes de terrain et analyses proprement dites ont conduit à ce que la problématique de recherche soit large et ouverte. L'objet de l'étude militait à ce titre également en faveur d'un va-et-vient entre déduction et induction plutôt que d'une approche hypothético-déductive classique et linéaire.

Ce travail se distingue donc des recherches usuellement entreprises en Afrique sahélienne par le fait qu'il a renoncé à recourir systématiquement à l'«administration de questionnaires» – selon le jargon en vigueur au Niger – et à la «mission scientifique» pour accéder aux informations de terrain. L'abandon de ces deux outils a nécessité d'élaborer une méthode d'enquête originale qui permette de suivre les itinéraires et les stratégies développées par les *patrons* et leurs clients. Etant donné la fluidité du sujet d'étude, le travail sur le terrain devait allier rigueur dans l'approche économique et culturelle et souplesse dans le domaine statistique. Il en résulte une démarche intermédiaire entre qualitatif et quantitatif, qui peut être assimilée à une analyse géographique de l'économie locale, appréhendée comme un fait social.

En ce qui concerne les aspects quantitatifs du travail, force est de constater que l'absence ou le manque de fiabilité des données statistiques n'est pas un simple rappel à la vigilance du chercheur africaniste (Naudet, 2000). Il semble que cette constante empêche aussi la possibilité même d'établir un état des lieux et d'en tirer les prévisions nécessaires à l'action locale ou nationale. Ce «désert stratégique» n'est pas seulement pénalisant dans les études prospectives, mais également en ce qui concerne les variables les plus élémentaires qui sous-tendent les grands indicateurs socio-économiques. Face à cette situation, il convient de critiquer d'abord les données disponibles et leurs sources, ensuite de s'en servir en se rappelant de leur fragilité. Bien souvent, plusieurs types de statistiques coexistent dans les mêmes études et il est alors difficile de conjuguer l'ensemble des éléments chiffrés pour en tirer l'analyse d'un phénomène particulier. Ceci rend les études comparatives particulièrement difficiles, d'autant plus que certaines unités spatiales ont connu des divisions administratives récentes. Dans le cas des villes, les statistiques les plus sommaires font parfois défaut ou présentent des variations considérables entre les sources (Tableau 1).

Habitants	*Hiérarchie urbaine du Niger en 2020*	
	Selon le Club du Sahel (1994)	Selon le Recensement général (2000)
Moins de 50 000	—	Baleyara, Birni N'Gaouré, Dakoro, Diffa, Dogondoutchi, Illéla, Madaoua, Mirria, Téra
50 000 à 100 000	Arlit, Baleyara, Dakoro, Birni N'Gaouré, Gaya, Illéla, Mirria, Madaoua, Tessaoua, Téra	Birni N'Konni, Dosso, Gaya, Tessaoua
100 001 à 200 000	Agadez, Birni N'Konni, Dosso, Tahoua,	Agadez, Arlit, Tahoua
200 001 à 500 000	Maradi	Maradi, Zinder
500 001 à 1 000 000	Zinder	
Plus de 1 000 000	Niamey	Niamey

Tableau 1. Hiérarchie des centres urbains du Niger, 2020
Note: le Club du Sahel ne retient que les centres de plus de 50 000 habitants.
Sources: Club du Sahel, 1994; République du Niger, 2000b; calculs de l'auteur.

Ainsi, selon qu'est considéré l'*Etude des Perspectives à long terme en Afrique de l'Ouest* du Club du Sahel (1994) ou le Recensement général de la population du Niger, la hiérarchie urbaine du Niger en 2020 est très dissemblable: seuls 8 centres sur 19 sont situés au même niveau de population.

Dans l'espace frontalier de Gaya – Malanville – Kamba, l'accès à des données quantitatives fiables est particulièrement difficile pour plusieurs raisons: l'urbanisation y est récente, les administrations susceptibles de fournir des chiffres manquent de moyens, peu d'enquêtes de population ou de recensements complets sont disponibles et les unités spatiales situées de part et d'autre de la frontière sont très variables. Un problème supplémentaire se pose notamment lorsqu'il est nécessaire de comparer les phénomènes urbains transfrontaliers, car les définitions de la ville ne sont pas équivalentes au Niger, au Bénin et au Nigeria. Ces considérations ont nécessité de recourir à plusieurs sources bibliographiques divergentes et à approcher les institutions susceptibles de posséder les données les plus fiables dans les pays concernés. Au Niger, l'utilisation de la base de données de l'ANPIP relative aux projets d'irrigation financés dans le département de Gaya a permis de quantifier et de localiser les principaux changements agricoles depuis 2002. Plus d'une centaine de dossiers disponibles ont servi de base aux analyses du statut social et économique des investisseurs dans le domaine de l'irrigation privée. De même, l'exploitation des statistiques nationales fournies par la Direction des Douanes du Niger a permis de prendre la mesure des importations nationales de 2000 à 2005. A l'échelle des villes, il était en outre crucial de parvenir à quantifier l'écart qui séparait les prix des principaux produits agricoles sur les marchés de Gaya et de Malanville pour comprendre l'intérêt des consommateurs et des grossistes à s'approvisionner d'un côté ou de l'autre de la frontière. Pour cela, les relevés effectués par les agents de la Direction régionale du Développement communautaire (ex-Plan) de Gaya de 2000 à 2005 ont été utilisés. Ces moyens ont permis de chiffrer l'activité économique à une échelle encore peu usuelle. Il demeure que l'appréciation quantitative des réseaux ne peut être qu'approchée en l'état des sources disponibles, des moyens déployés dans cette recherche et de l'extrême variation conjoncturelle des flux. En conséquence, les cartes qui en résultent donnent davantage l'idée d'orientation spatiale et d'importance respective que la mesure précise des flux. Il en a été de même en ce qui concerne les marchés: la classification retenue, qui définit trois catégories d'importance nationale, régionale et locale doit être considérée comme une tentative de recension et d'évaluation comparative des places de commerce, tant il est évident que les flux commerciaux, l'aire d'influence, le nombre et la densité de consommateurs restent fondamentalement imprécis. De ce point de vue, l'opacité des échanges qui caractérise le commerce frontalier constitue un frein puissant à sa modélisation.

Il a également été difficile de travailler de manière équilibrée entre les trois Etats, ce qui a peut-être conduit l'analyse à approfondir les réalités nigériennes et béninoises au détriment de celles du Nigeria. Il est certain que le travail de terrain dans ce pays s'effectue dans des conditions plus contraignantes qu'ailleurs en raison de la déliquescence générale des structures nationales ainsi que d'une corruption et d'une insécurité omniprésentes. Le Nigeria possède pourtant une frontière commune avec le Niger longue d'environ 1300 kilomètres, dont dépendent en grande partie les logiques commerciales observées à Gaya et à Malanville. Aussi, plutôt que d'ignorer que le Nigeria est un voisin immensément chaotique et imprévisible, il a été jugé nécessaire d'en analyser les dynamiques spatiales et sociales avec la même rigueur qu'au Niger et au Bénin. Or, il faut bien admettre que cet objectif a été difficile à atteindre. C'est sans doute au Nigeria que l'ambition de comprendre les mécanismes économiques a rencontré le plus d'obstacles et que la probabilité que ce travail puisse servir à l'élaboration de politiques urbaines est la plus faible, tant l'inertie et la face cachée de l'économie sont grandes et tant les leviers du changement sont complexes.

Conformément au modèle territorial sahélien développé dans cette analyse, l'étude s'est limitée aux deux modes d'organisation de l'espace dominant, celui de la production et celui de la circulation. Ainsi, quarante-sept sites ont été retenus, dans le département de Gaya (37), ses marges béninoises (7) et nigérianes (3). Ce choix a été rendu nécessaire par le fait que l'intensité et l'orientation des flux économiques échappaient aux strictes limites villageoises, pour se développer dans un espace international. Le déséquilibre observé entre les trois Etats s'explique notamment par la définition des critères d'identification principaux (Carte 2).

En ce qui concerne la production, l'identification des sites d'enquêtes concerne les principales régions de cultures de rente et leurs lieux de commercialisation. A ce titre, il était essentiel de concentrer les recherches sur des sites localisés dans des environnements à potentiel élevé, comme les vallées fossiles *(dallols)*, essentiellement situées au Niger, ou sur les rives du fleuve. La zone nord du département de Gaya produisant la canne à sucre a été l'objet d'une attention plus particulière, en regard de l'importance des transformations agricoles qui s'y déroulaient (remplacement du mil, du riz et du sorgho par la canne à sucre) ainsi que par la présence de réseaux marchands clairement orientés vers l'exportation, tandis que dans la région du fleuve, la majorité des sites de production ont été observés, avec pour ambition de retracer l'extension des cultures et des réseaux marchands du riz, de l'oignon ainsi que des cultures maraîchères.

Cette recherche s'est limitée, dans le domaine agricole, à l'étude de l'agriculture de rente et aux réseaux régionaux qui lui étaient liés, laissant de côté une hypothétique exportation intercontinentale, laquelle pose des problèmes spécifiques (FIDA, 2001). La zone considérée n'est en effet pas comparable aux espaces maraîchers du Kenya, de Côte d'Ivoire et du Ghana, dans lesquels une agriculture d'exportation s'est développée. Les observations se sont donc concentrées sur les cultures commerciales comme les tomates, les piments, les oignons, la canne à sucre, les patates douces et le riz, c'est-à-dire sur les produits qui font l'objet d'une marchandisation importante. L'étude s'est attachée autant aux activités privées, soutenues par l'ANPIP dans le domaine de l'agriculture irriguée, qu'aux initiatives collectives mises en place depuis plusieurs décennies par l'Office National des Aménagements Hydro-Agricoles (ONAHA).

En matière de circulation, ce travail s'est intéressé aux marchés les plus développés du point de vue des activités d'import-export et du commerce de détail. Les villes de Gaya, Malanville et Kamba ont, de ce point de vue, constitué le terrain privilégié des enquêtes. Les enquêtes se sont alors concentrées sur les principaux produits qui assuraient une rente de situation aux commerçants d'import-export de ces marchés, c'est-à-dire les textiles, les

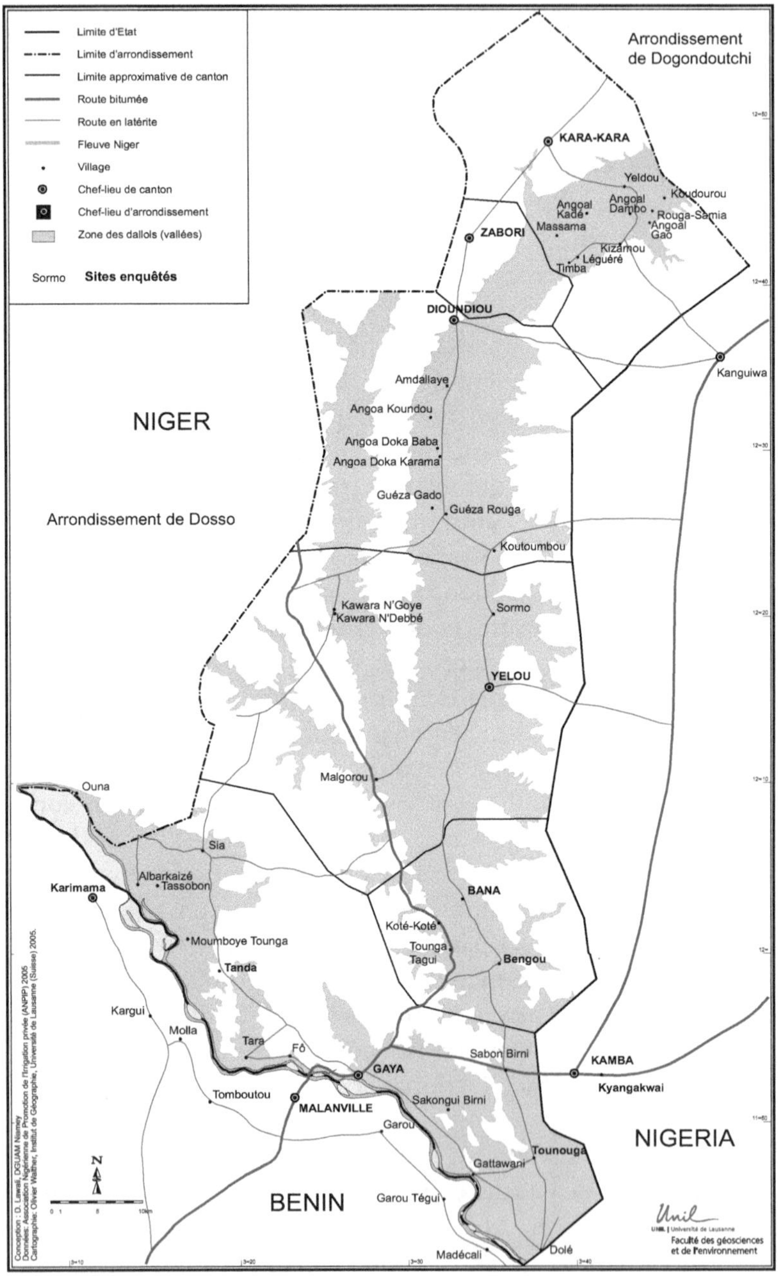

Carte 2. Localisation des sites d'enquête au Niger, Bénin et Nigeria
Source: Walther, 2006.

voitures d'occasion, les hydrocarbures et les produits agricoles provenant du marché mondial ou des pays côtiers.

En raison des limitations relatives au domaine quantitatif, il est apparu nécessaire d'utiliser des méthodes d'enquête et d'analyse qualitatives non seulement dans la phase exploratoire du sujet, mais également dans la récolte des informations définitives. Celles-ci furent sensiblement différentes en milieu rural et en zone urbaine. La première étape du terrain a consisté à identifier les acteurs les plus représentatifs des dynamiques économiques, notamment les individus-clés nécessaires à l'entrée dans un «milieu». Cette phase a nécessité un long travail d'approche, facilité par les contacts entrepris dans le cadre des recherches précédentes de l'auteur et par le réseau de connaissances des trois interprètes employés. Ces intermédiaires ont servi de «facilitateurs» dans les milieux paysans et marchands. Etudiants en géographie à l'Université de Niamey, leur maîtrise des langues zarma et haoussa, leur pratique d'enseignant ou d'enquêteur pour des projets de recherche antérieurs de même que leur aisance dans les rapports hiérarchiques de la société leur ont assuré un lien privilégié avec les autres informateurs de terrain.

Mais encore fallait-il que la relation qui les lie au travail ne connaisse pas trop de biais méthodologiques. On peut supposer par exemple que des étudiants en géographie soient enclins à interpréter les informations de terrain avant de les restituer par traduction au chercheur, ou qu'ils travestissent les questions posées en fonction des connaissances acquises à l'université. Ces difficultés risquent d'être encore aggravées par le fait que

> si le chercheur explique ses hypothèses de recherche à l'enquêteur, il court le risque de recueillir une information «prédigérée»; s'il prend le parti de donner un minimum d'explications (souvent, d'ailleurs, l'enquêteur ne se pose pas de questions sur une société qu'il croit sans secret pour lui), il s'expose au risque de recueillir une information largement inutilisable (Gibbal et al., 1982; 18).

Dans cette recherche, il était donc indispensable de faire part précisément des hypothèses d'étude aux trois étudiants en raison de leur statut d'universitaires et d'anciens enquêteurs. Cela n'a pas conduit à des distorsions trop importantes, en raison notamment des recoupements constants effectués entre les informateurs, ce qui ne signifie pas pour autant qu'ils se soient cantonnés dans le rôle de simples traducteurs. Leur sens de l'entregent a été d'une aide précieuse lorsqu'il fallut accéder à des renseignements sensibles sur l'évolution des affaires ou sur l'activité de certaines filières commerciales prohibées. Initialement limité à la sphère marchande, le réseau des personnes enquêtées s'est étendu aux autorités coutumières (chefs de quartier et de canton) qui sont les relais incontournables de l'accès aux informations, qu'il convient donc de ménager, mais qu'il est tout autant nécessaire de contourner, ne serait-ce que parce qu'elles représentent la norme et le privilège dans une société fortement hiérarchisée et très hétérogène.

En milieu rural, les informations ont été récoltées en s'établissant dans une localité pour une durée de plusieurs jours. Lorsque cela était possible, il a été jugé préférable de rendre visite à l'instituteur, lequel permettait ensuite de rencontrer le chef de village ou de canton et d'expliquer les motivations de la recherche. Le représentant de l'autorité coutumière informait alors sa cour des intentions de l'étude avant de chercher parmi les exploitants certains paysans qui accompagneraient les travaux. En milieu urbain, l'intérêt s'est porté sur tous les acteurs économiques qui pouvaient exercer une certaine influence sur les réseaux marchands et que l'on nomme localement les *patrons*. Il est nécessaire de souligner ici que l'enquête en ville fut plus complexe et plus longue à mener à terme que celle en milieu rural, car les commerçants sont moins disponibles que les producteurs et parce que les notables urbains ont davantage d'activités relationnelles que les autorités des campagnes. La plupart de ces derniers résident et travaillent dans un rayon modeste, alors que les marchands sont très mobiles et possèdent souvent plusieurs résidences. La fréquentation des notables urbains n'est également pas aisée et l'essentiel du temps de l'enquête se déroule en approches et en visites de courtoisie.

Dans les deux situations, le choix a été fait de se déplacer sur le lieu d'exercice de l'activité professionnelle des acteurs. En milieu rural, les entretiens ont eu lieu préférentiellement sur les parcelles des exploitants en dehors du village, autant par nécessité analytique que pour s'éloigner du discours normé qui entoure le chef et sa cour. En ville, les enquêtes se sont déroulées surtout sur le marché et dans les boutiques des commerçants. Encore fallait-il pouvoir travailler avec des informateurs divers, et non pas seulement par l'intermédiaire de ceux qui étaient réquisitionnés par les chefs, et qui bien souvent leur étaient proches ou de ceux qui occupaient une position dominante dans les réseaux, comme les présidents de syndicats. Grâce à une fréquentation de longue durée des terroirs et des marchés, cette difficulté a été partiellement surmontée.

Une attention particulière a été portée à la constitution d'un échantillon d'analyse représentatif de la diversité des agents économiques. Selon le type de commerce, une méthode différente a été adoptée car, étant donné l'opacité et le petit nombre d'agents actifs dans l'import-export, il aurait en effet été illusoire de vouloir mener avec eux les mêmes entretiens qu'avec les petits détaillants. C'est ce qui explique que la thématique du commerce à longue distance ait été abordée à travers des entretiens moins nombreux mais plus approfondis que celle concernant le commerce de détail, lequel a fait l'objet d'une enquête plus directive auprès de 60 commerçants des marchés de Gaya, Malanville et Kamba. Dans les trois Etats, l'enquête a concerné avant tout des opérateurs économiques actifs au niveau international (importateurs de friperie et de denrées alimentaires, banquiers, transporteurs), régional (détaillants, producteurs privés ou réunis en associations) ou insérés dans des logiques d'investissement local (investisseurs ou représentants de mutuelles). Etant donné l'importance des relais politiques et coutumiers dans la région, les entretiens ont également été élargis aux chefs traditionnels et à certains notables de la ville de Gaya (quartiers et canton) et de Malanville, aux représentants des Etats nigérien et béninois (Préfecture, Douanes) et des communes de Gaya, de Malanville et de Kamba (mairies et Local Government Areas).

Les méthodes employées dans la phase d'enquête s'inspirent de celles qui furent développées et critiquées par l'anthropologie (Geertz, 1996; Olivier de Sardan, 1995). D'abord, des entretiens conçus sans grille d'analyse rigide ont permis de se familiariser avec l'évolution des fonctions économiques et politiques frontalières et de mettre en exergue les principales difficultés rencontrées dans l'exercice de ces activités. Ensuite, des entretiens plus précisément orientés et formalisés ont permis de détailler le fonctionnement du clientélisme. Au cours de ces entrevues, une grille d'enquête constituée de thèmes préalablement établis permettait de canaliser la parole des personnes enquêtées, tout en leur laissant la liberté d'évoluer librement entre elles. Cette méthode tient compte de la relative inefficacité des entretiens dirigés auprès de populations peu scolarisées, chez lesquelles le chemin de la parole emprunte des itinéraires codifiés. En raison d'un haut degré d'opacité des affaires concernées, il est rapidement devenu évident que la possibilité d'une stricte observation participante était extrêmement difficile dans l'analyse des réseaux marchands et que seule était possible la position du chercheur en tant que «participant as observer» définie par R. Gold (1958) comme une posture d'écoute, d'ouverture et d'observation qui autorise de ne pas se comporter comme le groupe étudié.

Le terrain et la réciprocité

De nombreuses incertitudes affectent le travail de terrain. Par un curieux renversement des choses, le chercheur craint moins désormais l'impérialisme scientifique qui se serait substitué à la science coloniale que l'instrumentalisation de l'œuvre géographique par les «indigènes» eux-mêmes. Il devient plus familier de questionner les stratégies des informateurs telles que la recherche personnelle de profits ou la rente d'information que l'intrusion de ce même chercheur dans la société qu'il étudie. Plus de quarante années séparent ce travail des temps coloniaux et le scientifique craint désormais moins ce qu'il pourrait modifier que la manière dont lui-même est influencé dans son travail. A ce titre, la leçon d'Ogotêmmeli, célèbre informateur dogon de M. Griaule (1948 [1987]), a porté ses fruits: l'analyse du monde social passe inévitablement par le filtre des producteurs symboliques africains, aujourd'hui devenus leaders d'opinion, chefs traditionnels ou *patrons*.

Ces derniers ne sont plus simplement «objets» d'étude. Ils ne conçoivent pas que le chercheur soit désintéressé au point de sacrifier ce qui fait l'attrait de sa société d'origine à un quotidien qui lui apporte souvent peu de compensations. Dans la plupart des cas, notamment dans la région de Gaya – Malanville – Kamba où les habitants ont une longue expérience de la «dynamique de projet», l'idée même de procéder à des études de terrain est incompréhensible si elle ne s'accompagne pas, dans un délai plus ou moins prolongé, d'une action sous la forme d'un programme de développement. L'expérience du chercheur prend alors une autre teinte lorsqu'il réalise que son travail, tout théorique qu'il soit, est essentiellement interprété comme les prémisses d'une intervention développementaliste. Il se voit alors, dans les yeux de ceux qu'il côtoie journellement au village ou dans les quartiers, comme le «missionnaire» intervenant dans l'identification d'un site d'action de développement et des acteurs supposés bénéficier de celui-ci. Aussi est-il très périlleux de s'extraire de la «mission», parce qu'elle est perçue comme un présupposé, non pas à la *compréhension* de la société mais à l'*action* sur cette société, ce qui est évidemment très différent. Alors que le scientifique du temps colonial était lié à la contrainte militaire ou administrative, le chercheur d'aujourd'hui est associé aux programmes de développement, ce qui signifie en définitive que sa légitimité reposera sur la manière dont il parviendra à tenir compte des hiérarchies locales avant que d'autres spécialistes y affectent un budget. A tel chercheur qui étudie les régimes de propriété existant autour des points d'eau par exemple, on répondra d'abord de manière évasive, avant de s'interroger sur l'opération hydro-agricole qui permettra, soit d'accroître un domaine particulier, soit, au contraire, de priver certains individus des droits qui leur reviennent dans l'accès aux puits. Enfin, on orientera les comportements et les informations données au chercheur en tentant d'optimaliser un intérêt particulier, dans l'espoir que des réalisations de développement prennent place après la «mission».

En ce sens, le rapport social qui s'instaure entre le chercheur et les populations s'étend bien au-delà de la recherche d'informations, pour se porter dans la sphère du don et du contre-don. A mesure que progressent les enquêtes de terrain, il devient manifeste que le clientélisme étudié entre marchands sur une base scientifique s'étend également à la pratique de l'enquêteur vis-à-vis des commerçants enquêtés. Il s'agit là d'une position inconfortable: faut-il refuser d'entrer, à titre personnel, dans les logiques de don et de contre-don qui font précisément l'objet de l'enquête? Quelles limites fixer à la réciprocité et quelle contrepartie est attendue du chercheur? Ce dernier est en position de faiblesse car il est demandeur de renseignements, alors que l'informateur est «intéressé» à la recherche d'informations, dans la perspective de profits divers et différés. D'une manière ou d'une autre, il devient évident que l'observation transmise n'est pas gratuite et qu'il faut donc s'immerger dans ce rapport social menant à l'information, sans perdre de vue son fonctionnement. Pour parler de la «capacité à analyser [les] modes d'expressions», C. Geertz (1986; 90) affirme que

> comprendre la forme et la contrainte des vies intérieures des indigènes, pour employer une fois de plus le mot dangereux, ressemble plus à saisir un proverbe, discerner une allusion, comprendre une plaisanterie – ou, comme je l'ai suggéré, lire un poème – que cela ne ressemble à atteindre une communion.

La difficulté réside dans le fait qu'en acceptant de participer aux logiques clientélistes, le contre-don ne peut pas être constitué par le bien-être ou la connaissance apportée par le chercheur à ceux qu'il étudie dans une logique positiviste. Les intéressés ne sont pas dupes au point de croire au progrès général que les enquêtes menées sur leur terrain pourront entraîner; ils sont en revanche enclins à se demander si, éventuellement, le savoir objectivé dans l'action de développement pourrait leur profiter. En définitive, il ne saurait y avoir de contribution scientifique sans réciprocité, quelle qu'en soit d'ailleurs la forme. Dans son ouvrage relatif aux *patrons*, J. Boissevain (1974) montre la multiplicité des formes de contre-don et des délais qui accompagnent les échanges clientélistes. L'argent n'est pas l'unique contrepartie qui puisse satisfaire à l'entretien de rapports sociaux entre le chercheur et les informateurs, il faut également tenir compte de variables telles que l'écoute, l'attention, la capacité à comprendre, le capital de reconnaissance.

Reconnaître ainsi que la pratique de terrain nécessite une certaine contrepartie n'est pas chose aisée. Un grand nombre de travaux préfèrent passer sous silence les rapports entretenus entre les informations et les «équivalents», notamment parce que ceux-ci sont souvent monétarisés. Qui oserait affirmer qu'il paie systématiquement ses interlocuteurs se verrait dans le même temps accusé d'acheter des informations. Certains sont nostalgiques d'un âge d'or au cours duquel la récolte d'informations se faisait sans réciprocité financière, dans l'intérêt mutuel du chercheur et de l'enquêté. Ils considèrent par conséquent que la rétribution brise cette innocence en introduisant l'obligation de payer pour connaître. Or, cet âge d'or est une vue de l'esprit. De tous temps, les renseignements obtenus de manière asymétrique, c'est-à-dire sans contrepartie de la part du chercheur, ont été tronqués, qu'ils aient été arrachés par la contrainte ou inventés de toutes pièces par l'informateur. Il n'est plus possible, comme M. Griaule et M. Leiris (1934 [1981]) au Pays Dogon, de procéder par rapts, chantages et malédictions pour s'emparer des objets, les glisser dans ses bottes et fourrager dans les ossuaires un tibia à la main.

Mais ne peut-on pas dire que les informateurs rétribués sont également sujets à introduire des biais méthodologiques? Certes, mais il semble qu'en refusant la rémunération, outre le fait qu'il s'attribue gratuitement le travail ou le savoir d'autrui, le chercheur s'extrait de sa position sociale et déçoit les attentes de ses interlocuteurs. Cela porte rarement à conséquence dans le cas où le scientifique ne reste pas longtemps sur un terrain particulier. Cependant, dans l'éventualité où il désire revenir sur le lieu d'étude – ce retour étant sans doute aussi important que la fréquentation assidue du terrain parce qu'il signifie que la relation établie au premier séjour était solide – le chercheur est dans l'obligation de réfléchir au sens de la contrepartie qu'il fournit pour le prix de ses informations. Quel que soit son thème d'analyse, il finit par découvrir que l'espérance de recevoir et l'obligation d'offrir qui caractérisent les relations entre *patrons* et obligés s'étendent progressivement à sa pratique personnelle du terrain. En effet, les rapports qu'il entretient avec ses informateurs s'apparentent à des relations réciproques qui dépassent souvent le strict cadre contractuel. Le contre-don constitue la partie sociale de l'échange. Ceci explique pourquoi, d'après un intermédiaire de Gaya, «On ne peut pas payer les services rendus par un vieux qui accepte de ‹donner› des informations. Aucun argent ne peut acheter ça. Tout ce qu'on lui donne à la fin de l'entretien, ce n'est pas un salaire, c'est un cadeau». De la même manière, on ne compte plus les situations où, échaudés par le manque de réciprocité, les enquêtés prétextent un baptême, un travail urgent, un médicament à aller chercher au plus vite, pour se dérober aux questions du scientifique. Il est à ce point nécessaire de considérer que la somme correspondant à la contrepartie est une gratification et non un salaire. Dans la région de Gaya – Malanville – Kamba, les habitants parlent ainsi du *«prix de la cola»* pour exprimer le refus public de renseigner le chercheur contre de l'argent, la plupart des enquêtés n'acceptant d'ailleurs pas de recevoir de l'argent ouvertement. Auprès d'un chef de village ou de canton, le chercheur offre alors *«pour la cour»*, même si il est convenu que seule l'autorité coutumière s'occupe de l'affectation de la somme reçue.

En ce qui concerne les interprètes-intermédiaires, le problème se pose de manière quelque peu différente car ils reçoivent généralement un salaire, très variable selon les chercheurs. A trop peu les payer, ces derniers courent le risque de ne reconnaître ni la valeur de leur travail ni le statut qui leur convient, c'est-à-dire de refuser la relation de confiance qui s'établit entre un *patron* et son obligé. L'interprète-intermédiaire qui se juge trop peu payé et dont le statut est par conséquent abaissé aura tendance à négliger son travail, à traduire approximativement ou abusivement ou à ne pas faire jouer son réseau personnel au profit de l'enquêteur. Dans tous les cas, ce n'est pas la somme en valeur absolue qui détermine la satisfaction de l'intermédiaire, mais plutôt la proportion que le chercheur accepte de redistribuer à son obligé, en fonction de sa richesse présumée. Cette situation est l'objet de malentendus innombrables: un grand nombre de chercheurs croyant satisfaire leurs intermédiaires en leur accordant un salaire important par rapport à la moyenne nationale ou au SMIG s'étonnent du manque de gratitude des intéressés à leur égard. Ils confondent ici la mesure même de la rétribution, qui n'est pas fonction du contexte national mais de leur propre capacité financière, en général largement exagérée, avec la dimension sociale du revenu. Ils s'étonnent également que l'individu dont ils viennent de payer les services de traducteur ou de guide réclame en outre un «cadeau» et y voient une forme de compensation au faible niveau de rémunération local. Or il est usuel d'observer que les individus bien payés réclament aussi un «cadeau», gage de sociabilité qui lie les deux individus, au-delà de l'aspect purement financier.

Il a en outre été constaté que plus le chercheur est jeune et plus il a intérêt à bien rétribuer les intermédiaires qui travaillent avec lui, car ce scientifique ne bénéficie pas de la même facilité à établir certains liens sociaux directement dépendants de l'aînesse. Les scientifiques plus âgés bénéficient à ce titre d'un statut social qu'ils n'ont pas besoin de construire et qui rejaillit sur les personnes qu'ils emploient. Il faudra donc que l'interprète-intermédiaire d'un jeune chercheur soit bien «assis» dans son rôle pour compenser le handicap de son *patron*. A ce titre, il est curieux de constater que les enquêtés attribuent généralement un âge plus avancé aux jeunes chercheurs au Sahel, parce qu'ils bénéficient de moyens qui sont normalement l'exclusivité des personnes plus âgées (voiture, interprète, téléphone portable). La population comprend en effet assez difficilement que des problèmes aussi vastes et complexes que les droits fonciers, les conflits autour de l'eau, la participation des femmes à la vie sociale ou les réseaux marchands soient analysés par des jeunes scientifiques, alors que précisément, la recherche de terrain est l'épreuve de passage pour ceux qui débutent, notamment en milieu rural, en attendant d'être employés dans les bureaux climatisés de la capitale ou d'effectuer de courtes «missions» bien rémunérées.

De ces éléments découle le fait qu'il est douteux de prétendre connaître correctement une société sans savoir répondre aux deux questions «*A qui donner?*» et «*Combien donner?*». Ignorer ces dimensions empêche de saisir les fondements de la société étudiée et a fortiori, ceux des échanges économiques. En réfléchissant à la pratique du terrain, il est en effet surprenant de constater avec quelle insistance ces interrogations se posent et, surtout, de voir les implications que leur connaissance par le chercheur peut entraîner. C'est ici que les qualités d'un intermédiaire sont décisives: à celui qui est mal conseillé, qui donne sans discernement ou qui ne donne jamais en échange du temps qui lui est consacré ou des renseignements qui lui sont fournis, quelles que soient d'ailleurs ses raisons personnelles, il est extrêmement difficile de dépasser le consensus de façade qui caractérise un grand nombre de situations de terrain. Certes, il est possible de survoler une région en vue de récolter les éléments d'un rapport et dans ce cas, peu importe de savoir à qui et combien donner. Cependant, dans la mesure où le chercheur se destine à un travail de longue haleine, les règles de l'échange social lui imposent de se situer *dans* son terrain, pour que celui-ci ne reste pas une «chose» extérieure.

Partie I

Les spécificités de l'Afrique sahélienne

> Sa position naturelle [de Gaya] de double riveraine du grand fleuve, sa terre limoneuse et fertile, ses excellents pâturages et ses salines (avec, en plus de nos jours, la commodité de sa double zone frontière sur le Dahomey et la Nigéria) en ont toujours fait et en feront toujours le rendez-vous des nomades chercheurs de verdure et d'humidité en toute saison comme des chenapans cosmopolites amateurs de vie facile et de moyens d'existence parfois quasi-interlopes.
>
> M. Perron, 1924. *Le pays dendi;* 52

Les spécificités de la territorialité sahélienne peuvent être appréhendées à travers deux traits principaux: la diversité de son peuplement et l'intensité des relations entre ses villes et ses campagnes. Le premier est manifestement caractérisé par une occupation discontinue de l'espace, qui associe, dans le cadre d'une même structure territoriale considérée comme «le champ d'action des groupes sociaux définissant l'appropriation et le rapport aux autres groupes» (Retaillé, 1986), des zones de fortes densités correspondant à des noyaux sédentaires et paysans à des espaces très peu peuplés, habités par des populations pratiquant des activités (agro-)pastorales. Le second est caractérisé par la vitalité des rapports entretenus entre les centres urbains et leurs périphéries dans un contexte d'urbanisation récente et explosive.

Pour rendre compte de ces éléments, l'analyse se concentre sur les spécificités de l'articulation sahélienne. Un modèle dynamique est proposé dans lequel les deux principales logiques d'organisation de l'espace que sont la production et la circulation sont commentées en regard des évolutions historiques ayant affecté l'Afrique sahélienne. Ce modèle permet de soutenir l'hypothèse selon laquelle les motivations des acteurs du capitalisme marchand comme les initiatives des Etats et des bailleurs de fonds tendent toutes à une meilleure gestion de l'incertitude, mais sont profondément opposées dans la stratégie à adopter pour y parvenir. L'étude des spécificités sahéliennes montre alors que deux représentations concurrentes aboutissent à un espace mobile désarticulé: si pour les marchands la circulation permet de s'approvisionner là où les produits sont disponibles, les Etats et les bailleurs considèrent le territoire comme une ressource devant aboutir à une spécialisation de la production. Cette grille de lecture permet de montrer que les inégalités de peuplement et de développement humain résultent plus de l'activité migratoire et singulièrement de la construction des formations politiques précoloniales esclavagistes que des variables climatiques. Pour mesurer la juxtaposition des strates et des superpositions multiples du peuplement contemporain, l'exemple de la construction identitaire de l'espace sociopolitique du Dendi, qui englobe les villes actuelles de Gaya, Malanville et Kamba, sert de fil conducteur à l'étude de l'origine des populations.

Le thème des villes conduit dans un second temps, à s'interroger sur l'ampleur et les causes de l'urbanisation que connaît actuellement la zone d'étude. En particulier, le travail s'intéresse à la définition de la ville sahélienne, dont les traits distinctifs résultent autant de l'usage des matériaux que de la volonté des pouvoirs de la modeler à son image. Les exemples de Gaya, Malanville et Kamba servent à montrer comment furent créées les villes qui forment aujourd'hui les principaux marchés. A l'évidence, les récits qui explicitent la fondation urbaine ne visent pas à la production d'une histoire positiviste, dans laquelle les lieux, les itinéraires et les acteurs seraient définitivement établis et confrontés aux autres sources, archéologiques ou linguistiques, qui permettraient de prouver leur cohérence ou leur inadéquation avec la «réalité». Il s'agit plutôt de mettre en évidence ce qui, dans ces paroles, est révélateur des rapports sociaux et de la «fabrique d'identité» de la région en question, avec pour objectif de montrer comment ceux-ci peuvent avoir une actualité en termes de rapports de pouvoir. Ces considérations géographiques et identitaires conduisent ensuite à s'intéresser aux motivations qui encouragent aujourd'hui les citadins et les habitants des campagnes à migrer plus ou moins durablement d'un espace vers un autre, au sein de ce qu'il faut bien appeler une forme d'échange généralisé.

1. Diversité du peuplement régional

De l'Océan Atlantique au Lac Tchad, le peuplement sahélien illustre une forme très particulière d'organisation de l'espace dans laquelle alternent des noyaux sédentaires très densément peuplés tels que les môles wolof-serer, mossi et haoussa, et des vides intercalaires comme l'ouest du Mali, le Gourma et l'est du Burkina, qui n'obéissent pas à des schémas zonaux mais à des organisations héritées (Cour et Snrech, 1998; Retaillé, 1989). Cette disposition est la résultante de deux formes d'occupation de l'espace – productif et circulatoire – dont la dynamique d'ensemble s'articule le long d'axes méridiens.

1.1 Circulation et production: les logiques d'organisation de l'espace

L'analyse de l'organisation territoriale sahélienne a donné lieu à deux lectures spatiales concurrentes: d'abord une approche zonale qui découpe l'espace en entités homogènes du point de vue de leurs attributs bioclimatiques, ensuite une approche méridienne qui convient à l'interprétation des processus socioculturels, politiques et économiques. Ainsi, une analyse en termes de biomes intertropicaux permet de distinguer quatre grands domaines zonaux: un domaine aride saharien en position septentrionale, caractérisé par des précipitations moyennes annuelles généralement inférieures à 100 mm et très irrégulières; un domaine sahélien, présentant une végétation dite de steppe à épineux et dont les limites théoriques sont généralement comprises entre les isohyètes de 100 et de 700 mm; un domaine soudanien aux strates arborées parfois transformées en savanes par l'action anthropique, grâce à des précipitations comprises entre 700 et 1300 mm; un domaine guinéen de type tropical humide aux précipitations supérieures à 1300 mm, présentant des ensembles de forêts denses diversement conservés.

Cette répartition zonale s'explique essentiellement par le fonctionnement saisonnier de la circulation atmosphérique sous-continentale à l'intérieur de la cellule de Hadley située entre la Zone de Convergence Intertropicale (ZCIT) et la ceinture anticyclonique subtropicale, où s'opposent deux masses d'air: d'une part un alizé continental chaud et sec venant du nord-est *(harmattan)*, d'autre part un alizé maritime humide en provenance de l'Océan Atlantique (mousson). La frontière entre l'air sec et chaud des alizés continentaux et l'air humide et chaud des alizés maritimes de la ZCIT est aligné grossièrement est-ouest. Ses déplacements conditionnent l'intensité des précipitations au Sahel: ainsi, lorsque les alizés humides remontent vers le nord, la zone de convergence se déplace également dans cette direction jusqu'à atteindre sa position maximale, située approximativement à 20°N au mois d'août. D'avril à octobre, l'Afrique de l'Ouest connaît ainsi une saison des pluies, lorsque les vents du sud dominent et apportent de l'air humide en direction de l'intérieur du continent. Depuis novembre, la zone de convergence entame sa descente en direction de l'équateur, le Sahel connaît alors une saison sèche, caractérisée par la prépondérance des alizés sahariens, jusqu'au mois d'avril suivant.

Cette division est très fréquemment utilisée pour établir un modèle de territorialité, essentiellement basé sur la correspondance entre chaque domaine bioclimatique et ses activités socio-économiques. Selon ce modèle aux références naturalistes évidentes, les «milieux» déterminent des modes de vie adaptés aux environnements naturels, de telle sorte que les nomades et les sédentaires sont chacun assignés à un territoire particulier. La rivalité attribuée à ces deux grands groupes humains est alors exacerbée par les périodes de sécheresses prononcées et prend la forme d'une «ligne de front» mettant en concurrence deux types d'organisation de l'espace, respectivement pastoral et agricole. L'enjeu, dans ce modèle zonal, est de prévenir les conflits récurrents en matière d'occupation de l'espace, en attribuant des «couloirs de passage» aux éleveurs dans les zones de production et, symétriquement, en freinant l'extension des fronts pionniers agricoles au-delà des limites légales de cultures sous pluie.

Les critiques adressées à ce modèle (Retaillé, 1986, 1989) insistent sur quatre points:

1. Les sciences sociales ne peuvent, sans risque, recourir à des modèles déterministes de l'activité humaine. L'incertitude climatique – cette *«tyrannie des pluies»* évoquée par C. Toupet (1992; 12) – ne justifie pas d'attribuer aux facteurs physiques une prédominance absolue sur les variables humaines.
2. L'irrégularité des précipitations dans l'espace et dans le temps rend très hypothétique toute délimitation spatiale des domaines climatiques calcu-

lés sur des moyennes. Il découle de cette propriété qu'un modèle purement zonal perd de son efficacité du point de vue humain, par la variabilité même de la zone qui est décrite comme «sahélienne» ou «soudanienne» d'une année à l'autre.

3. Le modèle zonal est importé dans la mesure où il s'attache à reconstituer un schéma explicatif de la territorialité sahélienne à partir de références extérieures, sans recourir à l'analyse des représentations et des pratiques spécifiques aux acteurs sociaux.
4. L'opposition zonale de deux grands groupes sociaux – nomades et sédentaires – est réductrice dans la mesure où elle se fonde sur une définition fixiste du nomadisme et de la sédentarité, justifiée exclusivement par l'observation des «modes de vie». En travaillant au contraire sur les formes actuelles de nomadisme comme le tourisme, le transport de clandestins ou la contrebande de cigarettes, il est en revanche possible de montrer que le fait d'être nomade «est une affaire d'appartenance et d'identité transmise par le sang beaucoup plus qu'une identité par le sol, si l'on peut dire, définie par une modalité spatiale» (Retaillé, 1998; 38). C'est dire qu'il ne suffit pas d'être mobile pour être qualifié de nomade et que les agropasteurs d'origine «nomade» ne sont pas subitement devenus sédentaires à la faveur des sécheresses.

Compte tenu de ces critiques, un modèle plus attentif aux dimensions longitudinales de l'activité humaine permet de reconstituer les transformations territoriales du Sahel. En fin d'analyse, il permet d'attribuer le qualificatif de «sahélien» à une forme bien spécifique d'organisation de l'espace, dont la principale propriété est de s'appuyer sur des circulations méridiennes résultant d'une conception spatiale essentiellement mobile. C'est cette conception qui est défendue dans la suite de ce travail et qui autorise à parler de «Sahel» dans l'économie spatiale de Gaya – Malanville – Kamba alors que du point de vue strictement bioclimatique la zone en question se situe dans le domaine sahélo-soudanais. Ce modèle s'appuie sur quatre fondements:

1. Il postule que malgré les transformations historiques qui l'ont affectée, la forme générale des relations entretenues entre les espaces et les sociétés présentée dans le modèle a valeur de structure. Cette structure, basée sur la circulation, constitue le mode de gestion de l'incertitude le plus adapté à la vie sahélienne.
2. Il considère que l'organisation spatiale précoloniale du Sahel a été profondément remaniée, tant par les impératifs de la conquête que par l'émer-

gence des Etats post-coloniaux et de leurs actions «développementalistes». Conçues en rupture avec les modes d'organisation de l'espace, ces transformations n'ont pas permis de répondre d'une manière satisfaisante aux incertitudes climatiques. En attribuant une vocation productive à des espaces qui vivaient de la circulation, elles ont rigidifié la souplesse du système économique.

3. Il prétend que les stratégies spatiales développées par les acteurs actifs dans le commerce résultent d'une volonté de modernisation de la conception mobile de l'espace, quitte à exploiter à leur avantage les initiatives de l'Etat et de la sphère du développement. Ces stratégies mettent alors à profit les opportunités nouvelles offertes par l'instauration de limites entre les nations et par la demande accrue qui résulte du phénomène d'urbanisation des pays sahéliens. Elles conduisent à l'émergence de villes-marchés frontalières particulièrement dynamiques, dont la particularité est, conformément au principe de la circulation, d'être intimement dépendante des flux méridiens.
4. Il affirme que le dynamisme économique informel frontalier doit être davantage considéré comme une réponse appropriée aux potentialités de l'espace sahélien que comme un secteur spéculatif à encadrer.

Dans la phase précoloniale (Figure 2) qui s'étend grossièrement du IVe siècle à 1900, le modèle sahélien de structuration de l'espace est fondé sur des flux méridiens qui illustrent le fait que les structures politiques de cette époque sont essentiellement urbaines et marchandes. En effet, le Sahel fut autrefois le pivot des empires historiques, qui, du Ghâna (IVe-XIIIe siècle) au Kanem-Bornou (XIe-XVIIIe siècle) en passant par le Mali (XIIIe-XVe siècle) et le Songhay (XVe-XVIe siècle) se sont succédé dans la région durant presque mille ans (Huet, 1994). Jusqu'à la colonisation, l'ensemble des domaines ouest-africains est traversé de flux longitudinaux dont l'organisation générale associe traditionnellement certains noyaux de peuplement paysans aux régions désertiques du Sahara et aux espaces forestiers. Dans cet espace de circulation, des marchés occupent les maillons d'une chaîne liant la côte du Golfe de Guinée et ses forêts sempervirentes aux oasis sahariennes et à l'Afrique du Nord. Ces lieux de commerce possèdent la particularité d'être à la fois mobiles et non hiérarchisés: d'une part, leur emplacement géographique peut considérablement varier au cours du temps, de manière à s'adapter aux variations climatiques et politiques qui affectent l'activité marchande, d'autre part chacun d'eux est conçu comme une étape sur le chemin des grands

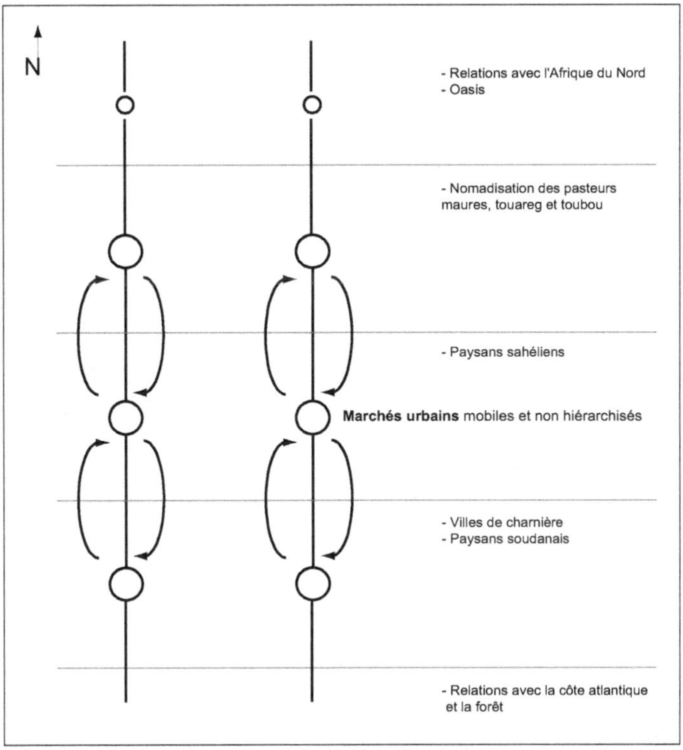

Figure 2. Le modèle sahélien de structuration de l'espace précolonial
Source: Retaillé, 1989, modifié par l'auteur.

commerçants. Ils sont également le siège des pouvoirs politiques, lesquels s'appuient sur l'activité marchande au long cours. Ces particularités n'impliquent pas que toute logique de production agricole en soit exclue mais que, d'une manière générale et même en zone rurale, les logiques de circulation sont prédominantes. La résultante de cet agencement est matérialisée par une armature urbaine, qui «porte des systèmes spatiaux radicalement différents, mais partiellement superposés, dont le point de rencontre est la ville charnière, et qui se manifestent par deux niveaux d'organisation: circulation et production» (Retaillé, 1995; 128).

Cette organisation fut bouleversée par l'apparition des comptoirs européens et plus encore par la période coloniale (Figure 3) qui utilisa la façade maritime guinéenne comme débouché commercial d'exportation, alors que l'intérieur des terres restait le domaine des grandes plantations et, en ce qui concerne certains espaces sahéliens comme l'Ouest nigérien, d'une exploita-

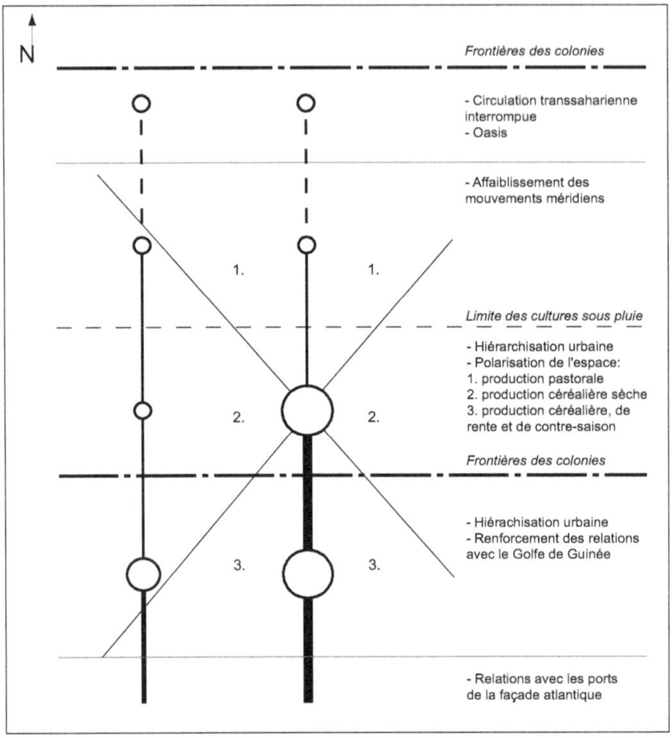

Figure 3. Le modèle sahélien de structuration de l'espace colonial
Source: Retaillé, 1989, modifié par l'auteur.

tion despotique des ressources naturelles et humaines (Olivier de Sardan, 1984). Cette orientation va contribuer à affaiblir considérablement les mouvements sahariens. La colonisation va également s'appuyer sur un axe liant Dakar à N'Djamena, basé sur certaines villes charnières telles que Tombouctou, Gao, Maradi, Zinder et sur la création de nouveaux centres comme Bamako, Kayes ou Niamey. Son action va conduire à remplacer la configuration linéaire, mobile et non hiérarchisée des villes-marchés précoloniales par une organisation macrocéphale dans laquelle un rang et une fonction sont attribués à chacun des centres. Dans le domaine agricole, les changements territoriaux sont également importants car le modèle colonial attribue à chacune des zones bioclimatiques des vocations de production: en zone saharo-sahélienne, l'accent est mis sur l'activité pastorale, en zone sahélienne, sur la production céréalière sèche et en zone sahélo-soudanienne, sur les cultures céréalières, de rente et/ou de contre-saison. Ces espaces de production sont

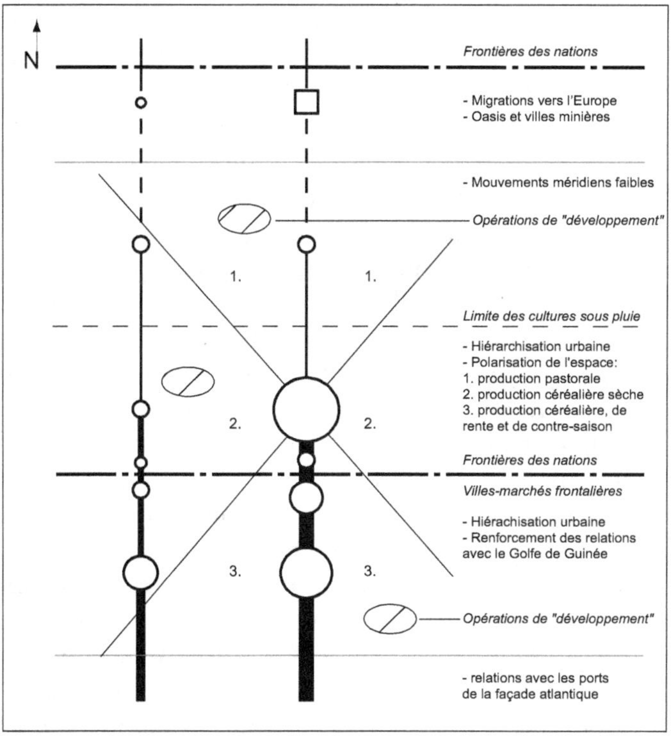

Figure 4. Le modèle sahélien de structuration de l'espace postcolonial
Source: Retaillé, 1989, modifié par l'auteur.

alors polarisés en direction des capitales nationales ou des centres régionaux. Une limite légale des cultures sous pluie est ainsi précisément définie et entérine la vision zonale de l'espace colonial. Au fur et à mesure de la reconnaissance des territoires coloniaux, des limites administratives sont instaurées, parfois avec des remaniements consécutifs aux négociations entre puissances coloniales, comme en ce qui concerne la frontière qui sépare le Niger du Nigeria.

L'indépendance des Etats sahéliens et les investissements des programmes de développement ne vont pas remettre fondamentalement en cause le modèle hérité de la colonisation et s'appuieront sans discontinuer sur une représentation qui considère le territoire comme une ressource (Figure 4). Deux phénomènes vont toutefois s'amplifier. D'une part, les marchés qui se trouvent proches des frontières vont connaître un développement significatif de leurs activités formelles, liées aux flux d'import-export, et informelles, associées aux multiples opportunités marchandes qui résultent des différentiels monétaires et législatifs entre Etats. Autour de ces limites vont se (re)constituer des réseaux de commerce dont la base organisationnelle reproduit dans une certaine mesure le fonctionnement ancien de la circulation sahélienne, mais dont les enjeux sont profondément modernes. Les acteurs engagés dans ces activités sont naturellement les héritiers des grandes «ethnies marchandes» sahéliennes, notamment les Haoussa en ce qui concerne la frontière entre Niger et Nigeria, mais il convient de préciser que les solidarités qui soudent ces marchands sont sujettes à des impératifs différents de ceux de l'époque précoloniale. En effet, les commerçants de l'ère postcoloniale ne sont plus guère ces «chenapans cosmopolites amateurs de vie facile et de moyens d'existence parfois quasi-interlopes» évoqués par l'exergue (Perron, 1924; 52) mais doivent tenir compte des nouveaux pouvoirs qui régissent les Etats-nations, des réglementations qui s'appliquent à leurs territoires, de la dimension mondiale des flux d'import-export et des actions des bailleurs de fonds. Aussi est-il trop simple de considérer que les dynamiques économiques transfrontalières contemporaines ne sont que le prolongement des solidarités ethniques précoloniales.

D'autre part, les opérations de développement vont encore rigidifier l'organisation territoriale héritée de la période coloniale et échouer à prévenir les conséquences des épisodes de sécheresse. Ces initiatives s'opposent aux logiques marchandes fondées sur la circulation, dans la mesure où elles opèrent selon des principes segmentés, en investissant prioritairement dans l'élevage en zone pastorale ou dans l'irrigation en zone agricole. En particulier, elles ignorent plutôt qu'elles n'appuient les dynamiques spécifiques de l'Afrique sahélienne, ce que montre la crise de subsistance des économies sahéliennes des années 1970 et 1980, laquelle va permettre de questionner l'orientation des grands programmes de développement sans toutefois conduire à une remise en cause fondamentale des orientations productives. Certes, l'échelle microgéographique permet d'accorder une attention plus soutenue aux «terroirs» et aux «communautés», mais seul un très petit nombre de programmes sont dédiés à favoriser le commerce au long cours, à développer la formation des marchands ou à améliorer les systèmes qui permettent aux commerçants de connaître l'évolution des cours sur les différents marchés. Soutenus par une vision productiviste de l'espace sahélien et par la nécessité d'y prévenir les famines par l'accroissement de la production locale, les programmes de développement délaissent singulièrement les villes-marchés, les zones frontalières et les réseaux informels, qui constituent pourtant des milieux où se sont reconstituées des logiques économiques adaptées à la gestion de l'incertitude. Ce désintérêt est parfois justifié par le fait que les réseaux informels et leurs acteurs agissent précisément à l'encontre des logiques intégratives des Etats. «Instead of creating a basis for regional trade» – relève à ce propos K. Meagher (2001; 46) – «informal trading networks have actually undermined the ability of African countries to produce goods to trade to each other» ce qui n'est pas surprenant compte tenu du fait que le capitalisme marchand informel est précisément fondé sur la capacité de se procurer des biens négociables là où ils se trouvent, plutôt que d'inciter à les produire dans les zones où les Etats le souhaitent. De toute évidence, la théorie du développement est durablement tournée vers l'étude de l'intensification des logiques productives, orientée selon les complémentarités offertes par les zones écologiques plutôt que sur une réflexion intégrant la pluralité des formes d'organisation de l'espace sahélien.

La contradiction qui résulte des logiques de l'Etat appuyé par les programmes de développement d'une part, et les acteurs économiques d'autre part, conduit à une forte désarticulation des espaces sahéliens, aujourd'hui considérés de manière croissante comme des lieux marginaux et enclavés. Il découle de cette vision qu'à un niveau macrogéographique, les régions économiquement périphériques se trouvent au cœur du sous-continent, le centre de l'Afrique de l'Ouest étant situé entre Lagos et Abidjan. Le développement inégal des infrastructures et des services tend à concentrer la richesse dans les plus grandes zones urbaines, d'autant plus que les régions à forte densité de petites villes sont peu nombreuses. Sans même parler des cités sahariennes, il n'est d'ailleurs pas rare de trouver au Mali, au Niger ou en Mauritanie des villes si périphériques que leur survie ne passe que par le maintien d'un axe routier ou ferroviaire (Kayes, Diffa ou Nema).

Or, il apparaît à la lecture du modèle sahélien d'organisation de l'espace que la marginalité et l'enclavement résultent d'une conception dans laquelle la production prime sur la circulation. Jusqu'à l'époque coloniale, cette marginalité et cet enclavement ne pouvaient s'appliquer à un espace dont la caractéristique était précisément de constituer un chaînon intégré aux échanges longitudinaux, dans lequel un réseau de villes charnières non hiérarchisées permettait de fluidifier le commerce et la diffusion des innovations. Il résulte de ces propriétés que le Sahel contemporain est qualifié de marge dans la mesure où il est caractérisé par un habitat plutôt rural, des transformations inabouties entre une agriculture de subsistance peu diversifiée et une agriculture moderne orientée vers la production spécifique des centres urbains, un manque fréquent de perspectives d'exportations, des moyens de crédits insuffisants et une relative absence d'entrepreneurs (FIDA, 2001).

Ces éléments résultent cependant d'une représentation importée dans laquelle la production régionale est privilégiée par rapport à la circulation sous-continentale et ne permettent qu'imparfaitement de rendre compte des logiques et de l'adaptabilité de cet espace. En effet, confrontées à la nécessité de lutter contre l'incertitude climatique, les sociétés sahéliennes n'ont eu de cesse, depuis la colonisation, de vouloir préserver la souplesse de leurs réseaux sociaux et économiques. Ce faisant, elles ont engendré une dynamique sociale et technologique permettant une gestion originale de l'aléatoire, dans laquelle l'accent est mis sur la diversification des pratiques économiques associées à une extrême mobilité, comme en témoigne l'intensité des migrations et des réseaux de commerce au long cours. Dans ce cadre, de nouvelles pratiques agricoles ou de nouveaux circuits marchands ne sont pas forcément appréhendés comme des événements catastrophiques mais plutôt comme des données structurelles. Cette façon de privilégier la souplesse face à l'aléatoire en matière de gestion n'est d'ailleurs pas sans poser de problèmes quant à la durabilité des stratégies de développement, étant donné que les dynamiques locales favorisent le court terme et l'immédiateté. Ces logiques permettent aux zones sahéliennes de s'insérer dans les réseaux des flux de richesses, le commerce au long cours s'affirmant à ce titre comme un mode original qui transcende les univers de la ville et de la brousse, du désert et de la forêt. Le peuplement qui en résulte reflète alors cette disposition.

1.2 Un peuplement marqué par des formes héritées

A l'échelle du Sahel, le peuplement est marqué par l'alternance de noyaux sédentaires aux densités élevées et de vides intercalaires. Chacun des noyaux sahéliens est associé à un «fuseau nomade» (Retaillé, 1989) qui prolonge les opportunités commerciales au travers des espaces sahariens. D'ouest en est, il est alors possible de distinguer: le môle wolof-serer appuyé sur la façade atlantique et étendu grossièrement entre les fleuves Sénégal et Gambie auquel correspond le fuseau nomade maure, le môle marka-songhay occupant la boucle du fleuve Niger (Gallais, 1984) ainsi que le môle mossi du Burkina Faso, tous deux connectés à la sphère touareg, le môle haoussa contenu entre les villes de Sokoto – Kano – Maradi et relié également au fuseau touareg, le môle béri-béri centré sur le Lac Tchad et ouvert sur la sphère toubou. La présence de ces densités élevées est héritée dans la mesure où elle correspond aux zones d'influences précoloniales des empires du Ghâna, du Mali, des royaumes mossi, des cités-Etats haoussa et du Kanem-Bornou. Dans ce schéma, l'effet de frontière est d'autant plus marqué que l'instauration des limites coloniales a entraîné une translation de la charnière sahélienne en direction du sud, augmentant du même coup les opportunités marchandes des petites et moyennes villes situées à proximité de ces frontières.

A l'échelle régionale du terrain d'étude, la carte des densités de populations (Carte 3) présente une forte hétérogénéité indépendante des zones agroécologiques. En d'autres termes, les plus fortes densités de population ne s'observent pas selon un gradient orienté nord-sud, mais selon une distribution plus complexe qui oppose le noyau oriental haoussa du nord du Nigeria et le foyer de peuplement zarma-songhay centré sur Niamey et sur la vallée du fleuve Niger, à deux zones occidentales déprimées démographiquement qui correspondent au Parc National du W, au nord du Bénin et aux zones cynégétiques de l'ouest de Kontagora au Nigeria. Plus localement, une domination polycentrique nigériane peut être observée: les zones rurales les plus peuplées correspondent alors aux régions situées entre les grands centres de Sokoto, Birni N'Kebbi, Jegga et Koko, qui forment le prolongement occidental du môle de peuplement haoussa. Dans cette zone, les densités sont à la fois plus fortes (plus de 100 hab./km^2) et plus régulières. Compte tenu de la taille des unités spatiales disponibles, les villes de Niamey et de Parakou constituent plutôt des îlots dont les terroirs environnants sont marqués par des densités en moyenne plus faibles.

A l'échelle des trois Etats considérés, l'élément le plus déterminant est la proximité à la frontière nigériane: des densités décroissantes s'observent alors entre les centres urbains nigérians et la frontière, en direction du Niger et du Bénin. A mesure que les opportunités marchandes se renforcent, l'espace frontalier médian, situé entre les foyers haoussa et zarma-songhay s'estompe, même si le nord du Bénin apparaît très dissemblable de la zone sahélienne et du môle nigérian, du fait de la présence de grandes réserves naturelles. L'hétérogénéité du peuplement s'explique alors par le fait que le nord du Nigeria constitue l'un des principaux môles de peuplement d'Afrique subsaharienne. Selon J. Sellier (2003; 100), les fortes densités y sont liées à la pratique de l'esclavage «à laquelle s'ajoute une immigration libre, [qui] renforce la densité de population du pays haoussa tout en réduisant celle des régions voisines, notamment au sud.» La corrélation entre ces densités et les marchés s'explique dans ce cas par l'intensité des échanges interurbains et entre villes et

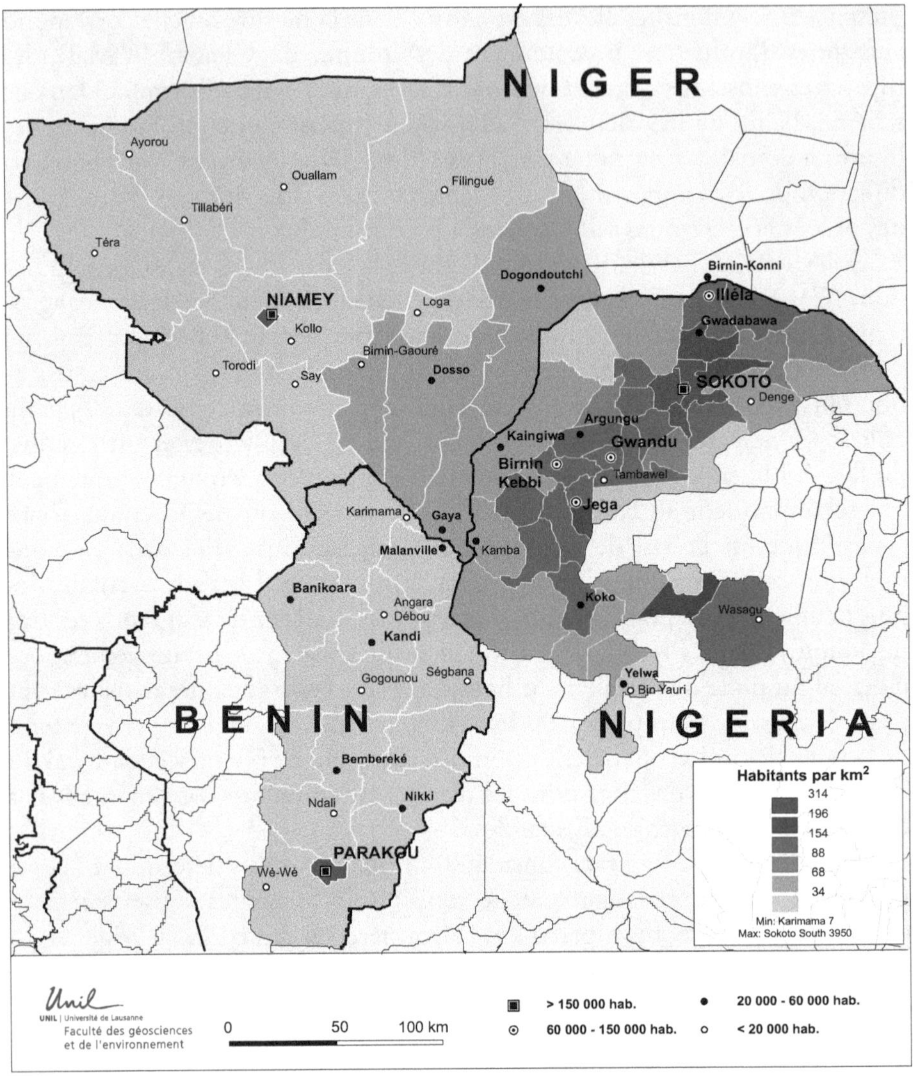

Carte 3. Densités de population de l'espace frontalier, 2000
Sources: recensements nationaux de population.
Cartographie: Walther, 2006.

campagnes au Nigeria, favorisés par une mécanisation avancée de l'agriculture, un réseau routier très développé et des réseaux commerçants bien organisés. Ces développements ont notamment permis une augmentation des rendements agricoles en périphérie des villes de Sokoto et Kano (Mortimore, 1993; Swindell et Mamman, 1990). A l'inverse, les régions moins peuplées du nord du Bénin n'ont pas connu d'accroissement similaire de la production, malgré l'intensification de la culture du coton et de l'oignon. Cet espace présente un fort déséquilibre avec la zone côtière bénéficiant de la proximité de Lagos et de la vaste conurbation du Golfe de Guinée.

A ces disparités de peuplement s'ajoutent des découpages administratifs très dissemblables, aujourd'hui concernés par le processus de décentralisation mis en œuvre au Niger, au Bénin et au Nigeria.

1.3 Des unités administratives remaniées par la décentralisation

La décentralisation intervenue à la fin des années 1990 a passablement remanié l'appellation des entités administratives au Niger et au Bénin. En 2005, les frontières nationales qui séparent Niger, Bénin et Nigeria délimitent respectivement trois ensembles comparables du point de vue administratif: le Département de Gaya, ancien arrondissement issu du découpage de la Région de Dosso, le Département de l'Alibori, provenant, avec l'Atacora, de la division du Département du Borgou en 1998 et l'Etat de Kebbi, né du partage de l'Etat de Sokoto en 1991. Chacune de ces unités est divisée en communes urbaines (1) et rurales (8) au Niger, en communes (6) et en arrondissements (36) au Bénin et en Local Government Areas (LGA) (21) au Nigeria (Carte 4 et Tableau 2).

En raison des importants déséquilibres démographiques et spatiaux entre unités administratives de part et d'autre des frontières, une comparaison internationale reste difficile. En effet, les communes nigériennes du Département de Gaya ont une population moyenne (28 200 hab.) très largement inférieure à la moyenne des communes béninoises (95 500 hab.) du Département de l'Alibori et des LGA nigérianes de l'Etat de Kebbi (131 500 hab.). En termes de superficie, les communes nigériennes sont également les plus restreintes, puisque le département tout entier de Gaya (4044 km^2) est plus petit que la moyenne des communes béninoises (4384 km^2) alors que les LGA du Nigeria présentent une taille moyenne de 1730 km^2 dans l'Etat de Kebbi.

Carte 4. Unités administratives de l'espace frontalier, 2000
Source: recensements nationaux de population.
Cartographie: Walther, 2006.

	N°	*Communes*	*Population en 2000/2001*	*Superficie en km^2*
Niger	1	Gaya	36 000**	176**
Niger	2	Bana	11 800**	200**
Niger	3	Bengou	12 000**	162**
Niger	4	Dioundiou	39 123*	768
Niger	5	Kara Kara	32 841*	667
Niger	6	Tanda	23 000**	500**
Niger	7	Tounouga	18 000**	300**
Niger	8	Yélou	45 652*	1 135
Niger	9	Zabori	7 142*	136
	Total Gaya		*225 558*	*4 044*
Bénin	1	Banikoara	138 501	4 383
Bénin	2	Gogounou	64 479	4 910
Bénin	3	Kandi	98 772	3 421
Bénin	4	Karimama	39 627	5 814
Bénin	5	Malanville	92 173	3 016
Bénin	6	Segbana	43 815	4 471
	Total Alibori		*477 367*	*26 015*

	N°	*LGA*	*Population en 2000*	*Superficie en km^2*
Nigeria	1	Aleiro	47 820	350
Nigeria	2	Arewa Dandi	178 143	3 900
Nigeria	3	Argungu	159 797	1 295
Nigeria	4	Augie	104 798	1 185
Nigeria	5	Bagudo	199 380	4 781
Nigeria	6	Birnin Kebbi	194 957	1 327
Nigeria	7	Bunza	99 367	876
Nigeria	8	Dandi	132 008	2 002
Nigeria	9	Danko / Wasagu	62 469	4 015
Nigeria	10	Fakai	93 037	2 246
Nigeria	11	Gwandu	139 145	1 018
Nigeria	12	Jega	160 836	891
Nigeria	13	Kalgo	65 922	1 173
Nigeria	14	Koko Besse	138 809	1 299
Nigeria	15	Maiyama	146 454	1 027
Nigeria	16	Ngaski	89 111	2 632
Nigeria	17	Sakaba	193 977	1 259
Nigeria	18	Shanga	112 034	1 641
Nigeria	19	Suru	151 504	1 351
Nigeria	20	Yauri	82 739	1 389
Nigeria	21	Zuru	128 148	653
		Total Kebbi	*2 680 455*	*36 310*
		Total général	*3 413 380*	*66 369*

Tableau 2. Population et superficie des unités administratives de l'espace frontalier, 2000/2001
Note: les données de population se rapportent à l'année 2000 pour le Bénin et à l'année 2001 pour le Niger, ces dernières étant calculées à partir du RGP 1988 ajustées à une croissance annuelle de 3,9 % à partir des chiffres cantonaux (*) ou calculés par l'auteur lorsqu'il s'agit de communes issues du partage d'un canton existant (**). Il en va de même en ce qui concerne les superficies communales.
Sources: Recensement général de la population du Niger (RGP), 1988 et 2001; Recensement général de la population et de l'habitation du Bénin, 2000; Atlas monographique des communes du Bénin 2001; The Nigeria Congress, 2000.

L'ensemble des entités spatiales des départements de Gaya, de l'Alibori et de l'Etat de Kebbi représente une population d'environ 3,4 millions d'habitants, sur une surface de plus de 66 000 km^2. Plus des trois quarts des habitants sont Nigérians, environ 14 % sont Béninois et seuls 7 % sont Nigériens. En prenant en compte l'ensemble de la Région de Dosso qui compte 1,5 millions d'habitants pour une superficie de 8527 km^2, la répartition démographique n'est guère plus équilibrée puisqu'un peu plus de la moitié des habitants sont Nigérians, un tiers Nigériens et 10 % Béninois.

Ces unités administratives, disparates du point de vue de la population, présentent également des niveaux de développement humain très hétérogènes.

1.4 Un développement humain inégal

Fortement influencée dans son peuplement par des formes héritées d'organisation territoriale, l'Afrique sahélienne est également marquée par une pauvreté massive et un très faible développement humain. A l'échelle des nations, le Niger présente les indicateurs les plus alarmants, comme en témoigne son Indice de Développement Humain (IDH) évalué à 0,281 en 2003 (PNUD, 2005), le plus faible des 177 pays classés dans le monde. Le Nigeria et le Bénin, avec un IDH respectif de 0,453 (158ᵉ) et de 0,431 (162ᵉ) présentent quant à eux également des niveaux de développement humain très faibles[1].

Pour vérifier dans quelle mesure cet écart séparant le Niger de ses voisins se marque en termes statistiques, une étude est tout d'abord entreprise sur un échantillon de 30 indicateurs socio-économiques dans les 17 Etats officiellement classés par les Nations Unies dans la zone Afrique de l'Ouest: Bénin, Burkina Faso, Cap-Vert, Côte d'Ivoire, Gambie, Ghana, Guinée, Guinée-Bissau, Liberia, Mali, Mauritanie, Niger, Nigeria, Sainte-Hélène, Sénégal, Sierra Leone, Togo auxquels a été ajouté le Tchad. Son but est de confirmer que le Niger présente un profil différent de l'ensemble des pays ouest-africains et d'isoler les variables qui marquent sa spécificité relativement au Bénin et au Nigeria. Ensuite, une analyse géographique de l'IDH des 36

1 L'Indice de Développement Humain (IDH) est une combinaison statistique de trois facteurs: longévité par calcul de l'espérance de vie, niveau de connaissances mesuré par l'alphabétisation et le nombre d'années de scolarisation et niveau de vie calculé par rapport au produit intérieur brut (PIB) en parité de pouvoir d'achat (PPA).

Régions nigériennes, Départements béninois ou Etats nigérians, doit permettre de relever les principales différences régionales en matière de développement humain. L'enjeu est de montrer si, de part et d'autre des frontières, de grandes différences de développement peuvent expliquer une partie du dynamisme économique de l'Afrique sahélienne.

Une trentaine d'indicateurs internationaux sont retenus dans les domaines démographiques, éducatifs, économiques et sanitaires (PNUD, 2002b, voir Annexes pour le détail). Ces variables s'appliquent aux territoires nationaux, lesquels présentent des hétérogénéités marquées à l'échelle des régions. Certains Etats présentant des situations atypiques en regard des conflits armés (Sierra Leone, Libéria) ou de l'exiguïté de leur territoire (Cap-Vert, Gambie, Guinée-Bissau, Sainte-Hélène) sont retranchés de l'analyse statistique pour des raisons méthodologiques.

Le résultat de la classification ascendante hiérarchique (CAH) issue d'une analyse en composantes principales (ACP) montre que les Etats ouest-africains peuvent être divisés en cinq groupes partageant les mêmes caractéristiques (Figure 5). Le Niger présente effectivement une situation atypique, comme le prouve son classement dans une catégorie unique. Son profil est certes proche de celui des autres pays sahéliens enclavés (Mali, Tchad, Burkina Faso) mais ce groupe se distingue singulièrement des autres ensembles, constitués d'Etats côtiers marqués par une économie plus orientée vers l'exportation et par une urbanisation plus forte (Nigeria, Côte d'Ivoire, Ghana, Bénin, Sénégal, Togo). Malgré leurs différentiels démographiques, monétaires et économiques, le Bénin et le Nigeria appartiennent au même groupe issu de la classification des indicateurs de développement.

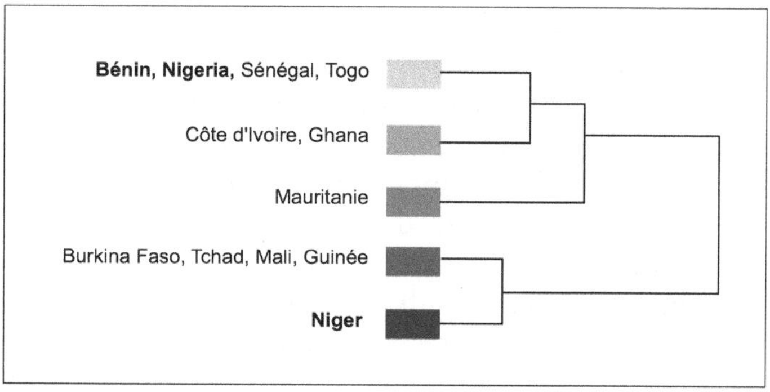

Figure 5. Appartenance aux clusters de l'ACP à l'échelle des Etats d'Afrique de l'Ouest
Sources: PNUD, 2000a et 2002b, calculs de l'auteur.

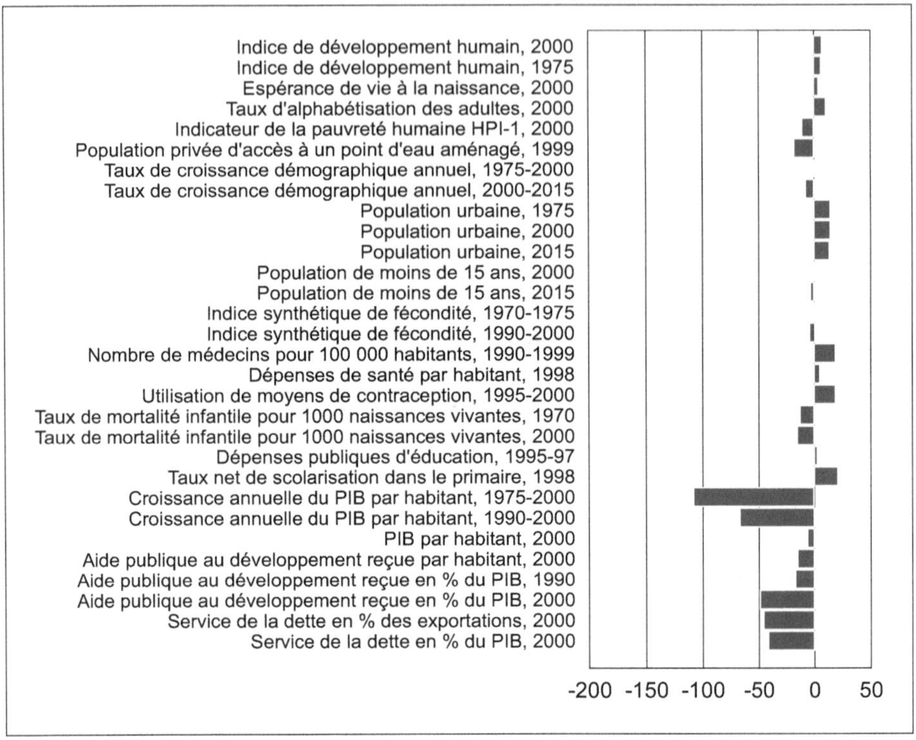

Figure 6. Ecarts au profil moyen des indicateurs de développement du Bénin et du Nigeria en %
Sources: PNUD, 2000a et 2002b, calculs de l'auteur.

C'est un critère suffisant pour dresser leur profil commun, à partir des écarts à la moyenne de l'ensemble des Etats d'Afrique de l'Ouest retenus dans l'analyse statistique. Le profil de ces écarts concernant ces deux Etats montre une situation très proche de celle de la moyenne des pays ouest-africains: les valeurs extrêmes sont rares, contrairement au Niger. Dans le détail, les habitants de ces pays sont toutefois moins marqués par la pauvreté que la moyenne, ont plus accès à l'eau et aux soins de santé, ce qui entraîne une mortalité infantile moins importante. Les femmes en particulier ont plus recours aux moyens de contraception, ce qu'indique également le fait que l'Indice Synthétique de Fécondité (ISF) est légèrement inférieur à la moyenne régionale. Le Bénin et le Nigeria sont plus avancés que la moyenne des Etats ouest-africains dans le processus d'urbanisation depuis 1975, affectent plus de ressources financières à l'éducation et connaissent des taux de scolarisation plus

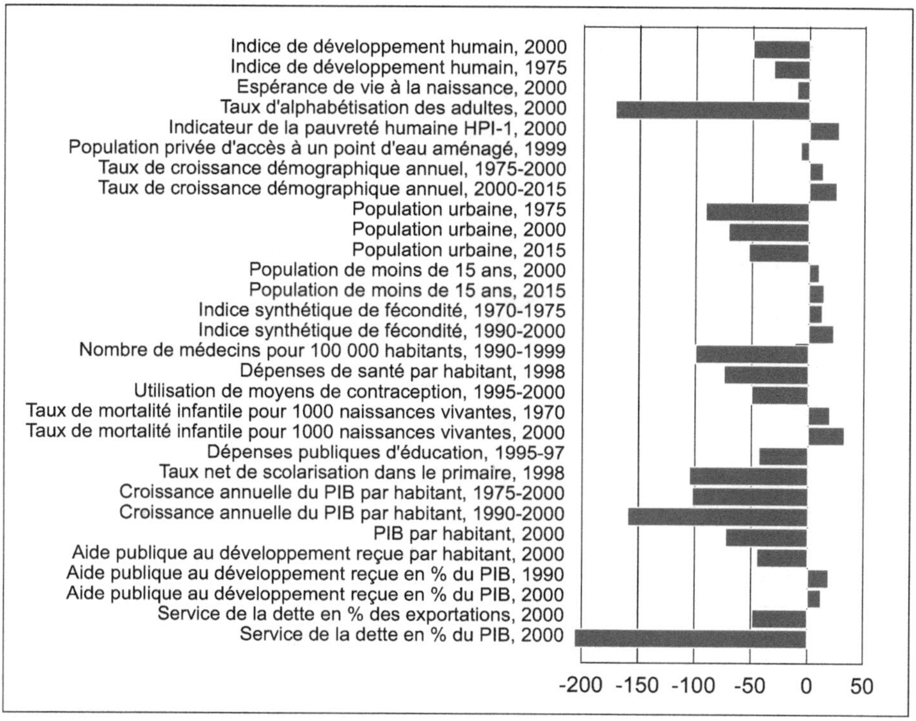

Figure 7. Ecarts au profil moyen des indicateurs de développement du Niger en %
Sources: PNUD, 2000a et 2002b, calculs de l'auteur.

élevés. Au plan économique, la croissance annuelle du Produit Intérieur Brut (PIB) par habitant y accuse des écarts négatifs considérables par rapport à la moyenne de 1975 à 2000, même si le PIB par habitant est proche de la moyenne des Etats. Ce sont deux pays qui connaissent une aide publique au développement moins importante que la moyenne et où le service de la dette y est inférieur (Figure 6).

Le Niger présente bien un profil particulier à l'échelle des indices de développement retenus: l'étude des écarts aux profils moyens (Figure 7) montre que la quasi-totalité des valeurs des indicateurs de développement sont négatives, c'est-à-dire que le Niger a une performance globalement inférieure à celle de la moyenne des autres Etats.

Parmi les trois pays considérés, le Niger est également celui dont la stagnation de l'IDH est la plus marquée dès le début des années 1980; il fut égale-

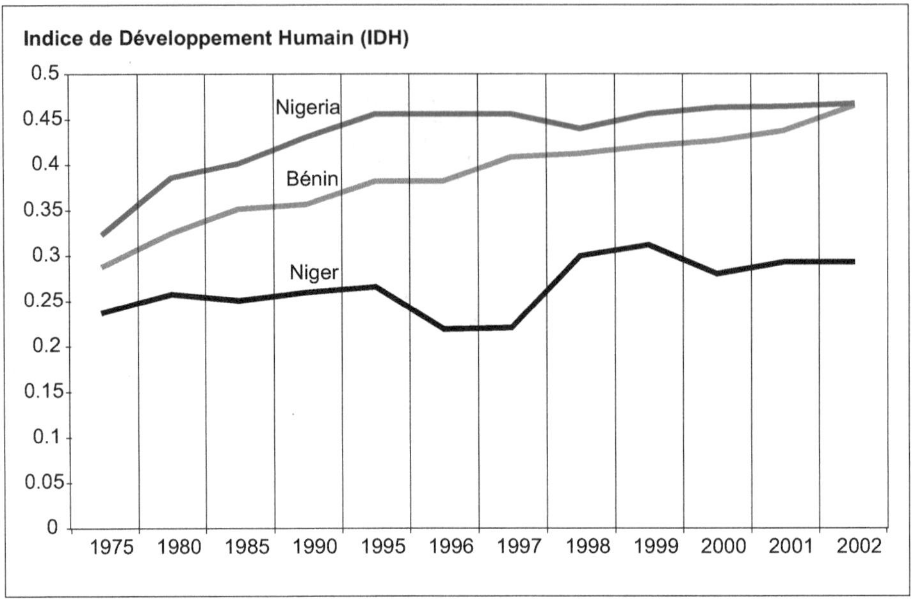

Figure 8. Evolution de l'Indice de Développement Humain du Niger, du Bénin et du Nigeria, 1975-2002
Sources: PNUD, 1975-2002. *Rapports Mondiaux sur le Développement Humain* et PNUD, 2000b et 2003b. *Rapports Nationaux sur le Développement Humain*. Lorsque les deux sources présentaient des variations, les valeurs supérieures ont été retenues.

ment le seul à connaître une baisse de cet indice vers 1995, certes sujette à une interprétation délicate dans la mesure où il s'agit de variations mineures basées sur des statistiques peu fiables (Figure 8).

L'écart est également marqué en ce qui concerne l'indicateur de pauvreté humaine pour les pays en développement (HPI-1), qui prend en compte la probabilité de décéder avant l'âge de 40 ans, le taux d'alphabétisation des adultes, la population privée d'accès à un point d'eau aménagé et l'insuffisance pondérale des enfants de moins de cinq ans. Les principales valeurs positives, supérieures à la moyenne des Etats ouest-africains, concernent structurellement certaines caractéristiques démographiques, indissociablement liées à un ISF extrêmement élevé et une faible utilisation des moyens de contraception, ce qui entraîne une plus forte croissance démographique, une proportion de jeunes de moins de 15 ans plus importante et, corrélativement, des taux de mortalité infantile élevés. Quant à l'éducation, les écarts au profil moyen illustrent des taux de scolarisation comparativement faibles et des dépenses publiques d'éducation inférieures aux autres Etats: durant la décennie 1990 par exemple, leur part s'est située entre 10 et 15 % des investissements totaux (République du Niger, 2000). Moins endetté que ses voisins, le Niger bénéficie certes d'une Aide Publique au Développement (APD) plus élevée par rapport à son PIB, mais plus faible lorsqu'on la rapporte au nombre de ses habitants. Ces éléments permettent de dégager deux grands axes explicatifs de la situation de pauvreté comparative du Niger, directement reliés au contexte d'étude de la région frontalière de Gaya – Malanville – Kamba.

Tout d'abord, la situation nigérienne se distingue de celle de ses voisins par l'évolution du processus d'urbanisation. Le Niger est en effet le pays de la sous-région qui connaît le taux d'urbanisation le plus bas (16,2 % en 2001), une faible macrocéphalie et peu de grandes villes, à l'inverse de ses voisins malien, burkinabé et surtout nigérian. Cela ne signifie pas pour autant que l'intensité de la croissance urbaine y soit négligeable; en fait, celle-ci est considérable (plus de 5 %/an) quoique récente, notamment en ce qui concerne les petites et moyennes villes qui font l'objet de ce travail. Ensuite, le Niger est handicapé par une dépendance générale vis-à-vis de l'extérieur que l'aide internationale ne parvient pas à diminuer. Cette situation en matière de pauvreté est également très liée aux relations inégales qui se tissent entre les pays de la sous-région, notamment avec le Nigeria. Le Niger n'a pas de réels avantages comparatifs susceptibles d'instaurer des rapports plus équilibrés avec ses voisins; il doit alors trouver le moyen de jouer des différentiels d'activités économiques, démographiques et monétaires entre pays au mieux de leurs capacités organisationnelles et cela principalement dans les zones frontalières.

A l'échelle des sous-divisions nationales des trois Etats concernés par l'étude, la distribution de l'IDH permet d'observer une répartition spatiale concentrique: le centre de celle-ci regroupe les régions les plus défavorisées du nord du Nigeria, puis un second cercle rassemble la quasi-totalité des régions du Niger et du centre du Nigeria caractérisées par des indices de développement intermédiaires (Carte 5). Le troisième cercle concerne les régions béninoises et nigérianes du Golfe de Guinée, notamment les Etats du Delta du fleuve Niger et de la côte de Cotonou à Lagos, aux indices comparativement élevés. A cette échelle générale, aucun gradient n'oppose les régions sahéliennes aux régions méridionales.

A une échelle plus fine, le Niger et le Bénin présentent une situation beaucoup moins contrastée que le Nigeria, où les écarts d'indices de développement humain sont considérables entre les régions. Dans les deux premiers

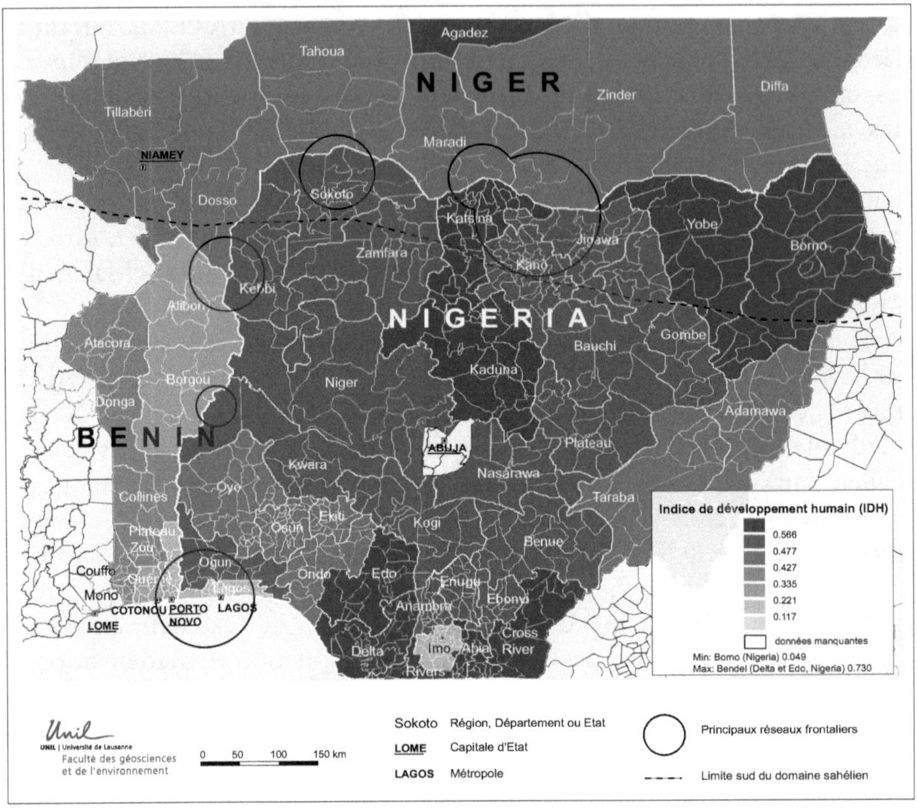

Carte 5. Le développement humain au Niger, au Bénin et au Nigeria, 2001/2003
Sources: Recensement général de la population et de l'habitat du Bénin RGPH-3, 2002; Recensement général de la population du Niger RGP/H, 2001; Atlas Jeune Afrique *Nigeria*, 2003; PNUD, 2003b.
Cartographie: Walther, 2006.

Etats, l'IDH est généralement bas, à l'exception de certaines régions urbanisées, mais sans atteindre les niveaux du Nigeria. Au Niger, les zones qui présentent les indices de développement humain les plus élevés sont la Commune Urbaine de Niamey (CUN) (0,52) qui possède un indice deux fois supérieur à la moyenne nationale (0,31) et Agadez (0,46) alors que le centre du pays affiche des valeurs très inférieures à cette moyenne nationale, notamment à Maradi (0,26) et Tahoua (0,27). Au Bénin, l'IDH présente des variations régionales importantes: d'une manière générale, les niveaux les plus hauts se situent à proximité du Golfe de Guinée dans les départements de l'Atlantique (0,53) et de l'Ouémé (0,48) alors que l'arrière-pays (Zou 0,39, Donga 0,40), le Mono (0,41) et l'extrême nord-est ont des valeurs très inférieures à la moyenne nationale (0,47) dans l'Atacora (0,39) notamment. C'est au Nigeria que les disparités régionales sont les plus fortes, ce pays regroupant les extrêmes de la distribution. Les Etats côtiers urbanisés (Lagos 0,49), dotés de ressources en hydrocarbures (Bendel 0,63, Rivers 0,54, Cross River 0,51, Imo 0,47) y possèdent des niveaux largement plus élevés que la moyenne nationale (0,25), à l'opposé de ceux du nord (Kaduna 0,10, Borno 0,04). Même les Etats renfermant de grandes villes affichent des résultats très faibles en matière de développement humain, pénalisés par un bas niveau d'éducation des adultes, équivalent à 2,7 % de la population à Sokoto, 10,0 % à Bornou et 12,1% à Kano en 1996 (PNUD, 1997).

En raison de l'échelle d'analyse, il est extrêmement difficile de relier la distribution de l'IDH au dynamisme économique des régions frontalières qui toutes présentent des valeurs de développement humain disparates de part et d'autre des limites administratives. Les variations sont particulièrement marquées entre le Nigeria et ses voisins, les régions nigériennes et béninoises étant presque systématiquement plus favorisées que les Etats nigérians.

D'une manière générale, l'interprétation de ces disparités fait appel à plusieurs variables explicatives. En premier lieu, il est important de préciser que la relation entre le développement humain et la densité de chaque région dénote une indépendance statistique dans l'échantillon considéré et pour chacun des Etats (Figure 9). Ceci peut paraître surprenant, compte tenu du débat qui opposa les néo-malthusianistes (Ehrlich, 1968) et leurs contradicteurs (Simon, 1977, 1986) autour des liens entre densités de population et développement. Les zones fortement peuplées ont conduit à des analyses stigmatisant la «surpopulation», relayées par les discours récurrents sur l'appauvrissement des sols, la désertification et l'exode rural (Bonfils, 1987; FAO, 1982; Grégoire et Raynaut, 1980) ou, à l'inverse, à des interprétations qui considéraient que la pauvreté généralisée des campagnes résultait plutôt de trop faibles densités (Boserup, 1965; Tiffen, Mortimore et Gichuki, 1994).

Si les explications fondées sur les densités ne permettent pas d'appuyer l'interprétation des disparités de développement, l'étude de l'urbanisation permet d'apporter quelques éclaircissements. Le lien statistique entre urbanisation et développement humain est significativement positif dans le cas du Niger ($R^2 = 0,55$) et très important dans celui du Bénin ($R^2 = 0,85$), ce que montre le nuage de points et l'orientation des droites de régression ex-

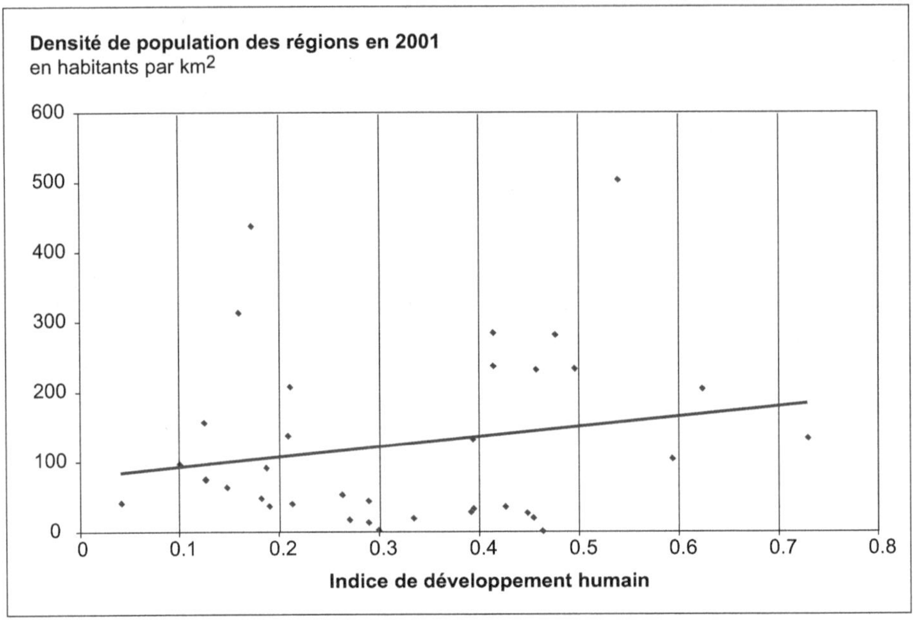

Figure 9. Développement humain et densités de population, 2001
Note: l'échantillon comprend l'ensemble des Régions du Niger, des Départements du Bénin et des Etats du Nigeria. L'équation de la droite de régression est: y = 144,8 x + 76,5, R^2 = 0,04 pour l'ensemble des 36 régions. A l'échelle des Etats, le coefficient de corrélation R^2 est de 0,31 au Niger, de 0,14 au Bénin et de 0,08 au Nigeria.
Sources: World Bank, 2001; Recensement général de la population et de l'habitat du Bénin RGPH-3, 2002; Recensement général de la population du Niger RGP/H, 2001; Atlas Jeune Afrique *Nigeria*, 2003; PNUD, 2003b.

primant les variations corrélatives entre les deux variables (Figure 10). En revanche, le nuage de points résumé par une droite de régression parallèle à l'un des axes et le coefficient de corrélation concernant le Nigeria (R^2 = 0,01) sont révélateurs d'une absence de lien statistique, phénomène typique de deux caractères indépendants. Le poids des grandes métropoles nationales n'influence pas réellement cette situation. En retranchant de l'analyse les villes de Niamey, Cotonou et Lagos, qui présentent un taux d'urbanisation maximum, les coefficients de corrélation restent élevés dans le cas du Niger (0,85) et du Bénin (0,66) et faibles dans le cas du Nigeria (0,01).

Au Niger, les régions les plus urbanisées du pays telles que la Commune Urbaine de Niamey et Agadez, comptant respectivement 100 et 49,7 % de population urbaine en 2000 (PNUD, 2000b), disposent d'infrastructures

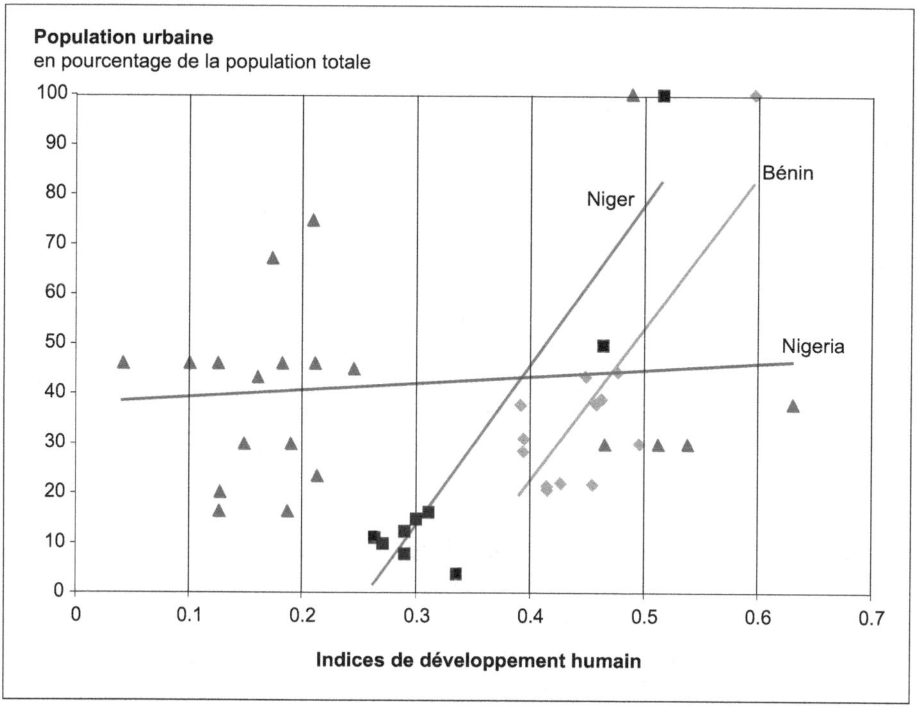

Figure 10. L'urbanisation est un facteur de développement humain au Niger et au Bénin, 2001/2003

Note: l'échantillon comprend l'ensemble des Régions du Niger, des Départements du Bénin et des Etats du Nigeria. L'équation des courbes de régression est: y = 304,41 x – 100 (R^2 = 0,66) pour le Niger, y = 320,69 x – 83,28 (R^2 = 0,85) pour le Bénin, y = 13,42 x + 37,62 (R^2 = 0,01) pour le Nigeria.

Sources: World Bank, 2001; Recensement général de la population et de l'habitat du Bénin RGPH-3, 2002; Recensement général de la population du Niger RGP/H, 2001; Atlas Jeune Afrique *Nigeria*, 2003; PNUD, 2003b.

éducatives et sanitaires plus nombreuses et plus accessibles que les régions rurales de Maradi et de Tahoua, dans lesquelles le taux d'urbanisation est proche de 10 %. D'ailleurs, les revenus annuels exprimés en dollars de Niamey (1884) et d'Agadez (1329) sont les plus élevés du pays, loin devant ceux des autres régions de Maradi (627), Tahoua (699) et Zinder (571). Au Bénin, la distribution de l'IDH régional est liée également à l'urbanisation, notamment dans les départements où se trouvent les grandes villes de Cotonou, Porto-Novo et Parakou, qui fournissent plus de services et de revenus que les autres.

Etats	*Incidence de la pauvreté*			
	1985-1986		1996-1997	
	Urbain	Rural	Urbain	Rural
Borno	0.38	0.43	0.37	0.70
Kaduna	0.41	0.43	0.39	0.47
Kano	0.49	0.49	0.83	0.82
Katsina	—	—	0.63	0.88
Kebbi	—	—	0.78	0.81
Sokoto	0.41	0.43	0.78	0.86

Tableau 3. Incidence de la pauvreté dans le nord du Nigeria, 1985-1986 et 1996-1997
Note: l'incidence de la pauvreté correspond au ratio de pauvres par rapport à un seuil de pauvreté, exprimé en pourcentage de la population totale. L'Etat du Katsina est issu de celui de Kaduna en 1989 et l'Etat de Kebbi provient de celui de Sokoto en 1991.
Source: Aigbokhan, 2000.

Au Nigeria, la situation est plus complexe: d'une manière générale, le faible développement humain se concentre surtout dans les Etats du Nord du pays, notamment Sokoto, Kebbi, Katsina, Kaduna, Kano, Jigawa, Yobe et Borno. A l'exception de Kano, la pauvreté des campagnes y est partout supérieure à celle des villes. L'incidence de cette pauvreté s'est aggravée par rapport aux mesures de 1985-1986, essentiellement en défaveur des milieux ruraux dans les Etats de Kano et de Sokoto, alors que les gains réalisés dans les Etats de Borno et Kaduna au profit des citadins restent faibles (Tableau 3).

Les régions les plus urbanisées sont statistiquement marquées par un développement humain plus élevé que les zones rurales, en considérant que ces deux variables rendent compte de la situation globale des régions et non des différences internes qui pourraient y exister. Un indice élevé d'urbanisation peut en effet refléter deux types de situations: une région où de très nombreuses petites et moyennes villes rassemblent l'essentiel de la population ou alors une région dominée démographiquement par un très grand centre. Ces résultats statistiques mettent en évidence l'importance considérable du phénomène urbain au Niger et au Bénin. Les villes possèdent un niveau d'équipement sanitaire et éducatif supérieur aux zones rurales, de même qu'elles fournissent des possibilités d'enrichissement plus grandes que les campagnes, notamment parce qu'elles sont le lieu de concentration des fonctions administratives et commerciales.

Mais ces résultats enregistrés à l'échelle des nations ou des grandes régions renseignent imparfaitement sur les logiques de différentiation spatiale qui concernent les échelons locaux. Une partie importante des dynamiques économiques de Gaya – Malanville – Kamba dépend notamment de la manière dont cet espace frontalier s'est constitué historiquement. C'est pourquoi sont présentés dans ce qui suit les éléments qui conduisent à la construction des identités locales, abordées au travers des références mobiles entretenues entre les acteurs sociaux et les territoires.

1.5 Dendi: une référence socio-politique à géométrie variable

Du point de vue démographique, la zone frontalière de Gaya – Malanville – Kamba apparaît comme un espace de transition entre le principal pôle de peuplement situé en territoire nigérian et d'autres espaces moins densément peuplés. La zone frontalière fut occupée, antérieurement au XVIe siècle, par des populations d'origines diverses (Toulmey, Bossey, Kallé), dont certaines ont disparu alors que d'autres se sont fondues dans le peuplement zarma (Périé et Sellier, 1950). La présence de ces populations est attestée par l'existence de buttes formées de vestiges d'anciens villages *(tombos)* et par des puits profonds forés dans les grès. Toutefois, très peu d'éléments permettent de connaître plus spécifiquement l'organisation socio-politique de ces groupes. Le passé relatif aux peuplements postérieurs, compris entre le XVIe et le XIXe siècle, est en revanche mieux documenté.

En raison de l'imbrication historique et culturelle des groupes ethniques composant l'espace frontalier de Gaya – Malanville – Kamba, il a été jugé préférable de présenter les étapes du peuplement sans dissocier radicalement les événements concernant l'une ou l'autre de ces cités. Les populations qui composent cet espace partagent en effet une histoire commune quoique conflictuelle. Très schématiquement, cinq groupes principaux sont concernés par l'étude: Zarma-Songhay dans leur extension sud, Tchenga établis sur les deux rives du Niger, Haoussa débordant depuis l'ouest du Nigeria et au nord depuis l'Arewa, Baatombu (ou Bariba) issus du royaume de Borgou, situé au sud du fleuve, Peuls nomades et sédentaires établis dans l'ensemble de la zone. L'étude traite plus particulièrement du peuplement des deux premiers groupes en regard de leur investissement respectif dans les logiques de circulation et de production.

Traversée par le fleuve Niger sur plus de 120 kilomètres, la zone de Gaya – Malanville – Kamba est usuellement appelée «Dendi». Cette appellation, qui signifie «descendre le fleuve en suivant le courant», se rapporte d'une part à la province historique la plus méridionale de l'empire songhay (XVIe-XVIIe siècle), largement plus étendue que la région qui porte ce nom aujourd'hui puisqu'elle comprenait

> le cours du fleuve en aval de la région d'Ansongo jusqu'au Double-W [...]; les pays actuels de l'Andiorou et du Djerma-Ganda; l'actuel pays Djerma de Niamey au Dallol Maouri; des colonies sonraïs qui avaient dépassé le Double-W et essaimé au sud-est de Boumba jusqu'à l'actuelle région de Gaya; sur la rive droite, une bande de terrain de 100 km de large au nord, rétrécie au sud, d'où les Sonraïs venaient récemment de chasser les Gourmantchés (Urvoy, 1936; 38).

Il s'agissait donc bien de la contrée située en aval de la capitale songhay de Gao. D'autre part, le qualificatif de Dendi est utilisé pour qualifier l'espace contemporain englobant approximativement les villes de Karimama, Tara, Gaya, Malanville, Garou, Dolé et Tanda sur les rives nigériennes et béninoises du fleuve. Dans les systèmes oraux, le Dendi désigne alors indistinctement deux ensembles renvoyant à des espaces socio-politiques bien distincts. Cette particularité illustre la géométrie variable des objets géographiques sahéliens fondamentalement différents du modèle territorial d'exclusivité et d'exhaustivité qui caractérise l'Etat-nation, et caractérisés par des «juxtapositions et des interpénétrations de visions et d'exploitation de l'espace différentes» (Retaillé, 1984; 185). En effet, à l'époque précoloniale,

> l'espace politique existait bel et bien, fluctuant certes, sans bornes et sans fiefs, sans administration et sans fermages, mais avec ses repères et ses contours: il était défini par la ligne de partage entre le tribut et le butin, entre les dépendants, que l'on protège régulièrement, et les voisins, que l'on attaque épisodiquement (Olivier de Sardan, 1984; 103).

De ce point de vue, le Dendi relève de la fluidité, portée jusque dans son étymologie signifiant *«au fil de l'eau»*. Cette fluidité qualifie les régions dans lesquelles «entre les hommes et les lieux, les rapports ne semblent pas durablement fixés, soit que les implantations appartiennent à un proche passé, soit que les migrations demeurent» (Frémont, 1976; 140). Le Dendi est donc un attribut historique et culturel, qui permet de regrouper les autochtones tchenga et les descendants songhay de l'empire de Gao, de la même manière que l'appellation «Mossi» réunit autochtones et immigrés conquérants au Yatanga burkinabé. En outre, le Dendi qualifie également la langue véhiculaire dérivée du songhay parlée dans la vallée du fleuve jusqu'à Djougou au Bénin. Habiter la région donne le droit d'être appelé «Dendi», une condition nécessaire mais non suffisante pour prétendre à une position sociopolitique élevée dans la région.

Il est donc illusoire de vouloir trouver l'équivalent d'un ethnonyme ou d'une appellation semblable à celle d'un «pays» dans le terme de Dendi. Il s'agit plutôt d'un ensemble de villes et de villages unis dans un espace marginal, caractérisé par la domination de groupes descendants de Gao sur une population païenne détentrice des cultes de la terre et des propriétés foncières. De ce point de vue, la particularité de Gaya – Malanville – Kamba est d'avoir été longtemps été maintenue dans une position marginale, en périphérie de l'organisation traditionnelle sahélienne, dominée par les pôles haoussa à l'est et par la très forte centralité songhay de l'ouest. Contrairement à d'autres régions comme le Koutous nigérien, dont la situation initiale fut marginalisée par l'organisation coloniale (Retaillé, 1984), le Dendi a vu son importance territoriale s'accentuer au fil de l'histoire moderne, consécutivement aux choix géostratégiques coloniaux et post-coloniaux de lier l'Ouest nigérien au Golfe de Guinée.

Au plan identitaire, la situation du Dendi présente de fortes similitudes avec celle des Songhay de Hombori au Mali (Walther, van Beek et Lemineur, 2007). Ceux-ci ont érigé un bastion en jouant de l'architecture et de l'escarpement des Monts du Gourma, qui permettaient de poursuivre la lutte contre l'envahisseur et, plus tardivement, d'échapper aux razzias des nomades, alors que les Dendi ont utilisé à leur profit l'insalubrité de la province méridionale et son éloignement aux centres de Gao et de Tombouctou pour contrer les entreprises militaires des Marocains. Dans les deux cas cependant, l'identité de ces populations fut intimement liée à l'éclatement d'une structure politique centralisée, à la nécessité de trouver un refuge permettant de reconstituer une société caractérisée par une forte marginalité vis-à-vis du peuplement principal et cela au détriment de populations moins portées sur l'exercice du pouvoir politique, moins musulmanes et moins urbaines. C'est ce que montrent les récits relatant l'origine des populations tchenga et haoussa des villes de Gaya, Malanville et Kamba. Ces récits de fondations urbaines constituent un matériel utile à l'analyse des rapports sociaux contemporains, dans la mesure où ils renseignent d'une part sur les valeurs qui sont attribuées aux lieux, d'autre part sur la répartition des pouvoirs entre les populations qui ont occupé l'espace.

1.6 *«Rien que les animaux sauvages»:* origines des populations et fondations urbaines

La tradition orale rapporte plusieurs versions relatives à la fondation de Malanville et du village voisin de Wollo, aujourd'hui englobé dans l'agglomération[2]. Malgré quelques divergences, les récits se rejoignent pour admettre que le site fut occupé de façon temporaire par un Peul nommé Diarra venu de Karimama, lequel avait l'habitude de mener ses animaux en saison des pluies sur les terrains sablonneux non inondés qui caractérisent le site. Diarra s'y serait ensuite fixé plus durablement afin de commercer avec la ville voisine de Gaya, sans doute dans le courant du XVIIIe siècle. Il semble également avéré qu'un campement de pêcheurs sorko venus de Gaya était basé à Wollo. En outre, un coupeur de route appelé Mwoney Tassi se serait également installé à proximité afin de pratiquer le banditisme dans la région et aurait donné son nom à l'embouchure d'un petit affluent du fleuve Niger situé à l'ouest de Wollo (Mwoney Guindey). Les récits oraux considèrent pourtant que le premier habitant sédentaire installé à Malanville-Wollo fut le Zarma Mounkaïla venu de la rive gauche du fleuve Niger. Mounkaïla était accompagné de son fils Gabo et d'un jeune homme nommé Souley, considéré comme son fils adoptif et qui l'accompagnait à la pêche. D'autres récits relatent l'arrivée à Wollo d'un guerrier nommé Ali Zanoua, venu lui aussi de Gaya dans sa pirogue garnie de mortiers remplis de flèches. Le site fut ensuite occupé par des villageois de Tara et par des Peul, installés à proximité de l'actuelle mairie, qui rapportent que *«Wollo»* signifierait *«rôniers touffus»* dans leur langue.

La question de l'antériorité de chaque groupe est, comme à Gaya, plutôt épineuse à dénouer et nourrit toujours des discours concurrents. Il est en revanche certain que l'arrivée des Français en 1897 transforme la nature des rapports politiques. Les colonisateurs s'assurent tout d'abord de la collaboration de la chefferie de Karimama, qui commande la rive droite du fleuve de manière non exclusive. Informé de la supériorité militaire des Européens, le chef de Karimama n'oppose alors aucune résistance à la colonisation, contrairement à celui de Madécali qui affronte le capitaine Betbeder au cours de rudes combats (Urvoy, 1936). Les Français entreprennent ensuite de restruc-

2 Entretiens avec Alou Houmorou, 04.09.05, Maazou Doumbani, 06.09.05 et 29.09.05, Soumana Souley, 02.12.05, Malanville.

turer la chefferie locale au niveau des quartiers, des villages et des cantons et de regrouper les populations de plusieurs hameaux de pêcheurs dispersés dans la vallée du fleuve sur un site unique. Ce dernier est encore appelé Tassi (*«sable»* en zarma), en raison du soubassement sableux de l'endroit mais le génie militaire français, qui siège à cet endroit le jour de la mort de Henri Malan (1869-1912), lui attribue ensuite le nom de Malanville en l'honneur de ce gouverneur colonial en poste au Dahomey de 1909 à 1911.

Si Malanville est une cité dont le développement est fortement lié à la colonisation, Kamba et Gaya présentent un peuplement plus ancien. Les deux sites sont occupés à l'origine par des Tchenga (ou Kyanga), qui peuplent aujourd'hui Madécali, Bodjécali, Mokassa, Kassa, Garou, Kompa, Illo et Karimama en rive droite et Gaya, Sokondji Birni, Tanda, Bengou, Dioundiou, Tounouga, Bana, Yélou, Finguilla, Tiengakoy et Fana en rive gauche (Bako-Arifari, 1997; Urvoy, 1936). Les Tchenga appartiennent au groupe linguistique mandé (Jones, 1998) et se subdivisent en six ou sept sous-groupes se distinguant par leurs cicatrices faciales, parmi lesquels figurent notamment les Siba de Madécali, Garou, Garou Tégui (Bénin) et Kassati (Nigeria), les Guitey de Mokassa (Bénin) et les Kossoro de Tounga Noma, Kassa (Bénin), Tounga Badié, Sarfou, Tondi et Illo (Nigeria). L'histoire orale situe leur origine en Arabie Saoudite, lors de la bataille de Badr en 632 au cours de laquelle les armées du Prophète ont vaincu une caravane de Qoraychites païens. Poursuivis après leur défaite par les musulmans, les Tchenga se seraient repliés vers le Yémen puis auraient franchi la Mer Rouge avant d'entamer une très longue traversée du Sahara jusqu'à leur emplacement présent par l'Ethiopie et le Soudan ou par la Libye actuels. La reconstitution de l'itinéraire géographique de cette migration reste très hypothétique et il est prudent de considérer la référence de Badr plutôt comme un élément mythologique servant de référentiel identitaire aux populations tardivement islamisées de la région du Dendi, qui ne peuvent légitimement pas revendiquer une origine musulmane. Ainsi que le rappelle un historien de Gaya, «la référence à La Mecque est une constante des peuples noirs actuels, à cause de l'influence prise aujourd'hui par l'Islam. Chacun veut avoir une origine mecquoise».[3] Leur migration dans la région de Gaya peut être subdivisée en trois grands courants.

Une première vague aurait suivi le fleuve Niger en provenance du nord-ouest, en passant par Lété et poursuivant jusqu'à Zamfara puis Bussa Béri

3 Entretien avec M. Moumouni, 06.12.05, Gaya.

dans l'actuel Nigeria. Ces Tchenga se seraient ensuite installés à Kassati, proche du «point triple» de la frontière nigéro-nigérano-béninoise, où une scission serait intervenue. Ils auraient ensuite décidé de remonter le fleuve pour s'installer au bord de la rivière Sota près de Mokassa (Bénin). Ayant constaté une forte mortalité parmi les enfants qui se baignaient à cet endroit, ils auraient décidé de quitter le site pour fonder Garou. Après avoir consulté leurs voyants et obtenu une réponse favorable des génies de la terre quant à la durabilité de la fondation du village, ils s'y seraient installés. Cet emplacement est usuellement considéré comme la première localité véritablement tchenga de la région.

Une seconde vague se rapporte aux localités actuelles de Tchengakoy, Yélou et Bana aujourd'hui séparées par la frontière entre le Niger et le Nigeria. Les Tchenga concernés par cette migration auraient peuplé la région à partir du nord-ouest. Installés à Tchengala – d'où leur nom – entre Dosso et Dogondoutchi, ils seraient partis à Gao puis descendus le long du fleuve Niger jusqu'à la ville aujourd'hui disparue de Katanga, située entre Koullo et Kompa. Selon le chef de canton de Yélou,

> nos grands-parents étaient venus à l'île de Lété et ils avaient un grand fétiche qui s'appelait Lâta. [...] Le premier à s'installer à l'île de Lété s'appelait Lâta Askia. Il est décédé là-bas et son fils Mohamadou lui a succédé sur le trône. [...] Après son règne, les Tchenga ont quitté cet endroit et sont partis à un endroit non loin de là qui s'appelait Katanga. Il y avait des Yoruba sur ce territoire. Ils ont chassé ces Yoruba pour s'installer là-bas.[4]

Par la suite, leur périple les aurait fait quitter la vallée du fleuve en passant par Bella. A cet endroit, vraisemblablement au début du XVIe siècle, une division aurait eu lieu entre trois frères, donnant naissance aux chefferies de Tchengakoy sous l'autorité de Tchenga Daka, l'aîné, de Yélou sous celle d'Oumarou et de Bana, sous l'autorité du cadet nommé Dobi. Le chef de Yélou raconte que

> [...] [les Tchenga] se sont déplacés pour venir dans une ville qui s'appelait Barsamba puis ici à côté de Yélou, à deux kilomètres, à Toudoun Magari. De Toudoun Magari, ils sont venus à Yélou. Celui qui était le roi de l'époque, venu à Yélou, n'a pas régné tout de suite. Il est parti à La Mecque et est revenu. Au moment de son retour, il s'appelait El Hadj Oumarou. C'est lui qui est le fondateur de Yélou. [...] Auparavant, les gens ne se déplaçaient pas comme ça, il leur fallait préalablement consulter la terre. On leur a dit qu'à côté de Toudoun Magari, il y avait un endroit qui était propice («dindindin»).

4 Entretien avec El Hadj Souley Malam Wanké, 22.10.05, Yélou.

«Dindindin» veut dire «là où on s'installe sans avoir envie de se déplacer pour aller ailleurs.» Si tu as remarqué, les Tchenga n'ont pas duré dans les endroits où ils s'étaient installés. Ils consultaient la terre, par géomancie, et la terre leur indiquait que leur lieu d'installation n'était pas propice pour eux, ainsi de suite jusqu'à ce qu'ils viennent à Yélou où on leur a dit que c'était une terre favorable. Au moment où El Hadj Oumarou est venu à Yélou, il n'y avait rien que les animaux sauvages.[5]

Se dirigeant vers l'est, Tchenga Daka, qui régna de 1529 à 1562, aurait ensuite fondé Malayaro, situé sur la route entre Kamba et Gaya.

La généalogie des chefs tchenga de Tchengakoy est bien documentée et tenue à jour avec soin par la cour du chef de district Kyanga Ibrahim Wata au moyen d'un arbre généalogique. L'usage local retient l'orthographe «Kyanga» et «Kyangakwai» qui correspondent respectivement à «Tchenga» et «Tchengakoy» dans la littérature francophone. Les chefs tchenga ayant régné de 1529 à 2005 sont: 1. Kyanga Daka («fils» de Askia Mohamed), 1529-1562. 2. Kyanga Kauri, 1563-1594. 3. Kyanga Sanga, 1595-1611. 4. Kyanga Miji, 1616-1657. 5. Kyanga Maza, 1658-1681. 6. Kyanga Barkassa, 1682-1707. 7. Kyanga Taru, 1708-1729. 8. Kyanga Dawa, 1730-1756. 9. Kyanga Kamba, 1757-1782. 10. Kyanga Bado, 1783-1798. 11. Kyanga Kema, 1799-1808. 12. Kyanga Bargi, 1809-1832. 13. Kyanga Na-Shiko I, 1833-1861. 14. Kyanga Namata, 1825-1833. 15. Kyanga Manou, 1833-1906. 16. Kyanga Giwa, 1907-1918. 17. Kyanga Ango Sikan Kyanga Na Shiko I, 1919-1926. 18. Kyanga Arzika, 1928-1935. 19. Kyanga Mamman Dan Bashiro, 1936-1939. 20. Kyanga Na-Shiko II Dan Kyanga Manou, 1940-1959. 21. Kyanga Yahaye Arugu, 1960-1980. 22. Kyanga Dantani, 1981-1985. 23. Kyanga Sako Mailafia, 1985-1985. 24. Kyanga Ibrahim Wata, 1985 à ce jour[6].

La ville de Tchengakoy aurait quant à elle été fondée plus tardivement à la suite d'une chasse au buffle, qui auraient mené les chasseurs à proximité d'une mare appelée *Tarka*. Le lieu aurait été débroussaillé et les Tchenga de Tchengakoy s'y seraient installés définitivement. Kamba aurait été fondée plus tardivement: les descendants tchenga de Tchengakoy affirment que la ville est bâtie à l'emplacement des champs de leurs grands-parents et que son nom se réfère à la *«repousse du mil après la coupe»* en haoussa. Des chasseurs auraient aperçu des oiseaux s'envoler à cet endroit, signalant la présence d'eau. Deux familles originelles s'y seraient installées, l'une en provenance de Bana et l'autre ayant suivi le fleuve Niger.

5 Entretien avec El Hadj Souley Malam Wanké, 22.10.05, Yélou.
6 Le récit détaillé de l'histoire de la chefferie de Tchengakoy se trouve en annexe.

Progressivement, l'arrivée d'un plus grand nombre d'étrangers d'origine haoussa (Gobir, Arewa, Jega) et zarma transforme les rapports de pouvoir. Alors que les Tchenga des rives béninoises et nigériennes adoptent le zarma-songhay, ceux du Nigeria et des villages nigériens proches de l'actuelle frontière adoptent le haoussa en remplacement d'une langue plus ancienne dont peu de témoignages subsistent. Avant la période coloniale, les habitants de Tchengakoy et Kamba vivent une période d'insécurité, au cours de laquelle ils sont les vassaux du Kebbi d'Argoungou, alliés aux Zarma contre les Peul de Sokoto. Ils sont appelés Kabantchés (gens de Kebbi) ou *Banza bokkwoy* («sept barbares») par les autres Haoussa parce qu'ils appartiennent aux Etats qui, comme le Kebbi, le Zamfara, le Noupé, le Gwari, le Yawouri, le Yorouba et le Kwarafara ont été plus tardivement haoussaïsés que les Etats originels dits *Haoussa bokkwoy*, les «sept Haoussa» comme le Daoura, le Kano, le Zaria, le Gobir, le Katsina et le Rano (Urvoy, 1936). La ville de Kamba ne se développe qu'à partir de la fin du XIXe siècle, sous le règne de Kyanga Manou (1833-1906). L'arrivée des Britanniques dans la région à la fin du XIXe siècle est synonyme d'affaiblissement politique pour les Tchenga: les colons préfèrent s'installer à Kamba plutôt qu'à Tchengakoy et y imposent une chefferie d'origine haoussa, accentuant la rivalité entre les deux centres. A mesure que l'importance économique et politique de Kamba se renforce et que la ville s'étend considérablement, l'autorité traditionnelle de Tchengakoy s'affaiblit.

La troisième vague de peuplement tchenga concerne plus particulièrement Gaya, dont l'étymologie signifierait «que cela dure longtemps» selon les Tchenga et «nous avons gardé l'endroit» selon les Songhay. Les récits relatifs à cette période illustrent la manière dont ces deux groupes vont se rencontrer et se partager les pouvoirs locaux. Consécutivement, les versions de la fondation de Gaya sont diverses et conflictuelles (Bako-Arifari, 1997; Perron, 1924). Il est sans doute moins intéressant à ce propos de chercher à découvrir qui des Tchenga ou des Songhay ont occupé les lieux en premier que de s'intéresser à l'importance de ces récits dans les revendications politiques locales actuelles.

En même temps qu'il ajoute une dimension poétique à la fondation de Gaya, le récit de fondation qui suit est une métaphore de la migration forcée devant la progression de l'islam, de la recherche de l'emplacement idéal après plusieurs localisations infructueuses et de l'extension urbaine qui accompagne tout établissement prospère. La quête des Tchenga mobilise un panthéon destiné à trouver un site durable et religieusement favorable. Le récit est construit de manière à légitimer l'antériorité des Tchenga en même temps qu'il consacre le site même de Gaya, qui n'est pas le fruit du hasard, mais l'aboutissement d'une quête. Il légitime en outre le quartier ancien de Sokondji comme lieu de naissance de la ville, contrairement aux quartiers de Kwara Tégui et de Carré qui ont été abandonnés par les Tchenga en raison des funestes prévisions de leurs oracles.

La tradition orale retient trois instants fondamentaux: la quête du site le plus approprié à un établissement durable, la fondation proprement dite et la rencontre entre Tchenga et Songhay. Du point de vue tchenga, le récit commence ainsi:

> Au temps du Prophète Mohamed, Kokoa Monzon quitte l'Arabie Saoudite suite à la guerre sainte de Badr. Il est païen. Il se réfugie en Ethiopie, puis avec quelques Ethiopiens, il va au Soudan, au Tchad, au Cameroun et enfin, il arrive au Nigeria, dans le Bornou. Avec ses compagnons, il continue sa route par Enegou et traverse le fleuve Niger sur des branchages. Ils arrivent à Diebbé, aujourd'hui proche de Yawri. Ils passent un an dans ce village puis par Kotchi, Zamfara, Diendené, le long du fleuve. Ils arrivent à Giri, puis Kassa, puis Garou Béri, puis Dallassié, en face de la ville actuelle de Gaya. Là, les Bargantié [gens du Borgou] décident de les guerroyer. Kokoa Monzon, qui est voyant, consulte son géomancien. Le géomancien lui dit: «Voilà ce qui va arriver: si tu restes ici, toi et ta famille vivrez mais tous les autres membres vont mourir.» Le chef tchenga décide alors de quitter Dallassié pour venir en face de Kombo, la colline près des Douanes. Il ne possédait ni pirogue, ni rien, dans cette brousse peuplée d'animaux sauvages et de génies.[7]

Une nouvelle attaque des gens de Borgou, qui traversent la petite vallée séparant la ville actuelle de Malanville de Garou, oblige les Tchenga à un nouveau repli.

> Kokoa Monzon se confie alors à son génie et lui dit: «Aujourd'hui, c'est ton jour, c'est aujourd'hui que je verrai si tu es puissant.» Entre Kotcha et les Douanes, il y a une galerie et à ce moment-là, Kokoa Monzon voit un grand serpent qui s'étend en travers du fleuve pour servir de pont aux Tchenga et leur permettre de traverser. Ils voulaient tous traverser sur le serpent. Mais le petit frère de Kokoa Monzon, Faran Monzon n'était pas d'accord. Il dit: «Je vois que c'est un être vivant, il risque de bouger quand on va traverser et de nous noyer.» Kokoa Monzon a voulu essayer de traverser seul, pour voir s'il y avait trahison. Il a traversé sur le serpent sans problème. Les Tchenga ont alors pu eux aussi traverser le fleuve sans problème. Lorsqu'il les a fait traverser, le serpent est resté en travers du fleuve. Le grand guerrier des Bargantié a aussi voulu traverser sur le serpent, pour poursuivre les Tchenga sur l'autre rive. Mais au milieu du fleuve, le serpent a plongé dans l'eau. Le guerrier s'est noyé mais pas son cheval, qui a rejoint la rive.[8]

7 Entretien avec A. Amadou et M. A. Diafago, 25.11.04, Gaya.
8 Entretien avec A. Amadou et M. A. Diafago, 25.11.04, Gaya.

Alors que les Tchenga gagnent la rive gauche du fleuve Niger, plusieurs emplacements potentiels s'offrent à eux. Le récit est ordonné dans le but de justifier le choix de Gaya par rapport à ceux-ci. «La délégation tchenga» – poursuivent les mêmes auteurs –

> est montée sur la colline de Kombo et jusqu'à présent on trouve des restes de maisons là-bas. Pendant trois mois, ils sont restés. Ils ont eu des difficultés à s'approvisionner en eau parce qu'il fallait à chaque fois descendre de la colline pour puiser de l'eau au fleuve. [...] Les Tchenga sont alors descendus sous un tamarinier. Kokoa Monzon a demandé à son géomancien de consulter la terre pour trouver un endroit favorable pour s'établir et savoir s'il valait mieux rester sur la colline ou descendre dans la plaine. Le génie a dit: «En bas, c'est mieux que sur la colline mais vous ne pourrez pas fonder un village.» Sur le tamarinier, une tourterelle a roucoulé et Kokoa Monzon s'est demandé: «Ce cri est-il un bonheur ou un malheur pour nous?» A ce moment, il y a eu un tourbillon qui s'est levé et qui est parti jusque dans la galerie et qui a disparu à l'intérieur. Kokoa Monzon a dit à son petit frère d'aller voir dans la galerie et il a vu un mouton blanc et un coq blanc. [...] Le géomancien a dit alors que ce mouton blanc et ce coq blanc représenteraient les sacrifices qu'il faudrait faire au génie de l'eau Harokoy et au Grand Serpent, pour trouver le lieu approprié à l'installation des Tchenga. Le géomancien a dit à la terre dans son éloge: «C'est toi notre couverture, nous sommes venus de toi. Nous retournons à toi. Tu es notre couverture.» Jusqu'à aujourd'hui, ces sacrifices sont faits.[9]

La fondation de la ville de Gaya nécessite alors plusieurs tentatives. Elle est relatée en ces termes:

> Une fois la consultation faite, les Tchenga sont venus près de Kwara Tégui et ont à nouveau consulté la terre, mais elle a répondu que le lieu ne sera pas un site de fondation de village. Il ne sera que temporaire. Elle a ajouté qu'un village se construira jusqu'au tamarinier sous lequel les Tchenga se trouvent, mais qu'aucun de ceux qui sont vivants à cet instant ne verra la ville atteindre ce point. Les Tchenga ont donc quitté cet endroit et ils ont traversé la petite vallée qui sépare aujourd'hui Kwara Tégui du quartier Carré. Ils sont restés dans ce lieu où poussaient les kapokiers et les baobabs. Ils ont consulté la terre et Kokoa Monzon a refusé d'interpréter le résultat. Il a «fermé la page» alors que son géomancien a dit: «Ce sera un village dans lequel les descendants des Tchenga seront prospères mais une guerre viendra détruire le village.» Kokoa Monzon n'était pas d'accord pour que les Tchenga s'installent sur ce site. Les Tchenga sont partis et sont venus à Sokondji. Là, ils s'adressent aux génies protecteurs Lâta et Ouza pour chacun de leurs choix. [...] Les Tchenga ont trouvé le site idéal et Kokoa Monzon s'est confié à la terre. Il lui a dit: «Que tu sois une mère pour moi qui vais te téter. Que tu sois un père pour moi, qui vas me défendre, me protéger de toutes choses.»[10]

9 Entretien avec A. Amadou et M.A. Diafago, 25.11.04, Gaya.
10 Entretien avec A. Amadou et M.A. Diafago, 25.11.04, Gaya.

La ville de Gaya est fondée par des actes divins. C'est sous un baobab situé dans le quartier de Koussou Kourey que les Tchenga eurent recours aux génies.

> L'arbre existe toujours, sous lequel Kokoa Monzon a installé les Tchenga. La tourterelle qui est apparue à Kombo [dans le mythe précédent] est venue se poser sur les branches de l'arbre, dirigée par les génies. A l'époque, le lieu était une forêt. L'arbre a posé ses conditions: «Si on ose toucher à une de mes feuilles, la ville sera détruite par un incendie.» Le Gagnakoy [chef de la terre] a été intronisé au pied de cet arbre. Les Tchenga avaient des génies bien avant de venir sous le baobab, mais ici, ils en ont trouvé des autres: Zataou, Dogoabi, Dogoakwarey, Za, Hagan, Maarou, Maaninké, Maani, Hamni, Fassio-Gna. Ces génies sont placés sous la conduite des génies principaux Kombolatey et Harokoy.[11]

Kokoa Monzon est enterré à une centaine de mètres, dans une concession comme c'est l'usage dans les familles de chefs. Sa tombe est marquée d'une plaque de métal sur laquelle on peut lire: *«Ici repose Kokoa Monzon, fondateur de Gaya.»*

La rencontre avec les Songhay qui va suivre constitue un moment capital de la définition des identités et des pouvoirs locaux. De l'avis des notables tchenga qui reconstituent ce récit,

> Samsou Béri est resté dans Koyzey Kounda alors que les Tchenga étaient à Sokondji, mais une forêt les sépare. Ils entendent des bruits mais ils ne se voient pas au début. Ils finissent par se rencontrer dans la forêt mais ils ne se comprennent pas. Les Songhay font alors le signe de vouloir boire de l'eau avec la main et les Tchenga leur montrent le fleuve. A l'époque, il fallait être un homme pour oser venir sur ces rives, à cause des animaux et des génies. Les Tchenga et les Songhay s'entendent pour faire un rempart à la ville. Mais qui va le construire? On consulte la terre et celle-ci répond que celui qui construira le rempart va mourir. Samsou Béri ne voulait pas faire le rempart, parce qu'il ne voulait pas mourir par la suite. Il a dit à Kokoa Monzon de construire le rempart. Fara Monzon a averti son frère que s'il construisait le rempart, il mourrait. Kokoa Monzon a répondu que c'était quand même ce qu'il allait faire et que lorsqu'il serait mort, c'est Fara qui prendrait la charge de Gagnakoy.[12]

Les populations songhay évoquées par le mythe se sont quant à elles installées dans le Dendi selon trois phases de peuplement. La plus ancienne remonte aux campagnes d'Askia Mohammed de 1505 à 1517 (Périé et Sellier, 1950). A cette époque, le Dendi historique formait une province dépen-

11 Entretien avec A. Amadou et M.A. Diafago, 25.11.04, Gaya.
12 Entretien avec A. Béri, A. Amadou, A.A. Diafago, 23.11.04, Gaya.

dante de Gao, gouvernée par le *Dendi fari*, troisième personnage de l'empire (Cissoko, 1985). La seconde période se situe à la chute de l'empire songhay, défait par les troupes marocaines à la bataille de Tondibi en 1591. Retranchés dans le Dendi, les rescapés de Gao commandés par Askia Issihak puis par Askia Nouhou menèrent une guérilla qui connut des fortunes diverses jusqu'en 1599, grâce à l'aide du royaume de Kebbi. Leur formation politique fut cependant progressivement affaiblie et se désagrégea jusqu'en 1640 suite à de nombreuses guerres intestines. Selon M. Abitbol (1999; 375) «revenant progressivement à la religion traditionnelle africaine, les Songhay du Dendi se morcelèrent en plusieurs royaumes, bien que jusqu'au milieu du XVIIe siècle, ils soient parvenus à préserver leur unité». L'arrivée des occupants songhay actuels fut plus tardive: vers l'an 1700, de petits groupes songhay provenant du Dendi historique, situé dans la région du fleuve Niger comprise entre Ansongo et Niamey, gagnèrent les environs de Gaya. Parmi eux, les frères Daouda et Hanga, descendants lointains d'Askia Mohammed, sont considérés comme les premiers immigrants. Ils fondèrent alors Tara puis Gaya et s'établirent durablement sur les deux rives du fleuve Niger. Les descendants de ces aventuriers règnent toujours sur la chefferie de quartier et de canton de Gaya.

La généalogie de ces populations songhay, reconstituée à partir de fragments conservés par des chefs locaux et par des sources coloniales rend possible de remonter, parfois mythologiquement, de l'époque contemporaine jusqu'aux règnes des Askia de l'empire de Gao (Figure 11). Bien que les chefs actuels se réclament explicitement des premiers Askia, une césure apparaît toutefois entre Askia Ismaël (1635) et ses descendants Daouda et Hanga (1750 environ), fondateurs de la ville. Cette interruption s'explique par le fait que l'ancêtre fondateur, désigné sous le nom de Mamar Kassey, correspond en réalité à Askia Mohammed. «Cela signifie simplement» – rappelle Y. Urvoy (1936; 66) – «que les Dendis actuels sont un rameau détaché du premier Dendi [1492-1592], et que, avant les quelques souvenirs qu'ils ont de leur histoire nouvelle, ils sautent par-dessus le XVIe et XVIIe siècle, au seul trait saillant qu'ils aient conservé de l'ancienne histoire sonraï, à la légende du premier Askia.» Il s'agit là d'une manifestation de la souplesse des récits oraux, qui s'attachent plus à la filiation d'ensemble des groupes songhay qu'à la reconstitution «positiviste» des segments qui la composent.

Les Songhay possèdent leur propre récit de fondation de la ville, sensiblement différent de celui des Tchenga. Si les Tchenga affirment que leurs ancêtres se sont établis sur le site de Gaya avant l'arrivée des conquérants songhay,

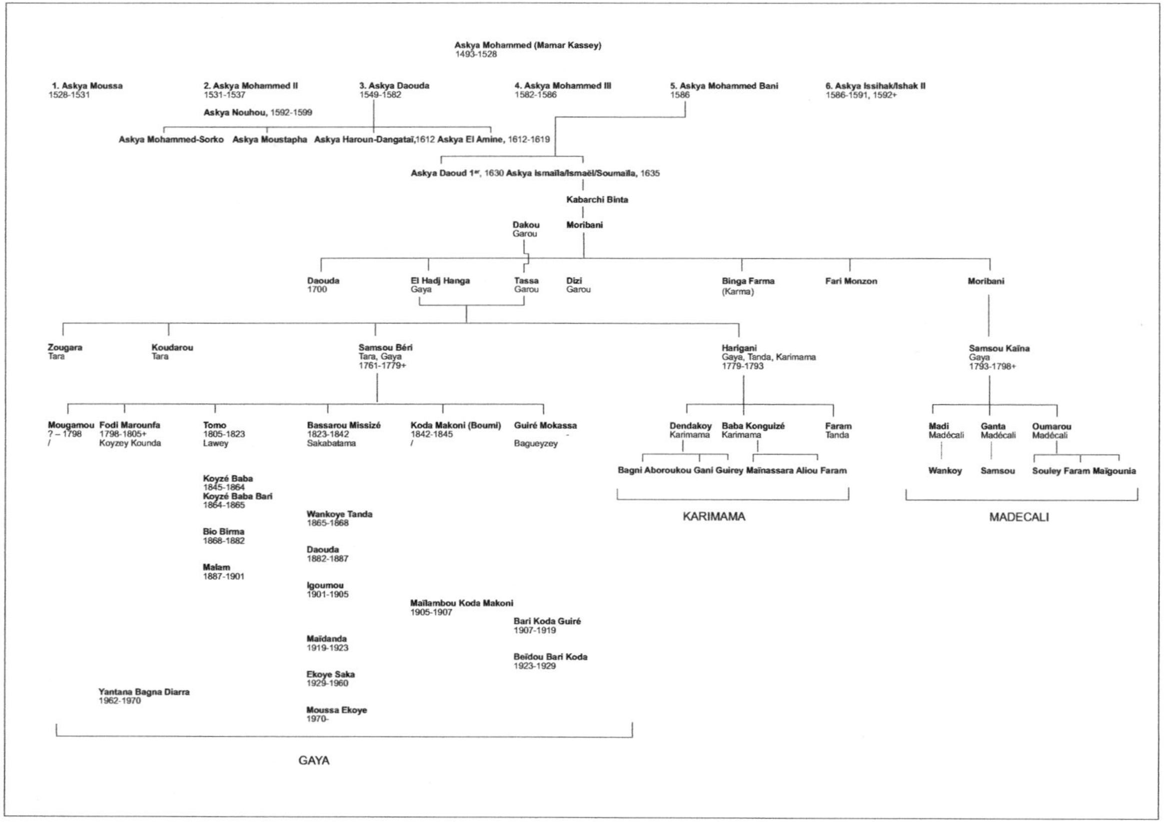

Figure 11. Généalogie des princes songhay du Dendi
Sources: Tilho, 1911; Delafosse, 1912; Perron, 1924; Ardant du Picq, 1931; Urvoy, 1936; Périé et Sellier, 1950 et enquêtes de l'auteur, 2004-2005. Les dates indiquent les règnes.

les descendants de ces derniers prétendent que les Tchenga ne peuplaient pas véritablement Gaya puisqu'ils n'y maintenaient que leurs cultures et gardaient leurs habitations sur une île du fleuve, par peur des razzias esclavagistes. C'est ce que montre le récit suivant, dont la source n'est pas anodine puisqu'il a été écrit par le chef de canton actuel, descendant des lignées aristocratiques songhay de la ville[13]:

> El Hadj Hanga, fondateur du Dendi (Gaya) a quitté le Sonraï pour s'installer à Garou (Bénin). Il épousa alors la fille du chef Dakou nommée Tassa qui donna naissance à Samsou Béri et Hari Gani. A la mort de Dakou, Dizi lui succède; Samsou devenu grand tenta de le renverser pour se faire proclamer chef. Mais sa mère s'y opposa. Devant l'opposition de sa mère, il traversa le fleuve pour la rive [gauche] avec quelques mécontents et fonda le village de Tara. Après la fondation de Tara, il se met en route avec ses gens à la recherche d'un autre site.
>
> Ils trouvèrent une clairière et après consultation des voyants, ils décidèrent de garder l'endroit et dirent: «ir na nago gayi» [«nous avons gardé l'endroit»]. «Gayi» fut transcrit Gaya. Arrivés à Gaya, les Sonraï trouvèrent sur place les Tchenga qui exploitent la terre mais n'ont pas encore fondé de villages. Ils se couchèrent [habitaient] dans l'île par peur des Peuls venus de l'Est. Les Tchenga refusèrent de recevoir les Sonraï, croyant que ce sont des Peuls. Mais informés des bonnes intentions des Sonraï, les Tchenga et Sonraï se donnèrent rendez-vous dans un endroit mais après serment. Les Sonraï demandent alors à voir les villages des Tchenga qui étaient inexistants à l'époque. Ces Sonraï demandent l'autorisation de bâtir un village.

Une autre version relate que la ville de Gaya aurait été fondée à partir du quartier de Lawey[14]. Le mythe raconte que les voyants de El Hadj Hanga, installés avec lui à Tara, aperçurent une fumée venant de l'est et donc la preuve qu'un lieu habité se trouvait aux environs de la ville actuelle. Les Songhay allèrent dans cette direction pour tenter d'entrer en contact avec les habitants, à travers une brousse épaisse. Arrivés au lieu d'origine de la fumée, ils aperçurent un défrichement mais sans distinguer personne. Ils se demandèrent alors comment rentrer chez eux à Tara et remarquèrent les traces qu'ils avaient laissées derrière eux. A ce moment, ils dirent: «Voilà nos traces!» en songhay. Etymologiquement, Lawey signifie donc «le sentier dessiné par le va-et-vient», une déformation de *«lawal»* qui signifie *«nos traces»*. Les Tchenga à l'origine du défrichement possédaient également des voyants qui les informèrent de la volonté des Songhay d'entrer en contact avec eux. Une compé-

13 *Histoire de Gaya* par Moussa Ekoye, chef de canton de Gaya, 13.02.85, Gaya.
14 Entretien avec Moussa Gani, chef de quartier de Lawey, 20.11.04, Gaya.

tition entre voyants des deux ethnies suivit pour localiser l'autre groupe et, finalement, après plusieurs allers et retours improductifs, une rencontre eut lieu.

L'histoire généalogique des princes songhay de Gaya fut mouvementée et impliqua un grand nombre de localités riveraines du fleuve Niger. En de fréquentes occasions, des rivalités de successions entraînèrent des conflits larvés ou ouverts, des traîtrises et des fuites, contribuant à créer un environnement aux alliances mouvantes. Ainsi, la branche songhay de Gaya s'allia avec Tanda et Garou Béri, alors que celle de Karimama s'allia avec Kompa, Madécali et Tara (Séré de Rivières, 1965).

Mais si les princes songhay s'affrontèrent sur le terrain lignager et militaire pour la maîtrise de Gaya, ils n'en négligèrent pas moins le domaine religieux et firent un recours incessant aux oracles et aux prêtres de la religion traditionnelle, comme en témoigne cet extrait relatif à la succession de Samsou Béri, premier prince songhay de Gaya de 1761 à 1779: «Lorsque Samsou Béri est mort sur la route de Gao» – raconte le chef de quartier de Lawey –

> un Peul a ramassé du sable provenant de son tombeau pour l'apporter à son frère Harigani. Celui-ci n'a pas immédiatement mis les fils de Samsou Béri au courant de la mort de son frère pour ne pas aiguiser leur appétit à sa succession. Auparavant, il a pris ses pirogues pour aller chercher le butin de ses razzias qui se trouvait dans ses magasins de Tara et l'a amené à Gaya. Les fils de Samsou Béri n'étaient toutefois pas de taille à lutter contre leur oncle. Ils ont consulté un marabout qui leur a conseillé de se rendre dans le Fogha [vallée fossile tributaire du fleuve Niger] pour extraire du sel et le vendre ensuite dans un village de l'actuel Nigeria à un autre marabout. Il était bien spécifié que le marabout en question n'opérerait de talismans qu'à partir de l'argent provenant de la vente de ce sel. Le marabout a fait son travail et leur a préparé des talismans qu'ils ont plantés dans la terre aux points cardinaux de la ville de Gaya à leur retour.[15]

A l'issue de cet artifice, les fils de Samsou Béri restent discrets pour ne pas éveiller les soupçons de leur oncle Harigani. Sur le conseil du marabout, ils attendent la fête de l'El Fitr ou de la Tabaski qui leur permettra d'accomplir la vengeance de leur père. «A cette occasion» – poursuit le même auteur –

> le marabout leur a recommandé de ne pas se joindre au cortège à cheval qui emmenait Harigani en dehors des murailles de la ville, jusqu'à la mosquée située, pour cette occasion, dans un champ. En ce temps-là, Gaya possédait deux portes: Kofamey («la Grande Porte») qui s'ouvrait sur le sud-ouest, et l'autre s'ouvrant sur le nord dans le quartier de

15 Entretien avec Moussa Gani, chef de quartier de Lawey, 06.10.05, Gaya.

> Sakabatama. Lorsque Harigani a quitté la ville pour aller prier, les fils de Samsou Béri ont attendu quelques instants avant de taper le tambour de guerre et de refermer les portes de la ville. Harigani s'est alors rendu près des portes et a demandé aux gardiens de les ouvrir mais elles sont restées fermées. Il ne pouvait pas supporter le son du tambour de guerre, qui était un élément de la stratégie maraboutique mise en place par les fils de Samsou Béri. Harigani est finalement parti à Tanda. Là, il s'est imposé au chef du village tchenga. Son fils opérait des razzias et s'établit à Karimama, contre un Gourmantché ou un Peul selon les versions. Voyant que les environs de Karimama étaient plus propices aux razzias que ceux de Tanda, Harigani a ensuite combattu son fils à Karimama. C'est pour ça qu'on peut dire qu'il a régné à Gaya, Tanda et Karimama.[16]

En liant de façon directe les villes à l'exercice d'un pouvoir toujours précaire et éminemment mobile, les princes songhay vont contribuer à structurer l'espace socio-politique marginal de Gaya. Leurs guerres incessantes de même que les sujétions mouvantes qui ordonnaient alors cet espace étaient déjà une manifestation de l'impressionnant échange de biens et de personnes qui caractérise toujours l'Afrique sahélienne.

16 Entretien avec Moussa Gani, chef de quartier de Lawey, 06.10.05, Gaya.

2. Villes et campagnes

Continent le moins urbanisé du monde avec environ 40 % de citadins en 2001, l'Afrique connaît pourtant une croissance de la population urbaine durable et rapide. Celle-ci fut extrêmement élevée dans les années 1950 à 2000, atteignant le chiffre record de 4,4 %, ce qui équivaut à un doublement de la population citadine en seize ans. Alors que ce phénomène connaîtra selon toute vraisemblance une légère baisse durant les trente prochaines années pour atteindre 3,3 % (United Nations, 2001a), cette évolution présente actuellement des conséquences très particulières et permet de questionner la spécificité des villes, soumises à de profondes modifications.

2.1 Une urbanisation récente et explosive

A l'échelle de l'Afrique de l'Ouest, la proportion de citadins dans la population totale est passée de 10 % en 1950 à 40 % en 2000 et atteindra presque 60 % en 2025. En chiffres absolus, cela signifie que si 6 millions de personnes habitaient les villes en 1950, elles sont plus de 90 millions aujourd'hui et seront près de 260 millions en 2030. Au niveau national, les pays d'Afrique de l'Ouest se singularisent par des taux globaux d'urbanisation très faibles: en 2000, le Burkina Faso et le Niger comptaient parmi les Etats les moins urbanisés de la planète avec respectivement 16,5 % et 20,6 % de leur population vivant dans les villes. En revanche, les taux de croissance urbaine par Etat ont été parmi les plus élevés au monde entre 1950 et 2000: la Mauritanie vient en tête de ce classement avec une augmentation annuelle de 8,8 %, suivie du Bénin, du Soudan et de la Côte d'Ivoire. D'ici à 2030, le Niger sera le troisième pays au monde de plus forte croissance urbaine avec plus de 5,5 % de moyenne annuelle, suivi du Burkina Faso, du Liberia et du Tchad. Jusqu'à 2050, la population du Niger risque de passer de 10,7 à plus de 53 millions d'habitants (United Nations, 2004), ce qui en ferait le deuxième pays le plus peuplé d'Afrique de l'Ouest après le Nigeria, ce dernier voyant ses effectifs augmenter de 114,8 à 258,5 millions sur la même période, alors que le Bénin évoluerait de 6,2 à 15,6 millions d'habitants.

Elément plus intéressant encore, le Niger serait également l'Etat qui connaîtrait durant cette même période la croissance rurale annuelle la plus élevée, estimée à environ 2,5 %. C'est dire si l'augmentation du nombre et de la taille des villes en Afrique de l'Ouest ne s'accompagne pas directement d'une diminution de la croissance des populations rurales. L'Afrique de l'Ouest reste en effet, avec l'Afrique de l'Est, l'Afrique centrale et la Mélanésie, la région du monde où le taux de croissance des campagnes est le plus fort: 1,8 % entre 1950 et 2000 et 1,2 % prévu entre 2000 et 2030. Ces chiffres restent considérables à l'échelle mondiale puisque dans un très grand nombre de régions asiatiques, américaines et européennes, la croissance des espaces ruraux est négative.

Entre 1950 et 2000, le taux de croissance global des villes ouest-africaines, mesuré à 5,3 % par année, fut le plus élevé du monde, après celui de l'Afrique de l'Est. Les très grandes villes de la région ont vu leur population croître à un rythme accéléré, notamment Lagos au Nigeria, qui figure dans les prévisions des villes de plus de 10 millions d'habitants en 2015. Cependant, le terme de macrocéphalie qui a pu parfois être appliqué aux réseaux urbains ouest-africains est sans doute exagéré. Certes, certaines capitales, telles Conakry, Niamey, Bamako ou Dakar, concentrent une proportion très importante de la population urbaine nationale, mais il semble que «contrairement aux idées reçues, l'urbanisation de l'Afrique de l'Ouest [soit] relativement bien distribuée» (Club du Sahel, 2000; 5). L'heure est donc aujourd'hui au ralentissement de la croissance des plus grandes villes,

> le paroxysme de l'urbanisation [étant] désormais passé en Afrique de l'Ouest. Les taux de croissance démographique des villes au cours des trente dernières années [...] n'ont guère de chance de se reproduire: le changement du rapport d'effectifs entre villes et campagnes interdit désormais de telles variations (Cour et Snrech, 1998; 46).

Cela n'empêche pas les petites et moyennes villes de connaître un développement démographique d'autant plus vigoureux que le réseau urbain régional dans lequel elles s'inscrivent possède déjà un certain nombre de centres secondaires: 300 villes auront plus de 100000 habitants en 2010 alors qu'elles n'étaient que 17 en 1960. Ainsi, selon A. Dubresson et J.-P. Raison (1998; 112),

> le taux de croissance des villes de 10000 à 20000 habitants s'est maintenu à plus de 4% par année entre 1950 et 1980 et le rythme moyen annuel des villes de 20000 à 80000 habitants, mesuré à 4,4% au moins, a été nettement supérieur à celui des plus grandes villes dans les années soixante-dix et quatre-vingts.

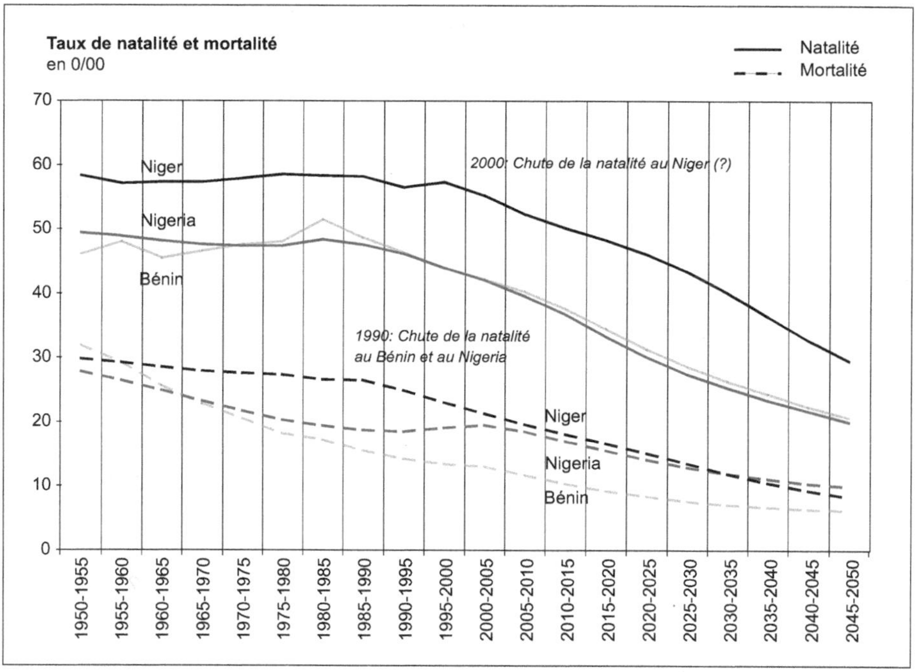

Figure 12. Une transition tardive synonyme d'un important accroissement de population
Evolution des taux bruts de natalité (naissances vivantes/1000 hab.) et de mortalité (décès/1000 hab.), 1950/1955-2045/2050 (projections).
Source: United Nations, 2004.

Jusqu'aux années 1970 au moins, une grande part de l'augmentation de la taille des villes est due au croît interne, lequel peut être évalué à environ deux tiers de la croissance urbaine selon les méthodes de calcul (Bocquier et Traoré, 2000). Par la suite, l'apport des migrants ruraux a été déterminant dans la croissance des villes africaines. «Contrairement au cas de l'Amérique ou de l'Asie» – rappellent sur ce point J.-M. Cour et S. Snrech (1998; 13) –, «les villes ouest-africaines n'ont pu se constituer avec un fort apport de migrants d'origine urbaine formés ailleurs et apportant avec eux des compétences et des capitaux.» Ces particularités sont bien évidemment liées à un accroissement naturel extrêmement élevé, conséquence de la transition démographique en cours (Figure 12). L'ensemble des pays sahéliens se situe en seconde phase de ce processus, caractérisé par des taux de natalité élevés (env. 50‰) et des taux de mortalité en diminution (env. 20‰). Les pays côtiers du Golfe de Guinée comme la Côte d'Ivoire, le Ghana, le Bénin, le Togo ou le Nigeria connaissent une situation quelque peu différente puisque le taux de mortalité infantile y est plus faible. Néanmoins, de l'Océan Atlantique à l'Afrique centrale, le nombre d'enfants par femme, quoiqu'en diminution, demeure l'un des plus élevés du monde: l'ISF y est passé de 7,0 à 5,7 de 1970 à 2000. Entre 1990 et 2000 cependant, certains pays sahéliens n'ont pas connu réellement de baisse de fécondité. Le Niger illustre cette tendance: l'ISF y a évolué de 8,1 à 8,0 enfants par femme des années 1970 aux années 2000 et devrait décroître très lentement, passant à 6,1 de 2025 à 2050 et à 3,4 de 2050 à 2100 (United Nations, 2004). Ces chiffres sont très largement supérieurs à ceux du Burkina Faso, du Mali et du Nigeria où cet indice est passé de 6,9 à 5,4 et du Bénin, qui a vu son ISF diminuer de 7,1 à 5,7 enfants par femme durant la période considérée. Parmi les trois Etats concernés par l'étude, le plus avancé est le Nigeria, qui entrera dans la *«demographic window phase»*, caractérisée par une proportion des moins de 15 ans inférieure à 30 % et une proportion des plus de 65 ans toujours inférieure à 15 % en 2040, suivi du Bénin en 2045 et du Niger, dernier Etat du monde à entamer cette phase en 2070 (United Nations, 2004). Cette phase correspond théoriquement à une potentialité économique accrue pour les Etats concernés, par le fait que la population active est nombreuse, alors que les charges relatives aux âges avancés sont encore faibles, mais également à un défi majeur pour les villes sahéliennes, dont les spécificités ont longtemps été négligées. Celles-ci conditionnent pourtant en grande partie les représentations et les stratégies des citadins et des ruraux.

2.2 La ville sahélienne ou la permanence de l'éphémère urbain

Alors qu'il est manifeste aujourd'hui que les citadins hésitent sans cesse entre le centre et les périphéries rurales, refusent de choisir dans l'adversité, cumulent les avantages économiques et sociaux de la cité et du terroir et s'accommodent d'une agriculture urbaine importante, quels sont les éléments spécifiques et fondateurs de l'urbanité sahélienne? Dans ce qui suit, la définition privilégiée se rapproche de celle d'E. Grégoire (1993; 205), pour qui

> la ville ne sera pas envisagée ici comme une entité physique et sociale singulière, simple agglomération d'hommes et de patrimoines, mais plutôt comme un lieu privilégié de changement où se recomposent des éléments hétérogènes, les uns issus de la tradition, les

> autres de divers clivages (sociaux, économiques et politiques) et de modes de comportement suscités ou rendus possibles par le contexte urbain. La ville doit être également considérée comme le lieu, par excellence, de centralisation des contrôles collectifs, de cristallisation des pouvoirs et le théâtre d'une intense compétition économique et sociale entre ses habitants.

Comme tout centre urbain en effet, les villes sahéliennes se distinguent de leurs périphéries par leur taille, leur (relative) densité et leur hétérogénéité (Wirth, 1938), sont le lieu de la diversification des tâches associées à la concentration des métiers, des statuts et des profils (Pourtier, 1993) et se démarquent par la présence de spécialistes à plein temps, d'un groupe de lettrés et d'une population engagée dans un ensemble large d'activités non agricoles (Sjoberg, 1960). C. Coquery-Vidrovitch (1993) ajoute à ces éléments le fait fondamental que la ville en général contient l'idée d'ordre justifiant les inégalités et la hiérarchie. Cet ordre est issu d'un ou de plusieurs pouvoirs qui concourent d'une part à donner une forme spécifiquement politique à ce qui autrement resterait un assemblage d'individus et d'autre part, à offrir la capacité à ce ou ces pouvoirs de s'établir en références absolues, justifiant les grands travaux, les conquêtes, la guerre ou l'esclavage. La ville rend donc possibles et nécessaires les alliances qui dépassent le familial ou le lignage, ce qui encourage l'autonomie des individus. Les petites cités se distinguent alors des villages par le fait qu'elles permettent la juxtaposition de groupes sociaux différenciés dans un cadre où la proximité joue un rôle considérable.

Les villes sahéliennes se distinguent alors des autres centres urbains par le fait qu'elles sont affectées par une forte mobilité qui concerne aussi bien leurs fonctions économiques, les pouvoirs qui s'y expriment, que la forme générale du tissu urbain. Le modèle de la territorialité précoloniale a déjà permis de montrer que les cités du Sahel se situaient sur des chaînons liant les espaces forestiers aux espaces sahariens. Dans ce mode d'organisation, l'ancrage territorial de la ville sahélienne est mobile, ce qui signifie qu'un même lieu peut se déplacer au gré des évolutions politiques et des opportunités commerciales. Le marché, la mosquée et le palais constituent alors les trois éléments distinctifs d'une urbanité qui peut changer de lieu tout en gardant ses caractéristiques et dont la monumentalité et la forme générale importent peu. Cette disposition est, en fin d'analyse, directement liée à une forme de gestion originale de l'incertitude. Elle oblige aux déplacements incessants mais également à l'accueil des agents de la circulation que sont les migrants ou les commerçants. Cette formule est résumée, à propos des villes du Delta intérieur du fleuve Niger, par la charte urbaine du chef précolonial de Djenné, le *Djenné Wéré*, qui affirme que la ville doit parvenir à trois principes essentiels: «primo, accueillir tout étranger de telle sorte qu'il oublie son pays; secondo, que la population étrangère soit plus nombreuse que les autochtones; tertio, que les produits soient vendus à bas prix» (Gallais, 1984; 149). Le cosmopolitisme de la ville sahélienne est alors un trait qui permet de la distinguer, à taille égale, des gros bourgs.

Cette mobilité a non seulement marqué l'emplacement des villes mais également les matériaux qui lui sont propres, notamment l'usage de la brique crue *(banco)* qui est un signe distinctif de l'architecture sahélienne. Grand bâtisseur mais également grand destructeur de villes, le pouvoir n'a pas toujours marqué ces cités d'une grande monumentalité, ou plutôt, il semble qu'il ait entretenu, avec le matériau même de la ville, une relation aussi stratégique que durable. Dans la majorité des villes en effet, la brique dure fut longtemps absente de la construction, remplacée par un mélange d'argile, de paille sèche, d'eau et de fumure. Or, une partie de l'urbanité sahélienne est directement liée aux usages et aux représentations que le pouvoir a entretenus avec ce *banco*. D'une manière tout à fait paradoxale, il apparaît en effet que le *banco* ait permis la *permanence de l'éphémère urbain*, c'est-à-dire qu'il ait constitué le matière idéale au pouvoir pour s'affirmer dans la durée dans un mode d'organisation qui obligeait les villes à se déplacer (Walther, 2004b). De ce point de vue,

> la spécificité d'une cité n'est ni la densité de sa population, ni même son aspect urbain, mais l'existence d'un espace politique souverain qui se définit par rapport à un centre intangible au détriment de la périphérie, et dont la superficie territoriale varie en fonction de la capacité économique et militaire de la cité à ramener vers son centre ce dont elle a besoin (Holder, 2001; 178).

Il semble en effet que, puisqu'elle évoque plus le flux que le *parpaing*, il soit possible de définir la ville sahélienne à partir de tous les matériaux qui la constituent, à commencer par le pouvoir.

Il est aujourd'hui avéré que les pouvoirs n'ont pas bâti en matériaux durs plus tôt dans l'histoire et ont privilégié la brique d'argile crue exposée aux destructions du temps. A Koumbi-Saleh, capitale de l'empire du Ghâna, par exemple, d'importants vestiges ont été retrouvés mais il semble que seul le centre du pouvoir marchand musulman ait perduré, alors que le lieu politique de la royauté «presumably of more poorly constructed or less durable buildings, has prooved impossible to locale» (Gugler et Flanagan, 1978; 11). Il serait certes possible d'expliquer l'absence de matériaux durs par le fait qu'aucune roche utilisable n'était disponible pour la construction dans les environs des villes d'Afrique sahélienne. Outre le fait que certains affleurements de grès jouxtaient le site de plusieurs centres urbains, l'exemple des Portugais, qui importaient jusqu'aux pierres taillées devant servir à l'édification de leurs forts côtiers du Golfe de Guinée (Coquery-Vidrovitch, 1993), montre que cette explication est insatisfaisante. Pas plus en Afrique sahélienne qu'ailleurs, la technologie ne détermine le sens attribué à la ville. Ceci est manifeste chez les Saman du Mali, lesquels préfèrent construire en *banco*, pour se positionner dans la filiation des citadins de Djenné plutôt que d'utiliser les matériaux rocheux présents sur place et qui se rapportent aux Dogon:

> contrairement aux villages dogon environnants, il est en principe interdit de bâtir en pierre (excepté les fondations), alors que ce matériau est disponible à volonté et que la terre est au contraire rare et précieuse. Il y a là, sans aucun doute, la marque du lien historique et culturel avec la cité de Djenné largement revendiqué par les Saman (Holder, 2001; 32).

Mais, plus que cela, il y a dans l'acte communautaire et saisonnier des crépissages urbains de *banco*, comme une volonté de réaffirmation politique et religieuse. A l'occasion de certaines fêtes, habituellement placées avant la saison des pluies, la population est souvent conduite à restaurer les bâtiments publics en terre, comme la grande mosquée de la ville de Djenné au Mali par exemple. Lors de ces réjouissances, les citadins sont fortement encouragés à participer aux travaux, sous peine de se voir projetés tout habillés dans la fosse de mortier. C'est ainsi plus le pouvoir d'ordonner le recommencement social que les marques architecturales de ce pouvoir qui souligne la spécificité de la ville sahélienne. Ce facteur a permis une extrême mobilité historique des capitales des empires précoloniaux, qui se sont déplacées tout en gardant une centralité justifiée par leurs fonctions politiques, religieuses et économiques. Lorsque le pouvoir n'a plus la force de s'imposer dans la ville, les vestiges urbains disparaissent avec le temps, à l'image du palais des Tall de Bandiagara (Mali), dégradé par les pluies et le manque d'entretien depuis la colonisation. Lorsque la ville se déplace, parce que de nouveaux pouvoirs politiques ont supplanté les anciens, un lien de filiation réunit les centres déchus, qualifiés de «villes-mères», aux «villes-filles» qui les remplacent. Ce processus explique par exemple que la ville de Tchengakoy (Nigeria) soit toujours considérée comme une référence traditionnelle par les Tchenga alors que son rôle de centre politique fut supplanté par Kamba, dans laquelle s'installèrent les élites favorisées par la colonisation. Du point de vue des habitants de Tchengakoy où réside l'autorité traditionnelle, «Kamba, avant, ce n'était que les champs de nos grands-parents et aujourd'hui… aujourd'hui, c'est là que tu trouves le *chairman*. Mais si tu veux l'histoire de Kamba, c'est à Tchengakoy. Tu ne trouves rien là-bas».[1] Un processus similaire affecte les villes qui se trouvent subitement excentrées par rapport à de nouveaux axes de communication. La localité de Kawara N'Debbé, fondée par des Maouri, illustre ce mouvement. Alors que l'ancien marché était intimement lié à la présence des salines du Dallol Fogha, l'ouverture de la route Niamey – Gaya, distante d'une dizaine de kilomètres, a contribué à modifier la structure des communications. Les activités du marché ont longtemps stagné, jusqu'à ce que des habitants décident de s'installer à proximité du goudron pour écouler plus favorablement leurs stocks de canne à sucre et de produits de contre-saison aux grossistes qui parcourent le département de Gaya. Progressivement, ce petit marché de fortune prend de l'importance sur l'ancien emplacement de commerce et pourrait bien fournir un lieu approprié à une localité nouvelle. Si les habitants de Kawara N'Debbé se réclament toujours de Birni N'Debbé au Nigeria actuel, ceux du nouveau site pourraient alors se revendiquer de leur second village d'origine et alimenter ainsi le processus de mobilité généralisée des centres de commerce sahéliens.

Finalement, à travers l'usage d'un matériau aussi simple que le *banco*, il est possible d'approcher l'une des formes de la spécificité urbaine sahélienne. Celle-ci se fonde d'abord sur une conception de la cité comme lieu d'affirmation du pouvoir, utilisant l'architecture de l'éphémère comme outil de sa propre permanence. Aussi, même si cet élément de définition ne résume pas à lui seul les particularités de l'urbain, il a néanmoins le mérite d'associer la forme donnée à la ville au sens attribué à la cité. C'est un principe qui peut aller au-delà des conceptions dualistes de la ville africaine, qui séparent d'un côté ce qui relève du monde moderne, de l'économie industrielle, des services institutionnalisés, de l'urbanisme volontaire et conceptualisé et de l'autre côté, ce qu'on peine à définir autrement qu'en parlant de monde traditionnel, d'économie artisanale, de services informels et de désordre urbanistique. Cette ville dualiste fut incarnée à l'origine dans la littérature scientifique par la coupure irréductible entre le monde des Blancs, occupant la position dominante du *Plateau* et le monde des Noirs, entassés dans les périphéries. Aujourd'hui, il devient difficile de s'appuyer encore sur ce schéma. Entre le secteur dit moderne et le secteur dit traditionnel, entre le complexe sidérur-

1 Entretien avec Kyanga Ibrahim Wata, *district head* de Tchengakoy, 15.10.05, Tchengakoy.

gique d'Ajaokouta au Nigeria et les fondeurs de casseroles du marché de Boukoki à Niamey, il y a certes un contraste extrême. Ni les techniques, ni les capitaux, ni les modes de fonctionnement internes aux deux entreprises ne sont comparables en apparence. C'est d'ailleurs ce qui a motivé le débat sur la nécessité de «modernisation» du continent. Mais le schéma dichotomique atteint ses limites dès lors qu'il aboutit généralement à une radicalisation des termes de modernité et de tradition.

Il est incontestable en revanche que la fréquentation urbaine contribue, en Afrique sahélienne, à la stature des *patrons* même si certains investisseurs habitent et exercent leurs activités en milieu rural. Dans cette perspective,

> la ville tire sa spécificité du fait qu'elle est non pas le lieu d'exercice d'une fonction spécifique (comme c'est le cas pour une maison, une école, un hôpital, une entreprise), non plus que le lieu où se juxtaposent ces fonctions spécifiques, mais bien le lieu qui met ces diverses fonctions en interrelation, à travers le rapport à l'espace (Crevoisier, 2000; 17).

Tout d'abord, la ville permet l'apprentissage des technologies nouvelles qui se diffusent depuis les pays côtiers ou sont introduites par les agences de coopération. Ensuite, elle fournit des compétences relationnelles plus étendues grâce à la concentration des fonctions de commandement: ministères, délégations régionales, offices agricoles, agences de développement, ONGs. Mais surtout, les petites et moyennes villes de la zone frontalière sont des lieux de commerce intense et la plupart des *patrons* de la région ont une activité directement dépendante de ces marchés régionaux. Les villes accélèrent donc les dynamiques de mobilité sociale, par le fait qu'elles permettent l'intensification des échanges socio-économiques (Gallais, 1984; Grégoire et Labazée, 1993), parce qu'elles concentrent les pouvoirs susceptibles d'être instrumentalisés et qu'elles autorisent une certaine couche de la population à s'affranchir des travaux de peine pour se consacrer au commerce et aux relations publiques. Pour les marchands comme pour les investisseurs agricoles, la ville est ce «lieu du possible et de l'espoir permettant d'échapper aux contraintes villageoises et à la régulation sociale contrôlée par les anciens» (Chaléard et Dubresson, 1989; 283).

Ce principe s'applique également à l'agriculture, qui trouve dans la ville à faible densité un milieu favorable au développement de certaines de ses activités. En effet, depuis la période coloniale, les observateurs notent que les cités du sous-continent sont souvent marquées par de faibles densités propices aux cultures agricoles. «Le Kano d'aujourd'hui est pourvu d'un mur d'enceinte» – note l'explorateur allemand H. Barth (1859-1863; 2/20) –

> [...] qui forme un ouvrage d'architecture remarquable et fort bien entretenu. L'énorme espace que ce mur enferme paraît indubitablement n'avoir jamais été rempli par les quartiers habités de la ville. [...] La cause de ce vaste développement des travaux de fortifications est purement stratégique; en cas de siège, il offrait une retraite sûre aux habitants, tandis que, d'un autre côté, les espaces ménagés à l'intérieur de l'enceinte pouvaient produire du blé en suffisance pour nourrir toute la population.

D'autres villes sahéliennes présentent une disposition similaire, à l'image de Say au bord du fleuve Niger: «L'intérieur de la ville, qu'entoure une muraille de terre peu élevée, n'est guère habité, les maisons se trouvant dispersées tout autour; le nombre des habitants peut être d'environ 8000. Sauf la demeure du gouverneur, toutes les habitations sont construites en nattes et en roseaux» (ibid.; 3/259). E. Reclus (1887; 595) affirme quant à lui, à propos de Katsina (Nigeria), que dans cette grande cité ceinte par une muraille de plusieurs kilomètres de circonférence «on voit que presque tout l'espace enfermé est occupé par des ruines, des jardins et des champs». Il est en outre connu que les villes yoruba affichaient une prédominance de l'agriculture et de bâtiments de style rural dans le périmètre urbain, qui font alors penser à des zones rurales (Gugler et Flanagan, 1978).

A la faveur des plans d'ajustements structurels et de leurs conséquences socio-économiques, ces anciennes spécificités reprennent de la vigueur. Les citadins touchés par la baisse de leur pouvoir d'achat sont en effet de plus en plus enclins à investir dans l'agriculture urbaine, favorisant les activités de productions agricoles dans les villes africaines (Lynch, Binns et Olofin, 2001). Le pourcentage de cultivateurs urbains, vivant préférentiellement du produit de leurs semis est inversement proportionnel à la taille des villes. Il peut néanmoins atteindre 10% dans les grandes cités et jusqu'à 50% dans les villes secondaires (Chaléard, 1998). Ces activités engendrent des revenus non négligeables pour les familles urbaines, la ville pouvant assurer près du tiers de la consommation vivrière de certains centres de taille moyenne comme Maradi (Niger) ou Korhogo (Côte d'Ivoire). Agriculture et ville semblent donc faire bon ménage, d'autant plus qu'une corrélation significative entre le dynamisme agricole et la vitalité des petites et moyennes villes peut être observée:

> Près des agglomérations urbaines et le long des grandes voies de communication, les paysans assurés d'un écoulement se lancent dans les productions pour les villes, tandis que dans les secteurs enclavés, ils s'en tiennent à une économie de subsistance ou valorisent les cultures d'exportation qui bénéficient de prix garantis (Chaléard, 1998; 17).

Cette disposition est évidemment au centre des analyses de la présente recherche, puisque les productions périphériques sont, dans la plupart des cas, des cultures de rente et/ou de contre-saison. C'est notamment le cas des environs de Gaya – Malanville, qui connaissent un développement spectaculaire de l'agriculture intensive.

Outre ce phénomène, un grand nombre de citadins sahéliens exercent aussi une activité agricole dans leurs terroirs d'origine, souvent à l'occasion des récoltes ou d'autres grands travaux ruraux. «La campagne peut être aussi», – notent E. Grégoire et P. Labazée (1993; 538) –

> pour ses propres originaires, un espace de migration temporaire qui, occupé le temps d'une saison agricole, génère des ressources investies en ville dans un but professionnel. Ce continuum entre monde urbain et milieu rural caractérise aussi la région de Maradi où une grande partie des citadins sont originaires des villages voisins et y ont conservé de solides attaches.

Loin de se réduire à un simple archaïsme et plutôt que de ne constituer qu'une nécessité vivrière, l'agriculture urbaine semble relever d'un modèle territorial particulier. En conséquence, puisque cette activité investit le cœur même des cités, le mouvement général de migration urbaine ne semble pas synonyme de faillite des campagnes.

Si la mobilité, marquée par l'éphémère urbain et l'agriculture en ville semble un élément indissociable de la définition des villes sahéliennes, il est en revanche plus difficile de quantifier exactement le passage du rural à l'urbain car les seuils statistiques retenus par les auteurs diffèrent considérablement. Ainsi, au Niger, la limite est habituellement fixée à 10 000 habitants, quoique les chefs-lieux des circonscriptions administratives soient aussi admis comme villes malgré le fait que certains n'atteignent même pas 5000 habitants (République du Bénin, 2001a; Tiffen, 2003). Au Bénin, les statistiques recensent comme villes les cités de Cotonou, Porto Novo, Ouidah, Parakou, Djougou ainsi que les récentes communes urbaines plus petites, tandis qu'au Nigeria, seuls les centres de plus de 20 000 habitants sont considérés comme des villes depuis 1991, alors que les recensements plus anciens prenaient en compte les agglomérations de plus de 5000 habitants. L'étude des *Perspectives à long terme en Afrique de l'Ouest* (Club du Sahel, 1994) retient le seuil de 5000 habitants comme une mesure approximative de la limite entre ruralité et urbanité, alors que le FIDA (2001; 17) affirme que «les populations rurales vivent en général dans des hameaux ou dans des villages de 5000 à 10 000 habitants séparés par des terres arables, des pâturages, des forêts ou des broussailles». Ces variations statistiques ont une importance considérable car elles peuvent faire varier fortement les taux d'urbanisation des unités prises en considération. A titre d'exemple, le Recensement général de la Population du Niger de 2001 considère Gaya (27 800 hab.) comme la seule ville du département du même nom (247 000 hab.). Selon ces chiffres, le taux d'urbanisation du département est alors de 11,3 %, ce qui est très inférieur à la moyenne nationale calculée sur ces mêmes bases (16,2 %). Pourtant, en considérant l'ensemble des centres de plus de 5000 habitants, la même unité administrative compte 92 000 citadins, ce qui représente un taux d'urbanisation de 37,2 %, proche des évaluations effectuées sur la rive droite du fleuve au Bénin (46 %). D'autres auteurs renoncent à utiliser des seuils statistiques, arguant que ces mesures ne renseignent pas véritablement sur l'urbanité des lieux (Coquery-Vidrovitch, 1993; Pourtier, 1993). «Le seuil des 5000 âmes ne correspond à aucune césure réelle dans le continuum des sites habités» – reconnaît J.-C. Bruneau (2002; 190): «dans les faits, la marge est incertaine entre les centres déjà semi-urbains et la foule de localités à caractère vraiment villageois, qui constituent la trame nationale du système», ce qui implique que «la plupart des gros bourgs de taille peu inférieure à 10'000 habitants sont certainement considérés à juste titre comme de ‹petites villes› par les géographes» (Moriconi-Ebrard, 1995; 55). Cette posture permet de définir les petites villes en fonction de leurs attributs plutôt que par rapport à leur taille.

2.3 Les *«fils du pays»* et ceux *«qui sont venus sur leurs pieds»*

Le pouvoir est, comme les arguments précédents l'ont montré, fréquemment à l'origine de la création et de l'influence des villes sahéliennes et l'antériorité du groupe social fondateur détermine la légitimité des revendications identitaires, foncières et politiques. A ce titre, le Dendi, fondé aux environs du XVIe siècle par la cohabitation de groupes tchenga et de populations songhay venus de Gao, ne fait pas exception. Comme le rapporte le chef de canton de Gaya, à l'issue de leur rencontre, les Tchenga et les Songhay s'entendent sur un partage des pouvoirs locaux:

> Les deux ethnies signent alors un pacte: les Sonraï s'occuperont de la sécurité et de la défense et les Tchenga s'occuperont de la terre et de la production. C'est depuis lors que les Tchenga et les Sonraï cohabitent et forment une communauté et tous les biens sont partagés entre les membres. Les liens de mariage ont encore contribué à rapprocher davantage les deux ethnies.[2]

A l'issue de cette négociation, les Songhay acquièrent le pouvoir sur l'administration des hommes et les Tchenga conservent le contrôle du domaine spirituel et invisible de la brousse, des esprits, des animaux et des plantes. C'est une situation commune en Afrique de l'Ouest. «Beaucoup de dynasties guerrières» – rappelle C. Meillassoux (1971; 23) – «sont d'origine étrangère, implantées au milieu de populations divisées contre elles-mêmes ou menacées par d'autres formations politiques, parmi lesquelles elle s'emparèrent des positions d'arbitrage ou des fonctions de protection.» Poussés à l'alliance dans un contexte historique difficile, les Songhay n'ont certainement pas voulu s'aliéner les esprits de la terre, des animaux et des plantes contrôlés par les Tchenga, au risque de provoquer de graves perturbations et de s'engager sur un terrain spirituel et magique où ces derniers étaient redoutés.

Le récit mythologique tchenga présente ce partage comme un arrangement inévitable. En effet, au moment de la fondation de la ville de Gaya, Kokoa Monzon décide malgré tout de bâtir le rempart symbolisant la défense militaire malgré l'avertissement de son oracle qui lui prédit une mort certaine. D'une certaine manière, ce geste est synonyme de résignation devant la force militaire et entérine la division aujourd'hui disparue entre les rôles distincts que jouaient le Gagnakoy *(«chef de terre de Gaya»)* et le Laabukoy[3] *(«chef politique»)* à Gaya. Jusqu'à sa marginalisation par le pouvoir colonial, le Gagnakoy jouissait d'une autorité incontestable dans le domaine de la spiritualité animiste et de la magie en réglant notamment le cycle des récoltes pluviales et des fruits de brousse. Sa succession est rendue extrêmement problématique aujourd'hui par le fait que ses attributs sont remis en cause par les valeurs de l'islam et le pouvoir de l'administration dans le domaine foncier.

Avec l'arrivée des Songhay à Gaya, le paysage politique change donc radicalement, puisqu'à une société peu hiérarchisée vient s'ajouter un groupe

2 *Histoire de Gaya* par Moussa Ekoye, chef de canton de Gaya, 13.02.85, Gaya.

3 Selon J.-P. Olivier de Sardan (1984; 213) *«koy, bonkoyno, fuula, amiiru, laabu-koy désignent tous le chef pré-colonial»*. Il est donc erroné de parler du chef de canton actuel comme du Laabu-koy.

social héritier des principes hiérarchiques de l'empire songhay, fondé sur la guerre et le lignage princier: «Peu à peu le principe d'antériorité spatiale, qui caractérisait la chefferie paysanne, se transforme en principe d'antériorité généalogique, qui caractérise la chefferie aristocratique» (Olivier de Sardan, 1984; 91). De ce point de vue, les rapports entretenus entre chefferies tchenga et songhay à Gaya ne diffèrent pas sensiblement de ceux généralement entretenus entre pouvoirs politiques au Niger. C'est-à-dire qu'ils sont caractérisés à la fois par l'alliance, symbolisée par le récit de fondation, par les liens matrimoniaux ainsi que par le conflit. Le principe est également valable à l'intérieur de chacune des deux chefferies: «solidaires face aux autres classes sociales, les aristocraties villageoises étaient en même temps rivales» (ibid.; 64). Destinés aux étrangers, les récits de fondation recueillis semblent s'accorder sur une entente réciproque, ayant pour but de préserver une harmonie vis-à-vis de l'extérieur. Ils cachent pourtant le fait qu'une division stricte va s'opérer, d'une part entre «autochtones» ou «premiers arrivés» et immigrés, d'autre part entre les lignages princiers pouvant légitimement revendiquer la chefferie songhay de quartier ou de canton et les autres groupes plus récemment immigrés. Cette situation se retrouve dans d'autres contextes sahéliens, notamment dans le sud du Mali (Amselle, 1990), dans le Yatenga burkinabé (Izard, 1985) et au Pays Dogon, marqué par l'opposition fondamentale entre «gens de localité» sama d'origine djennenké et «gens de brousse» d'origine dogon (Holder, 2001).

Peu importe d'ailleurs que ces «autochtones» soient venus d'ailleurs. C'est l'antériorité, marquée par le défrichement et, dans le domaine religieux, par la proximité aux divinités issues de la terre, qui est déterminante. L'origine du clivage entre «gens de la terre» et «gens du pouvoir» est encore confuse. De l'avis de J.-L. Amselle (1990; 59-61), peut-être s'est-il transmis

> [...] d'un empire à l'autre, par le biais des échanges de tous ordres qui se produisaient entre ces formations politiques? On peut estimer qu'il existait dans l'ensemble de l'Afrique de l'Ouest soudano-sahélienne une civilisation commune dont on retrouve des traits culturels et des termes linguistiques disséminés dans plusieurs ensembles qui apparaissent aujourd'hui dans le champ de l'anthropologie comme des cultures ou des ethnies distinctes. [...] En réalité, si ce «produit» se reproduit, c'est peut-être parce que les conditions générales de sa production sont demeurées inchangées pendant des siècles.

Il demeure alors que le fait de ne pas être autochtone est absolument déterminant dans la hiérarchie socio-politique locale de Gaya. Seuls les Tchenga peuvent prétendre à cette qualité alors que tous les autres, qu'ils soient d'origine songhay ou immigrés récents, sont appelés *«che kaanda»*, c'est-à-dire «ceux qui ont marché sur leurs pieds pour venir» contrairement aux *«laabizey»* qui constituent les *«fils du pays»*. Cela explique le conservatisme très accentué des Tchenga vis-à-vis de la propriété foncière, laquelle constitue un élément constitutif de leur identité de «premiers arrivés» et de l'alliance conclue avec les Songhay. A titre d'exemple, seul le mariage avec une femme tchenga permet d'accéder à la terre et encore cette condition est-elle renforcée par le fait qu'en cas de répudiation, ce bien foncier revient à l'épouse, les enfants d'une co-épouse non tchenga devant alors quitter les champs familiaux à la mort de leur père. Ces principes sont aujourd'hui questionnés à la fois par l'augmentation de la population urbaine, son hétérogénéité croissante et son extension spatiale.

2.4 Appartenances et mobilités urbaines

Depuis l'époque de leur fondation, les villes de Gaya, Malanville et Kamba se sont considérablement agrandies en termes de superficie et de population, sous l'effet conjugué d'une forte natalité et de migrations massives. L'extension urbaine a donc nécessité de recourir à de nouveaux découpages de l'espace, à des recensements, à des lotissements et à une gestion coutumière plus large que celle qui régissait l'organisation des anciens centres. Malgré ces signes de modernisme, la conception de la ville est restée proche des valeurs développées lors de sa fondation, en raison notamment d'une appartenance plus lignagère que spatiale des citadins à leur cité.

2.4.1 L'identité des quartiers de Gaya

La ville de Gaya (33000 hab.) est aujourd'hui formée de quartiers administratifs aux origines très diverses. Les plus anciens sont Koyzey Kounda[4], Lawey, Sakabatama et Badjeizey, issus des lignages songhay des princes Tomo, Fodi Marounfa, Bassarou Missizé et Guiré Mokassa, tous fils de Samsou Béri

4 Se dit aussi Kofamey Béri («la Grande porte»), en souvenir de la porte qui fermait l'enceinte de la ville autrefois.

Photo 1. La vieille ville de Gaya (Dendikourey) a été percée de plusieurs artères
Source: Walther, 2005.

qui régna sur la ville de 1761 à 1779[5]. Seuls les descendants de ces lignées princières exercent la chefferie de quartier et peuvent prétendre à celle de canton. Ce principe est reconnu par les habitants de Gaya mais contesté par les autres branches de l'ancêtre El Hadj Hanga, qui règnent à Tara (Koudarou), à Tanda et à Karimama (Harigani)[6]. Les familles descendant des ancêtres Bassarou Missizé, à laquelle appartient le chef de canton actuel, et Tomo ont

5 Deux autres fils de Samsou Béri, Mougamou et Koda Makoni, n'ont pas produit d'ancrage territorial, le premier parce qu'il est mort à la guerre en 1798 et le second pour des raisons inconnues.

6 L'arbre généalogique permet de localiser précisément la rivalité qui oppose les prétendants de ces villes et qui se localise au moment (1798) où la chefferie passe des mains des descendants de Harigani à celles de Fodi Marounfa (voir Bako-Arifari, 1997). Les chefs de Gaya affirment que seuls les descendants des fils de Samsou Béri peuvent accéder à la chefferie, alors que ceux de Tanda et Tara affirment qu'ils y ont également droit, étant donné que leurs ancêtres Harigani et Samsou Kaïna ont également brièvement dirigé la ville de 1779 à 1798. L'avantage va cependant depuis la colonisation, aux chefs de Gaya, parce que la ville a été promue chef-lieu de canton, ce qui lui permet de traiter Tara et Tanda en subordonnés.

Photo 2. Vue de la périphérie du quartier Kwara Tégui à Gaya. Le «Plateau» en second plan abrite la résidence préfectorale ainsi que les antennes radio alors que la plaine inondable du fleuve Niger est visible au-delà
Source: Walther, 2005.

fourni le plus grand nombre de chefs de Gaya et ont régné plus des trois-quarts du temps sur Gaya alors que les familles descendant de Guiré Mokassa, Fodi Marounfa et Kodamakoni Samsou dit Boumi ont été moins représentées à la chefferie. La division de l'espace urbain s'est faite entre les fils de Samsou Béri en fonction d'un bornage constitué de limites matérielles (arbres, termitières, trous) et devant témoins. L'espace situé au-delà des quartiers était considéré comme l'extension culturale de ceux-ci, même si le principe de la propriété des terres par les Tchenga ne fut pas remis en cause. Ces terrains appartiennent toujours aux familles princières, qui y ont enterré certains de leurs morts et y possèdent des jardins. A cela s'ajoutent les deux quartiers de Koussou Kourey et Sokondji, issus des familles tchenga et administrativement reconnus sous le règne du Gagnakoy Koussou dans les années 1950 (Bako-Arifari, 1997). Ensemble, ces six quartiers forment la vieille ville de Gaya nommée Dendikourey *(«quartier des Dendi»)*, limitée au nord par la route nationale et au sud par le fleuve Niger.

Plusieurs artères ont été percées dans un bâti très dense (Photos 1 et 2). La grande majorité des constructions sont faites en *banco*, parfois recouvert d'une fine couche de ciment et en matériaux définitifs alors que la présence de bâtiments d'architecture coloniale à toits à deux pans en tôle, rappelant les villes du Nigeria et du Bénin, peut être localement notée.

Au Dendikourey, il faut ajouter les extensions récentes de Kwara Tégui et de Carré, ainsi que les «quartiers» à représentation haoussa, zarma, yoruba et touareg. A ces deux zones s'ajoute le quartier du Plateau, qui concentre les services de l'Etat (Préfecture, Service de l'Agriculture) et de la Direction du Développement et de la Coopération suisse (DDC) au nord de la route menant au Bénin. Enfin, la ville de Gaya compte également un quartier informel nommé Wadata, dont l'installation sur le rebord du plateau latéritique de la vallée du fleuve Niger date de 1996. Il s'agit d'un quartier de paillotes abritant des immigrés arrivés récemment dans la région et aux origines diverses qui ont obtenu le droit de s'installer à cet endroit en contrepartie du paiement de l'impôt auprès du chef de canton. Wadata est un nom répandu, qui signifie «endroit où l'on peut s'épanouir librement et définitivement». Les conditions de vie y sont moins favorables qu'au centre, compte tenu du ravinement et de l'absence d'infrastructures.

Les limites géographiques des unités administratives les plus anciennes sont difficiles à tracer étant donné que la notion de quartier possède une dimension spatiale autant que lignagère. Ce qui importe ici, c'est l'appartenance d'un individu à un lignage, lui-même relié à une chefferie particulière héritée des ancêtres fondateurs de la ville. Ainsi, comme les sentiments d'appartenance aux quartiers varient peu malgré une forte mobilité des individus, les citoyens et les chefs peuvent déménager tout en se réclamant de leur quartier d'origine: «Dans mon cas par exemple» – explique M. Moussa Gani – «je suis le chef de quartier de Lawey, mais tu vois, ma maison est à Sakabatama. Même si tu as quitté le lieu où se trouve la chefferie, tu restes le chef de quartier.[7]» Au centre de l'identité lignagère, la «maison de famille» joue le rôle de référent spatial. Un individu qui quitte son quartier reste rattaché à celui de sa grande famille, à moins qu'il ne désire en changer. Les nouveaux venus doivent quant à eux s'adresser à un chef de quartier en fonction de leur lieu de résidence ou de leur appartenance ethnique: «Lorsqu'un étranger arrive, on lui dit de consulter un chef de quartier qui lui indique le lieu [d'installation] et lui octroie un lopin de terre et un endroit pour bâtir.[8]» Ces propriétés illustrent le fait que l'ancrage territorial local est structuré

7 Entretien avec Moussa Gani, chef de quartier de Lawey, 08.10.05, Gaya.
8 Ibid.

selon des chaînes de solidarités contextuelles. En admettant que l'emplacement des villes, comme les capitales des Etats précoloniaux, ou des espaces socio-politiques tels que le Dendi aient pu se déplacer au gré de l'incertitude sahélienne, il est dès lors peu surprenant de constater que l'identité des quartiers se réfère en premier lieu à ses habitants, mobiles eux aussi, plutôt qu'au territoire qu'ils circonscrivent.

Cette particularité semble se maintenir même si les quartiers actuels présentent une hétérogénéité plus importante qu'auparavant:

> Les premiers quartiers appartenaient le plus souvent à une famille. Ils avaient les mêmes racines, les mêmes pères. Ensuite, un grand nombre d'étrangers se sont infiltrés dans ces quartiers et le quartier a perdu son identité en tant que tel. Lorsqu'on était gosse [1940-1950], si on avait besoin d'un tel, il suffit qu'on dise son nom pour savoir quel quartier il habite. Avec le nom de sa famille vous connaissiez le quartier. Si vous étiez griot, vous habitiez le quartier des griots, si vous étiez forgeron c'était la même chose. Maintenant, nous avons tous été à l'école, les étrangers sont venus et finalement on a perdu tout cela. Au début, c'était comme ça: parmi les neuf quartiers il y en avait sept autochtones et deux quartiers d'«arrivistes», c'est-à-dire le quartier des Haoussa dirigé par un Haoussa et le quartier des Djerma, dirigé par un Djerma.[9]

Le croît interne et les migrations ont profondément remanié l'espace urbain très dense du quartier Dendikourey depuis les années 1950. Les extensions résidentielles se sont tout d'abord faites au profit des terrains de l'ouest, dans le quartier de Kwara Tégui, puis au nord, dans celui de Carré, le sud de la ville étant occupé par le fleuve Niger, la colline de Kombo et la zone administrative. Ainsi, Kwara Tégui *(«Nouveau village»)*, quartier qui abrite le domicile du chef de canton depuis 1957, s'étend à l'ouest de la route nationale et connaît une forte croissance démographique, grâce à l'arrivée d'un grand nombre de migrants en provenance de la région de Dosso. Un gradient assez remarquable d'est en ouest peut être observé en ce qui concerne l'architecture: alors que les environs de la route nationale sont construits en ciment et abritent plusieurs grands édifices (mosquée, marché, commerces), les habitations deviennent plus sommaires à mesure qu'on se dirige vers la périphérie, celle-ci abritant des citadins fraîchement arrivés vivant dans des paillotes ainsi que le «quartier réservé» des prostituées (Carte 6).

Le quartier Carré, issu quant à lui d'un lotissement réalisé dans les années 1970-80, abrite deux types d'habitants très dissemblables: d'une part certains fonctionnaires, souvent à la retraite, originaires de la région ou ayant

9 Entretien avec A. Na Argoungou, notable, 06.11.04, Gaya.

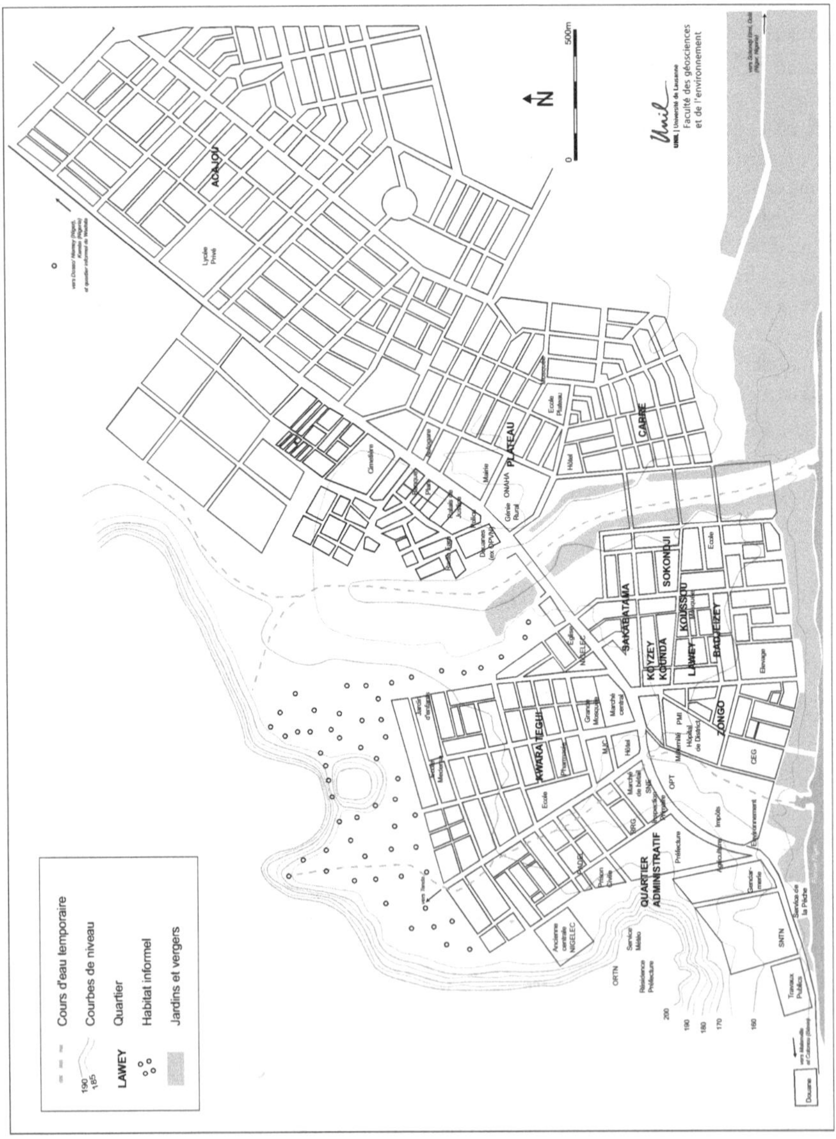

Carte 6. Plan de la ville de Gaya
Sources: Département de Géographie de l'Université Abdou Moumouni de Niamey et Walther, 2006.

«servi» dans la ville, qui ont saisi l'opportunité d'acheter une parcelle et d'y construire une villa, d'autre part, des familles d'agriculteurs tchenga originaires du Dendikourey. On y trouve également plusieurs grands magasins de stockage de friperie. Dans son extension nord, le quartier Carré prend l'appellation Acajou du fait de la présence d'anacardiers dits «pommiers de cajou» *(Anacardium occidentale L.)*. Le bornage des parcelles est effectué mais la faible densité, l'absence d'infrastructures routières et un grand nombre de constructions inachevées rendent l'orientation difficile. Du fait des délais considérables qui séparent l'achat des parcelles de la finition des maisons, plusieurs dizaines de propriétaires permettent à des paysans d'occuper temporairement leurs maisons en chantier jusqu'à la fin des travaux, moyennant un gardiennage. Au sud de Carré, le quartier dit Plateau 2 est plus densément bâti, même si de grandes parcelles sont «en cours de construction» ou à l'abandon. Au nord, en parallèle de l'axe goudronné de la route nationale, l'extension est récente mais rapide à l'exception d'une parcelle inconstructible abritant le cimetière.

La croissance démographique des quartiers est autant le résultat du croît interne que des migrations nationales et internationales. Sans toutefois qu'un recensement permette de le confirmer statistiquement, il apparaît que les migrants les plus nombreux proviennent de l'espace national nigérien, puis du Nigeria et enfin du Bénin.

Les motivations de ces migrants sont assez différentes selon leur contexte d'origine. Jusqu'au début du XXe siècle, la région de Gaya attirait un certain nombre de chasseurs zarma et maouri, comme en témoigne la présence d'une «maison des spécialistes de l'arc» *(windi gossou goni)*. Des pêcheurs sorko étaient également attirés par les eaux du fleuve mais la raréfaction du poisson à proximité de la ville les a récemment conduits à se disséminer dans la zone d'Albarkaïzé-Ouna située en amont. Les migrants qui ont choisi d'investir dans l'agriculture pluviale, à l'image des Zarma venant de Loga ou des Maouri de Dogondoutchi, ont souvent été contraints d'acquérir ou de louer des terres arables auprès des propriétaires tchenga. La procédure est informelle quoique relativement standardisée: le candidat doit d'abord s'adresser au chef de quartier, qui ne dispose pas personnellement des ressources foncières, mais qui joue le rôle de relais auprès des propriétaires. La possibilité est ensuite offerte au migrant de louer une surface agricole et celui-ci doit prélever une partie de sa récolte équivalente à quelques bottes de mil annuelles qu'il donnera au propriétaire tchenga. Si il ne récolte rien, le champ peut lui être repris pour être loué à un autre agriculteur.

Le tribut symbolique de l'exploitant au propriétaire est fait pour marquer l'appartenance foncière des Tchenga: «pour lui montrer que ce n'est pas son champ, il doit donner quelque chose. Si les enfants [de cet homme] ne voient pas le père donner au propriétaire, ils peuvent croire que les champs appartiennent à leur père, alors qu'ils ont été prêtés».[10] Le tribut est laissé à l'appréciation du producteur et le chef de quartier ne touche pas de commission.

D'autres migrants se sont installés à Gaya pour y établir une activité commerciale, à l'instar des gens de l'Ader (Niger) pratiquant le petit commerce, de quelques Béninois installés pour servir de point d'ancrage aux réseaux vivriers, et surtout des Nigérians, tels que les Haoussa et les Yoruba. Les représentations qui sont attachées à ces deux groupes s'opposent à celles des Dendi en ce qui concerne la mobilité, ces derniers étant considérés comme plus sédentaires jusqu'à récemment. «Les Yoruba comme les Haoussa sont des commerçants» – rapporte un notable de Gaya –

> qui veulent aller chercher de l'argent mais le Dendi lui, ne voyage pas. C'est pour cela qu'il n'est pas ouvert. [Avant l'époque actuelle] les gens avaient de la nourriture et cela leur suffisait. Ils n'avaient pas d'autre ambition: les animaux sont là et il faut cultiver un peu pour trouver à manger. Donc, ils n'avaient pas besoin d'aller voir ailleurs, ce qui fait que, il y a encore quelques années, certains quartiers sont restés fermés, un peu sauvages. Il y a des gens qui ont peut-être 80 ans et qui n'ont jamais quitté Gaya, ni allés à Malanville. Ils vont de leur champ à la maison. Bon, maintenant les Dendi commencent à aller au Nigeria, un peu partout. Mais dans le temps, ce n'était pas leur problème. Tous à la maison.[11]

L'emplacement des Haoussa est traditionnellement appelé Zongo. Ce terme est utilisé en pays haoussa pour «désigner le quartier des étrangers, par opposition au Birni, installations permanentes à l'abri de hautes murailles» – selon S. Bernus (1969; 61). «Par extension, c'est le quartier habité par les commerçants étrangers, la plupart du temps des Hausa, dans toute la zone où le hausa sert de langue véhiculaire. On trouve aussi un Zongo à Accra, Lomé, Cotonou, Kumasi, Ouagadougou, Lagos, et dans d'autres villes du pays Yoruba.» Si Zongo désignait initialement le lieu de résidence des étrangers haoussa, cette appellation englobe aujourd'hui également les Nigériens d'origine haoussa. Le quartier Zongo est donc hétérogène: Haoussa, Djerma, Dendi, Peul s'y côtoient mais seuls les Haoussa relèvent de l'autorité du chef de quartier. Les premiers Haoussa nigérians établis à Gaya étaient originaires

10 Entretien avec A. Na Argoungou, notable, 19.11.04, Gaya.
11 Entretien avec A. Na Argoungou, 24.11.04, Gaya.

des Etats de Sokoto et Kano. Traditionnellement actifs dans les domaines de la vente de bétail de Gaya à Cotonou et de la cola, ils diversifient leurs activités en travaillant dans le domaine de la friperie, de la vente d'essence, des articles manufacturés, des peaux et de la boucherie. Leurs relations avec le Nigeria sont encore vivaces, notamment celles des dernières générations qui restent locataires à Gaya et privilégient l'investissement de retour au pays ainsi que les relations matrimoniales.

Depuis les années 1940, les Yoruba se sont quant à eux établis dans un «quartier» qui regroupe, sans véritable assise territoriale, les descendants reconnaissant l'autorité du chef de quartier, désigné depuis le début des années 1950[12]. L'installation des Yoruba à Gaya s'est faite selon plusieurs motivations: outre le bon accueil qui leur a été réservé dans une ville peu commerçante à l'époque, les Yoruba de l'Etat d'Oyo furent contraints de quitter leur terres d'origine parce qu'elles n'offraient pas de perspectives d'emploi suffisantes en raison du faible développement des cultures commerciales. La première installation s'est faite à proximité du marché de Gaya de manière à être proches de leur lieu d'activité. Une centaine de chefs de famille yoruba peuplent aujourd'hui la ville, ce qui représente approximativement 500 personnes. La plupart d'entre elles étaient traditionnellement actives dans le domaine du petit commerce de détail, de la cola, des pagnes, des parfums et des bijoux, mais leur activité actuelle est plutôt orientée vers les pièces détachées de voitures, les articles manufacturés et la couture.

Outre les Haoussa et les Yoruba, des Touareg de la tribu des Kel Assouk sont installés à Gaya depuis 1986.[13] Ces nomades sédentarisés sont venus de la région de Douentza (Mali) par le Burkina Faso en passant par Téra, Niamey et Dioundiou. Au nombre de 138 personnes à leur arrivée, avec peu de gros bétail, ils ont reçu l'autorisation de s'établir à Gaya en périphérie de la ville, séparés du reste des habitants du lotissement Plateau qui, à l'époque, était discontinu. Aujourd'hui, l'extension urbaine les englobe mais leurs habitations dénotent toujours partiellement leur condition d'anciens nomades comme le montrent les tentes de roseaux qui sont implantées dans la concession du chef de quartier. Avec le temps, le peuplement touareg s'est enrichi de populations venant du Niger et du Burkina Faso, la plupart étant éleveurs, agriculteurs, marabouts ou artisans.

12 Entretien avec Rachid Tidjani, représentant du chef de quartier yoruba, 03.12.04, Gaya.

13 Entretien avec M. le chef des Touareg sarki Bouza, Gaya (17.12.2004).

Enfin, du fait de la proximité de Sokoto et des potentialités pastorales des *dallols*, la région de Gaya accueille un nombre important de Peul dont la représentation politique reste problématique. Les événements de décembre 2004 au cours desquels quatorze habitants du village peul de Passé proche de Gaya ont été atrocement assassinés à la machette par des villageois de Sokondji Birni et de Tchakawa illustrent l'actualité des conflits fonciers dans la région. Ces faits sont révélateurs de stratégies visant à déposséder par la force des propriétaires fonciers représentés comme allochtones bien qu'installés de longue date sur des terres fertiles. Ils montrent également l'inégalité de traitement qui caractérise les populations peul de la région de Gaya, régulièrement victimes d'actes impunis.

Cette situation conflictuelle trouve son origine, selon les notables peul de la ville, dans le manque de représentation de leur ethnie sur la scène politique locale. Selon un de leurs représentants les plus influents, les Peul n'ont eu de cesse de revendiquer la création d'un groupement administratif qui puisse leur attribuer du crédit. Ethnie dominante de la période précoloniale du fait de ses affinités avec l'émirat de Sokoto, les Peul disposaient encore de groupements administratifs à Bara, Gaya et Kara Kara durant la colonisation. Leur marginalisation au sein de l'appareil militaire et étatique a conduit à la disparition de ces entités à Gaya, contrairement aux régions de Dosso, Birni N'Gaouré et Dogondoutchi. La reconnaissance de leurs revendications est difficile dans la mesure où les autorités traditionnelles y sont opposées: «Les chefs de cantons ne veulent pas entendre parler de création d'un groupement peul parce que ça va diminuer ce qu'ils gagnent avec la collecte des impôts.[14]»

La perte d'influence politique des Peul nourrit un certain militantisme local. De l'avis de son représentant local,

> Gaya est un endroit qui est très important du point de vue de l'installation peul. Actuellement, je vous dis que nous avons plus de 24000 électeurs et 41 chefs de tribu et nous avons demandé depuis fort longtemps qu'il y ait au moins création d'un groupement ici, mais ça n'a pas eu gain de cause. On a demandé ça au temps de Mahamane Ousmane [en 1993] et on a demandé ça même au temps du président actuel [en 2003].[15]

Ces revendications semblent trouver aussi peu d'écho au niveau national que local.

14 Entretien avec El Hadj Maman Garba, 21.11.04, Gaya.
15 Entretien avec El Hadj Maman Garba, 21.11.04, Gaya.

Compte tenu de l'intensité des conflits qui opposent de façon récurrente éleveurs et agriculteurs dans le département, ou, comme dans le cas de Passé, qui résultent de logiques de dépossession des Peul sédentarisés de longue date, l'absence de groupement administratif peul est un élément déstabilisant spécifique à Gaya.

> Dans d'autres cantons, c'est pas pareil que dans le canton de Gaya. Les traitements que nous subissons à Gaya, on ne les subit pas ailleurs. Il faut dire la vérité. Moi j'ai entendu des cantons où on n'a jamais entendu ce genre de trucs [des tueries]. Ce genre de trucs, ça existe dans deux cantons, dans tout l'arrondissement: Gaya et Yélou. Si vous entendez qu'il y a eu des problèmes entre les éleveurs et les agriculteurs, c'est Gaya et Yélou. C'est connu pour ce genre de problèmes. Des fois c'est aussi un peu Bana.[16]

L'actualité tragique de 2004 est venue rappeler l'importance de ces thématiques. Une compagnie militaire stationne depuis lors à l'est de la ville de Gaya dans le but de prévenir tout affrontement; toutefois cette solution ne peut constituer qu'un palliatif dans la mesure où elle ne règle pas les fondements d'une crise qui demeure surtout politique.

2.4.2 L'origine coloniale de Malanville

Malanville a connu une évolution très semblable à Gaya du point de vue démographique. L'importance stratégique de la ville, justifiée par sa situation en bordure de fleuve, sur la route qui reliait le Golfe de Guinée à la Colonie enclavée du Niger, ne fut pas immédiatement reconnue. C'est ainsi que le chef-lieu fut d'abord installé à Guéné, puis déplacé du temps du commandant Moretti (1920-1925) à Bodjécali avant d'être durablement fixé à Malanville. Dans les années 1930-1940, de grandes barques françaises furent mises à disposition de la colonie pour assurer la traversée vers Gaya et le transport fluvial jusqu'à Niamey, avant qu'un bac à vapeur pour les camions et les passagers ne soit en fonction.

La colonisation a contribué à diversifier le peuplement de Malanville: les manœuvres qui dirigeaient les bateaux étaient des Kourtey (ou Kala Kala) appartenant à l'ensemble zarma-songhay, venus du sud de Tillabéri alors que les mécaniciens et conducteurs étaient des Fon venus du sud du Bénin. Si les premiers rentrèrent au Niger après la construction du premier pont en 1959,

16 Entretien avec El Hadj Maman Garba, 21.11.04, Gaya.

les seconds restèrent à Malanville. La localité demeura extrêmement modeste durant les quarante premières années de la colonisation: en 1936, F. Blanchod s'y arrête et décrit en ces termes son arrivée: «...une auto est là qui m'attend à Malanville, petit hameau dont les habitants ont fui. Un hippopotame récidivant dévastait leur village la nuit en cherchant les algues vertes et piétinait les dormeurs qui couchaient dehors à cause de la chaleur extrême» (1936; 288).

Dans les années 1940, la ville abrita une garnison militaire ainsi que des fonctionnaires coloniaux qui introduisirent les maisons carrées typiques du sud du Bénin, en remplacement de l'habitat traditionnel fait de cases rondes de bois et de paille. Le commerce international de produits destinés au Niger, celui du bétail (Cotonou, Togo, Côte d'Ivoire) et du poisson (Accra) de même que les productions d'oignon ont longtemps assuré l'essentiel des revenus. Mais c'est le marché de la ville et la présence de nombreux commerçants allochtones qui feront la renommée et la richesse relatives de Malanville. Création coloniale (1918-1919) d'abord situé près du fleuve, puis le long de l'axe routier menant au Niger, ce marché ne trouvera son emplacement actuel qu'en 1979.

A partir du noyau villageois initial de Wolo situé en bordure du fleuve Niger et peuplé d'éleveurs et de pêcheurs, la ville s'est progressivement étendue. A l'ouest se sont développés les quartiers de Tassi-Zenon, («Vieux Tassi»), de Wouro Hesso, de Tassi-Tédji («Nouveau Tassi») et de Galiel, peuplé de Dendi et de Haoussa. L'évolution démographique resta lente: en 1950, Malanville ne comptait sans doute guère plus de 500 à 600 habitants. En tablant sur une croissance annuelle de 5%, similaire à celle de Gaya à partir de 1992, la population de la ville de Malanville peut être estimée à environ 58000 habitants en 2005. En considérant que les arrondissements de Malanville 1 et 2 sont des entités urbaines, le taux d'urbanisation communal est de 46%, ce qui fait de la commune un espace relativement plus urbanisé que la moyenne nationale (42% en 2002) (PNUD, 2003b). Ces chiffres sont cependant en désaccord avec les données officielles, qui totalisent 16427 citadins en 1992, alors que la population de Malanville 1 à elle seule comptait déjà 26000 habitants (Tableau 4).

Arrondissements de la commune de Malanville	*Population*				
	1977	1992	1998	1999	2005*
Malanville 1	8998	26000	–	–	42900
Malanville 2	2148	9199	–	–	15178
Guéné	8159	15650	–	–	25823
Garou et Madécali**	11236	(8832**) 17978	–	–	29664
Tomboutou	4803	7697	–	–	12700
Total	*35344*	*(67378**) 76524*	*82925*	*93915*	*126265*

Tableau 4. Données démographiques de la commune de Malanville, 1977-2005
Note: (*) les données de 2005 sont une projection basée sur un taux de croissance de 5% à partir des chiffres de 1992. (**) Garou et Madécali forment deux arrondissements; or au vu des chiffres de 1992, il semble que les données de Garou soient manquantes, ce qui explique que la population de 1992 soit inférieure à celle de 1977. Les chiffres entre parenthèses indiquent les totaux originaux.
Sources: Igué et N'Bessa, 1980; République du Bénin, 2001b et calculs de l'auteur.

2.5 «*Le village est plus fort que le champ*»

Les flux migratoires et la forte dynamique démographique interne des villes de Gaya et de Malanville ont conduit à la construction de nombreuses extensions. Des lotissements de grande taille sont venus désengorger les vieux centres à la faveur d'opérations fortement teintées de spéculation, ce qui n'est pas sans poser aujourd'hui de réels problèmes de financements. Comme le résume le dicton local, «*le village est plus fort que le champ*», ce qui signifie que l'extension urbaine ne peut se faire qu'au détriment des terres agricoles périphériques. Cependant les opérations effectuées jusqu'ici dans les villes de Gaya et de Malanville n'étaient-elles pas démesurées par rapport aux capacités des particuliers et des municipalités?

A l'indépendance du Niger en 1960, Gaya comptait sans doute moins de 5000 habitants et n'occupait que la partie orientale de l'axe routier menant au Bénin. Soumise à une croissance annuelle supérieure à 5%, elle connaît actuellement un développement spectaculaire qui n'est pas sans poser de réels problèmes de gestion à la nouvelle commune urbaine car la ville s'est étendue sur plusieurs kilomètres tant au nord qu'à l'est. Alors que le centre-ville, quoique très densément peuplé, ne bénéficiait pas de services urbains adéquats, la ville s'est engagée à aménager d'immenses surfaces périphériques, évaluées à 167 ha pour le quartier Acajou, 25 ha pour le Plateau, 21 ha pour Carré et 44 ha pour la partie nommée Fara, soit environ 257 ha de lotissements. Ce chiffre est à mettre en parallèle avec la superficie initiale du Dendikourey qui couvre environ 24 ha, ce qui signifie que les opérations de lotissement entreprises à l'échelle de la ville sont dix fois supérieures en superficie à la taille du vieux centre-ville de Gaya.

Rien ne permet cependant de montrer que le financement de ce genre d'opérations puisse être garanti. Comment, en effet, conjuguer un étalement très important avec la fourniture d'infrastructures urbaines de qualité? Compte tenu des faibles densités, de l'occupation partielle de certaines habitations, de l'immensité des surfaces bornées et des investissements encore à réaliser en matière d'infrastructures urbaines, l'entretien de ces extensions urbaines sera pour le moins difficile à assurer. Jusqu'à aujourd'hui, selon les normes en vigueur, les lotissements doivent être financés par diverses taxes qui sont perçues sur les factures et raccordements d'électricité mais il est bien probable que ni la commune ni l'Etat ne parviendront seuls à les équiper en services adéquats.

Cette situation s'explique par le fait que les opérations de lotissement servent de garanties à l'Etat nigérien, qui a réussi à payer une partie des arriérés de salaires de ses fonctionnaires en leur proposant 14 000 parcelles de 200 à 500 m^2 dans les années 2000-2003, pour un total de presque 10 milliards de CFA (15 mio €). Les bénéficiaires ont souvent spéculé sur ces terrains ou construit des villas sans y habiter, ce qui a augmenté le prix du foncier: à Gaya par exemple, si une parcelle de 400 m^2 se vendait 25 000 CFA (76 €) en 1984 avant la dévaluation, elle en valait 150 000 en 2000 (229 €) et 200 000 en 2004 (305 €). En conséquence, la taille des parcelles disponibles a singulièrement diminué, passant de 600 à 400 m^2 en moyenne.

Dans le quartier Carré, les opérations de lotissement ont été effectuées à la fin des années 1970. Agissant à la demande des habitants et notamment d'anciens fonctionnaires, du chef de canton et du sous-préfet, l'administration compétente a établi une liste des personnes désireuses d'acquérir une parcelle de manière à évaluer la superficie nécessaire au lotissement. Elle a ensuite envoyé une délégation qui a procédé à une visite avec les propriétaires des terrains situés dans le quartier actuel de Carré et à l'identification des bornes de propriété alors que des ingénieurs se chargeaient par la suite de délimiter le lotissement. La distribution des parcelles a été effectuée en 1980 mais les propriétaires ont parfois attendu plusieurs années pour construire ou revendre leurs biens. Jusqu'en 2000, Carré ne disposait d'ailleurs pas d'une chefferie de quartier susceptible de répondre aux demandes des habitants.[17]

Le fonctionnement réel est pourtant moins linéaire que cette évocation ne le laisse entendre. Tous les propriétaires ont été informés du fait que leurs champs allaient être lotis, mais, dans un premier temps, ils refusèrent de participer à l'opération de crainte de ne pas recevoir de juste compensation. Ils se rendirent vite compte qu'ils ne faisaient pas le poids face à l'Etat et changèrent de stratégie, en négociant la part foncière qui pouvait leur revenir, sans toutefois obtenir de contrepartie en argent liquide. Les propriétaires tchenga n'ont cependant pas le sentiment d'avoir bénéficié des retombées des lotissements. Certes, selon les sources, ils sont parvenus à recueillir une parcelle par hectare ou une parcelle et demi sur dix parcelles bornées ce qui leur a permis ensuite de construire un logement dans la zone nouvellement aménagée. Mais, plus fondamentalement, il semble qu'ils aient été soumis au principe qui stipule que la nécessité de bâtir des habitations prime sur la possibilité de cultiver les terres avoisinantes d'un village ou d'une ville:

> C'est-à-dire que lorsque vous possédez un champ, vous avez moins de chance que celui qui veut construire une maison. On peut bâtir une maison sur un champ mais pas l'inverse. Ce qui fait que tous ceux qui ont des champs à côté du village sont sûrs qu'un jour ils vont les perdre lorsque le village va s'agrandir. Les problèmes se posent lorsque certains ont investi dans des arbres, alors il faut les dédommager. Mais autrement, il n'y avait pas ce genre de problèmes avant que le colon ne vienne et dise que, sur le papier, tout le foncier appartient à l'Etat. Les gens, à cette époque, avaient l'idée que lorsqu'un étranger arrive, on lui donne une partie de votre champ. [...] Dans le cas des lotissements, les propriétaires ne bronchent pas parce que dans l'éducation qu'on leur a donnée, c'est un principe acquis que l'habitat s'impose. Mais si on dit que quelqu'un va prendre votre champ pour cultiver, alors c'est la guerre. Si on vous prend votre champ pour faire habiter des gens, c'est dans votre éducation.[18]

Du fait de l'extension urbaine, la propriété «ancestrale» de la terre ne s'est pas transformée en réelle rente foncière pour les Tchenga. La propriété étatique et les dédommagements considérés comme peu substantiels ont créé une frustration auprès des propriétaires, qui ont le sentiment de ne pouvoir jouir de leurs biens fonciers. Cette opinion est d'ailleurs présente dans le mythe de fondation de Gaya, lorsque le récit relate que «lorsqu'un étranger viendra, il y sera bien reçu, mais aucun descendant ne deviendra riche» et ajoute que

17 Entretien avec M. Ibrahim Hassan, chef de quartier Carré, 06.12.04, Gaya.
18 Entretien avec A. Na Argoungou, 19.11.04, Gaya.

> c'est ce qui continue comme ça jusqu'à aujourd'hui. Ce sont les étrangers qui sont riches mais pas nous. [...] C'est jusqu'à présent pourquoi celui qui vendra la terre ne pourra prospérer. Celui qui utilise les revenus de la vente de la terre verra ses projets détruits. Il n'aboutira pas.[19]

Des dynamiques semblables concernent Malanville. Treize lotissements ont été entrepris de 1975 à 2003 dans les quartiers de Tassi-Zénon, Wouro Hesso, Wollo, Tassi-Tégui et Galiel, soit au total 4287 parcelles. De l'avis des autorités communales, ces opérations ont profité à un grand nombre de commerçants d'origine nigérienne, actifs sur le marché de Malanville. Afin d'anticiper les difficultés à venir, la commune a établi un Plan de développement qui s'étend de 2005 à 2009 (République du Bénin, 2004) et qui se propose d'améliorer les capacités financières locales, marquées actuellement par une très forte dépendance de la commune envers l'aide internationale. Le développement local y est en effet assuré à hauteur de 270 millions de CFA (412 000 €) par les organismes de développement contre 65 millions (99 100 €) par l'Etat (1998-2002). Le Plan de développement communal se propose, par diverses mesures, de ramener la part des «partenaires» extérieurs dans le budget total à 68 %, la mairie contribuant à hauteur de 15 % et la population à 7 %. Dans ce but, il est indispensable d'améliorer la perception des très faibles recettes fiscales actuelles, essentiellement liées aux taxes de marchés et aux autres activités commerciales et de prospecter de nouveaux partenariats dans le domaine économique, susceptible de permettre une amélioration des infrastructures commerciales. Il est notamment prévu que la commune réhabilite le marché et renouvelle sa gestion pour assurer des rentrées financières plus stables et plus importantes.

Dans l'immédiat, les mesures les plus urgentes concernent directement les communes urbaines, lesquelles, malgré la décentralisation en cours, manquent de moyens pour encourager les activités commerciales. Le fait que les Sahéliens privilégient une très forte mobilité entre villes et campagnes ne facilite évidemment pas les actions de recensement ou de perception.

19 Entretien avec A. Amadou et M. A. Diafago, 25.11.04, Gaya.

2.6 Migrations et émigrations urbaines

Jusqu'aux années 1990, les relations entre villes et campagnes ont souvent été conçues sous le prisme de la concurrence ou de l'exclusion. Certaines études récentes ont toutefois contribué à renverser les perspectives, en attribuant un rôle complémentaire aux deux parties et en reconnaissant que les visions pro-urbaines ou pro-rurales nuisaient à la compréhension des phénomènes humains et à l'action en développement (Club du Sahel, 2001; Cour et Snrech, 1998; United Nations, 2001b). Deux orientations contradictoires semblent alors se dégager de l'étude des pratiques et des représentations de la mobilité sahélienne: d'une part, des migrations urbaines qui résultent de stratégies conjoncturelles, d'autre part, des mouvements complexes de retour à la campagne d'anciens citadins, illustrant une forme d'émigration urbaine originale. Ces tendances soulignent le fait que les rapports entre le centre et ses périphéries se distinguent par leur flexibilité et par une recherche continue des avantages comparatifs de l'un et des autres, en fonction de la conjoncture économique, mais aussi des ambitions et des compétences sociales individuelles. L'analyse de ce cadre général nécessite alors de mieux comprendre les migrations qui prennent la ville pour destination ou pour point de départ.

2.6.1 Une intense mobilité

L'Afrique sahélienne est le lieu d'importantes migrations qui prennent des orientations différentes selon les échelles considérées: du milieu rural vers les villes et inversement, entre les villes de taille semblable ou inégale, depuis les grands foyers de départ sahéliens en direction des plantations de la zone guinéenne ou des villes côtières du Golfe de Guinée, enfin vers l'Union européenne et les Etats-Unis. A une échelle sous-continentale, la majorité des migrants quittent les régions du Zarma Ganda nigérien, du nord et de l'est du Mali, de Kayes et du nord de la Guinée pour se diriger vers les zones agro-industrielles à densités de population importantes du Sénégal, de Côte d'Ivoire, du Ghana et du Nigeria. Les foyers de départ constituent en général des aires défavorisées par les conditions climatiques et économiques (Dubresson, Marchal et Raison, 1994). Au plan régional, les capitales et les implantations minières, de même que les petites et moyennes localités constituent des pôles d'attraction. Lors de graves sécheresses, un mouvement de repli stratégique des populations nomades en direction des villes sahéliennes et soudaniennes peut être épisodiquement observé. Au plan local, les flux migratoires sont plus difficiles à interpréter car il n'est pas toujours aisé de distinguer ce qui relève de la migration définitive de ce qui s'apparente à des déplacements conjoncturels. Ni la densité, ni la fécondité, ni les «potentialités» d'une région ne sauraient constituer à elles seules des variables explicatives de la migration. De nombreuses sociétés ont en outre ancré dans leurs usages sociaux le principe du déplacement temporaire ou définitif. C'est dire si «le départ à la ville a rarement été, en Afrique tropicale, arrachement définitif des racines, [et qu'] il l'est sans doute moins que jamais, les liens avec la terre étant essentiels à la survie» (Raison, 1993; 8). Même si certains groupes sociaux manifestent une tendance plus marquée à la migration, il n'y a cependant pas d'«ethnies migratrices» en Afrique de l'Ouest. En revanche, certains peuples semblent posséder une grande capacité d'adaptation à des contextes nouveaux, même lorsque leur mode de vie est fortement modifié. Frappés dans leurs moyens de subsistance et d'échange par les sécheresses, les nomades sahélo-sahariens ont ainsi adopté des formes de mobilité nouvelles, marquées, comme en Mauritanie, par un développement du secteur touristique, par une sédentarisation partielle des membres de la famille assurant le maintien d'un cheptel et par un nomadisme «de week-end» autour des grandes villes. Ces mouvements, visibles également à l'occasion des fêtes, provoquent le dépeuplement saisonnier des centres urbains.

Les sociétés nomades ne sont pas les seules à connaître ce mouvement. Les cultivateurs dogon du Mali ont vécu, depuis le début de la colonisation, une évolution tout aussi marquée par la mobilité géographique (Petit, 1998). Alors que l'essentiel de l'habitat se trouvait niché dans les éboulis de la Falaise de Bandiagara ou sur les buttes de la région du Piniari consécutivement à la menace esclavagiste précoloniale, un vaste mouvement de migration d'un espace compact, organique et perché, en direction de la plaine se manifeste depuis plusieurs décennies (Walther, 2003). Aujourd'hui, la mobilité s'apparente à une certaine forme d'émancipation sociale et généalogique, car ce sont avant tout les cadets ou les dépendants qui quittent les anciens villages pour fonder de nouvelles communautés rurales ou qui s'installent en ville. Cette migration locale, qui s'étend également aux centres urbains nationaux et aux métropoles côtières du Golfe de Guinée, tend donc à s'instituer comme un passage obligé pour ceux qui ne trouvent pas les conditions de leur succès économique, social et matrimonial dans leur village d'origine.

2.6.2 Une recherche d'avantages socio-économiques

Dans le débat scientifique des années 1970-1980, le thème des migrations urbaines était généralement appréhendé comme une tendance qu'il convenait d'enrayer au moyen de stratégies de développement permettant de «freiner» les flux de migrants attirés par la ville. Par le fait que les villes étaient systématiquement assimilées à des espaces de corruption, les migrations urbaines représentaient une évolution néfaste du mode de vie «traditionnel», «l'urbanisation procédant d'une rupture profonde conduisant d'une part au déracinement de populations rurales brutalement agglomérées dans des cités où leur subsistance est précaire, d'autre part à la stérilisation d'un espace rural vidé de ses forces vives» (Chaléard et Dubresson, 1989; 277). Qualifiées d'«exode», les migrations urbaines étaient accusées de vider les campagnes, alors que la population rurale ne cessait de s'accroître, passant à l'échelle de l'Afrique de l'Ouest de 54,3 à 138,2 millions d'habitants entre 1950 et 2001 (United Nations, 2001a).

Une importante littérature économique s'est alors attachée à étudier les déséquilibres de revenus entre villes et campagnes et l'attraction différentielle du centre sur sa périphérie, en considérant souvent que les élites urbaines vivaient au détriment des paysans et de leurs surplus. Cette théorie trouva un écho favorable à la fois chez les libéraux, qui dénonçaient les distorsions de marché qu'une telle situation pouvait entraîner, et chez les dépendantistes, qui voyaient dans l'élite urbaine une classe privilégiée par rapport aux masses rurales prolétarisées. Elle s'appuyait sur l'argument que les hauts revenus urbains étaient à l'origine des flux migratoires se dirigeant vers les villes et établissait que «the flow of migrants from rural to urban areas [was] determined by the ratio of expected urban income to expected rural income» (Jamal et Weeks, 1993; 29), le second paramètre étant supposé constant alors que le premier dépendait des salaires urbains et de la probabilité d'obtenir un travail. A mesure que les emplois urbains se multipliaient, la théorie prévoyait que l'attrait de la cité se renforce, contribuant à accroître l'exode rural, et consécutivement, à augmenter le chômage urbain. La seule solution pour réduire celui-ci consistait alors à augmenter les revenus des ruraux, ce qui permettait également de légitimer les programmes de développement mis en place durant cette période.

A partir des années 1990, ce cadre théorique a été largement contredit par les faits, ces derniers montrant que le mouvement migratoire vers les grands centres se maintenait quand bien même le salaire réel diminuait constamment et que son écart entre zones urbaines et rurales était faible. Certains auteurs se sont alors acheminés vers une conception des rapports entre villes et campagnes dans laquelle

> l'une des fonctions des villes est d'attirer autant de personnes que les conditions urbaines le permettent. Le coût élevé de la vie fait du nouvel arrivé un nouveau pauvre. C'est pourquoi il faut se préoccuper de la durée moyenne d'intégration des migrants, plutôt que de la présence des pauvres dans les villes (Cour, 2004; 11).

Ce nouveau paradigme a le mérite de présenter une vision moins misérabiliste de la pauvreté urbaine. Dans cette perspective, certains auteurs comme V. Jamal et J. Weeks (1993) proposent alors de considérer que les inégalités actuelles sont plus fortes à l'intérieur des zones rurales et urbaines qu'entre les villes et les campagnes. Ils fondent leur argument sur le fait qu'il n'y a pas eu de rééquilibrage entre ces deux espaces mais un processus d'appauvrissement au sein de chacun d'entre eux, un phénomène visible à travers la baisse des salaires urbains depuis le milieu des années 1970. Ces observations permettent de mettre en évidence le fait que les citadins d'aujourd'hui ne forment plus une classe privilégiée par rapport aux ruraux, comme l'atteste d'ailleurs la tendance générale à la diminution du fossé de revenus entre villes et campagnes (exception faite du Nigeria). Contrairement à ce qui pouvait être attendu, l'atténuation de l'écart entre milieu urbain et rural n'a pas amélioré la distribution générale des revenus, laquelle est restée inégalitaire: le fossé sépare désormais les individus enrichis par le commerce international et la fréquentation de l'appareil étatique de ceux qui ont le plus perdu, surtout les fonctionnaires subalternes, les travailleurs de l'informel non qualifiés et les petits paysans.

Malgré la crise de l'emploi urbain, les ruraux semblent toujours à la recherche d'une activité professionnelle en ville. Des analyses attentives aux motivations sociales et aux avantages respectifs des villes et des campagnes, envisagés dans le cadre d'un système global, permettent d'apporter quelques éclaircissements sur le phénomène. Le FIDA (2001; 17) reconnaît par exemple que «l'exode rural est en partie un moyen de répartir les risques des familles qui ont un foyer en ville et un autre à la campagne et dont les membres se déplacent entre les deux». Il ajoute que

> le taux d'exode rural semble être particulièrement élevé dans les villages très inégalitaires, plus que dans les villages globalement pauvres, et les personnes modérément pauvres sont poussées à partir tandis que les personnes modérément prospères sont attirées par les villes. Toutefois, il est peu probable que les plus pauvres restent en ville.

La migration urbaine ne peut être expliquée par une erreur d'appréciation des possibilités d'emplois en ville de la part des migrants, car les conditions de vie des villes et des campagnes sont généralement connues de tous grâce à d'intenses échanges. En revanche, les représentations associées à la ville comme étant un lieu de richesse et d'indépendance semblent se maintenir: avec le développement des liens sociaux modernes, la ville devient le substrat d'alliances plus indépendantes de la généalogie et plus proches de l'intérêt circonstanciel. Elle constitue donc le lieu où il est possible de tenter sa chance et d'entrevoir un avenir, quitte à endurer de grandes difficultés. «Un immigré n'envisage de construire en ville que lorsque sa situation lui paraît stabilisée et souvent après avoir construit au village familial» – affirme M. Arnaud (1998; 12). «Il engage alors un projet patrimonial associant trois préoccupations: afficher sa réussite personnelle, accueillir à son tour des migrants de sa famille et se procurer, par la location, des revenus complémentaires.» En situation de crise, ces mouvements peuvent être facilités par l'envoi de certains membres de la famille étendue, qui fonctionnent comme des émissaires en ville et dont les revenus permettent de compenser les pertes de ceux qui y sont déjà installés. Cela revient à prendre le contre-pied des théories plus anciennes qui postulaient que l'augmentation des revenus urbains génère un exode rural massif. Dès lors, comme l'affirme J.-M. Gibbal et al. (1982; 13), «la politique des villageois est de trouver ou de déléguer en ville des médiateurs qui soient à proximité du pouvoir et de la richesse et qui puissent en détourner quelques bribes à leur profit».

Le milieu urbain alimente également l'espoir des parents migrants, lesquels souhaitent que leurs enfants fassent des études potentiellement synonymes d'enrichissement. Dans ce cadre, les programmes de scolarisation en milieu rural ne permettent pas de «freiner l'exode rural» parce qu'ils se fondent sur une conception de la migration urbaine qui postule que le départ vers la ville est une conséquence de la misère des campagnes, alors que, dans la plupart des cas, ce sont les individus les plus scolarisés ou les mieux lotis en capital relationnel qui migrent (Bocquier et Traoré, 2000). En règle générale en effet, le paysan pauvre ne possède que trop peu de ressources pour envisager de quitter le monde rural, d'autant qu'il vit largement de ses propres productions. Le FIDA (2001; 114) affirme à ce propos que «l'éducation a contribué à réduire la pauvreté rurale essentiellement en aidant les gens qui n'avaient guère de perspectives dans l'agriculture à émigrer vers les villes ou à trouver une nouvelle activité non agricole». La scolarisation massive des enfants ruraux engendre évidemment des possibilités théoriques plus importantes de continuer un enseignement supérieur. Or, comme celui-ci est localisé dans les plus grands centres, il est inévitable qu'une partie de la population parte pour la ville, bien qu'une fois les études achevées, les perspectives d'emplois soient souvent peu nombreuses.

A la lumière de ces arguments, le «fossé» entre villes et campagnes doit aujourd'hui être reconsidéré. Les Nations Unies (2001b; 86) sont d'ailleurs venues à considérer que

> there is no historical precedent of successful policies to inhibit rural to urban migration. Urbanization is inevitable, and national policy must learn to recognize its implications, cushion its impacts and harness its benefits. The paradox of rural development policies aimed at slowing migration is that they usually achieve the reverse.

A cela s'ajoute le fait que les stratégies de lutte contre la migration urbaine par fixation des paysans dans de petits bourgs ont échoué (Sénéchal, 1996). Dans la plupart des cas en effet, les petites et moyennes villes n'ont pas réussi à retenir les candidats au départ. Trop peu dotées en infrastructures et en emplois salariés, peu favorisées par l'investissement industriel ou par les services, elles ont souvent constitué une étape sur la route des plus grandes cités. En voulant construire des villes secondaires pour empêcher les paysans de gonfler les capitales, non seulement celles-ci croissent plus vite que les autres, mais les villes secondaires se transforment aussi en pôles urbains émetteurs de migrants (Champaud, 1989).

2.6.3 Des stratégies de réponse à l'incertitude

L'émigration urbaine est un phénomène qui semble prendre une importance accrue à mesure que se complexifient les pratiques de mobilité, même si, jusqu'ici, il se limite à quelques situations spécifiques, notamment dans les villes principales (à l'exception des capitales) de Côte d'Ivoire d'avant la guerre civile, du Burkina Faso et de Guinée.

Quelles sont les motivations qui poussent les migrants à quitter la ville, alors même que les éléments précédents viennent de montrer l'intensité d'un flux migratoire inverse? Pour C. Beauchemin (2002; 167), en Côte d'Ivoire, «le développement de l'émigration urbaine, depuis le début des années 1980, est largement lié à la dégradation de la conjoncture économique et à son corollaire: le rétrécissement du marché du travail urbain». Cette émigration profite à de nombreux artisans ou marchands, qui reviennent au village avec une formation ou un fonds de commerce leur permettant de faire vivre leur famille. Une fois réinstallés en milieu rural, ces anciens citadins peuvent constituer de potentiels diffuseurs des innovations sociales et technologiques car ils sont porteurs de pratiques et de représentations liées au monde urbain et bénéficient d'un capital financier et relationnel supérieur à la moyenne. En ce qui concerne les jeunes adultes, une reconversion éventuelle des citadins peut se réaliser à travers des métiers manuels mais pas nécessairement agricoles, pratiqués de manière saisonnière et conjoncturelle ou par l'entremise des ONGs qui appuient des actions de développement local (Bruneau, 2002).

L'émigration urbaine peut également être la conséquence de changements matrimoniaux, comme le mariage, le divorce ou le veuvage. A l'occasion de ces événements, ce sont surtout les femmes qui quittent le milieu urbain pour rejoindre une partie de leur parenté restée en brousse, ce qui peut être assimilé à une stratégie de réduction de la taille des familles. A. Dubresson et J.-P. Raison (1998; 125) notent qu'à Lomé

> de nombreux ménages utilisent des résidences dissociées, le responsable demeurant en ville, l'épouse (ou les épouses) étant relocalisée(s) à la campagne; à Abidjan, le sens de circulation des enfants confiés est souvent inversé, des adolescents sont désormais scolarisés dans de petites villes, des enfants sont envoyés dans les écoles primaires rurales, des jeunes déscolarisés et sans emploi sont réaffectés dans les villages d'origine.

Il semble également établi que l'émigration urbaine se dirige vers d'autres villes plutôt que vers les terroirs d'origine des citadins. Cela signifie que les migrants scolarisés ne regagnent pas nécessairement leur campagne, où ils devraient se passer des agréments du milieu urbain et se remettre à des travaux agricoles qui, outre qu'ils ne correspondent pas à leurs qualifications, leur paraissent peu valorisés. Ce mouvement peut être régulier et saisonnier, comme en ville de Maradi au Niger dans laquelle «nombre de migrants durablement insérés dans les activités urbaines assistent leurs parents agriculteurs» – reconnaissent E. Grégoire et P. Labazée (1993; 538).

> La campagne peut être aussi, pour ses propres originaires, un espace de migration temporaire qui, occupé le temps d'une saison agricole, génère des ressources investies en ville dans un but professionnel. Ce continuum entre monde urbain et milieu rural caractérise [...] la région de Maradi où une grande partie des citadins sont originaires des villages voisins et y ont conservé de solides attaches.

Ce retour à la terre exprime autant une nécessité économique qu'une stratégie lignagère: les migrants espèrent construire dans leur village d'origine, s'y retirer et y être enterrés, revendiquent des droits fonciers, visitent leurs familles et les aident financièrement. Alors, en l'absence de protection sociale institutionnelle, la terre devient synonyme de sécurité.

3. Synthèse: un espace mobile désarticulé

Le Sahel est assurément plus qu'une «large bande zonale» où s'affrontent épisodiquement paysans et nomades dans une logique de survie sans cesse remise en cause par les sécheresses. Les éléments précédents ont montré à ce propos que ce «rivage» est, avant tout, un espace aux spécificités socio-économiques bien ancrées. Son organisation se fonde alors sur le primat des logiques circulatoires sur les logiques de production, une propriété qui a été ignorée à la fois par les colonisateurs et par les élites postcoloniales et qui continue de trouver peu d'écho au sein de la théorie développementaliste, quand bien même une partie des difficultés économiques que connaît la région provient de la désarticulation entre les deux formes d'organisation d'un même espace.

Dans le cadre sahélien, la mobilité constitue un gage de réussite des entreprises sociales et économiques, comme en témoignent les récits relatant l'origine des populations de l'espace frontalier, leur quête d'un lieu de fondation urbaine et les intenses migrations qui sont venues remodeler la composition humaine de cette référence socio-politique à géométrie variable qu'est le Dendi. Nées dans un contexte de rivalités lignagères à la périphérie des grands ensembles précoloniaux du Songhay et du Kebbi, les petites villes de Gaya, Malanville et Kamba ont connu une croissance rapide au cours des 50 dernières années, du fait du croît interne et des perspectives professionnelles qui ont accompagné la constitution des frontières nationales et le commerce à longue distance. Dans un sous-continent à l'urbanisation explosive, ces cités présentent une spécificité marquée par une forte mobilité des fonctions économiques, des pouvoirs qui s'y expriment et de la forme générale du bâti urbain. Conformément à la définition de la ville sahélienne, Gaya, Malanville et Kamba forment des marchés accueillant les agents de la circulation que sont les migrants et les commerçants et sont fortement liées à leurs périphéries rurales par le biais d'une agriculture périurbaine. A l'intérieur de la ville, les groupes sociaux sont strictement hiérarchisés entre «fils du pays» d'origine tchenga et songhay et arrivants plus récents, de même que selon l'appartenance ethnique de chacun, celle-ci étant peu territorialisée. L'extension urbaine pose aujourd'hui des problèmes importants aux nouvelles municipalités chargées de l'aménagement des lotissements et de leur financement.

A l'échelle du Sahel, les relations entre villes et campagnes sont extrêmement développées, ce qui permet de répondre aux multiples impératifs de la vie sociale et de réduire l'impact des variations climatiques, politiques et économiques. Il est d'autant plus difficile de distinguer strictement les sphères urbaines et rurales que le sous-continent est affecté à la fois par des mouvements qui prennent la ville et la campagne pour point de départ. Il y a dix ans, J.-P. Raison (1993; 14) affirmait déjà que «l'heure des hommes de l'interface» avait sonné. Dans son analyse des stratégies des sociétés africaines confrontées à l'incertitude, il notait que «La masse des bénéficiaires de la crise est constituée de personnes qui savent se situer à l'articulation de deux mondes et notamment du monde rural et du monde urbain: un pied dedans, un pied dehors» (ibid.). Le constat s'est depuis largement renforcé, suite notamment à la paupérisation accrue du sous-continent et aux stratégies qui ont été nécessaires aux citadins et aux ruraux pour s'en accommoder. C'est pourquoi, au-delà des ruptures entre villes et campagnes émerge aujourd'hui une conception des relations aux mondes urbains et ruraux qui privilégie le flux à l'immobilité. D'une manière générale, le constat est fait qu'entre ces deux espaces, c'est plus la continuité que la rupture qui domine. Au-delà du thème des villes et des campagnes, cette propension à jouer de la continuité plutôt que de s'appuyer sur des délimitations strictes s'applique également aux activités économiques. Généralement informelles dans le contexte sahélien, celles-ci trouvent dans le cadre frontalier matière à s'épanouir durablement, comme l'illustre le chapitre suivant.

Partie II

La centralité économique frontalière de Gaya – Malanville – Kamba

La confrontation entre demande et offre agricole s'effectue dans un espace structuré par les réseaux de transport et de communication, avec des coûts de transaction et dans des conditions de compétition interne et externe qui sont très dépendants de la localisation. C'est pourquoi une approche spatialisée de la question des échanges entre l'agriculture et les villes est indispensable.

Club du Sahel, 2001. *Gérer l'économie localement en Afrique;* 10

Le réseau urbain dans lequel s'inscrivent les dynamiques commerciales de Gaya – Malanville – Kamba ne constitue pas un cas unique à l'échelle de l'Afrique de l'Ouest comme en témoignent plus d'une quinzaine d'espaces frontaliers similaires dans cette partie du continent (Carte 7). Parmi ceux-ci, dix réseaux principaux sont localisés en Afrique sahélienne, dessinant, du sud du Sénégal au nord du Cameroun, une large bande encore discontinue à l'intérieur de laquelle quatre d'entre eux intéressent particulièrement la frontière entre Niger, Bénin et Nigeria. Il s'agit, d'est en ouest, des ensembles de Zinder – Kano, de Maradi – Katsina, de Birni N'Konni – Illéla – Sokoto et de Gaya – Malanville – Kamba.

Les variables explicatives du dynamisme économique de ces espaces frontaliers restent encore peu connues. Il semble à ce propos que leur situation de marge, aux frontières des Etats postcoloniaux, permette d'expliquer une partie de leurs opportunités économiques: la périphérie autoriserait plus de liberté aux agents économiques en même temps qu'elle fournirait davantage de facilités spéculatives. Cependant, la très grande diversité des situations qui caractérise toujours les principaux réseaux contribue à une distribution générale très hétérogène des potentialités frontalières. De toute évidence, l'espace frontalier sahélien est encore loin de pouvoir être comparé à la mégalopolis en puissance étirée aujourd'hui dans le Golfe de Guinée de Lagos à Accra voire jusqu'à Abidjan, dans la mesure où certaines zones très actives comme Gaya – Malanville – Kamba contrastent toujours avec d'autres régions déprimées, notamment dans l'ouest du sous-continent.

Certes, l'espace de Gaya – Malanville – Kamba est favorisé par sa situation géographique, à l'intersection de plusieurs marchés d'envergure internationale tout autant que par l'habileté des agents économiques qui tissent des relations de dépendance réciproque entre les petites et moyennes villes de l'espace régional. Pourtant, si le cadre de ces activités marchandes semble relativement aisé à appréhender, les facteurs déterminants du dynamisme économique doivent encore faire l'objet d'une analyse détaillée. C'est pourquoi le travail s'attache en premier lieu à rappeler les spécificités des frontières

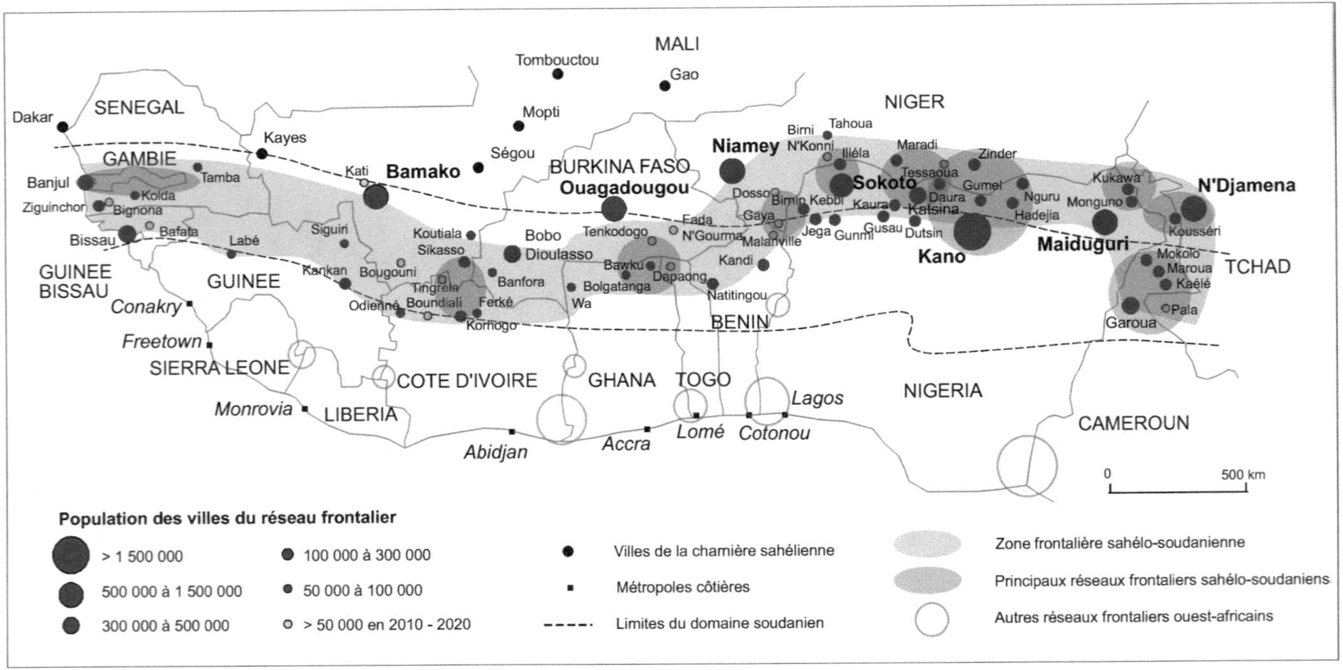

Carte 7. Les réseaux économiques en Afrique de l'Ouest
Cartographie: Club du Sahel, 2004, modifié par l'auteur.
Sources: Club du Sahel, 2004; Igué, 1993.

sahéliennes, essentiellement imprécises, de même que l'origine coloniale des «groupes ethniques homogènes» sur lesquels l'activité économique est censée reposer.

En second lieu, l'étude considère les fondements de l'économie informelle qui caractérise la plupart des flux marchands de l'espace en question, et qui est caractérisée par un primat du court terme et un intense clientélisme dans lequel les richesses sont redistribuées selon des critères singulièrement différents de l'investissement capitaliste (Chabal et Daloz, 1999; Van de Walle, 2001). Dans le cas des zones frontalières, la rente usuelle des élites se double d'une rente de situation, liée aux gains engendrés par le franchissement d'une limite administrative et par l'approvisionnement de pays enclavés. Jusqu'ici, ce type de développement s'est surtout manifesté dans le domaine dit informel, mais dans quelle mesure le développement de ce secteur est-il révélateur de la crise des circuits officiels? Ses activités s'étendent-elles parce que le secteur officiel est affaibli ou représentent-elles une alternative qui n'est pas conjoncturelle mais structurelle?

En troisième lieu, ayant défini les propriétés des milieux économiques frontaliers, l'analyse insiste sur la nécessité de considérer les facteurs qui, du point de vue spatial et économique, contribuent à structurer l'espace économique de Gaya – Malanville – Kamba. Ces facteurs se rapportent à l'accessibilité des espaces de production et de consommation, au degré d'ouverture des frontières aux échanges marchands, à la dynamique des marchés urbains entre eux et aux stratégies déployées par les acteurs économiques locaux connus sous le terme de *patrons*. Au-delà de leurs différences, les investisseurs, les grands commerçants et les détaillants partagent la même propriété d'être engagés dans des relations clientélistes qui les placent dans l'espérance de recevoir et dans l'obligation d'offrir.

4. Les frontières comme opportunités économiques et expressions de pouvoirs

Les activités économiques des espaces frontaliers témoignent d'une certaine rente de situation favorable au développement de négoces informels, mais également des rapports de pouvoir entretenus entre le centre des Etats-nations et ses périphéries. Seuils d'observation privilégiés des transactions qui échappent a priori à l'Etat, les frontières n'en sont pas moins reliées aux élites qui dominent celui-ci par le biais de réseaux clientélistes. Cette particularité, explicitée dans le modèle précédemment exposé des frontières postcoloniales sahéliennes, permet de remettre en question les schémas qui opposent habituellement un petit nombre d'ethnies spécialisées dans le commerce frontalier au fonctionnement général de l'appareil étatique et les relations nécessairement conflictuelles que ces acteurs sont censées entretenir entre eux. Pour ce faire, le propos revient sur la construction «ethnique» des identités, fortement liée à la constitution de frontières politiques et s'appuie sur l'exemple de la frontière séparant le Niger, le Nigeria et le Bénin pour montrer que les groupes marchands actifs dans l'économie informelle contemporaine ne sont pas réductibles à des ethnies homogènes découpées par le pouvoir colonial.

4.1 Des frontières historiques aux contours flous

La question frontalière n'a jamais cessé de se poser tout au long de l'histoire précoloniale. Pour tous les empires sahéliens, la frontière, nécessairement floue au niveau territorial, renvoyait à des préoccupations identitaires permettant de distinguer un centre politique, religieux ou économique de certaines marges indistinctes où se maintenait l'altérité. Ces empires, se déplaçant historiquement d'ouest en est consécutivement à la fuite des populations soumises aux guerres esclavagistes et à la conquête des païens demeurés sur place, furent puissamment producteurs de centralité. Les capitales et les grandes villes de ces empires telles Koumbi-Saleh, Niani, Tombouctou, Djenné ou Gao constituaient des pôles dominés par une aristocratie guerrière et esclavagiste (Meillassoux, 1986). Selon les sociétés, l'esclavage concourait à la constitution des frontières externes et internes en constituant soit une muraille infranchissable, soit une entrée détournée dans la communauté. En effet, si la finalité des empires esclavagistes comme le Ghâna, le Mali ou le Songhay était le travail de l'esclave, les sociétés avec esclavage comme les Dogon ou les Touareg considéraient au contraire cette pratique comme une possibilité d'intégrer progressivement l'individu capturé dans une communauté qui se définissait avant tout par des normes culturelles et linguistiques (Holder, 1998; Testart, 1998). Jusqu'à la colonisation, l'esclavage fonctionnait donc comme l'institution chargée de marquer la différence: du fait de sa capture, l'esclave était sorti de la parenté et exclu d'une des dimensions considérées comme fondamentales par la société.

Par la guerre et l'esclavage, les grandes formations politiques précoloniales ont produit un développement territorial inégal et original, marqué par des zones périphériques floues. Cette particularité n'a pas toujours été reconnue, comme en témoigne cet extrait traitant de la formation peul du Gwandu, voisine de Gaya, critiquée par Y. Urvoy (1936; 100):

> Cette véritable fiction d'un royaume de Gando [Gwandu] bien délimité est le produit de la vanité de la dynastie peule d'Abdullah et de la tendance bien européenne du docteur Barth de vouloir des situations nettes. En réalité, comme tous les empires noirs, mais bien plus qu'aucun d'eux en raison de la dispersion des îlots peuls sur lesquels il appuyait son action, l'Etat du Gando avait bien un centre (Gando), mais pas de circonférence. Son principe n'était pas l'organisation unitaire des populations habitant un territoire délimité, mais l'hégémonie d'un peuple accroché en un point (Sokoto-Gando) et imposant tribut selon sa force et les hasards des combats aux peuples voisins.

Cet extrait renseigne sur l'indistinction qui régnait aux marges des formations précoloniales et sur les bases de l'autorité politique à cette époque: le paiement d'un tribut, la garantie d'une circulation des idées religieuses et des biens commerciaux à travers un réseau de villes fortifiées. Entre les principaux lieux du pouvoir s'étendaient des «vides» bénéficiant d'une large autonomie: «l'existence de zones-tampons entre les Etats» – affirment J.-L. Amselle et E. M'Bokolo (1999; 44) – «permettait aux proscrits d'un royaume de se réfugier à la périphérie de ces formations politiques et de se reconstituer en petites bandes segmentaires susceptibles, au cours d'une période ultérieure, de se lancer de nouveau dans une phase de reconstruction étatique.» De ces lieux de rassemblement forcé de peuples hétéroclites et païens sont souvent nées les «ethnies» recensées par la science ethnographique coloniale. Les Dogon en sont l'exemple paradigmatique: assemblage aux origines multiples, ils doivent l'essentiel de leur culture commune au fait qu'ils ont été repoussés dans les marges des formations politiques esclavagistes peul et mossi.

Si les grandes formations socio-politiques sahéliennes entretenaient des périphéries floues, les villes, elles, étaient limitées par des éléments matériels comme des bornes, des autels ou par des conventions immatérielles. Dans la cité sama du Pays Dogon par exemple, une levée de terre consacrée par des événements fondateurs et sacrés servait de rempart entre le domaine urbain et la brousse. L'identité de ceux qui étaient retranchés dans le centre, à l'issue d'une fondation urbaine, dépendait de ces quelques pierres ou de ces briques crues lessivées périodiquement par les pluies, la limite marquant le passage d'une condition sociale ou territoriale à un autre état, entre la ville et ses faubourgs, entre ceux-ci et la brousse lointaine peuplée de créatures surnaturelles. D'autres villes présentaient des murailles défensives importantes, notamment les cités haoussa du nord du Nigeria telles que Kano, Sokoto, Katsina ou Zaria, dont les enceintes furent construites dans un contexte de forte densité démographique et de compétition intense pour le contrôle des ressources et des voies commerciales (Connah, 2000). La ville ancienne de Jenné-Jeno, la cité idéale de Hamdallaye au Macina (Gallais, 1984), les cités marka du Delta intérieur du fleuve Niger ainsi qu'un très grand nombre de villages sahéliens étaient également ceinturés de murailles. A cause de l'insécurité des XVIIIe et XIXe siècles, liée aux guerres et razzias des Peul du Gwandu et des Touareg du nord du Dallol Bosso, les petits centres de l'Ouest nigérien ont été ainsi dans l'obligation de se fortifier notamment entre Loga et Birni N'Gaouré (Périé et Sellier, 1950; Rothiot, 1988). Dans le Dendi, les localités de Gaya, Kawara N'Debbé, Zabori, Bana ou Dioundiou possédaient des ouvrages défensifs faits de remparts de banco précédés de fossés ou, comme à Massama, de pieux de bois. La tradition orale rapporte que

> Celui qui a fait le rempart est celui dont Dan Fodio a parlé avant de mourir, un animiste. Cet animiste et Dan Fodio sont nés et morts la même année, en 1817. C'était des remparts en bois, ils n'existent plus aujourd'hui, il n'y a même pas de traces, on a tout brûlé. Mais quand j'étais gosse, on voyait les bouchers les enlever.[1]

1 Entretien avec A. Na Argoungou, 23.10.04, Gaya.

La «pacification» coloniale a mis fin aux besoins de fortification dans le Dendi comme dans le reste de l'Afrique de l'Ouest et les ouvrages défensifs ont pour la plupart complètement disparu.

Ces éléments montrent que la construction historique des identités a associé les espaces de marges à des spécificités culturelles, alors que les centres gardaient le primat des valeurs dominantes et importées, c'est-à-dire essentiellement celles de l'islam et de l'urbanité. A mesure que les groupes païens ou hétérodoxes étaient rejetés en bordure des Etats précoloniaux, ils partageaient une forme d'identité commune patiemment élaborée. Dans ce schéma, les plus marginaux étaient également les moins citadins, les moins islamisés, les plus «noirs» (Amselle, 2001). Au fur et à mesure de l'adoption de l'islam par les peuples sahéliens, les anciens païens devenus de nouveaux croyants pouvaient à leur tour rejeter dans les périphéries ceux qui ne s'étaient pas encore convertis. Ainsi, entre le centre et ses marges, des rapports réciproques et inégaux consécutifs aux guerres esclavagistes ont conduit à d'intenses brassages sociaux et contribué à la constitution d'un ensemble social très imbriqué, s'étendant de l'Océan Atlantique jusqu'en Afrique centrale. Cet héritage historique fonde la spécificité contemporaine du sous-continent et permet de dépasser les explications environnementales s'appuyant uniquement sur la zonalité et sur la complémentarité entre modes de production.

L'étude de ces marges permet donc une lecture spatiale et sociale particulièrement dense: entre le centre et ses périphéries se sont développés des rapports qui dépassent la stricte fonction de la distance, pour toucher au cœur de ce qui est constitutif de l'identité. Les autorités locales ont favorisé la constitution de pouvoirs qui ne visaient pas au contrôle de la totalité des territoires et qui par conséquent, ont toujours fait un usage privilégié des marges. Espaces de replis, de razzias, de conquêtes temporaires ou zones de transition entre grands ensembles socio-démographiques, ces «entre-deux» contribuèrent à donner une forme plus souple à l'aménagement du territoire que celle qui limite théoriquement l'Etat-nation. Dans le même mouvement, ces marges servaient de repoussoir à toutes les valeurs que le centre était censé incarner. L'identité acquise dans ce type d'espace était donc le miroir inversé de celle qui dominait le pouvoir politique du centre.

Aujourd'hui, l'avènement des Etats-nations et la fin de l'esclavage n'ont pas totalement aboli ces logiques. Les principes de «marginalité» se sont reconstruits dans les périphéries des Etats et renvoient toujours nécessairement à l'idée de «bordure, [de] limite dotée de quelque épaisseur et considérée comme en position de subordination» (Brunet et al., 1993; 320). Les sociétés «en marge» bénéficient d'une certaine liberté qui sert autant à leur expression spécifique qu'à une forme de domination particulière. La «marginalité» porte donc en elle à la fois la dépendance subie et aussi une part de choix délibéré. Elle est fonction de la situation des sociétés autant dans l'espace géographique que dans l'espace social, liée «à une inégalité qui prend corps dans l'espace, celui-ci étant à la fois expression et moteur de l'inégalité» (Racine, 2001; 1). Ainsi, le rapport à la marge n'est pas seulement fonction de l'éloignement linéaire au centre, mais dépend également de la capacité des individus ou des sociétés à s'en *faire une situation.* Cette particularité a été partiellement occultée par le fait que les théories du dynamisme économique sahélien se sont souvent attachées à démontrer l'œuvre déstabilisante de la colonisation sur les ensembles «ethniques» précoloniaux.

4.2 La colonisation et les «groupes ethniques homogènes»

En partant de l'hypothèse que les puissances coloniales ont séparé des ethnies qui essaient aujourd'hui de se réunir par le commerce transfrontalier, les tenants de l'explication «ethnique» fondent leurs arguments sur deux postulats, le premier étant que des ensembles homogènes préexistaient à la colonisation, le second que l'unité ethnique divisée constitue un vecteur de dynamisme économique particulièrement important. Certes, les frontières modernes de l'Afrique sont des constructions marquées par des rapports de force inégaux et imposées par le pouvoir colonial mais faut-il pour autant en conclure qu'il s'agit de découpages arbitraires aboutissant à la séparation artificielle de groupes ethnolinguistiques cohérents ou, au contraire, postuler qu'il n'existe pas d'ensembles absolument homogènes, de «pays» au sens où les frontières dessinent une correspondance parfaite entre le cadre géographique et les caractéristiques culturelles?

Un des moyens de répondre à cette question est de s'inspirer des travaux de J.-L. Amselle et E. M'Bokolo (2001; 22), qui considèrent que

> c'est en partant du postulat de l'existence d'entités culturelles discrètes nommées «cultures» que l'on aboutit à une conception d'un monde postcolonial ou postérieur à la guerre froide vu comme un être hybride. Pour échapper à cette idée de mélange par homogénéisation et par hybridation, il faut postuler au contraire que toute société est

> métisse et donc que le métissage est le produit d'entités déjà mêlées, renvoyant à l'infini l'idée d'une pureté originaire.

Un grand nombre d'auteurs font justement remarquer que les frontières actuelles sont souvent à l'origine même des groupes «ethniques» et que, par conséquent, il aurait été vain de vouloir tracer des Etats modernes en séparant ce qui n'avait pas encore pris la forme d'une identité supralocale. «Rejeter le découpage de l'espace au nom de l'unité ethnique» – affirment A. Dubresson, J.-Y. Marchal et J.-P. Raison (1994; 29) –

> est oublier que l'ethnie est une réalité mouvante; quels que soient ses fondements culturels, elle est de géométrie variable dans l'espace parce qu'elle se définit par comparaison ou opposition et elle est fluctuante dans le temps comme une coupure d'occasion dans une chaîne de groupes où les ruptures sont rares.

Dans la plupart des cas, la colonisation a donc, de manière paradoxale, souvent contribué à l'affirmation identitaire des ethnies d'aujourd'hui. Aussi faut-il admettre que l'existence d'une frontière durant une longue période historique contribue à la clarification des appartenances ethniques et que, par conséquent, les frontières découpent rarement des identités strictes.

Dans l'espace considéré par cette recherche, trois grands groupes de marchands aux origines précoloniales peuvent être distingués: les commerçants haoussa dont le centre d'activités se trouve au nord du Nigeria mais qui déploient leurs réseaux à l'échelle de l'Afrique de l'Ouest, les marchands zarma-songhay localisés principalement dans la région de Niamey et dont l'essor économique a longtemps bénéficié d'appuis politiques au Niger (Grégoire, 1994) et les commerçants du Borgou, héritiers d'une longue tradition marchande fondée aux environs de Kandi – Pèrèrè – Parakou (Jones, 1998; Kuba, 1998). Au-delà de leurs différences linguistiques, ces groupes semblent unis par une identité culturelle qui combine l'exercice du commerce à l'islam et à la fréquentation du milieu urbain, ce qui suffit à les distinguer des sociétés rurales.

A l'aube de la colonisation, ces «ensembles ethniques» présentaient une forte hétérogénéité culturelle. Le cas des Haoussa, qui connurent une prospérité économique remarquable entre le XVIe et le XVIIIe siècle de même qu'au milieu du XIXe est souvent présenté comme l'exemple le plus emblématique d'une ethnie partagée par la colonisation. Malgré d'indéniables traits culturels communs, les Etats haoussa furent pourtant loin de former un bloc ethnique homogène. Des études historiques montrent en effet que l'essor de ces entités politiques était lié à un peuplement hétérogène, dépendant des migrations peul et touareg et de l'activité des marchands touareg, arabes, kanuri et wangara qui prenaient part au commerce extérieur des Etats, de manière à étendre leur influence en Afrique de l'Ouest (Brégand, 1998). En outre, l'unité politique du groupe haoussa était remise en question par des guerres incessantes, contribuant au développement de systèmes de gouvernements divergents selon les Etats et accélérant leur autonomie (Sellier, 2003). Cette situation ne fut pas fondamentalement bouleversée par la fondation du califat de Sokoto par le Peul Ousman Dan Fodio, qui donna à l'ensemble haoussa des bases plus religieuses qu'ethniques. Le but était alors de réformer les mœurs et d'instaurer une théocratie islamique à travers le *djihad* (1804-1809). «Le nouveau système» – explique M. Last (1996; 609) –

> plaçait explicitement les émirats sous la suzeraineté du calife de Sokoto, qui désignait les détenteurs du pouvoir dans les différentes régions. Fondé sur la pratique constitutionnelle de l'islam, le pouvoir du calife transcendait toutes les spécificités locales ou ethniques, lui conférant une prééminence qu'aucun suzerain n'avait eue avant lui.

A mesure que les déplacements de populations s'accélérèrent, le qualificatif «haoussa» prit une connotation plus large:

> Les éléments mobiles de la population [...], quelle que fût leur origine, étaient généralement appelés «Hawsa», ce qui voulait dire qu'ils n'appartenaient pas un groupe ethnique déterminé, mais à la société plus vaste du califat, avec son autonomie atomisée et complexe et sa langue véhiculaire (ibid.; 631).

Le califat accordait une grande importance à la reprise du commerce après le *djihad* et garantissait la sécurité des marchands sur les routes commerciales entre le pays haoussa et ses voisins, comme celle qui liait Kano, Sokoto et Jega à Fada N'Gourma et sur laquelle se trouvait Gaya. La période de stabilité politique relative allant de 1820 à 1880 fut donc favorable aux échanges économiques, la région devenant l'une des plus riches du sous-continent. Ces éléments ont amené certains auteurs à prétendre que la caractéristique la mieux partagée par les différents Etats haoussa était

> l'existence de nombreux centres urbains qui constituent les cellules d'une communauté politique à laquelle les immigrants de diverses origines étaient intégrés pour devenir des Katsinawa, des Kebbawa, des Kanawa[2], chaque centre maintenant par ailleurs sa person-

2 Le qualificatif *wa* désigne les «gens de». Ainsi, Katsinawa se rapporte aux habitants du Katsina, Kebbawa à ceux du Kebbi et Kanawa à ceux de Kano.

nalité juridique et un certain degré d'autonomie vis-à-vis de la capitale et des autres (Laya, 1999; 564).

Ainsi, le ferment haoussa n'était pas ethnique mais fondé sur les deux piliers complémentaires de l'Etat et des réseaux marchands basés sur les villes, cimentés par une langue véhiculaire. Cette analyse s'applique également au royaume de Borgou, situé entre le Nigeria et le Bénin. Edifié approximativement à la fin du XVe siècle «comme un conglomérat d'Etats politiquement indépendants dont les grands centres étaient Busa, Nikki et Illo» (Asiwaju, 1996; 748), il présentait effectivement une certaine unité culturelle divisée plus tard par la frontière coloniale. Toutefois, suite à d'intenses migrations jusqu'au début du XIXe siècle, «l'interpénétration culturelle ou ethnique avait atteint un point tel que l'on ne discernait plus qu'une civilisation unique, dont les Yoruba, les Aja, les peuples du Borgu et les Edo peuvent être considérés comme des sous-ensembles» (ibid.; 748).

De ce qui précède, il découle que la démonstration d'une corrélation directe entre la présence de «groupes ethniques» séparés par la colonisation et la vitalité économique d'une frontière est difficile, de même que, pour le géographe, l'établissement d'une cartographie des «aires culturelles» divisées ou non par les frontières contemporaines est insatisfaisante et ne donne pas un tableau suffisamment explicite de la complexité des ethnies et des processus qui sont à l'origine de leur construction. A défaut de représentations plus satisfaisantes et à une échelle très générale, il est cependant possible de montrer que les réseaux modernes sont plus le résultat des potentialités économiques et des différentiels monétaires internationaux que le calque des groupes ethniques entre Niger, Bénin et Nigeria. Certes, quatre ensembles ethniques peuvent être distingués dans la région allant de Zinder à Niamey et de Gao à Parakou: haoussa, zarma-songhay, borgou/bariba, gourmantché. Ces groupes ont été «séparés» sur environ 1000 km pour les Haoussa, 60 km pour les Zarma-Songhay, 350 km pour les habitants du Borgou et 150 km pour les Gourmantché (Carte 8).

Mais toutes ces zones de «séparation» ne sont pas économiquement dynamiques: les plus actives, au nombre de quatre dans cette partie de l'Afrique sahélienne, sont très localisées alors que d'immenses espaces plus déprimés les séparent, quoique «ethniquement» tout aussi homogènes. La variable ethnique semble par conséquent n'être qu'une condition parmi d'autres du dynamisme économique. A ces arguments historiques s'ajoute le fait qu'une région particulièrement favorisée par sa situation géographique peut attirer

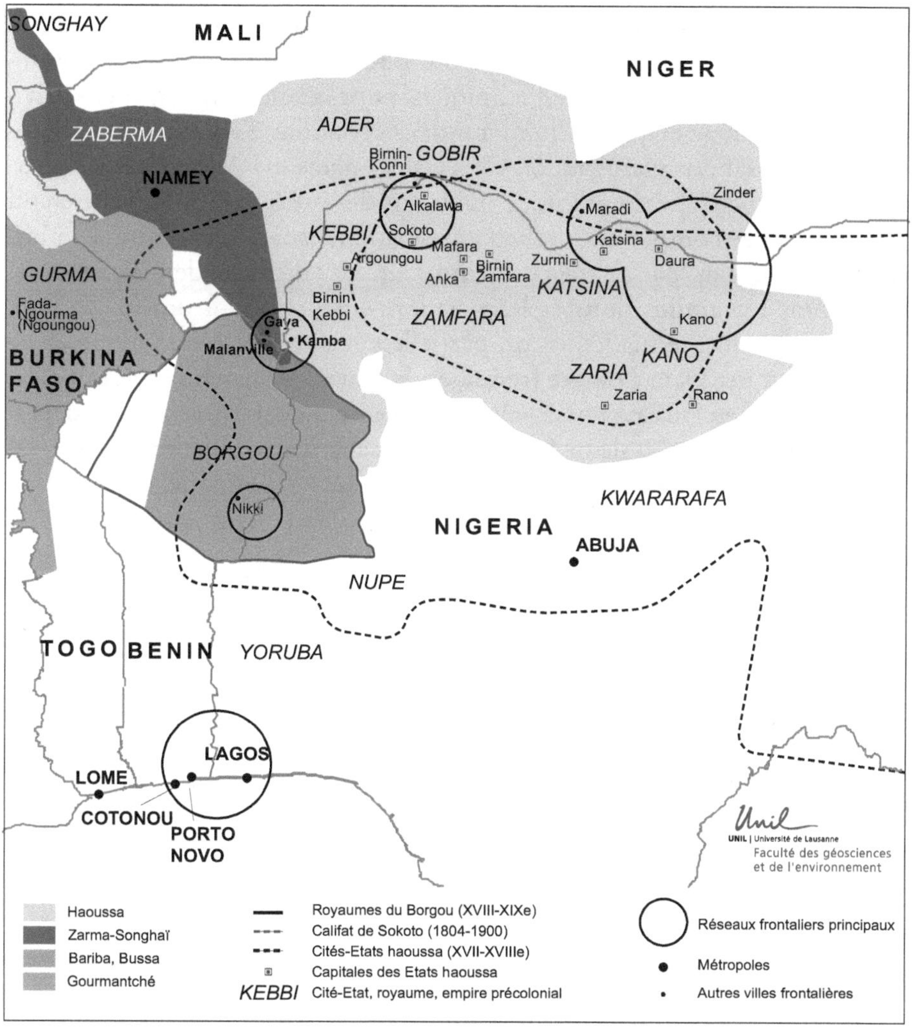

Carte 8. Les ethnies commerçantes et le dynamisme frontalier
Cartographie: Walther, 2006.
Sources: Boesen, 1998; Olivier de Sardan, 1984; Sellier, 2003.

des commerçants relativement excentrés par rapport à leurs bases «ethniques». C'est le cas de Gaya – Malanville – Kamba où les réseaux économiques ne peuvent être qualifiés d'ethniques, pour la simple raison qu'ils privilégient la souplesse et qu'ils se fondent sur des relations d'alliances conjuguées à des spécialisations marchandes. Ce n'est pas parce que les individus appartiennent à un groupe dit ethnique qu'ils ont des prédispositions à entretenir des relations de commerce uniquement dans leur espace identitaire. L'imbrication des ethnies, par mariages notamment, leur difficile identification, les innombrables ramifications et les positionnements opportunistes permettent d'imaginer une inadéquation partielle entre espace économique et espace identitaire. Dans l'espace frontalier de Gaya – Malanville – Kamba, les réseaux commerciaux ne possèdent pas d'ancrage identitaire exclusif, dépassent les clivages de peuplement et répondent aux demandes des marchés urbains. Comme les éléments suivants vont le montrer, l'essentiel de ces activités repose sur des bases informelles.

5. Une économie rentière et informelle

L'économie informelle se présente généralement sous l'aspect d'activités non reconnues ou réglementées par les pouvoirs publics, ou du moins organisées de manière officieuse par l'intermédiaire de pots-de-vin ou de taxations arbitraires. Il s'ensuit que ces activités ne sont pas structurées sur le mode des coopératives ou des sociétés juridiques, que leur comptabilité n'est pas faite selon des normes officielles ou étatiques et qu'il n'y a pas d'inscription au registre du commerce. Il s'agit là pourtant d'éléments de définition «en creux» qui masquent sa réelle organisation. En effet, les entreprises informelles connaissent, à un degré plus ou moins avancé, une organisation spécifique dans laquelle le travail et l'initiative individuelle sont dominants. Généralement, ces activités sont ordonnées par l'appui de structures familiales ou lignagères qui connaissent des variations extrêmes.

5.1 L'économie informelle en Afrique de l'Ouest

Cette organisation pourrait laisser entendre que le secteur informel fait un usage exclusif de ressources locales concentrées dans de micro-entreprises. Pourtant, les activités informelles n'opèrent pas uniquement à une échelle géographique restreinte et ne privilégient pas nécessairement l'approvisionnement à court terme, la petitesse des stocks ou le manque de diversification. Cela est certes vrai de la plupart des travailleurs employés en milieu urbain, qui exercent souvent des activités nomades en ville, comme les vendeurs de canne à sucre, ou les colporteurs en milieu rural; cependant, deux facteurs viennent nuancer cette analyse. Tout d'abord, avec l'agrandissement de la taille des villes, l'échelle sur laquelle travaillent les employés du secteur informel se démultiplie; ensuite, les grands réseaux de commerce permettent à certains opérateurs de se projeter, avec des méthodes informelles, sur les marchés internationaux, constituant des stocks et diversifiant leur offre à mesure qu'ils s'enrichissent (Grégoire, 1994; Tidjani Alou, 2004). S'il y a une échelle à laquelle le secteur informel s'épanouit, c'est bien celle de la ville, qui fonctionne alors comme un accélérateur des dynamiques économiques (Tableau 5).

Ces données mettent en évidence le fait que l'économie informelle occupe un nombre proportionnellement plus élevé de personnes en milieu urbain que dans les campagnes et cela d'autant plus que ces activités sont exercées dans la capitale. En effet, rapporté à la population respective des deux espaces, le pourcentage d'emplois informels est près de deux fois plus élevé en milieu urbain, quatre fois à Niamey et près d'une fois et demi dans les autres centres du pays. Si le développement de l'informel est fonction de la taille des villes, c'est sans doute que les grands centres concentrent une partie importante des activités de services et de commerce et que, par conséquent, ils permettent aux «petits métiers» comme aux grands acteurs économiques de trouver un terrain approprié à l'exercice d'une activité professionnelle.

Milieu géographique	*Population en %*	*Emplois informels en %*
Rural	84,6	62,0
Urbain	15,4	38,0
dont Niamey	*5,5*	*20,4*
dont autres centres urbains	*9,9*	*17,6*

Tableau 5. Importance des emplois informels en milieu rural et urbain au Niger, 1988
Source: BIT, 2003.

Les structures familiales ou lignagères sont favorables à des technologies à forte densité de main-d'œuvre, qui réduisent considérablement l'usage de machines et la transformation industrielle des produits. Les qualifications professionnelles des employés du secteur informel sont acquises dans de petites structures de production en dehors du système officiel de formation, ce qui constitue un frein à l'acquisition et à la transmission du savoir, du fait des faibles taux d'alphabétisation et des très basses compétences en matière de gestion. La formation se réduit la plupart du temps à l'imitation d'une pratique professionnelle tandis que la main-d'œuvre est composée d'apprentis ou d'aides familiaux souvent d'origine rurale. «Ces derniers» – reconnaissent J.-M. Cour et S. Snerch (1998; 49) –

> subissent une forte pression de la part des candidats au départ dans les villages. De ce fait, toute croissance économique en ville, au lieu de se traduire par une croissance des revenus per capita, entraîne plutôt la venue de nouveaux ruraux, qui ramène la base de revenus du secteur informel urbain au voisinage du minimum vital.

Des mécanismes de redistribution en nature contribuent généralement à compenser les faibles salaires ou l'utilisation gratuite du travail. Dans la plupart des cas, les employeurs servent de *patrons* sociaux aux employés «gratuits», ce qui signifie qu'une partie de la survaleur est consacrée aux dons.

A l'image des salaires, la productivité des activités informelles est généralement faible. Les opérateurs économiques privilégient en outre la minimisation du risque, notamment dans le domaine agricole, dans lequel la plupart d'entre eux continuent de spéculer sur les produits «traditionnels» comme les céréales et le bétail malgré une certaine réorientation vers les cultures de rente. Du fait de la rareté de l'argent, les logiques de l'économie informelle tendent à une maximalisation des rendements par rapport aux dépenses monétaires. Entre vendeurs et clients, les paiements se font majoritairement au comptant à moins que les associés n'aient bâti des relations de confiance préalables, ce qui signifie que l'informel ne fait que rarement recours aux banques, privilégie les tontines, le travail à la pièce et le préfinancement par les clients.

Même si la démocratisation du début des années 1990 et la crise économique persistante ont contribué à accélérer le caractère informel de leurs économies nationales, les trois Etats considérés par l'étude présentent des caractéristiques différentes. Au Nigeria, qui assure 40 % du commerce extérieur et 20 % du PNB de l'Afrique subsaharienne (sans l'Afrique du Sud), l'informel se déploie avec une vigueur renouvelée par les problèmes inhérents à l'Etat fédéral, dont les tentatives d'imposer les activités se heurtent aux stratégies multiples de détournement, aggravant encore l'écart entre les emplois officiels et les métiers précaires et mal payés. Le Bénin et le Niger partagent quant à eux la particularité d'avoir fait la promotion d'un «modèle de développement endogène et autocentré, basé sur la valorisation des ressources naturelles, matérielles et humaines» depuis les indépendances, fondé sur un appui formel à l'artisanat, au secteur privé et aux filières productives (BIT, 2003; 432-433). Le Bénin est marqué par une prédominance des activités de commerce, qui concernent 54 % de la population active totale et 77 % des actifs hors du secteur agricole (PNUD, 2003a) et dans lesquelles le secteur informel apporte une contribution au PIB national évaluée à 68 % environ (INSAE, 2004). Quant au Niger, il est moins marqué par les activités commerciales, qui représentent 43,1 % des emplois dans la capitale et 36 % dans les autres villes du pays (BIT, 2003).

L'évolution des contributions des différents secteurs économiques au Niger montre que l'informel a connu une croissance lente mais durable de 1978

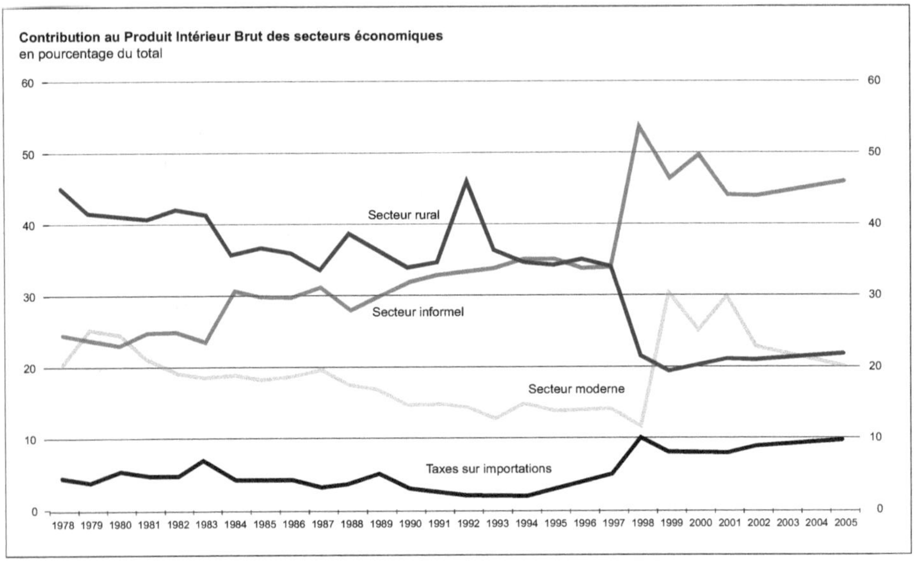

Figure 13. Le secteur informel contribue de manière croissante aux ressources du Niger
Sources: BIT, 2003; PNUD, 2003b; République du Niger, 2002d.

à 1997, passant d'environ 20 % à 35 % du PIB (Figure 13). Cette progression s'est faite essentiellement au détriment du secteur moderne, basé sur l'exploitation minière de l'uranium, dont les cours connurent une baisse dramatique dès le début des années 1980, entraînant une diminution de la production minière de plus de 20 % entre 1981 et 1983 (s. a., 1988) et, de manière moins prononcée, en défaveur du secteur rural. Ce dernier a tout de même perdu 10 % de sa contribution au PIB national au cours de cette période, ce qui paraît considérable compte tenu de la forte croissance démographique en milieu rural. Au milieu des années 1990, les richesses produites par le secteur informel équivalent à celles de l'agriculture mais leur évolution de 1997 à 2005 est plus contrastée: les données contenues dans le PRSP (République du Niger, 2002d) montrent une hausse très importante de la contribution de l'informel, qui atteint plus de 50 % du PIB en 1998 et qui se maintient à des taux élevés jusqu'à 2005. L'évolution du secteur rural est en revanche très marquée à la baisse jusqu'à sa stabilisation à environ 20 % du PIB au cours des années 2000. Quant au secteur moderne, après une brève amélioration de sa contribution de 1999 à 2001, les projections lui attribuent une valeur décroissante, approximativement équivalente à celle du secteur rural.

Ces différentes évolutions renseignent sur les transformations principales qui affectent le Niger, comme d'autres pays sahéliens: l'urbanisation et la crise économique tendent à augmenter la part des habitants actifs dans l'informel de même que la valeur relative de ce secteur, tandis que l'agriculture est consécutivement concernée par une baisse de sa contribution à la richesse nationale, accentuée encore par l'effet des crises climatiques, l'épuisement des ressources et l'absence de gains de productivité. Le secteur moderne, lui, se maintient dans une position précaire, consécutive à la faiblesse du tissu industriel et des services supérieurs.

5.2 Les liens de l'informel avec le secteur formel et l'Etat

Organisé en marge des Etats et de leurs législations, l'informel recouvre une grande diversité d'activités. Ainsi, en ce qui concerne les réseaux commerciaux:

> Les échanges que l'on qualifie d'informels, tantôt de parallèles, de clandestins voire de contrebande recouvrent une réalité hybride. Il est fréquent que les flux soient décriminalisés et traités avec bienveillance d'un côté de la frontière tout en étant considérés comme clandestins de l'autre; loin d'être informels, les réseaux d'échanges sont fortement structurés; enfin et surtout les flux et leurs rapports aux circuits «reconnus» témoignent d'une intégration étroite aux modes de fonctionnement des Etats (Bach, 1994; 99).

Cette diversité de situations permet d'interroger la distinction courante entre secteurs formels et informel: le second se développe-t-il à la faveur de la crise du premier? Son épanouissement représente-t-il une alternative pour les élites ou alors la preuve de leur échec à construire des économies «modernes»?

La plupart des auteurs s'accordent à reconnaître que les deux secteurs cohabitent plus qu'ils ne s'excluent, leurs sphères s'imbriquant dans des combinaisons spécifiques. Certains soutiennent que le développement des activités informelles représente une sorte de «génie populaire»: «L'économie informelle, loin de surgir ‹faute de mieux›, comme une réponse au besoin d'emploi d'une population urbaine croissante, face à un secteur moderne insuffisamment dynamique, est au contraire proprement constitutive du processus d'urbanisation en cours» (Arnaud, 1998; 6). Pour d'autres, l'informel correspond plutôt à une nécessité adoptée par les citadins ouest-africains pour faire face à l'adversité, mais sans postuler que ceux-ci sont fondamentalement orientés vers la débrouillardise. Ils notent que ce secteur ne peut, à lui seul, absorber l'excédent démographique et l'ensemble des travailleurs expulsés du formel du fait d'un faible degré d'autonomie par rapport à l'économie nationale. Au contraire de l'économie de rente associée au développement, qui exploite un capital importé, l'économie informelle échoue souvent à générer un capital susceptible d'enrayer l'aggravation de la pauvreté. Par conséquent, ce secteur ne saurait être considéré comme indépendant du secteur formel et comme *le* remède miracle. Il concentre en effet souvent les individus les moins qualifiés, les paysans sans terres et les migrants, sert de filet de secours lorsque le secteur formel décline et de révélateur de l'appauvrissement plutôt que de la renaissance de ces économies (Jamal et Weeks, 1993). Pourtant, l'informel a le mérite, face à l'accroissement de la population urbaine, «d'accueillir et d'occuper le maximum possible de nouveaux venus et non d'accroître la productivité, au sens de la production croissante de biens et de services par unité de travail» (Cour et Snrech, 1998; 22).

De même que le secteur informel est lié à l'économie formelle, il est manifeste que ne pouvant s'émanciper totalement des activités étatiques, il ne constitue donc pas un type d'économie qui serait à même de résoudre les problèmes actuels liés à l'affaiblissement des Etats postcoloniaux. Certaines analyses optimistes laissent penser qu'il est préférable de laisser s'épanouir les activités informelles, parce qu'il est impossible d'avoir prise sur elles et parce qu'elles correspondent au marché africain. Dans cette vision essentiellement positiviste, l'économie informelle, par son ingéniosité, est capable de contrebalancer la faiblesse de l'Etat et part du principe que la situation de crise trouvera une issue si toutes les dispositions sont prises pour redéfinir le rôle de l'Etat, assainir ses finances, ouvrir les marchés et sortir du modèle rentier de l'Etat postcolonial. «Ce sont finalement les Africains qui mettront fin, eux-mêmes, à la marginalisation de l'économie du continent» – affirme à ce propos le BIT (2003; 11). «Il leur faudra non seulement mener à bien les réformes nécessaires, mais aussi stabiliser le cadre institutionnel et supprimer les obstacles qui s'opposent à l'investissement.» Cette manière d'opposer de manière dualiste un Etat impuissant à une société civile incarnée à travers son économie «ingénieuse» fait peu de cas des liens qui unissent les deux secteurs et ne pose pas, comme préalable, le fait que les sphères politiques et économiques sont interdépendantes, voire souvent indissociables et que les acteurs jouent perpétuellement des deux registres, notamment à travers l'implication des agents d'Etat dans l'économie informelle ou celle des *patrons* dans les sphères du pouvoir politique (Pourtier, 1993).

Dans le domaine frontalier, ces stratégies visant à bénéficier d'une rente de situation trouvent un terrain particulièrement privilégié. En effet, les réseaux informels peuvent y jouer des différentiels multiples qui caractérisent les législations et les monnaies, en se basant sur une forte mobilité des activités. Encore faut-il que ces activités ne soient pas entravées par un enclavement trop prononcé, par un degré d'ouverture des frontières insuffisant, par des marchés anémiques ou par des acteurs ne maîtrisant pas les règles du clientélisme.

6. Enclavement: une logique de production?

La notion d'enclavement se rapporte à deux échelles géographiques différentes. D'une part, elle s'applique à décrire la situation des Etats qui, comme le Niger, le Burkina Faso ou le Mali, ne possèdent pas d'accès à la mer et sont, par conséquent, dépendants des infrastructures côtières de leurs voisins ainsi que des grands axes de transport pour alimenter leur marché intérieur. Cet enclavement est peu susceptible d'être modifié, compte tenu de l'intangibilité des frontières issues de la colonisation; la marge de manœuvre des Etats enclavés consiste alors à entretenir des relations étroites avec les pays du Golfe de Guinée pour bénéficier de conditions tarifaires intéressantes. D'autre part, l'enclavement s'applique à décrire, à l'intérieur des Etats – enclavés ou non – la situation géographique de certaines régions particulièrement périphériques dans lesquelles les marchés sont difficilement accessibles. Dans une logique productive commune aux programmes de développement contemporains, l'accessibilité des zones de production est un facteur déterminant de l'activité économique. En effet, puisque l'espace est polarisé par des centres urbains hiérarchisés, les régions les mieux reliées aux centres de collecte ou de consommation possèdent un potentiel de développement plus élevé que les zones moins équipées en infrastructures de transport. En Afrique de l'Ouest, la colonisation a inauguré ce mode de fonctionnement économique, en établissant un réseau de communication fondé sur des logiques d'extraction des matières premières, généralement orienté de manière longitudinale en direction des ports du Golfe de Guinée. Ces logiques canalisent toujours les flux et les profits contemporains avec d'autant plus de vigueur que peu d'infrastructures latitudinales sont venues relier les axes coloniaux.

Dans une perspective de circulation, comme celle qui domine les flux du commerce au long cours par exemple, la notion d'enclavement perd de son importance dans la mesure où les stratégies commerciales sont moins déterminées par l'accessibilité de certaines zones à des centres fixes que par les relations de ces marchés entre eux. Comme ces derniers sont susceptibles de connaître une forte mobilité conjoncturelle, ils contribuent à homogénéiser l'espace. A l'opposé d'une logique productive dans laquelle des programmes tentent d'insuffler du mouvement entre des lieux fixes à travers des infrastructures rigides, la circulation des commerçants produit une forme spatiale très différente, où l'enclavement des territoires n'est jamais définitif.

Les arguments qui suivent sont destinés à montrer, par une analyse de l'enclavement au niveau des Etats et des régions, que les programmes de développement mis en œuvre dans l'espace frontalier de Gaya – Malanville – Kamba se revendiquent d'une logique productive plutôt que circulatoire. Dans ce sens, leur objectif est de désenclaver l'espace frontalier pour que ses productions parviennent à gagner les marchés régionaux, nationaux et internationaux.

6.1 La difficulté d'accéder aux marchés

L'isolement pénalise techniquement le commerce, en empêchant les intrants agricoles d'atteindre rapidement les régions de production, lesquelles éprouvent beaucoup de difficultés à trouver un marché rémunérateur, et en empêchant les marchands de se rendre sur les parcelles des producteurs pour charger leurs produits. De la même manière, les mauvaises conditions des pistes et des routes renchérissent le prix des denrées: ainsi, le coût du transport routier au kilomètre peut-il doubler selon l'état d'entretien des infrastructures.

A Koudourou ou Massama, dans le nord du Dallol Maouri par exemple, la principale difficulté des producteurs de canne à sucre provient du fait que la production doit être acheminée en charrettes jusqu'aux pistes latéritiques avant d'être chargée sur des camions. Ce parcours absorbe une partie importante du bénéfice des paysans car le chargement d'un fagot sur 7 km représente la moitié du prix demandé par un transporteur se rendant à Niamey, pourtant distante de 200 km. Le problème est identique à Rouga Samia, où la canne à sucre et le riz ont fait l'objet d'un développement récent depuis une dizaine d'années. Les exploitants bénéficient de l'intensité des écoulements latéraux du Dallol Maouri en provenance du plateau nigérian, mais la commercialisation des produits de rente est entravée par la mauvaise connexion au réseau des pistes de brousse. En milieu rural, les relevés effectués en 2005 ont montré que le coût du transport d'un sac de 100 kg est relativement stable des deux côtés de la frontière nigéro-béninoise, variant entre 30 et 50 CFA/km (0,05 et 0,08 €). Dans la plupart des situations cependant, la périodicité et l'éloignement des marchés obligent les paysans à consacrer jusqu'à 1000 CFA (1,5 €) par sac transporté en ville.

Les populations des villages enclavés ont également moins accès à l'éducation, aux services de santé et aux centres de vulgarisation agricole et leurs journées sont alourdies par les contraintes liées aux déplacements entre lieu d'habitation et lieu de travail. Les régions concernées par l'enclavement présentent alors toutes les caractéristiques des marges: transformations inabouties entre une agriculture de subsistance peu diversifiée et une agriculture modernisée orientée vers la production spécifique des centres urbains, insuffisance de production, manque de perspectives d'exportation et de moyens de crédits, absence d'entrepreneurs. Le désenclavement apporte dès lors une facilitation et une intensification des flux qui se traduit également par une accélération des changements sociaux (baisse de la natalité et de la mortalité, modifications alimentaires).

6.2 Désenclavement et transformation des pratiques agricoles

L'espace économique considéré est soumis à de fortes contraintes techniques liées au milieu physique. Les *dallols* et la vallée du fleuve Niger sont en effet exposés aux inondations répétées et à l'érosion, provoquant des répercussions importantes sur l'activité marchande. En raison des précipitations exceptionnelles de l'année 2003 et de l'état de dégradation de la piste RN2 entre Guéza et Dioundiou, les échanges routiers ont par exemple été interrompus pendant un mois durant la saison des pluies, accentuant encore l'isolement de cette zone par rapport à ses principaux débouchés.

Dans le département de Gaya, l'état des routes dépend de l'action plus ou moins concertée de trois acteurs aux moyens inégaux: les Routes Rurales de Gaya (RRG) financées par la Direction du Développement et de la Coopération suisse (DDC), actives dans le désenclavement, les travaux périodiques lourds et l'appui à l'entretien courant, la Caisse de Financement de l'Entretien Routier de l'Arrondissement (CFERA) qui s'occupe de la maintenance des pistes et les Travaux Publics, qui dépendent entièrement de l'Etat. D'une manière générale, le programme des RRG a considérablement amélioré les déplacements ruraux et significativement réduit l'enclavement. Son but initial était de désenclaver les zones à haut potentiel productif, d'entretenir le réseau existant et de renforcer les capacités locales en matière de réalisations. A partir d'une étude sociologique participative, les RRG ont entrepris de procéder à la construction de pistes rurales selon les priorités suivantes: favoriser l'accès des villageois aux centres de santé et aux marchés hebdomadaires, tenir compte du nombre d'habitants desservis par les pistes et prendre en considération l'écoulement des denrées périssables dans les zones de forte production. Dans ce schéma général, aucun village ne devait être éloigné de plus de deux heures de marche d'un axe rural, ce qui équivaut à une distance de dix kilomètres. La plupart des demandes formulées par les paysans concernaient la création de pistes en direction du Nigeria plutôt que vers les autres régions du Niger, ce qui est bien légitime compte tenu de l'intensité des flux qui s'y dirigent déjà, du petit nombre d'axes qui existaient auparavant et de leur qualité. Le projet a finalement retenu un compromis dans lequel trois routes se dirigent vers le Nigeria et trois vers l'extérieur du département au Niger.

Le réseau de pistes rurales mis en place par les RRG est presque achevé en 2006. Les travaux les plus récents (2004-2005) ont concerné presque toutes les communes du département. Un déclassement de la route Guéza – Dioundiou a rendu possible l'amélioration de la desserte du nord de la région, ce qui a permis aux productions de canne à sucre de gagner leurs marchés respectifs dans de meilleurs conditions. Le réseau s'est localement prolongé à l'extérieur du département pour améliorer la connectivité générale. Ainsi, les RRG ont réhabilité la piste de Tessa qui permet aux productions de la région de Dioundiou d'être acheminées rapidement à Dosso et à Niamey par l'ouest, en collaboration avec la Coopération luxembourgeoise. Dans le contexte de la décentralisation, les RRG ont proposé aux nouvelles communes de contribuer à hauteur de 50 % au financement de l'entretien des pistes si elles parviennent à réunir la somme restante. Cette proposition rencontre des problèmes à Zabori et à Bana qui, privées de rentrées d'argent suffisantes par l'exiguïté de leur territoire cantonal, ne peuvent assumer les coûts de l'entretien routier.

D'une manière générale, la création de pistes rurales a contribué à une transformation des pratiques agraires dans le département, même s'il est difficile d'isoler le facteur routier des autres éléments comme le développement des réseaux internationaux, la présence d'investisseurs et la disponibilité des ressources hydrologiques. A Koutoumbou par exemple, les productions de contre-saison ont bénéficié de l'amélioration de l'état des pistes rurales menant à Dosso, Gaya, Kanguiwa ou Goumki. A Bengou, l'ouverture de la piste latéritique NC5 qui rejoint le goudron a clairement favorisé les échanges avec Gaya et Niamey, en permettant aux camions de venir charger les patates douces et les mangues directement aux champs. Cependant, un des effets les plus spectaculaires du désenclavement est observable dans la région du Dallol Maouri comprise entre Guéza et Dioundiou. En 2003, très peu d'initiatives étaient visibles dans le domaine de l'irrigation privée, malgré un peuplement assez dense et de fortes potentialités hydriques. La région manquait en particulier de motopompes et de jardins spécifiquement dédiés aux cultures de contre-saison. L'ouverture des pistes vers le Nigeria et la réfection de l'axe nord-sud passant par Dioundiou ont brusquement transformé cette situation en améliorant l'accès aux camions de louage qui effectuent l'exportation des produits agricoles. Auparavant, à cause du mauvais état des routes, peu de véhicules s'aventuraient sur le réseau secondaire, mais la réhabilitation des axes commerciaux a permis aux villageois de Angoal Doka et de Amdallaye d'intensifier la culture de la canne à sucre, de salades, de choux, de tomates et de poivrons. Plus d'une vingtaine de jardins privés sont exploités en 2005, essentiellement à l'aide d'une irrigation manuelle, en raison de la faible profondeur de l'eau (0 à 2 m) et de crédits limités. La canne à sucre gagne maintenant les marchés de Niamey, Dioundiou et Dogondoutchi par l'intermédiaire de grossistes tandis que les cultures maraîchères, pratiquées en association avec l'arboriculture (mangues, goyaves, oranges, citrons), se dirigent vers les grands marchés régionaux de Bella et Dioundiou. La diffusion du jardinage a bénéficié, en outre, de la présence d'un exploitant revenu dans son village d'origine dont l'exemple en matière de cultures de contre-saison a été suivi par d'autres exploitants, qui sont parvenus depuis à s'acheter des motos et à contracter des mariages.

Le programme des RRG a eu deux effets secondaires dans le département de Gaya. D'une part, les services de douanes s'installent sur les axes nouvellement créés ou réhabilités dans l'espoir de contrôler l'exportation des produits acheminés au Nigeria, en particulier les véhicules d'occasion. D'autre part, certains marchés ont brusquement évolué pour répondre aux nouveaux flux: c'est le cas de Yélou dont l'activité a chuté et d'Albarkaïzé qui s'est vidé au profit de Sia.

L'enclavement des zones béninoises éloignées, à l'est comme à l'ouest, de l'axe Cotonou-Malanville reste plus problématique. En faisant de Malanville le point de rupture de charge des importations destinées aux territoires enclavés du Soudan français, l'organisation économique coloniale a profondément déstructuré les axes précoloniaux, dominés par des échanges suivant la vallée du fleuve Niger. En ce sens, la création coloniale rompt avec les logiques commerciales plus anciennes pour introduire la prééminence de l'axe Dosso-Kandi, renforcé par la construction du premier pont sur le Niger en 1959. Malanville devient alors un lieu de transit à vocation internationale tandis que les zones riveraines du fleuve connaissent un degré d'enclavement prononcé. Jusqu'à aujourd'hui, la densité et la qualité des infrastructures routières reflète cette orientation, laquelle favorise les flux internationaux au détriment de la desserte économique locale. La vallée du fleuve souffre alors d'un réseau routier insuffisant pour permettre aux producteurs de riz et d'oignon d'accéder facilement à leurs débouchés principaux, que sont Malanville et les villes du Nigeria pour les régions proches de Madécali. Les mauvaises connexions routières empêchent en outre le développement des marchés ruraux, comme à Tomboutou ou Molla, où les producteurs sont obligés de transiter par Bodjécali pour que leurs produits soient ensuite acheminés à Malanville, en raison des inondations pendant la saison des pluies. Le long de l'axe du fleuve, le dynamisme économique marque un gradient d'ouest en est: les régions où les cultures de rente sont les plus pratiquées se situent d'une part autour des villes, d'autre part elles s'intensifient lorsqu'on se rapproche de la frontière nigériane. Compte tenu de cette géographie, l'économie locale aurait fortement à gagner d'un axe bitumé liant Karimama, Malanville et Illo, lequel permettrait de réconcilier deux logiques territoriales aujourd'hui interdépendantes: celle des flux internationaux nord-sud et celles des productions locales est-ouest. La centralité du marché de Malanville, dont le rôle est précisément de servir de point d'ancrage à ces deux dynamiques, en serait alors considérablement renforcée.

L'enclavement des régions nigérianes voisines de la frontière est, quant à lui, partiellement atténué par la densité du réseau routier, plus forte au Nigeria que partout ailleurs en Afrique de l'Ouest. Toutefois, cette particularité cache le fait que l'état des infrastructures rurales locales est souvent très mauvais dans l'Etat de Kebbi. L'axe qui relie Kamba à Gaya est, de ce point de vue, révélateur du peu d'intérêt accordé à certains tronçons pourtant stratégiques du point de vue des échanges extérieurs. Une réfection de cette route est annoncée régulièrement mais, comme en attestent certains panneaux défraîchis qui bordent encore les bas-côtés, celle-ci se fait attendre depuis plus d'une dizaine d'années et aucun signe tangible de réhabilitation n'est visible. Cet axe peut cependant être considéré comme la véritable colonne vertébrale des échanges à longue portée de cette portion de la frontière.

Outre la densité et l'état des infrastructures routières, le dynamisme d'un espace frontalier est très dépendant des dispositions légales qui s'appliquent aux biens et aux personnes souhaitant se rendre d'un Etat à un autre. C'est du moins ce que montrent les chemins tortueux empruntés par les commerçants et leurs marchandises dans la région de Gaya – Malanville – Kamba.

7. Libre circulation: les chemins tortueux du passage des frontières

Le succès d'un marché est très largement dû à la libre circulation des produits à travers les frontières nationales et, consécutivement, à la possibilité pour les marchands ou les consommateurs de passer ces frontières à un coût minimal. En cela, le rôle du Nigeria est prépondérant, compte tenu de l'importance de son marché intérieur qui représente 60 % des consommateurs, 47 % du PIB régional et 50 % du potentiel industriel de la sous-région (Soulé, 2000) et des nombreux produits qui sont interdits d'importation sur son territoire, notamment certaines denrées agricoles comme la volaille ou le manioc et certains biens de consommation comme les véhicules de plus de huit ans d'âge, les biscuits, les pâtes alimentaires ou les habits usagés.

Les flux entre le Niger, le Bénin et le Nigeria sont réglés par plusieurs accords bilatéraux et multilatéraux (Union Economique et Monétaire Ouest Africaine, Communauté Economique des Etats de l'Afrique de l'Ouest, Conseil de l'Entente avec le Bénin, commissions mixtes, accords de l'Organisation Commune Bénin – Niger) qui garantissent formellement la libre circulation des marchandises entre les Etats mais dont l'application sur le terrain est à l'origine de conflits récurrents ou tout simplement détournée de ses principes légaux. Il arrive ainsi souvent que des blocages institutionnels ou informels aboutissent à la fermeture des frontières terrestres entre les trois Etats considérés. L'analyse des causes de ces conflits révèle la position fragile des acteurs nigériens dans les négociations internationales, dépendants des infrastructures portuaires des pays côtiers du Golfe de Guinée. Dans ce cadre, les marchands quotidiennement confrontés à la nécessité d'importer ou d'exporter des marchandises en évitant les contrôles choisissent bien souvent de s'appuyer sur une relative et officieuse confiance entretenue avec les agents chargés de la surveillance du territoire.

7.1 La difficile position des Etats sahéliens en matière de transport de marchandises

Les relations frontalières entre les trois Etats concernés par l'étude sont fréquemmant marquées par des conflits. Le plus récent concerne les échanges de marchandises entre la République du Niger et celle du Bénin et a abouti en 2004 au boycott du Port autonome de Cotonou par les transporteurs nigériens. Le commerce entre les deux Etats est pourtant réglé par des accords internationaux qui imposent aux transporteurs nigériens d'acheminer deux tiers des importations de leur pays du port de Cotonou jusqu'aux marchés intérieurs, les camionneurs béninois se répartissant le reste. Dans la pratique, ce principe est vivement contesté et n'est d'ailleurs jamais respecté par les camionneurs béninois, qui préfèrent payer une amende forfaitaire allant de 20 000 à 50 000 CFA (30 à 76 €) et approvisionner le Niger. Les observations effectuées aux mois de novembre et décembre 2004, confirmées par la Direction des Douanes montrent qu'une proportion variant entre 50 à 80 % des camions présentent des plaques béninoises au bureau de Gaya.

Ces éléments nourrissent un certain contentieux entre les deux Etats, encore accentué à la fin de l'année 2004 par l'augmentation des taxes des transactions portuaires, par des pratiques corruptives récurrentes dont sont victimes les transporteurs nigériens au Bénin et par la mort d'un chauffeur et de son apprenti lors de leur interpellation par les douaniers béninois. Le boycott du port de Cotonou a alors été décrété par les opérateurs économiques du Niger et s'est étendu à la plupart des produits. A la suite de ces désaccords, une partie des flux de voitures d'occasion et des hydrocarbures ont été redirigés vers le port de Lomé (Togo) et de Tema (Ghana), signe de la souplesse des réseaux d'importation nigériens et de leur capacité de reconversion fondée sur la multiplicité des sources d'approvisionnement.

Ces événements posent néanmoins la question de la durabilité d'un boycott et de ses répercussions sur l'économie d'un pays enclavé comme le Niger. Sur ces points, les avis sont partagés: les officiels nigériens minimisent la portée du boycott en faisant remarquer qu'aucune pénurie ou brusque augmentation des prix n'a été constatée sur le marché intérieur, exception faite des flambées conjoncturelles liées au Ramadan et à la Tabaski. De leur point de vue, le Niger aurait moins à perdre que le Bénin du boycott du port de Cotonou, car celui-ci dépend fortement des importations de son voisin septentrional, mais trois arguments contribuent cependant à nuancer ces propos. Tout d'abord, la réduction du nombre de ports disponibles pour approvisionner le Niger constitue un risque stratégique que cet Etat ne peut longtemps se permettre d'ignorer. Ensuite, si les prix n'ont pas connu de hausse sur les marchés de la capitale, cela signifie que les commerçants n'ont pas répercuté la baisse de leurs marges sur les consommateurs, une tendance qui ne peut se prolonger durablement. Enfin, Cotonou est très proche de Lagos, dont le port connaît de graves difficultés de gestion. Il est donc envisageable que les volumes d'importations à destination du Nigeria compensent les pertes subies par le boycott nigérien, sans que les Béninois en ressentent nécessairement les conséquences. Ces arguments donnent du crédit à l'expression locale selon laquelle «celui a le port tient le manche du couteau dans sa main» (Photo 3).

Photo 3. L'économie nigérienne est très dépendante des importations effectuées par voie routière depuis Cotonou (Bénin)
Source: J.-M. Walther, 2005.

Le boycott de Cotonou pose le problème plus général des alternatives dont disposent les acteurs économiques nigériens pour se fournir en produits importés. Compte tenu de la dépendance très forte du Niger envers les ports étrangers et de la nécessité de ne pas prolonger plus que nécessaire le boycott pour éviter le renchérissement des prix, les responsables nigériens et béninois s'accordent pour ne pas entraver les importations nigériennes et l'activité du port de Cotonou. En revanche, les commerçants et les syndicalistes ont avantage à hausser momentanément le ton, pour porter leurs revendications devant les hommes politiques du Niger en périodes d'élections.

Quels sont les avantages respectifs des ports du Bénin, du Togo et du Ghana? (Tableau 6) Le Port autonome de Cotonou, situé à deux jours de route de Gaya, est l'infrastructure portuaire à partir de laquelle les camions nigériens franchissent le moins de kilomètres et de frontières pour accéder au Niger. Il résulte de cette proximité que le coût d'une tonne de marchandises transitant de Cotonou à Niamey (de 25 000 à 32 000 CFA, de 38 à 49 € selon les sources) est inférieur à celui du transit de Tema à Niamey (36 000 CFA, 55 €). Dans la pratique cependant, les chauffeurs nigériens rencontrent un certain nombre de problèmes au Bénin: leur parc de véhicules se trouve en effet à 25 km du port, ce qui fait qu'il leur est difficile d'accéder aux infrastructures avant les Béninois lorsque les marchandises arrivent à quai. En outre, il est avéré que les importations sont souvent bloquées sans justification, ce qui entraîne de lourdes pertes sur les produits spéculatifs comme le sucre, qui connaît une forte hausse de consommation conjoncturelle lors du Ramadan. Au port de Cotonou, les camions sont enregistrés par ordre d'arrivée mais, compte tenu des «doublements», ce principe n'est pas toujours respecté. Des procédés de sous-facturation et des vols fréquents ternissent également la réputation de ce port alors que les policiers sont corrompus sans pour autant protéger les marchandises du vol[1].

En comparaison, le port de Lomé au Togo jouit d'une bonne réputation parmi les chauffeurs de poids lourds de Gaya. Il se trouve à quatre ou cinq jours de camion de la ville de Niamey, à partir de laquelle il est ensuite possible de ravitailler Gaya ou de réexporter les marchandises au Nigeria. A l'intérieur du port, la sécurité est meilleure qu'à Cotonou, les tarifs moins onéreux qu'au Bénin et les camionneurs togolais sont réputés respecter les quotas d'importation. La route traversant le Togo est pourtant difficile, notamment lors du passage de la Faille d'Alédjo, dont la traversée nécessite de bons véhicules et d'excellents chauffeurs.

1 Entretiens avec Hassane Harouna, syndicat chauffeur des transporteurs gros-porteurs de Gaya, 05.12.04, Gaya et El Hadj Ousmane Abdou dit Dan Daoura, syndicat patronal des transporteurs gros porteurs, 17.12.04, Gaya.

Itinéraire	*Distance jusqu'à Niamey en km*	*Distance jusqu'à Gaya en km*	*Frontières à traverser*
Cotonou	1050	750	Bénin
Lomé	1180	1480	Togo, Burkina
Tema par Yendi	1160	1460	Ghana, Burkina
Tema par Kumasi et Ouagadougou	1480	1780	Ghana, Burkina
Tema par Kumasi et Bitou	1350	1850	Ghana, Burkina
Tema par Lomé	1360	1060	Ghana, Togo, Burkina
Abidjan par Bobo Dioulasso	1630	1930	Côte d'Ivoire, Burkina
Abidjan par Tamalé et Bitou	1450	1750	Côte d'Ivoire, Ghana, Burkina
Lagos par Jega	1300	1000	Nigeria

Tableau 6. Distances aux ports principaux du Golfe de Guinée et frontières à traverser
Source: Carte Michelin 953 *Afrique Nord et Ouest* au 1/4 000 000e, 1996.

L'importation depuis le Ghana constitue une alternative à Cotonou. Elle oblige cependant les camions à traverser le Burkina Faso, ce qui allonge considérablement le trajet et présente des risques de corruption élevés, les «porteurs de tenue» burkinabé étant réputés les moins coopératifs de la région, exception faite des Nigérians. Les autorités des ports de Tema et de Takoradi font d'ailleurs régulièrement la promotion de leurs équipements auprès des grands commerçants nigériens et du ministre chargé du commerce, auxquels ils proposent des réductions sur les prix des prestations par rapport au Bénin.

A ces différences entre les ports s'ajoute le fait que la circulation sur les principaux axes internationaux est réglementée par certaines dispositions des bailleurs internationaux. La Banque mondiale, qui finance l'entretien de plusieurs axes dans la Communauté Economique des Etats de l'Afrique de l'Ouest (CEDEAO), a en effet récemment limité les tonnages autorisés sur les routes du Niger. Ceci concerne en particulier les camions nigérians et ghanéens, connus pour charger jusqu'à 60 tonnes de marchandises et responsables de la dégradation du réseau routier. A Gaya, les acteurs du transport sont éminemment concernés par cette décision, compte tenu du fait que les camions nigérians assurent l'essentiel du transport de la friperie d'importation, les camions ghanéens quant à eux restant très minoritaires dans la région. Après plusieurs réunions avec les syndicats de transporteurs, un accord a été trouvé pour que les Nigérians continuent à effectuer ce trajet moyennant une baisse de leur tonnage. De l'avis des transporteurs nigériens, cette décision est peu susceptible de conduire à une réelle amélioration des infrastructures routières, dans la mesure où les ponts à bascule permettant de connaître le tonnage réel des camions sont inexistants ou hors d'usage, notamment à Gaya et à Malanville où ils «ne fonctionnent plus depuis au moins 15 ans» contrairement aux postes de Lagos (Nigeria) et Savé (Bénin).

Dans le domaine des transports internationaux, les problèmes ne concernent pas uniquement les marchandises. Celui des passagers, longtemps dominé par une gestion syndicale, est aujourd'hui en plein renouveau, sous la pression d'une libéralisation sectorielle.

7.2 La fin des monopoles du transport de passagers

Dans le secteur des passagers, un conflit a opposé en 2005 les transporteurs locaux de Gaya, Malanville et Kamba aux entreprises internationales qui effectuent la liaison entre les capitales d'Afrique de l'Ouest via Gaya et Malanville. Jusqu'à la libéralisation du secteur des transports, les voyageurs désireux d'effectuer le trajet entre Niamey et Cotonou devaient descendre de leur véhicule à Gaya, louer les services d'une moto-taxi *(kabu kabu*[2]*)* qui les emmenait à Malanville et ensuite prendre place dans un autre véhicule jusqu'à la capitale économique du Bénin. Ces contraintes permettaient aux petits transporteurs de jouir d'une rente de situation tout en rendant les déplacements internationaux plutôt inconfortables. Les grandes lignes internationales ont changé radicalement cela en utilisant des véhicules rapides et confortables, non sans provoquer un conflit sérieux avec les petits transporteurs qui luttaient pour le maintien de leur monopole. A l'issue de plusieurs mois au cours desquels les véhicules internationaux voyageaient parfois sous escorte militaire de Malanville à Cotonou, l'intervention des hautes instances ministérielles des deux Etats concernés a permis de dénouer la crise. Au

2 Les échanges économiques entre Gaya et Malanville sont favorisés par la présence d'une multitude de motos-taxis *(kabu kabu)* importées du Nigeria et rarement dédouanées. Toutes s'approvisionnent en essence au marché noir et facturent la course 500 FCFA (0,8 €) entre les deux villes. Ce système de transport, que l'on retrouve à Birni N'Konni, Maradi (Niger), Cotonou, Porto-Novo et Parakou (Bénin) (Igué, 1999) semble lié à la proximité avec la frontière nigériane qui autorise l'usage de carburants illégaux et concurrence les taxis.

Niger, les transporteurs se sont finalement rangés à l'avis de l'Etat, contrairement au Bénin où ils ont refusé la décision du Ministère de l'Intérieur d'autoriser le transit des compagnies internationales privées. Cette décision a néanmoins eu des conséquences négatives en ce qui concerne les petits transporteurs, lesquels ont perdu une partie significative de leurs revenus, malheureusement non quantifiable en l'absence de comptabilité dans les gares routières.

La situation financière des petites entreprises de transport témoigne certes de la concurrence des grandes lignes, mais également de l'inadéquation des gares routières face au changements généraux des manières de voyager. Ainsi, celle de Gaya, située sur un axe international fréquenté aussi bien par les voyageurs nationaux qu'internationaux, devrait bénéficier d'un dynamisme économique plus important. Pourtant, une observation attentive de son fonctionnement montre qu'elle souffre au contraire de graves perturbations d'activités, qui pénalisent les déplacements des passagers, ce qui laisse penser que le diagnostic posé par N. Bako-Arifari et F. Laurent (1999) reste valable. Ces auteurs relevaient que cette infrastructure souffrait de multiples blocages en ce qui concerne la transparence des activités, l'enchevêtrement des droits d'usage et le fonctionnement rentier des transporteurs.

La gare routière compte trois lignes nationales (Niamey, Arlit-Zinder, Dosso) et cinq lignes régionales (Tanda-Sia-Ouna-Falmey, Kamba, Dosso, Malanville, Dolé). Des gares secondaires sont situées sur la route de Tanda pour l'ouest, sur la route du Projet fruitier pour l'est et vers la station-service pour Malanville les jours ordinaires et dispersées dans la ville de Gaya les jours de marché. Chaque ligne possède un responsable qui organise les différents «tours». Les chauffeurs s'inscrivent le matin sur une liste commune et attendent de voir leur véhicule rempli de passagers. A partir de 18h, un appel est fait pour savoir quels sont les chauffeurs de la liste qui n'ont pas encore travaillé et les inscrire sur la liste du lendemain. Ce système ne favorise pas la renouvellement du parc automobile puisque tous les transporteurs sont assurés de remplir à tour de rôle leur véhicule. Il résulte de ces éléments un fonctionnement qui privilégie les acteurs locaux au détriment des passagers, dont le bien-être n'est pas pris en compte: ces derniers ne peuvent choisir leur moyen de transport, ce qui les expose à voyager dans des conditions de confort et de sécurité aléatoires et d'être soumis à des attentes interminables jusqu'à ce que les véhicules soient remplis.

La gare routière est concurrencée par les chargements illicites effectués en ville de Gaya par des transporteurs non syndiqués ou par des transitaires de voitures d'occasion qui profitent de leur trajet vers le Nigeria pour arrondir leur salaire en acceptant des passagers. En outre, les attributions respectives de l'Etat, qui perçoit une taxe de sortie de 600 CFA (1 €) par véhicule, de la CEFERA (100 CFA par passager, 0,15 €) et des syndicats, qui encaissent de 200 à 300 CFA par véhicule (0,3 à 0,45 €), restent pour le moins imprécises[3]. Sur la ligne Gaya-Kamba s'ajoute la concurrence des motos-taxis, plus chères (2000 CFA, 3 €) mais plus rapides que les minibus ou les voitures familiales (1000 CFA, 1,5 €). Le déclin de la gare routière est encore accentué depuis 1995 par le renchérissement de l'essence nigériane, dont le prix sur le marché noir est passé de 200-300 CFA (0,3-0,5 €) à 500 CFA (0,8 €). Les petits transporteurs ne peuvent alors répercuter cette hausse sur le prix du transport car ils subissent la concurrence des grandes lignes. Dans ces conditions, leur survie n'est assurée que par une légère différence de prix sur les transports régionaux, qui leur assurent une clientèle captive de migrants ou de petits paysans n'ayant pas les moyens de s'offrir le confort et la rapidité des grandes compagnies (Tableau 7).

Etapes	*Petits transporteurs syndiqués*			*Grands transporteurs privés*		
	km	CFA	CFA/km	km	CFA	CFA/km
Niamey – Gaya	300	3000 à 4500	10 à 15	300	7050	23
Gaya – Malanville	10	500	50	–	–	–
Malanville – Cotonou	700	11 000-12 000	16 à 17	–	–	–
Total	1010	14 500-17 000	–	1010	25 000	–

Tableau 7. Coût d'un aller simple Niamey – Cotonou selon le moyen de transport
Note: 1 € = 656 FCFA.
Source: Syndicat des transports, Gaya, 2004.

Sur le trajet Niamey-Cotonou, les chiffres disponibles montrent que le transport coûte moins cher au Niger (10 à 15 CFA/km) qu'au Bénin (16 à 17 CFA/km), alors que le gasoil y est plus onéreux, que les véhicules doivent être impérativement importés des ports du Golfe de Guinée et que les Béninois n'utilisent pas les Toyota Hiace, réputés plus économique que les Peugeot 504.

Il demeure que l'exploitation de la rente de situation très particulière des petits transporteurs des gares routières de Gaya, Malanville et Kamba a été profondément affectée par la libéralisation du secteur des transports et par des initiatives individuelles qui tentent de contourner les syndicats. La modi-

3 Entretien avec M. Boubacar Oumarou, gare routière de Gaya, 05.12.04, Gaya.

cité de leurs moyens conjuguée à un fonctionnement privilégiant la rente au détriment de l'investissement les condamne aujourd'hui à n'exploiter qu'une clientèle locale. A leur manière, les initiatives des petits transporteurs syndiqués, des grandes compagnies privées et des «indépendants» illustrent chacune un usage de la frontière différent. C'est le cas également des commerçants qui tentent de traverser les limites administratives pour approvisionner les marchés.

7.3 L'esquive ou l'arrangement: deux usages marchands de la frontière

Confrontés au délicat métier de faire passer des marchandises au meilleur coût à travers des limites administratives, les marchands de Gaya – Malanville – Kamba ont développé des usages de la frontière qui alternent entre deux stratégies non exclusives: l'esquive ou l'arrangement. L'esquive consiste à utiliser des voies détournées pour acheminer des produits frappés d'interdiction alors que l'arrangement se rapporte à une négociation entre marchands et fonctionnaires chargés de la surveillance du territoire. Ce dernier usage est le plus fréquent dans la mesure où les produits qui font l'objet de commerces frauduleux suivent des itinéraires tortueux mais bénéficient de complicités douanières évidentes et d'une coordination solide. Celle-ci, selon B. Soulé (2000; 33)

> autorise à relativiser le caractère informel que l'on applique aux échanges entre le Nigeria et ses voisins. Seul le sous-enregistrement du trafic du fait du mode de dédouanement (forfaitaire dit des acquis), confère encore aux transactions de nombreux produits hors hydrocarbures, un caractère informel ou purement clandestin ou illicite.

Cette corruption se situe naturellement à des échelles bien différentes, qu'il s'agisse des convois de friperie ou du petit commerce. Dans tous les cas cependant, une somme variable est exigée au passage de la frontière. Le jeu des marchands consiste alors à travailler leurs relations auprès des douaniers autant qu'à prospecter de nouveaux itinéraires pour tenter de leur échapper temporairement. Dans certains cas, lorsque les contrôles s'intensifient aux frontières, les commerçants utilisent d'autres formes de subterfuges. Ils paient les services d'un «porteur de tenue», généralement un douanier ou un policier, qui se charge alors du passage de la frontière et des tractations auprès de ses collègues. A Kamba par exemple, pas moins de quatre barrages concurrents dans la captation des taxes informelles sont disposés sur la route entre le poste-frontière nigérien et la ville (Services d'immigration, Douanes, Police militaire, Services forestiers). Ces stratégies ont des répercussions importantes sur la géographie marchande puisque, d'une manière assez systématique, les flux sont d'abord détournés de leur itinéraire officiel, avant d'être à nouveau restructurés selon des principes informels.

Ce fonctionnement affecte le commerce des céréales béninoises, des hydrocarbures, des véhicules d'occasion et de la friperie qui constituent une part importante des produits susceptibles de traverser les frontières. Les exportations de maïs, de gari, de mil et de riz béninois se font en partie grâce à de petits ports «clandestins» qui donnent l'occasion de limiter les frais de transport routier et de contourner les Douanes et les syndicats frontaliers de manière saisonnière. Lorsque le Niger connaît une pénurie de céréales, ils permettent ainsi d'acheminer par pirogues à moteur les produits agricoles en trois jours à Say ou à Niamey. Lorsque la situation nigérienne s'améliore, notamment après les récoltes, les produits se dirigent alors vers le port fluvial de Gaya. En ce qui concerne les hydrocarbures, la proximité avec le Nigeria et le Bénin par voies fluviale et terrestres encourage le développement d'un vaste réseau de contrebande à partir des marchés nigérians de Kanguiwa, Goumki et Kamba sur la frontière est du département, de même que depuis les villes nigérianes situées en aval de Gaya (Yawri). Une brigade fluviale est chargée d'intercepter les trafiquants qui acheminent le carburant dans des pirogues depuis le Nigeria mais son travail est handicapé par la multiplicité des réseaux, un manque de moyens et d'évidentes complicités. Les véhicules d'occasion et la friperie constituent quant à eux deux exemples de produits essentiellement destinés au transit par le Bénin et le Niger à destination du Nigeria. Leur entrée au Nigeria, par Illéla, reste cependant frauduleuse. Les véhicules empruntent des itinéraires extrêmement changeants dans la brousse frontalière, alors que les camions de friperie sont soumis à des itinéraires plus formels. Les deux réseaux se déploient à l'échelle mondiale et se nourrissent des interdictions d'importation nigérianes. Grâce à celles-ci, Gaya est devenue une plate-forme de réexportation de très grande envergure.

Les flux d'import-export ne sont pas les seuls à être concernés par le degré d'ouverture des frontières. Les marchés régionaux, dominés par des commerçants itinérants, dépérissent parfois également à mesure que les contrôles douaniers s'intensifient. C'est le cas des villages situés dans un rayon d'environ 10 à 20 km du Nigeria à l'extrême sud-est (Dolé, Tounouga, Sabon Birni, Gattawani) ou au centre du département de Gaya (Bengou, Bana, Guéza, Sormo). Dans ces localités, l'activité marchande est fortement entravée par les douanes nigériennes, qui découragent les marchands nigérians de traverser la frontière.

A Guéza par exemple, le marché du village a été abandonné parce que les commerçants nigérians préfèrent se rendre à Koutoumbou où ils évitent les contrôles douaniers: le village exporte ainsi l'essentiel de sa production de mangues directement à Bella, Dioundiou, Dogondoutchi, Dosso et Niamey. A Dolé, la frontière nigéro-nigériane coupe la ville au travers d'une rue d'apparence banale menant au marché. Deux chefs de village administrent ce doublet villageois, avec d'évidentes disparités: si à l'origine la localité fut divisée par la frontière coloniale, le développement de la partie nigériane a été beaucoup plus intense qu'au Niger. Actuellement, les Nigériens préfèrent s'installer au Nigeria où le dynamisme économique semble plus important grâce au marché hebdomadaire et se plaignent en particulier des tracasseries administratives qui entravent leurs déplacements professionnels. Le zèle des douaniers contribue à dissocier les deux parties de la ville, la partie nigériane se distinguant par l'abondance des produits offerts à la vente dans le domaine des céréales, des fruits et des légumes et par une fréquentation élevée liée aux nombreux véhicules qui la desserve alors que la partie nigérienne dépérit. A Sabon Birni, la situation n'est guère plus florissante, dans le sens que les vendeurs nigérians sont découragés par la présence des douanes du Niger et, de ce fait, le marché local y est extrêmement peu développé. Les producteurs acheminent préférentiellement leurs produits à Gaya, Malanville, Kamba, Dosso et au marché de Katako à Niamey. Les paysans privilégient la vente à Gaya parce que les acheteurs sont nombreux et qu'ils peuvent être payés en francs CFA plutôt qu'en nairas. Même si elle prédomine au village, la monnaie nigériane leur est en effet défavorable à cause des taux de change pratiqués dans les transactions. Ils affirment que le marché de Sabon Birni était florissant avant l'arrivée des patrouilles mobiles des douanes nigériennes alors qu'aujourd'hui ne s'y vendent que des condiments et des articles de pacotille. Le village de Tounouga connaît quant à lui une production de contre-saison à la fois ancienne, variée et importante: une dizaine de paysans sont équipés de motopompes et commercialisent leur produits vers Gaya (oignons), Malanville et Kamba (piments). Pourtant, malgré ce dynamisme évident, le marché local est peu animé du fait des restrictions de circulation imposées aux marchands du Nigeria et du petit nombre de grossistes intéressés par les produits locaux. Quoique la localité atteigne presque 10 000 habitants, les villageois ont souhaité abandonner le marché local et privilégier l'exportation.

Dans l'ensemble de ces situations, le fond du problème réside dans le fait que ces commerçants ambulants doivent dédouaner leurs marchandises en entrant au Niger, même s'ils font l'aller et le retour dans la même journée, ce qui est évidemment fort peu rentable, alors que les Nigériens qui se rendent au Nigeria ne sont pas inquiétés par les douanes de ce pays et ne paient qu'une simple «taxe» équivalente à quelques centaines de CFA. C'est cette asymétrie de traitement qui explique que tous les marchés ruraux frontaliers du Nigeria ne se développent pas d'une manière homogène. Il s'ensuit alors que le degré d'ouverture des frontières qui séparent Niger, Bénin et Nigeria a des conséquences importantes sur l'activité des marchés et, consécutivement, sur les perspectives d'exportation des produits agricoles locaux. Dans ces terroirs, les producteurs ont la forte impression que l'implication de l'Etat consiste à placer stratégiquement des fonctionnaires chargés de prélever des taxes. Or, en dehors de cette activité légitime, ils font remarquer que l'Etat semble absent des dynamiques économiques, n'accordant que trop peu de facilités à la commercialisation des produits légumiers et fruitiers et laissant les activités agricoles s'effectuer selon des lignes directrices entièrement informelles: les paysans se chargent de la fourniture de la majorité des intrants, de la mécanisation de leur production par l'introduction de motopompes et sont dépendants des circuits économiques qui permettent d'écouler leur production.

Cette situation problématique illustre le fait que les déplacements au travers des frontières doivent également pouvoir s'appuyer sur un semis de marchés ruraux et urbains dynamiques, lesquels seront capables de collecter les produits agricoles provenant des exploitations locales et de les redistribuer à une échelle plus vaste autant qu'ils seront susceptibles de constituer des étapes sur le chemin des flux d'import-export qui ravitaillent les Etats enclavés d'Afrique sahélienne.

8. Marchés: faire du commerce

Dans son analyse des marchés ouest-africains, C. Meillassoux (1971; 42) relève que le marché n'a pas reçu toute l'attention souhaitée de la part des géographes, par le fait qu'il désigne tantôt «une bourgade où se font des transactions commerciales; tantôt un site restreint qui attire périodiquement acheteurs et vendeurs de détail.» Soucieux de remédier à cette imprécision, l'auteur précise que le marché peut remplir quatre fonctions diverses: assurer la transformation du produit en marchandise (valeur d'échange), permettre l'échange de ces marchandises entre les mains des marchands, autoriser le transfert de cette marchandise vers le consommateur (valeur d'usage) et pourvoir à leur échange entre producteurs eux-mêmes. S'appuyant sur ces éléments, ce chapitre consacré aux marchés de l'espace frontalier de Gaya – Malanville – Kamba retient cependant la définition plus contemporaine de G. Benko (in Lévy et Lussault, 2003; 587), lequel considère le marché comme le «lieu de rencontre des offres et des demandes relatives à un bien ou service. Par extension, tout dispositif, matériel ou immatériel, permettant à des opérateurs de réaliser des échanges par transactions». Cette définition a le mérite de se rapprocher sensiblement de celle du terme de marché *(kasuwa)* en haoussa,

> qui ne désigne pas seulement le lieu propre où se rassemblent vendeurs, acheteurs, intermédiaires afin d'assurer l'échange ou la commercialisation des produits locaux ou importée, mais aussi le lieu d'une transaction générale au travers de laquelle s'exprime le fondamental commerce des hommes entre eux (Piault, 1971; 288).

Dans le cas particulier de l'espace frontalier concerné et conformément au modèle de l'organisation territoriale sahélienne, il est également supposé que les trois villes de Gaya, Malanville et Kamba forment un marché unique qui peut connaître des changements saisonniers ou conjoncturels. A ce titre, leur proximité et l'intensité des relations économiques entretenues entre les acteurs informels situés dans ces trois centres autorise alors à les considérer comme des éléments d'une structure mobile. Cette propriété incite à reconsidérer les modèles géographiques habituellement utilisés pour hiérarchiser les centres urbains et rendre compte de leur influence réciproque. Ces modèles s'adaptent en effet difficilement au caractère informel des activités économiques de l'Afrique sahélienne.

8.1 Centralité et hiérarchisation urbaine

L'influence des marchés peut être évaluée au travers de l'armature urbaine générale de l'espace considéré. En suivant les principes de l'analyse spatiale classique, la situation des villes de Gaya, Malanville et Kamba dépend de deux facteurs géographiques principaux. D'une part leur classement à l'intérieur d'un système urbain sous-régional et l'attribution consécutive d'un rang, d'autre part l'aire de marché que ces centres exercent sur leur environnement rural et qui détermine l'influence économique de chaque ville respectivement à tous les autres centres de la région. Le rang des centres est établi en tenant compte de la population urbaine et d'un certain nombre de fonctions commerciales alors que l'importance de sa zone d'influence économique est obtenue de manière théorique selon le modèle de gravité et complété par des enquêtes locales. Le but recherché est de mesurer la centralité des villes, c'est-à-dire leur rôle en tant que fournisseurs de biens et de services aux consommateurs qui n'y résident pas, selon la conception développée par W. Christaller à propos des lieux centraux (1933). Ce genre d'analyse a été pratiquée dans le sud du Nigeria dès les années 1960 (Abiodun, 1967) et plus tardivement dans la région de Dosso au Niger à des fins essentiellement aménagistes (Coulibaly, 1995).

En ce qui concerne les villes de plus de 50000 habitants, l'usage est de considérer la population urbaine comme le facteur le plus déterminant de la centralité: «a town's importance as a central place is adequately represented by the size of its population. This assumption is reasonable, since both the volume and the variety of goods and services offered to consumers are, in general, strongel correlated with city size» (Marshall, 1989; 178). Selon ces critères démographiques, le sommet de la hiérarchie est occupé par les villes de Niamey et Sokoto, les centres de rang intermédiaire sont formés de Parakou, Kandi, Birnin Kebbi, Jega, Illéla, Gunmi alors que Gaya (33000 hab.), Malanville (58000 hab.) et Kamba (30000 hab.) appartiennent à l'échelon inférieur de la hiérarchie urbaine, comme une quinzaine d'autres cités nigériennes, béninoises et nigérianes (Tableau 8).

La représentation cartographique montre que l'ensemble des centres concernés sont structurés selon un modèle tripolaire dans lequel Gaya, Malanville et Kamba occupent le centre d'un réseau qui lie Niamey, Cotonou par l'intermédiaire de Parakou et Lagos par le biais des grandes villes de l'ouest du Nigeria, c'est-à-dire les plus grands centres d'importation et de consommation des biens agricoles et industriels (Figure 14). Dans ce schéma, l'organisation territoriale est fortement dépendante des axes géostratégiques coloniaux, insuffisamment reliés entre eux depuis cette période, ainsi que de la densité des centres urbains de rang supérieur, plus accentuée au Nigeria que partout ailleurs en Afrique de l'Ouest.

Rang	*Villes*	*Population*
1	Niamey	789 961[1]
1	Sokoto	512 800[5]
2	Parakou	174 572[2]
2	Birnin Kebbi	136 164[5]
2	Jega	79 080[3]
2	Illéla	75 000[9]
2	Gunmi	75 000[9]
3	Malanville	58 080[4]
3	Argungu	56 280[6]
3	Dosso	50 393[1]
3	Birni N'Konni	48 045[1]
3	Nikki	44 153[4]
3	Kandi	40 667[8]
3	Gwandu	37 415[7]
3	Gaya	33 316[1]
3	Kaiama	32 755[7]
3	Dogondoutchi	32 078[1]
3	Yelwa-Bin Yawri	31 160[7]
3	Koko	30 116[7]
3	Kamba	30 000[9]
3	Kaingiwa	25 000[9]
3	Wawa-New Bussa	25 000[9]
3	Banikoara	24 559[4]
3	Bembereké	23 893[4]
3	Gwadabawa	20 000[9]

Tableau 8. Hiérarchie urbaine des centres de la zone frontalière établie sur la base de la population
Sources: [1] Projections effectuées à partir du Recensement général de la population du Niger de 2001 en tenant compte de la croissance différentielle des centres urbains; [2] INSAE (Cotonou); [3] www.world-gazetter.org; [4] Atlas monographique des communes du Bénin 2001; [5] United Nations Statistics Division *Population of capital cities and cities of 100,000 and more inhabitant,* 2000; [6] www.populationdata.net; [7] www.fallingrain.com; [8] www.mangabay.com; [9] Estimations de l'auteur.

L'application de ce critère démographique aux plus petits centres reste néanmoins problématique, en raison de l'importance numérique que peut prendre une activité industrielle dominante ou un statut administratif qui regrouperait de nombreux fonctionnaires, sans pour autant fournir de services marchands aux consommateurs des périphéries. C'est pourquoi les auteurs font généralement recours à d'autres fonctions relatives aux services fournis par chaque centre, dans les domaines des services publics et administratifs

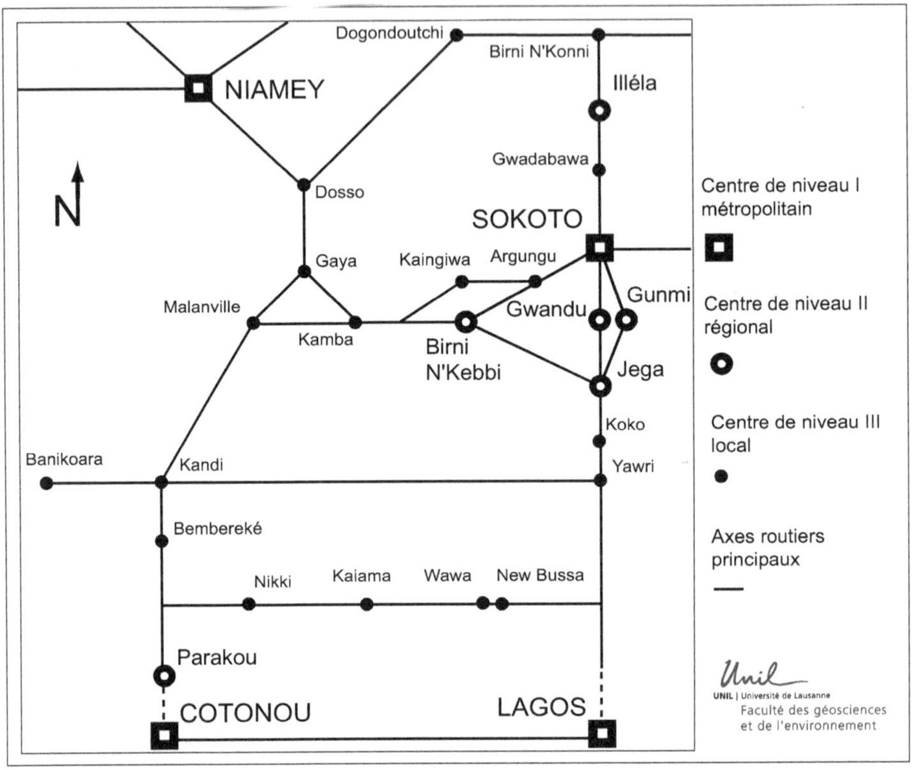

Figure 14. Hiérarchie urbaine de l'espace régional
Source: Walther, 2006.

et de l'économie. Ils sélectionnent alors un échantillon de fonctions pertinentes permettant de mesurer la centralité des villes, procèdent à une analyse en composantes principales dans le but d'extraire les facteurs explicatifs de la centralité, puis établissent une classification ascendante hiérarchique permettant de grouper les centres en rang croissant selon leur centralité et finalement cartographient le résultat. Du fait qu'une fonction peut être représentée par une infrastructure et un rayonnement très dissemblables, un poids différent y est attribué, relativement à son importance dans la centralité attendue des villes: ainsi, il est considéré que le poids d'un service local, tel un dispensaire, contribue moins à la centralité qu'un hôpital de classe nationale.

Dans le contexte sahélien, la hiérarchisation urbaine ne peut évidemment pas être fondée sur les mêmes bases statistiques que celle des précédentes études des centres de commerce de détail, puisque la distribution des produits se fait principalement à travers les marchés hebdomadaires ou quotidiens plutôt que par un réseau de magasins ou par des chaînes de distribution appartenant à de grandes entreprises. De plus, les villes dépendant plus de leur hinterland pour la fourniture de biens agricoles que celles du Nord, la centralité est fortement déterminée par les liens entre villes et campagnes (Lynch, 2005).

Il apparaît donc que les résultats de ce genre d'analyse spatiale ne rendent qu'imparfaitement compte de la hiérarchie urbaine. Au plan statistique, une étude effectuée dans la région de Dosso montre par exemple que sur 52 centres et 48 types d'établissements différents, les deux premières valeurs propres ne résument que 42% de l'information (Coulibaly, 1995). Ceci rend l'interprétation périlleuse: l'axe «frontalier» identifié par l'auteur oppose certes des variables plutôt caractéristiques des zones frontalières (change, essence, motos-taxis) à des variables générales (produits divers et condiments) mais de façon peu significative du point de vue mathématique et sans que la situation pourtant emblématique de Gaya puisse être clairement identifiée comme «frontalière». La classification qui en résulte semble alors plus dépendante de la population des centres que de leurs fonctions et de leur réelle hiérarchie. C'est sans doute ce qui pousse S. Coulibaly (1995; 192) à conclure que

> si un faisceau de relations articule les centres à leurs environnements proches ou lointains, celles-ci apparaissent à certains égards peu respectueuses d'une quelconque hiérarchie préexistante dans le département [région]. Ainsi, en dépit de la concentration des établissements et de l'afflux de populations dans les principaux centres étudiés, les liaisons commerciales relatives en particulier à l'approvisionnement de ces localités n'impliquent quant à elles aucune dépendance intrarégionale hiérarchique. Par ailleurs, les territoires que ces liaisons dessinent et ceux d'ordre politico-administratifs ne coïncident pas.

C'est une manière de reconnaître sans doute qu'il existe une profonde inadéquation entre les dynamiques économiques observées à l'échelle de la région de Dosso et les modèles classiques de l'analyse spatiale. Dans le cadre d'économies informelles caractérisées par un degré élevé de réversibilité et d'opacité, les fonctions économiques usuellement retenues par les méthodes classiques ne révèlent qu'une part superficielle de l'organisation de l'espace. L'image fonctionnelle produit par l'analyse spatiale privilégie une explication qui cadre mal avec les stratégies des acteurs locaux. Les actions entreprises par les Etats dans le cadre de leurs plans territoriaux ou par les agences de coopération qui se donnent pour but d'améliorer les potentialités de développement économique local sur la base de ces modèles sont alors nécessairement affectées par cette inadéquation. Une partie de l'échec programmé de ces actions s'explique alors par le conflit encore non résolu entre un savoir organisé sur des bases importées et des formes d'espaces et de pouvoirs qui appartiennent à l'espace mobile de l'Afrique sahélienne et qui peuvent être définies comme des formes originales de gestion de l'incertitude. C'est ce qui a motivé d'autres études à travailler sur les «tensions de marché» résultant de l'influence des marchés urbains sur les espaces ruraux.

8.2 Réseau urbain et «tensions de marché»

Les études menées dans le cadre des *Perspectives à long terme en Afrique de l'Ouest* ont amélioré la compréhension des relations entre le dynamisme économique et la présence des centres urbains (Club du Sahel, 1994, 2000; Cour et Snrech, 1998). Il résulte de ces analyses que les réseaux économiques ouest-africains sont fondés sur un ensemble de centres urbains en voie de structuration. Les auteurs montrent à ce propos que les villes de plus de 500 000 habitants, distantes d'environ 1000 kilomètres, forment un maillage encore peu dense, mais qu'«à terme, ce niveau urbain supérieur va tendre à se restructurer sur une trame plus dense de 100 à 500 km, comprenant une centaine de centres urbains desservant chacun entre 2 et 10 millions d'habitants» (Cour et Snrech, 1998; 97). Cela leur permet ensuite de dresser la carte des «tensions de marché», dont l'indicateur est calculé sur la base de plusieurs critères: poids démographique, éloignement et concurrence des marchés, coût de franchissement des distances compte tenu des contraintes physiques, offre de surplus agricoles fondée notamment sur les caractéristiques agroclimatiques et le peuplement rural, limites supérieures matérialisées par la concurrence des biens d'importation. Ils constatent alors que la densité du peuplement est fortement liée aux tensions de marché:

> plus une zone est «exposée» au marché, plus sa densité de population est élevée. A l'échelle ouest-africaine, cette relation permet beaucoup mieux d'expliquer les fortes variations de densité de peuplement que les critères agro-écologiques, qui n'interviennent de façon très significative qu'aux densités élevées de population (ibid.; 52).

Depuis quarante-cinq ans, la densité de ces zones de marchés a très fortement crû, intégrant aujourd'hui des régions qui furent autrefois très marginales. En 1960, les fortes tensions de marché se concentrent dans un périmètre restreint autour de Dakar, Accra, Lomé, Lagos ainsi qu'au nord du Nigeria à une échelle macrogéographique. La situation est sensiblement différente trente ans plus tard: hormis les capitales, qui polarisent l'activité commerciale de leurs périphéries, plusieurs zones de tensions fortes et moyennes correspondent à des réseaux frontaliers, comme dans le cas de la Gambie, de la région de Sikasso-Korhogo et de la frontière nigériane. Il n'en demeure pas moins que l'ensemble des régions frontalières n'est pas concerné de la même manière par ce phénomène économique et que, dans la plupart des cas, les tensions fortes dans les zones de frontières ne sont pas encore parvenues à constituer de grands ensembles en Afrique sahélienne.

Les projections pour 2020 montrent en revanche une progression significative des tensions de marché, particulièrement en ce qui concerne le renforcement des ensembles sahéliens et maritimes, à travers le dessin marqué de deux bandes de fortes densités de marchés, dans lesquelles la dimension frontalière prend une existence manifeste. A une échelle mésogéographique, ce sont surtout la côte atlantique, l'axe Bamako – Bobo Dioulasso – Ouagadougou ainsi que le nord nigérian qui présentent les plus importantes tensions sahéliennes tandis que le front maritime est considérablement renforcé, non seulement en bordure du Golfe de Guinée mais aussi en direction du centre du sous-continent. A ce titre, la Côte d'Ivoire étend son marché et relie bientôt parfaitement le sud du Mali et du Burkina Faso, de même que le Togo et le Bénin, qui étendent leur aire d'influence jusqu'en bordure du Sahel. Le Nigeria se singularise à nouveau par une intégration plus dense qu'ailleurs, très largement orientée vers les pays voisins dont le Niger et le Tchad. Les zones frontalières où les tensions de marché sont les plus fortes sont celles du Golfe de Guinée, entre Ghana, Togo, Bénin et Nigeria, alors qu'au nord, les régions nigériennes de Dogondoutchi à Zinder font face à un ensemble dense articulé autour de Kano et Sokoto. Il reste néanmoins des «vides», notamment l'est de la Guinée et du Sénégal, où le chemin de fer n'est pas un trait d'union suffisant pour relier efficacement Bamako à Dakar, de même que le Libéria, l'est de la Côte d'Ivoire, l'ouest du Ghana ainsi qu'une zone intermédiaire entre le Golfe de Guinée et le Sahel. Cet espace déprimé du point de vue économique s'étend du nord-ouest du Nigeria à Tombouctou au Mali et comprend la région des grandes réserves de chasse nigérianes de Kontagora, le nord du Bénin, l'est du Burkina Faso et jusqu'au

Gourma malien. Les projections montrent cependant que le mouvement d'intensification des tensions de marché pourrait prendre de la vigueur, en permettant notamment aux petites et moyennes villes qui se situent de part et d'autre des limites d'Etat d'étendre leurs réseaux jusqu'à constituer des «marchés communs». La plus grande partie des frontières allant de Sikasso – Korhogo au Tchad est concernée par ce phénomène alors que l'ouest du sous-continent présente une dynamique tout à fait différente: entre Sénégal, Mali et Guinée, les tensions de marché sont encore faibles et l'activité économique reste profondément ancrée sur les côtes plutôt que sur les frontières intérieures.

Ces analyses confirment que les zones frontalières constituent ou pourront constituer des marchés particulièrement dynamiques du point de vue économique. Ce point est important dans la mesure où il vient appuyer le modèle présenté en début d'analyse, lequel tendait à montrer que l'établissement des limites coloniales avait contribué à déplacer la charnière des villes sahéliennes au profit de petites et moyennes localités frontalières. Il reste à montrer le fonctionnement de ces lieux de commerce à une échelle locale.

8.3 Organisation générale des marchés

Exception faite de Gaya, Malanville et Kamba, qui maintiennent une activité minimale tous les jours de la semaine, les marchés de l'espace frontalier possèdent un cycle de 7 jours qui les apparente à ceux du Nigeria situés au nord de la Bénoué (haoussa, kanouri), ainsi qu'à ceux de la boucle du fleuve Niger (zarma-songhay), du Mandé (bambara, malinké), de la moitié sud du Ghana (anyi, brong, ashanti, fanti) et du Sénégal (wolof) (Smith, 1971) (Tableau 9). La périodicité hebdomadaire de ces marchés, la plus répandue en Afrique de l'Ouest, est le fruit de négociations entre autorités traditionnelles et administratives, qui aboutissent à l'établissement d'un calendrier dans lequel deux marchés fonctionnant le même jour de la semaine peuvent être considérés comme indépendants. La périodicité hebdomadaire permet alors aux marchands ambulants de fréquenter plusieurs places de commerce.

A une échelle régionale, la géographie des marchés (Carte 9) reflète la distribution de la population et montre une concentration particulièrement élevée dans la vallée du fleuve Niger ainsi qu'à proximité des frontières nigé-

Jours	*Marchés*
Lundi	Albarkaïzé, Birni Lafia (B), Dioundiou, Dolé (N), Kawara N'Debbé, Tanda, Yélou
Mardi	*Gaya*, Goumki (N), Sakawan (B), Samia
Mercredi	Bana, Lolo (N), Ouna, Sabon Birni
Jeudi	Bella, Garou (B), Gattawani, Guéné (B), Madécali (B), Mokko, Lido, Massama, Sia
Vendredi	Bengou, Garou Tégui (B), Koutoumbou, Madécali (B), *Malanville* (B), Malgorou, Tounouga, Yeldou
Samedi	Kara Kara, *Malanville* (B), Momboye Tounga
Dimanche	Bawada, *Kamba* (N), Kanguiwa (N), *Malanville* (B)

Tableau 9. Marchés hebdomadaires de la région de Gaya – Malanville – Kamba
Note: (N) = Nigeria, (B) = Bénin. Les marchés de Gaya, Malanville et Kamba (en italique) maintiennent une activité quotidienne mais sont particulièrement animés un ou plusieurs jours de la semaine, en l'occurrence le mardi pour Gaya, du vendredi au dimanche pour Malanville et le dimanche pour Kamba.
Source: enquêtes de l'auteur, 2004-2006.

rianes alors que l'espace médian du département de Gaya apparaît dépourvu d'infrastructures marchandes. D'une manière générale, les marchés sont situés à proximité des zones de production (canne à sucre notamment) et des grands axes commerciaux (routes nationales et axe fluvial).

Dans la hiérarchie proposée ci-après, il est nécessaire de considérer que les marchés classés dans l'une des trois catégories peuvent très rapidement être déclassés, surclassés, voire tout simplement abandonnés (Tableau 10).

Encadré 1. La création d'un marché

Les villageois désireux de créer un marché doivent s'adresser, par l'intermédiaire du chef de village, au chef de canton et aux autorités administratives et douanières. Cette démarche s'accompagne d'un paiement en espèces de l'ordre de plusieurs dizaines de milliers de CFA. L'enjeu fondamental de cette rencontre est d'autoriser certaines activités périphériques au marché (jeux de hasard et combats ritualisés par exemple) et de garantir l'importation libre de marchandises depuis le Nigeria. La consultation de marabouts ou de féticheurs traditionnels, qui reçoivent un don en noix de cola et en animaux, permet ensuite de trouver un jour de la semaine et un endroit favorables à l'établissement du marché. De multiples difficultés naissent durant ces négociations, engendrent ressentiments et frustrations et peuvent mettre en lumière les oppositions internes aux villages. A Kizamou par exemple, certains habitants des hameaux périphériques refusent de payer la somme requise pour la fondation du marché car ils estiment être négligés par la chefferie, alimentant ainsi le processus de scission villageoise.

1. *Marchés urbains* frontaliers d'importance internationale
Gaya – Kamba – Malanville

Ces marchés connaissent une aire d'influence qui s'étend au-delà des frontières nationales (jusqu'à 150 km), reposent sur un centre urbain de plusieurs dizaines de milliers d'habitants et offrent une diversité de produits très importante.

Leur fonction combine la collecte, la distribution au détail et la réexportation, ce qui implique qu'ils sont utilisés par des grossistes, des détaillants, des citadins et par les commerçants du capitalisme marchand. La présence de ces derniers acteurs est in fine leur principale caractéristique par rapport à tous les autres. Elle se marque dans l'espace par des infrastructures de stockage de marchandises particulièrement développées.

Leur activité est quotidienne quoique marquée par des jours plus animés au cours desquels ils attirent plusieurs milliers de chalands.

A tous points de vue, le marché de Malanville surpasse Gaya et Kamba mais son fonctionnement est intimement lié à celui de ses deux voisins.

2. *Marchés ruraux* d'importance régionale
Bella – Dioundiou – Dolé – Goumki – Malgorou – Kanguiwa* – Karimama – Ouna – Tanda

Ces marchés connaissent une aire d'influence pouvant aller jusqu'à 25 km, reposent sur un centre rural d'une dizaine de milliers d'habitants et offrent une diversité de produits importante, exception faite de ceux qui sont spécialisés dans le commerce de bétail comme Bella et Goumki.

Leur fonction repose essentiellement sur la collecte et la vente au détail, ce qui implique qu'ils sont utilisés par des grossistes de moyenne importance, par des détaillants et/ou des marchands ambulants parcourant les espaces ruraux et par des producteurs. Leur activité est hebdomadaire.

3. *Marchés ruraux* d'importance locale
Albarkaïzé – Bana – Bawada – Bengou – Birni Lafia – Garou – Garou Tégui – Gattawani – Guéné – Kara Kara – Karimama – Kawara N'Debbé – Koutoumbou – Léguéré – Lolo – Madécali – Massama – Momboye Tounga – Sabon Birni – Sakawan – Samia – Sia – Tounouga – Yeldou – Yélou

Ces marchés animent les terroirs qui leur sont proches dans un rayon de 10 à 15 km environ, reposent sur un centre rural de moins de 10 000 habitants et offrent une diversité de produits faible.

Leur fonction repose surtout sur la collecte et la vente de modestes excédents ruraux, ce qui implique qu'ils sont utilisés par des petits grossistes, par des producteurs et par des marchands itinérants. Leur activité est strictement hebdomadaire.

Certains connaissent des difficultés qui menacent leur existence.

Marchés abandonnés
Bara – Guéza – Kalgo – Kawariga – Sabon Gari – Tara

Ces marchés ont parfois connu un essor important mais ont été abandonnés consécutivement à l'activité des douanes, à des modifications des réseaux commerciaux ou des législations.

Tableau 10. Hiérarchie des marchés de la région de Gaya – Malanville – Kamba
Note: l'activité du marché de Kanguiwa (*) a été estimée.
Source: enquêtes de l'auteur, 2004-2006.

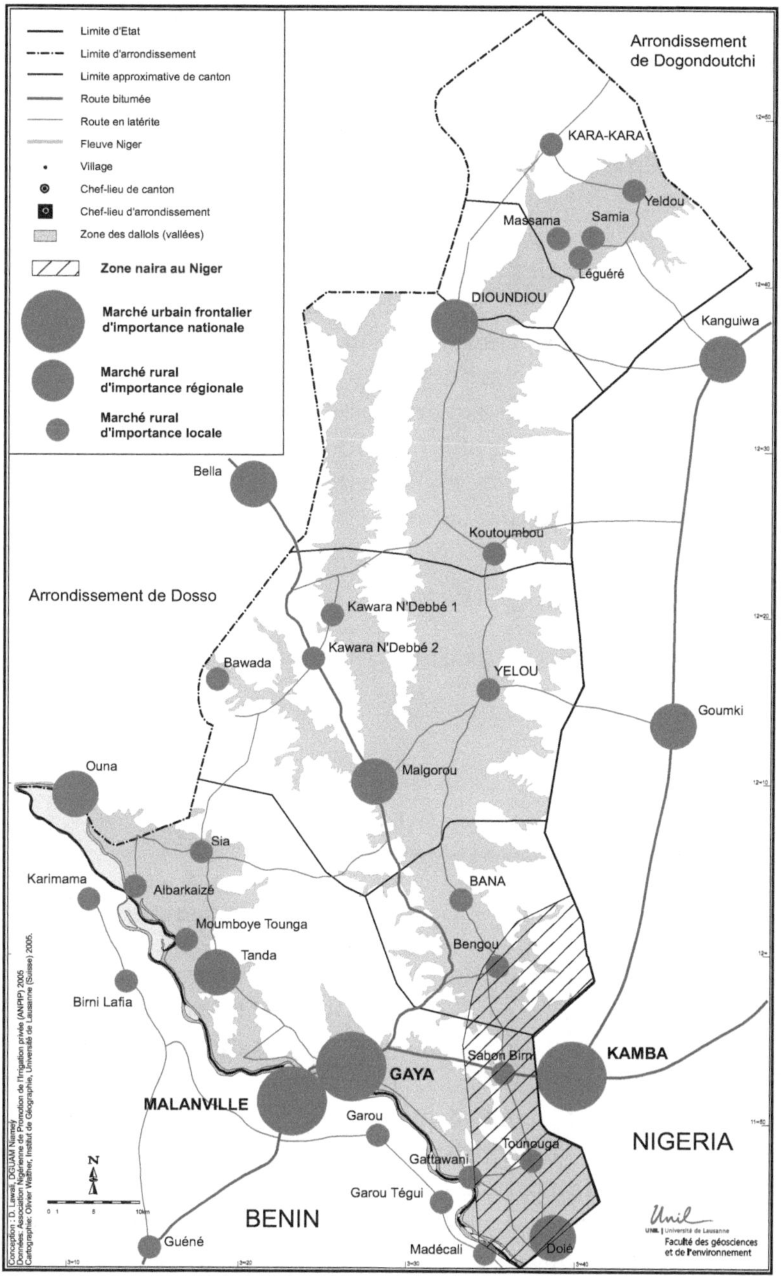

Carte 9. Localisation des marchés
Source: enquêtes de l'auteur, 2004-2006.

D'une manière générale, le trait distinctif des marchés urbains frontaliers par rapport aux infrastructures rurales est de proposer une diversification plus grande de l'offre marchande de même qu'une aire d'influence plus étendue et une activité journalière plutôt qu'hebdomadaire. Ces distinctions sont liées au commerce au long cours et s'expriment par la construction de grands hangars de stockage, comme ceux des grains de Malanville ou de la friperie de Gaya, et par la présence de marchands professionnels, qui imposent leurs activités à la multitude des petits producteurs venus des campagnes ainsi qu'aux colporteurs. La différence entre ces marchés est particulièrement visible dans l'espace frontalier considéré, puisqu'elle oppose les marchés urbains de Gaya, Malanville et Kamba s'appuyant sur des centres de plus de 30 000 habitants chacun aux activités essentiellement liées au commerce de réexportation frontalier, à des marchés plus restreints, parfois spécialisés, qui animent les plus petits bourgs de la région et permettent une centralisation des récoltes avant leur expédition à destination des grands centres de consommation.

8.4 L'intensité des relations entre les marchés urbains

Si on en croit les archives coloniales de Gaya, le

> commerce local [...] fut jusque vers 1916 florissant dans tous les marchés de la région. Mais à cette époque [...] l'activité commerciale du pays se transporta en quelques mois sur la ligne de marchés que les résidents anglais avaient hâtivement créés tout le long de la frontière, à quelques kilomètres dans leur territoire (Perron, 1924; 56).

Depuis cette époque où le sel du Dallol Fogha assurait des revenus importants à la région, le marché local s'est considérablement développé, notamment par une ouverture spectaculaire aux réseaux mondiaux. Ainsi, à partir du début des années 1980, le marché de Gaya présente une diversité de produits relativement importante dans un cadre rénové. Dans l'enceinte du marché, malgré un désordre apparent, les activités commerciales obéissent à une organisation spatiale particulière. Semblable à cela à un très grand nombre de marchés africains, les commerçants et vendeurs se regroupent par produits, ceux-ci étant proposés par terre et au soleil, en ce qui concerne les femmes, et sur des étals réalisés par les commerçants eux-mêmes pour les hommes. Reconstruit après un incendie en 1992, l'aménagement intérieur du marché manque pourtant de fonctionnalité en raison d'erreurs architecturales (Bako-Arifari et Laurent, 1999). Les structures de béton prévues dans le cadre de la réhabilitation du marché sont délaissées par les vendeurs pour des raisons de praticabilité (étals en ciment situés à mi-corps, grands hangars aux toits de métal, piliers et couverture de béton imposants devant protéger les marchandises du soleil). Ces infrastructures, qui ne conviennent pas à l'usage traditionnel de la vente locale, sont donc soit ignorées, soit détournées de leur usage premier. Certaines voies intérieures sont progressivement investies par des marchands, ce qui perturbe le trafic des acheteurs, alors que l'est du marché possède peu d'issues latérales permettant aux visiteurs d'avoir accès aux échoppes. Outre cela, le marché souffre de la superposition de droits de propriété entre pouvoirs publics et privés, ce qui brouille le fonctionnement parcellaire. La perception des taxes est rendue difficile par le fait que les vendeurs provenant des villages de brousse ne veulent pas s'en acquitter. Le marché est en effet administré par un gérant et des percepteurs qui sont en charge du fonctionnement interne des activités économiques et du recouvrement des droits de vente. Depuis 1996, la gérance libre exige une location de 450 000 CFA (686 €) par mois, assurée par la location des emplacements commerciaux et les taxes d'activité.

Un recensement en septembre 2005[1] montre que, sur un total de 296 commerçants présents, dont 118 vendeurs et 178 vendeuses, les activités sont réparties par sexes: aux femmes la vente de fruits (5), de légumes (65), de poisson (11), de condiments et de grains au détail (80), de gari (5) et d'igname (10), aux hommes la vente de viande (25), de plastiques (3), d'alimentation générale (15), de textiles neufs (11) et usagés (34), de quincaillerie (7), de cosmétiques (4) et de chaussures (16). A noter cependant que le maïs en gros (5) est vendu par les deux sexes. Une importante superficie du marché est consacrée aux produits manufacturés d'origine chinoise ou nigériane (sandales, récipients, quincaillerie, médicaments). La boucherie est assez développée alors que le poisson est presque absent des étals, malgré le fleuve Niger qui se trouve à quelques centaines de mètres. Une infime partie des produits alimentaires proposés a subi une transformation artisanale ou industrielle, sauf les condiments et l'arachide béninois *(kuli kuli)*. Parmi les produits indigènes figure l'arachide brute, cultivée à une quinzaine de kilomètres de Gaya, acheminée en charrettes ou par vélos et achetée par des grossistes de la ville. Les

1 Ces chiffres n'incluent pas les boutiques situées en dehors du périmètre du marché de même que les échanges informels effectués dans la rue.

Photo 4. Vente de légumes sur le marché de Gaya
Source: J.-M. Walther, 2005.

salades proviennent quant à elles des jardins proches du fleuve. Une partie des tomates, du gombo, du gari, du maïs ou de l'igname viennent du Bénin et sont souvent vendus par des Béninoises, mais rares sont les fruits et légumes provenant du Niger. Cette rareté sur le marché contraste avec l'intensité de la culture maraîchère et fruitière des rives nigériennes du fleuve. Etant donné que l'essentiel des fruits et légumes produits en périphérie de la ville sont destinés à l'exportation, leur consommation est globalement faible dans les ménages de Gaya comme à l'échelle du Niger (Waziri Mato, 2000) (Photo 4).

Le marché de la ville déborde très largement de ses limites officielles dans les rues avoisinantes. Dans la nuit de vendredi à samedi par exemple, ses abords sont le lieu d'une intense activité économique, directement liée à la tenue du marché voisin de Malanville et à la volonté des agents économiques nigériens de minimiser leurs frais de douane. Durant la journée et une partie de la nuit, des charrettes et des camionnettes acheminent les sacs achetés par des grossistes nigériens depuis le marché de Malanville. Des camions de 10 à 40 tonnes les attendent et sont progressivement chargés de maïs, d'igname, de piment et de mil à destination de Dosso, voire de Baleyara. D'autres commerçants préfèrent acheminer leurs céréales au marché de Gaya par pirogue depuis Malanville, un moyen particulièrement économique. Dans ce cas, les piroguiers se chargent du transport et des négociations avec les douaniers, moyennant 750 CFA (1,1 €) contre 1000 CFA (1,5 €) par sac en camion. Seuls 20 % des flux qui traversent la frontière de cette façon seraient destinés spécifiquement à Gaya, alors que le reste des produits prendrait la direction de Dosso, Niamey et du Zarma Ganda.

Ce système est en place pour contourner les dispositions douanières entre Niger et Bénin. Certes, il serait plus facile pour les camions nigériens de se rendre directement à Malanville. Ils préfèrent cependant ne pas traverser la frontière pour ne pas y être taxés trop lourdement et délèguent cette tâche aux transporteurs locaux qui sont connus des douaniers. En terme de main-d'œuvre, ce mode de fonctionnement est assez surprenant quoique assurément productif, puisqu'il assure des revenus à des dizaines de manœuvres et de conducteurs de véhicules. Il repose en grande partie sur le très faible coût de cette main-d'œuvre et la possibilité de bénéficier des réseaux de relations qui unissent les petits transporteurs et les agents de contrôle des frontières. Ces logiques illustrent le rôle de Malanville comme point de stockage à destination de l'Ouest nigérien.

Le marché de Malanville, animé du vendredi au dimanche, est quant à lui sans conteste le plus grand et le plus diversifié des marchés urbains de la zone frontalière. Son dynamisme provient essentiellement de sa situation géographique stratégique sur l'axe Cotonou-Niamey, de l'initiative des marchands allogènes notamment nigériens qui s'y sont implantés et d'une fiscalité modeste. Grâce à ces facteurs, le marché attire une clientèle internationale et joue, à l'échelle du Dendi, le rôle de lieu de stockage principal des produits agricoles locaux (riz, oignons) avant leur exportation au Niger ou au Nigeria. De Sia à Tounouga, en passant par Albarkaïzé, Dolé et Gattawani, les producteurs se rendent directement à Malanville où des Nigériens installés de longue date centralisent les récoltes. J. O. Igué et B. N'Bessa (1980) disaient de lui il y a vingt-cinq ans qu'il était le second marché le plus important du Bénin après celui de Dantokpa à Cotonou, mais les études comparatives manquent pour apprécier son activité à l'échelon national. En d'autre termes, cela signifie que, si tout le monde s'accorde à reconnaître que le marché de Malanville est important, trop peu d'éléments scientifiques permettent d'évaluer le cours des affaires des marchands travaillant dans son enceinte. C'est pourquoi la mairie de la ville, qui en détient encore la responsabilité, souhaiterait transformer son statut. Elle a inscrit dans son Plan de Développement communal la nécessité de procéder à une étude approfondie de ses potentialités, de sorte que cette infrastructure puisse apporter des revenus supplémentaires à la commune, avant de le réhabiliter. La situation actuelle est en effet peu satisfaisante[2]. La mairie possède certes des collecteurs chargés des taxes de marché mais cette méthode est inefficace car les tickets sont négociés illégalement avec les marchands. Par conséquent, elle n'arrive à recouvrer qu'environ la moitié des recettes prévues. Le maire est favorable à une gestion par gérance privée du marché, quitte à ce que le coût de réhabilitation des infrastructures (4 milliards de CFA, 6 mio. €) soit assumé également par des investisseurs privés.

Comme à Gaya, le marché de Malanville déborde très largement de ses limites formelles, en direction du nord-ouest et du sud-ouest. Les infrastructures sont insuffisantes, notamment en saison des pluies et entravent l'activité économique: d'une part, les espaces de stockage sont sous-dimensionnés et insuffisamment protégés des intempéries, d'autre part les voies de desserte et d'assainissement ne parviennent plus à répondre à l'intense fréquentation hebdomadaire du marché.

Le riz local constitue une des principales productions régionales. De l'avis du président de l'Association de propriétaires de magasins de stockage de Malanville[3], il bénéficie de deux atouts principaux. D'une part, les surfaces considérables du périmètre rizicole de Malanville produisent de fortes quantités de paddy, d'autre part, la demande en provenance du Nigeria est toujours forte, à tel point qu'il est nécessaire de se fournir tout au long du fleuve[4]. En outre, le riz local est parfois moins cher que le riz importé: il est vendu 10000 à 12000 CFA (15 à 18 €) par sac de paddy de 100 kg, ce qui équivaut à un sac de 50 kg de riz décortiqué, vendu de 12500 à 15000 CFA (19 à 23 €) ou de 250 à 300 CFA (0,4 à 0,5 €) le kilo, tandis que le riz importé d'Asie est vendu 14000 CFA (21 €) les 50 kg. Le riz local est pourtant peu

2 Entretien avec M. Anassi Dambaro, SG de la mairie de Malanville, 07.12.04, Malanville.

3 Entretien avec El Hadj Zibo Gouda, président de Ka Bai Ka Kungu, association de propriétaires de magasins de stockage et des vendeurs de produits agricoles de Malanville, Malanville, 20.12.04.

4 A l'échelle des Etats, les flux sont cependant inversés, comme le rappelle B. G. Soulé (2000; 12): «Le Nigeria est devenu le pourvoyeur de ses voisins en produits vivriers, céréaliers notamment. Les plus gros clients sont le Niger et le Tchad. Pour le seul Niger, le volume des exportations constitué pour l'essentiel de mil et de maïs varie selon les années entre 100 et 200000 tonnes.»

apprécié des consommateurs et des grossistes locaux, qui lui reprochent de ne pas suffisamment gonfler à la cuisson. Ces derniers demandent aux producteurs que la production locale soit stockée un an pour sécher, ce qui est évidemment impossible puisqu'elle est presque immédiatement exportée au Nigeria. La tentative de décorticage local industriel s'est soldée par un demi-échec car le prix du paddy acheté par les Nigérians est supérieur au prix du riz décortiqué qui pourrait être produit sur place.

8.5 Des marchés ruraux qui animent les campagnes

La localisation des marchés ruraux montre une distribution très inégale, concentrée dans la vallée du fleuve Niger (Ouna, Karimama, Tanda, Madécali, Dolé), à proximité immédiate de la frontière nigériane (Bengou, Sabon Birni, Tounouga), sur certains axes de communication principaux (Bella, Guenné, Malgorou) ainsi que dans le nord du département de Gaya (Dioundiou, Kara Kara) (Carte 11).

L'organisation interne de ces marchés ruraux est généralement identique quel que soit le lieu de leur implantation. Elle est caractérisée par un petit nombre d'intermédiaires spécialisés dans la vente d'un produit et par des détaillants très nombreux. Ces marchés s'animent généralement dès le matin par quelques rares commerçants qui déballent alors lentement leurs produits. Au fur et à mesure que les transporteurs conduisent leurs passagers encombrés de leurs effets, l'activité du marché augmente. Des manœuvres s'activent vers les emplacements de chacun, chargés du poids des grains, des cosses et des écorces médicinales qui prendront place sous les hangars. Des femmes accroupies sur de minuscules tabourets de bois trient leurs petits excédents de céréales, tandis que d'autres proposent des poissons séchés ou des légumes. Les charrettes à bœufs amènent la canne à sucre, l'arachide, le sorgho en direction des intermédiaires ou des grossistes, qui entament leurs premières négociations, des liasses de billets déjà dans la main. Les premiers jouent le rôle de médiateurs entre acheteurs et vendeurs potentiels, se portent garants de la qualité et de l'origine des produits proposés à la vente et tirent de cette activité un pourcentage bien déterminé. Le profit des seconds est lié à leur capacité de stockage d'une récolte à l'autre, ce qui leur permet une vente avantageuse des grains lorsque les paysans manquent de céréales.

Deux grands marchés ruraux, Malgorou et Dioundiou, sont particulièrement représentatifs des dynamiques économiques régionales. D'une taille approximativement semblable (5000 hab.), ils tirent efficacement parti d'une situation géographique avantageuse. Le marché de Malgorou bénéficie ainsi de la desserte locale des pistes rurales qui permettent d'acheminer les produits (arachide, céréales, canne à sucre) jusqu'au marché à moindre coût et de sa localisation sur la route goudronnée qui lie Gaya à Dosso. C'est sans doute ce qui explique que le marché ait connu une extension considérable. Celui de Dioundiou, bien relié aux terroirs méridionaux et septentrionaux, connaît quant à lui une aire d'influence et une activité exceptionnelles: les acheteurs y viennent de Dosso, de Lido et de Kanguiwa au Nigeria. La diversité des produits n'y est pourtant pas différente des villages environnants (arachide, niébé, voandzou, riz, mil, canne à sucre, manioc, coton, fonio) mais la localisation de Dioundiou, au sud de la région productrice de canne, lui assure une activité importante. De nombreux véhicules assurent le transport des passagers et marchandises dans un rayon de 50 kilomètres, vers Malanville et Niamey.

Qu'ils soient ruraux ou urbains, dominés par des activités agricoles ou d'import-export, ces marchés sont animés par des *patrons* engagés dans des relations caractéristiques du clientélisme.

9. *Patrons* et obligés: l'espérance de recevoir et l'obligation d'offrir

Le langage commun qualifie de *patrons* une gamme très large d'individus en Afrique de l'Ouest. Un essai de définition est donc justifié. Etant donné l'étendue et la diversité des relations sociales qui entrent dans le cadre du clientélisme (Barnes, 1986; Eisenstadt et Roniger, 1984), il ne saurait être question de traiter de l'ensemble des cas spécifiques où s'appliquent les termes de *patrons* et de clients. Compte tenu de la prédominance des commerçants actifs dans le capitalisme marchand et des investisseurs actifs dans le domaine agricole, l'étude se focalise sur la sphère économique et n'est pas élargie au vaste champ des relations politiques qui concourent à l'affirmation de leaders régionaux et aux stratégies consécutives de captation d'un électorat clientéliste. Ce choix est en partie artificiel car il est bien évident qu'on ne saurait isoler radicalement les sphères économique et politique mais il est cependant rendu nécessaire par l'orientation de la présente analyse.

9.1 Qui est le *patron*?

Par le fait que le qualificatif de *patron* s'applique à un grand nombre d'individus, la recherche d'une définition constitue un préalable à l'analyse. A la question de savoir qui est un *patron*, les informateurs locaux s'accordent à reconnaître que: «*Patron* est un nom d'emprunt, ça veut dire quelqu'un qui commande. C'est le tout premier terme qu'utilisaient les boys qui étaient avec les Blancs. On les appelait *patrons*. C'est devenu un nom vulgaire. Tout le monde… dès que quelqu'un est plus que vous, vous l'appelez *patron*.[1]» Le premier élément qui légitime historiquement le *patron* est donc le contexte colonial, dans lequel les statuts sociaux sont strictement hiérarchisés entre colons et colonisés (le Commandant et les indigènes) de même qu'entre les

1 Entretien avec A. Na Argungu, 2004, Gaya.

colonisés eux-mêmes (l'interprète principal et les paysans, le chef et les villageois). A partir de cette époque, le mot *patron* se diffuse progressivement dans la société, notamment dans le monde du travail salarié intimement liée aux fonctionnaires d'Etat. Tandis que les chauffeurs, les plantons et les gardiens font un usage fréquent du terme de *patron*, étant donné qu'ils se situent aux échelons inférieurs de la hiérarchie, cette étiquette semble également s'appliquer aux fonctions politiques élevées, le plus grand *patron* étant le Président de la République, susceptible d'entretenir d'innombrables obligés à travers une redistribution clientéliste des marchés publics.

Un *patron* ne se résume toutefois pas à un chef, qu'il soit de village ou de service; c'est une figure particulière à qui il est permis d'entretenir une autre personne. Un subalterne dira à propos de son *patron*: «Je peux lui demander de m'aider, donc c'est mon *patron*.» Le terme n'est pas non plus directement lié à l'âge et un vieux gardien appelle son employeur *patron* quelle que soit la différence des années qui les sépare. Dans le contexte des villes concernées par l'étude, il apparaît que le terme de *patron* est réservé aux hommes, alors même que certaines femmes béninoises ont acquis des positions dominantes dans le domaine du commerce de maïs. *Patron* renseigne donc plutôt sur la direction de la dépendance financière qui lie deux personnes et sur l'intensité relationnelle d'un individu par rapport à un autre. En fin de compte, résume un habitant de Malanville, sont appelés communément *patrons* «tous ceux qui peuvent vous utiliser et vous payer».

Ces éléments permettent de montrer que le *patron* est une figure contextuelle. Il y a des petits et des grands *patrons* qui peuvent changer de dénomination en fonction de leur entourage hiérarchique. Les étudiants de la capitale qui effectuent des enquêtes de terrain, par exemple, sont considérés comme des *patrons* par les villageois car ces derniers supposent qu'ils appartiennent à la hiérarchie de l'Etat. Mais ces mêmes étudiants ne sont jamais appelés *patrons* dans la vie quotidienne car ils n'ont personne à commander et dépendent bien souvent de modestes bourses. Ces nuances permettent alors d'analyser les signes extérieurs qui caractérisent le *patron*, ce qui, en définitive, nécessite de définir et de hiérarchiser préalablement les marques de la richesse dans la société.

Il ne saurait être question de transposer sans nuances les valeurs marchandes de la société capitaliste dans l'environnement sahélien où la richesse ne se mesure pas uniquement en biens matériels. Selon J.-P. Olivier de Sardan (1984; 264), «le concept songhay-zarma de richesse» (duure) «évoque non pas ce que l'on a ‹acquis› ou ‹gagné› (comme en Occident) mais ce que l'on a

Photo 5. Si la voiture ne fait pas le patron, *elle demeure toutefois un signe de réussite sociale*
Source: J.-M. Walther, 2005.

‹reçu› (duure ‹est formé à partir de› du: *obtenir, recevoir*)». Si le statut d'un homme se mesurait anciennement au nombre de femmes et d'esclaves qu'il pouvait entretenir, il comprend aujourd'hui d'autres variables. Certes, le Niger est l'un des rares pays au monde où la fécondité n'a pas connu de recul significatif et où la richesse passe toujours d'une certaine manière par le mariage, mais elle est aujourd'hui mesurée à la détention de biens d'usage, comme la maison individuelle, le véhicule et l'habillement. Chacune de ces possessions renferme des gradations et il ne suffit pas d'être propriétaire d'une voiture pour être riche, encore faut-il avoir les moyens de l'entretenir (Daloz, 1990) (Photo 5).

L'usage local est de considérer que *«même en culotte, le patron reste le patron»*, pour signifier que ses attributs extérieurs sont inféodés à son réseau clientéliste. C'est dire si l'habillement et le véhicule ne font pas les *patrons*, ce qui implique que certains d'entre eux, plus humbles, ne font pas étalage de leur position parce qu'elle est suffisamment connue de tous. Dans les administrations, les signes distinctifs du pouvoir sont certes extrêmement codifiés et renvoient aux attributs spécifiques du *patron* mais l'ostentatoire ne fait pas tout. Il n'est ainsi pas reproché au Directeur Général («DG») d'un service d'avoir un costume moins bien coupé que son Premier Adjoint car il ne fait nul doute pour personne que le «DG» est le *patron*, comme l'illustrent les relations qu'il entretient avec ses obligés.

Au vu de ces éléments de définition, le *patron* sahélien est-il réductible au Big Man mélanésien (Sahlins, 1963), c'est-à-dire à un homme qui s'oppose à l'aristocratie locale par son mérite et parvient à redistribuer judicieusement des richesses à l'occasion d'échanges cérémoniels? Le Big Man mélanésien n'exerce aucune activité particulière, mais utilise toutes les formes d'actions, de médiations et d'alliances qui peuvent lui être utiles dans son ascension sociale. Il s'agit donc d'un individu dont le capital est essentiellement relationnel et qui parvient à affirmer son leadership en mobilisant les domaines oratoires, généalogiques, technologiques, religieux ou magiques. Dans un article consacré aux Big Men africains, J.-F. Médard (1992, 172) montre que

> ce qui rapproche le «big man» africain du «big man» de Sahlins, en dépit de contextes et de finalités fortement contrastés, c'est le mode d'accumulation des ressources de nature différente fondées sur l'échange symbolique et social: le «big man» accumule de la richesse afin de la distribuer; en la distribuant, il la consomme mais il la transmue en capital symbolique dont une partie peut être à son tour reconvertie en richesse.

Ces deux figures se différencient cependant par le fait que

> le mode de gestion entrepreneurial du «big man» politicien africain ne se confond pas avec celui du «big man» mélanésien dont la finalité est plus directement sociale que politique, il ne se confond pas non plus avec celui de l'entrepreneur économique dont la finalité et les mécanismes d'accumulation sont d'abord économiques (ibid.; 173).

Ces précisions permettent alors de distinguer les *patrons* qui font l'objet des analyses suivantes, à la fois des Big Men mélanésiens, lesquels tendent à des objectifs sociaux, et des Big Men africains, aux visées essentiellement politiques. Il ressort de ces éléments que les *patrons* sont assimilables à des entrepreneurs d'un genre particulier, dans le sens que leur position résulte de la combinaison circonstancielle de plusieurs capitaux. Ces facteurs leur permettent de s'attacher un grand nombre d'obligés, valorisant par ce fait une forme de pouvoir plus relationnelle que territoriale en accord avec le modèle sahélien de circulation. «La structuration des réseaux sur des modes clientélaires et leur valorisation des solidarités primordiales» – affirme sur ce point D. Bach (1994; 100) – «sont porteuses de formes de pouvoir moins fondées sur l'appartenance à un territoire que sur le contrôle des gens.»

Il semble dès lors que le *patron* identifié dans cette analyse ne se confonde pas non plus avec le courtier en développement tel qu'il apparaît dans les travaux de T. Bierschenk, J.-P. Chauveau et J.-P. Olivier de Sardan (2000). Pour ces auteurs, qui s'inspirent des analyses de J. Boissevain (1974), le *patron* et le courtier en développement sont deux figures bien spécifiques. Le premier est essentiellement un gestionnaire de ressources dites de premier degré, constituées de propriétés foncières, de richesses naturelles comme l'eau, le bois, les pâturages ainsi que de possibilités d'embauche alors que le second est un homme de réseaux, gestionnaire de ressources dites de second degré, c'est-à-dire «constituées par les contacts stratégiques entretenus avec des acteurs qui, eux, contrôlent des ressources de premier degré» (Bierschenk et al., 2000; 23). Les deux figures peuvent être rangées dans la catégorie des entrepreneurs, c'est-à-dire des personnes «who builds and manage an enterprise for the pursuit of profit in the course of which he innovates and takes risks» (Boissevain, 1974; 147). Dans la région frontalière, les *patrons* peuvent potentiellement orienter leurs actions dans le domaine du courtage en développement; toutefois l'essentiel de l'analyse traitera de leurs activités marchandes et productives, lorsque ces individus fonctionnent comme représentants du capitalisme marchand, intermédiaires entre producteurs ruraux et consommateurs urbains ou comme entrepreneurs agricoles.

9.2 Un clientélisme aux fins illimitées

La réussite sociale d'un *patron* dépend de la structure et du contenu de son réseau social et de sa volonté d'utiliser ce réseau à des fins personnelles. Pour passer du statut de simple marchand ou investisseur à celui de *patron*, un ensemble de trois capitaux est nécessaire, et, compte tenu du fait qu'il peut exister plusieurs niveaux hiérarchiques de *patrons*, la combinaison de ces trois capitaux fournit la clé de compréhension de la réussite socio-économique de chacun. Ces capitaux correspondent d'une manière très générale aux acquis de la naissance, du mérite et de l'argent, qui prennent, dans le détail, des formes spécifiques. Dans le contexte économique de Gaya – Malanville – Kamba, où les ascendances aristocratiques sont particulièrement valorisées, la naissance fournit une légitimité appréciable du point de vue économique et permet la constitution d'un vaste ensemble d'obligés liés par les liens de la famille et des alliances. Le lignage, l'aînesse et l'appartenance princière forment ainsi des arguments importants de l'assise personnelle. Etant donné que les marchands sont dans leur grande majorité des allochtones et que la mobilisation de la parentèle n'est pas infinie, ce capital n'est pourtant pas suffisant. Il faut lui adjoindre le mérite, qui s'exprime tout d'abord par l'habileté au commerce ou à l'investissement agricole, l'aptitude au marchandage et la maîtrise des codes du métier de commerçant. A ces deux capitaux s'ajoute finalement l'aisance matérielle, qui s'exprime avant tout par des manifestations ostentatoires et par des investissements symboliques qui permettent de se constituer une clientèle. L'influence de ces trois facteurs est globalement cumulative: plus un individu possède des indices de naissance, de mérite et d'argent élevés et plus sa légitimité en tant que *patron* est renforcée. Ces capitaux permettent d'agir immédiatement sur les ressources de premier degré (Figure 15).

Une fois installé dans son rôle de *patron*, l'individu n'accède pas nécessairement au statut de courtier, qui suppose la mobilisation de ressources de second degré. Pour cela, il doit naturellement posséder des qualités particulières, qui se résument à avoir du temps, posséder du pouvoir et fréquenter les «bonnes» personnes, c'est-à-dire celles qui sont susceptibles de lui faciliter ses entreprises, notamment dans le domaine politique et de la rente du développement. Le *patron* est notamment orienté à devenir l'interlocuteur privilégié des agences de coopération qui désirent mettre en œuvre des projets et qui cherchent des partenaires bien implantés dans le tissu sociopolitique local. Dans la pratique, ses actions seront par conséquent orientées vers la constitution et la défense d'un réseau social propre, débarrassé des rivaux qui pourraient éventuellement faire de l'ombre à ses activités et fondé sur des individus-clés qui lui assurent un contrôle indirect sur les ressources de premier degré. Cela se résume en fin de compte à posséder un crédit toujours plus élevé et à s'attacher un nombre toujours plus grand de débiteurs. A ces conditions, le *patron* peut transformer ses potentialités relationnelles et espérer devenir un courtier en développement.

L'échange entre *patrons* et obligés prend source dans la théorie de l'alliance et du don, initiée par B. Malinowski (1922 [1963]) et M. Mauss (1924 [1977]) puis fortement critiquée par C. Lévi-Strauss (1950) et M. Godelier (1996). De ces analyses se dégage le principe que lorsqu'on considère le *patron* dans l'espérance de recevoir et dans l'obligation d'offrir, il ne faut pas concevoir que ces deux aspects puissent être séparés, en distinguant radicalement le don du contre-don ou le donateur du donataire. Il y a dans l'acte

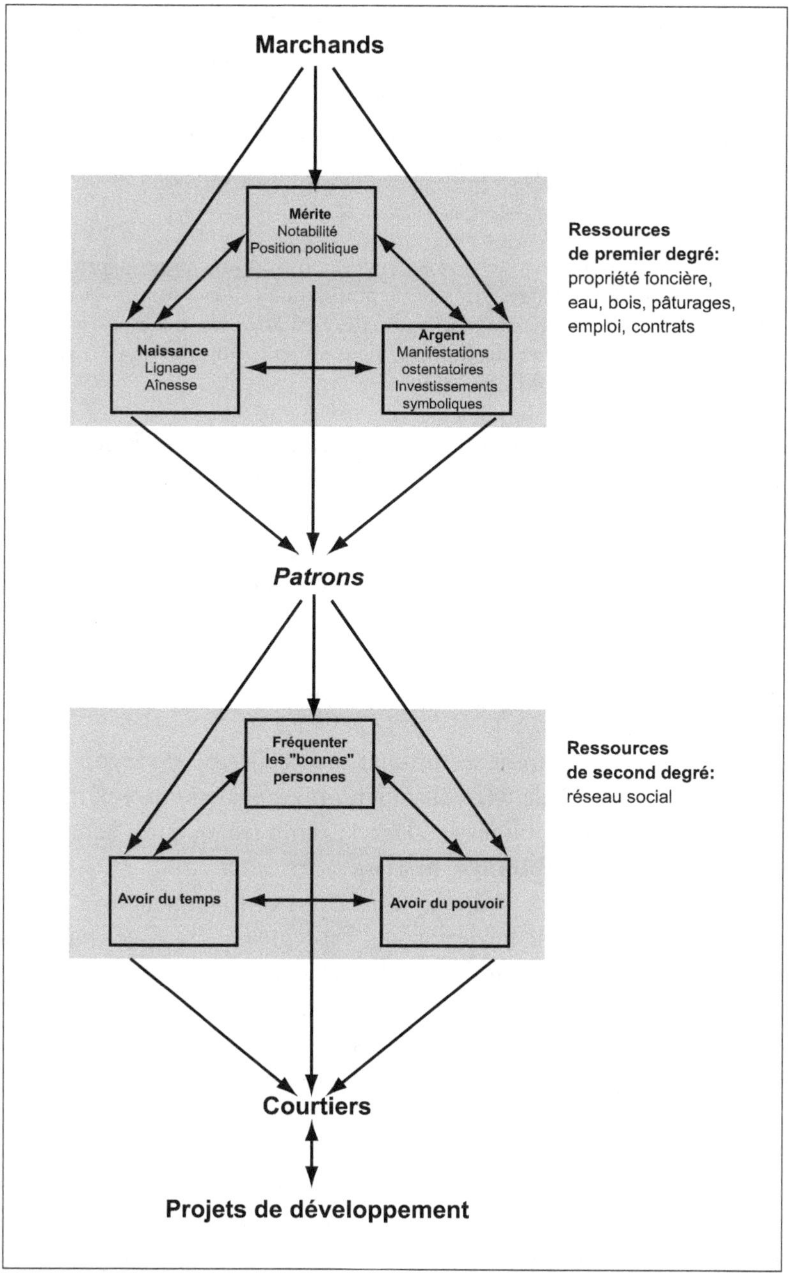

Figure 15. Variables explicatives de la réussite des patrons *et des courtiers*
Sources: Boissevain, 1974; Walther, 2006.

d'offrir l'attente de recevoir, c'est pourquoi les deux aspects ne peuvent être étudiés séparément et l'ensemble des échanges de biens ou de services doit être replacé dans une théorie systémique. «Si l'on fait abstraction des aspects de ces diverses pratiques relevant de croyances, principes ou coutumes locales» – affirme sur ce point G. Nicolas (1986; 8) à propos du don dans la société haoussa –,

> on voit se dessiner un vaste système d'échanges, qui n'est lui-même qu'une des manifestations de l'ordre de l'échange symbolique présidant à toute communication humaine. Comme le langage ou l'alliance matrimoniale, l'échange des richesses sur le mode du don et du contre-don permet aux hommes de se situer les uns par rapport aux autres, de nouer des liens et fonde l'ordre de la culture.

Cet *«ordre de la culture»* explique que le *patron* soit soumis à de nombreuses obligations. C'est dire que le *patron* ne peut exister sans son obligé, terme qui résume mieux que celui de «petit» ou de «client» la condition du partenaire du *patron*. «Petit» est en effet plutôt réservé aux relations d'aînesse, par exemple lorsqu'on exige un service d'un «petit frère», alors que le terme de «client» est trop connoté d'une part par ses origines romaines – le client qualifiant à cette époque l'homme de condition libre placé sous la protection d'un patricien – et d'autre part par l'usage mercantiliste contemporain qui l'assimile à un consommateur.

Le *patron* doit répondre à ses obligations, celles de pourvoir non seulement à sa tâche respectable dans la société, mais également aux imprévus de la vie quotidienne de ses obligés (maladies, gênes financières, achats urgents) et des rituels sociaux (baptêmes, mariages, enterrements). Le *patron* prend alors une dimension totale puisque la relation qui l'engage avec ses obligés touche à tous les aspects de la vie sociale. En règle générale, ces rapports sont informels et diffus, ce qui signifie qu'ils échappent à l'institutionnalisation des procédures, à la contractualisation et, de fait, privilégient l'interpersonnel (Eisenstadt et Roniger, 1984). Les valeurs qui sous-tendent ces relations permettent aux individus de trouver appui et secours dans l'existence à travers la loyauté, l'honneur, la protection, la solidarité et la réciprocité dont font preuve les acteurs. Mais en même temps que sont mises en évidence ces valeurs, le fonctionnement des relations clientélistes entre *patrons* et obligés consacre l'inégalité, la coercition, l'exploitation et parfois même l'illégalité. En tant que combinaison de différents types de ressources dans un système vertical, ces relations peuvent donc être déséquilibrées, surtout en ce qui concerne l'accès aux moyens de production et aux marchés principaux. Elles s'opposent en cela aux rapports horizontaux de corporation, qui défendent un groupe constitué autour d'une pratique professionnelle commune ou d'un attribut social comme les associations de chasseurs ou les groupements de jeunes par exemple. En principe, elles résultent d'un choix volontaire de l'individu mais, compte tenu des contraintes économiques, il peut s'avérer que ces relations s'imposent par leur force et leur omniprésence aux aspirations individuelles.

Le *patron* est donc un individu qui accepte de transformer les rapports contractuels en relations sociales, qui fera le «geste» que sa position requiert de lui et qui accordera une importance singulière aux «à-côtés» de la vie sociale formelle constituant l'essentiel du clientélisme. Il diffère du capitaliste dans la mesure où il refuse la disparition des rapports de dépendance personnelle qui le lient à ses employés, de la même façon qu'entre le *patron* européen et le travailleur libre n'existe qu'un «contrat portant sur la vente et la rémunération d'un certain temps de travail» (Lacoste, 1976; 276). Dans une société qui valorise traditionnellement la redistribution, «cela n'interdit pas l'accumulation mais la renchérit, car celui qui réussit doit investir autant dans les relations sociales que dans l'instrument de travail» (Arnaud, 1998; 14). Compte tenu de la conception zarma de la richesse qui valorise ce qui est reçu par la naissance ou la position au détriment de ce qui est gagné par le travail ou le mérite, l'attente de l'obligé relativement à son *patron* n'est pas nécessairement proportionnelle au travail mais dépend de la position sociale de ce dernier. Refuser de donner un «cadeau» à son obligé, c'est aussi une manière de refuser un statut qui, loin de dépendre uniquement du bon vouloir de l'individu, lui est imposé par son appartenance à la culture occidentale, au fonctionnariat ou au monde des affaires. Contrastant avec l'éthique du capitalisme, ce n'est pas le travail qui fait le *patron*, mais le *patron* qui crée le travail. Aussi l'assiduité professionnelle compte-t-elle moins que la capacité à faire travailler et à se faire servir. Nul besoin d'accumuler les heures supplémentaires au «service» ou dans sa boutique pour être reconnu comme un *patron*, car la richesse du *patron* ce n'est pas ce qu'il fait de ses mains, comme le paysan ou l'artisan, mais ce qu'il permet de produire par le travail d'autrui. En vertu de ces éléments, la relation entre *patrons* et obligés s'inscrit dans un ensemble social qui dépasse le cadre économique et fait des partenaires de l'échange des individus certes inégaux, mais indissociablement liés par leurs devoirs sociaux. Il reste à analyser maintenant comment ces éléments théoriques peuvent s'inscrire dans le contexte de la région frontalière.

9.3 Marchands venus d'ailleurs et investisseurs de retour au pays

Le dynamisme économique de Gaya – Malanville – Kamba provient essentiellement d'acteurs venus d'ailleurs. En effet, l'essentiel des activités commerciales est le fait de Nigériens immigrés d'origine zarma, songhay et haoussa, la population dendi présentant peu d'affinités pour les affaires, au contraire de l'agriculture dans laquelle elle excelle. Cette situation s'explique d'abord par des raisons historiques:

> L'échec des cultures d'exportation (arachide ou coton) dans le pays songhay-zarma relève sans doute pour une part de cette absence de circuits commerciaux «indigènes» qui caractérisaient déjà la période pré-coloniale, où l'échange marchand (mil, sel, bétail, artisanat) était effectué par les producteurs eux-mêmes (échanges internes ou rares marchés hebdomadaires), le commerce à longue distance (esclaves, tissus, chevaux) étant le fait de caravanes hausa (Olivier de Sardan, 1984; 208).

Marge contestée des empires précoloniaux de Gao et d'Argoungou, la région ne put compter sur une tradition commerciale aussi développée que celle des cités-Etats haoussa (Amselle et Grégoire, 1987; Grégoire, 1986), même si elle était située sur deux axes majeurs d'échanges liant le bassin de la Volta du XVIe au XVIIIe siècle (Laya, 1999). Au XIXe siècle, l'insécurité liée aux razzias peul et tamacheq ont en outre freiné le développement économique: «Partout régnait l'insécurité. Les villages étaient fortifiés et les habitants s'en écartaient peu pour cultiver. Les récoltes étaient donc maigres et les disettes périodiques. Le commerce demeurait inexistant» (Périé et Sellier, 1950; 1043). A cela s'ajoute le fait plus récent que «Gaya était privilégiée par rapport aux autres régions du Niger» – rapporte un notable nigérien.

> A l'époque de 1947-1948, les paysans pouvaient facilement garder leurs excédents alimentaires pendant deux ou trois ans. Ils n'éprouvaient pas le besoin d'une autre richesse en dehors de la richesse alimentaire. [...] Ils avaient de la nourriture. Donc ils n'éprouvaient pas le besoin de s'expatrier, ils mangeaient bien et attendaient l'hivernage pour aller aux champs. [...] Leur évolution n'a pas suivi le même chemin que les autres régions où, après la période coloniale, les gens partaient directement en exode. Alors qu'ici, après l'hivernage, vous avez encore deux ou trois mois pour rester et, comme la saison est précoce, ils n'ont pas le temps de s'exoder.[2]

2 Entretien avec I. Beïdou, 03.12.04, Gaya.

Du fait de ces éléments, les Dendi n'ont pas formé de grande diaspora commerçante capable de concurrencer l'activité des autres réseaux plus anciens d'Afrique de l'Ouest.

A Malanville, le commerce est ainsi aux mains d'acteurs originaires des régions de Tillabéri et de Dosso et plus marginalement de Tahoua et de Maradi. Ces commerçants zarma et songhay se sont installés progressivement depuis 1950, motivés par la possibilité de bénéficier d'arrangements fiscaux plus avantageux que ceux de leur pays d'origine. Au gré d'achats particulièrement nombreux dans les lotissements construits par les autorités béninoises, ils sont devenus des acteurs importants du marché foncier urbain local, sans toutefois constituer de quartier particulier. L'ancienneté de leur établissement et les avantages économiques spécifiques de Malanville ont en outre incité plusieurs d'entre eux à se présenter à l'Assemblée nationale du Niger au cours des précédentes législatures. Ils sont aujourd'hui liés par des formes de solidarité qui permettent de faire face aux frais de baptêmes ou de décès grâce à des cotisations. Etant donné le faible intérêt porté par ces acteurs au crédit bancaire moderne et l'absence d'infrastructures, les petits commerçants nigériens de Malanville ont instauré des pratiques informelles de crédit entre eux, alors que les opérateurs plus importants recourent plus volontiers aux services financiers de la Banque Internationale pour l'Afrique (BIA) de Gaya.

Les relations entretenues entre les marchands allochtones et les autres Malanvillois ne sont pas exemptes de conflits passagers. Les Béninois reprochent aux commerçants nigériens installés à Malanville d'avoir accaparé l'activité économique de la ville sans pour autant contribuer à son épanouissement, à cause des faibles taxes qu'ils versent à la commune. A l'occasion de certaines fermetures occasionnelles des frontières entre le Niger et le Bénin (2000), ces conflits peuvent être momentanément exacerbés. Les marchands nigériens l'ont d'ailleurs bien compris puisqu'ils choisissent souvent de construire à la fois à Malanville et à Gaya:

> Ils sont inquiets des remous sociaux et même si ils ont une bonne partie de leurs affaires au Bénin, ils préfèrent être ici au Niger, comme ça si ils doivent «escalader» [traverser le fleuve], ils peuvent le faire dans les meilleurs délais. Je parle de Nigériens établis à Malanville et même au-delà, jusqu'à Cotonou.[3]

3 Entretien avec I. Beïdou, 03.12.04, Gaya.

Etant donné les relations économiques de dépendance réciproque qui unissent les deux villes, ces blocages ne sont guères susceptibles d'être maintenus sur une longue durée sans générer une intensification des flux informels et illégaux:

> D'un point de vue économique, c'est l'échange qui prime. Tout le monde en bénéficie. Pour peu que la situation économique se dégrade entre les deux pays, le marché de Gaya devient beaucoup plus animé, en cas de conflit. Oui, à un moment donné, les Nigériens avaient dit: «N'amenez plus votre igname ici.» Mais les Béninois ont répondu: «Ce ne sont pas les gens de Cotonou ou Porto Novo qui vont nous acheter cet igname, ce sont les Nigériens et donc on préfère traverser le fleuve.» Et donc l'activité de Gaya est devenue plus intense. C'est la vie des frontières.[4]

A plusieurs points de vue, comme le montrent les résultats des enquêtes réalisées sur les différents marchés urbains (Partie IV), la région constitue une zone dont le potentiel de développement est très dépendant d'acteurs et de flux commerciaux étrangers, qu'il s'agisse d'y importer des marchandises à destination du Niger ou du Nigeria ou d'exporter les productions locales vers de grands marchés régionaux. La région associe ainsi une importante rente de situation vis-à-vis du commerce entre Etats et une tendance marquée à l'exportation de ses propres productions, ce qui explique que l'investissement se fasse essentiellement depuis l'extérieur et qu'on puisse distinguer deux types de *patrons* au profil bien spécifique: ceux qui sont revenus dans la région après une carrière de fonctionnaire, dans le but d'investir localement dans la production agricole et ceux qui s'appuient sur la position frontalière des trois villes pour développer des relations commerciales internationales. Ces deux types de *patrons* renvoient alors aux deux logiques complémentaires – production et circulation – qui caractérisent l'Afrique sahélienne.

Les premiers sont des investisseurs revenus au terroir qui appartiennent à une société plutôt instruite, bien introduite dans les lignages aristocratiques de leur région et qui bénéficie de relations établies lors de la fréquentation des ministères et des hautes sphères de l'Etat. Attirés par un environnement propice au développement des activités agricoles commerciales comme la canne à sucre, les patates douces, les agrumes et le riz, ils y introduisent progressivement de nouvelles techniques comme l'irrigation par motopompes et la culture attelée, dont la diffusion date des années 1970 mais qui a connu

4 Entretien avec I. Beïdou, 03.12.04, Gaya.

Encadré 2. Le parcours atypique de «l'enseignant aux chevaux» devenu maire de Gaya

Le maire actuel de la commune de Gaya conjugue des compétences étendues en matière politique à un investissement important dans la périphérie de la ville. Fils de paysan mais apparenté à la famille du chef de canton, M. Dan Barro a enseigné pendant une vingtaine d'années à Maradi, Tessa, Dosso et Loga avant d'être nommé à l'Inspection. En parallèle à ses activités professionnelles, il est sollicité dès le début des années 1990 pour faire campagne en faveur du parti politique MNSD et appelé à résoudre un conflit qui oppose les paysans de Tanda à des éleveurs de la région, à propos d'un troupeau de chevaux. Il constate que les paysans ont recouru sans succès aux autorités coutumières et fait alors appel à certaines autorités plus haut placées. Réussissant à faire abattre les animaux accusés de divagation, il gagne le surnom d'*«enseignant aux chevaux»* et voit sa crédibilité de médiateur augmenter.

Aujourd'hui, M. Dan Barro investit dans la promotion de l'irrigation, son périmètre récemment installé en amont de la ville préfigurant peut-être l'extension des cultures de rente sur l'ensemble des rives nigériennes du fleuve.

récemment un développement spectaculaire. M. Ibrahim Beïdou est, de ce point de vue, très représentatif de ce type d'investisseurs: issu d'une famille d'aristocrates de Gaya, enseignant, directeur d'école, ancien conseiller pédagogique de l'Enseignement, député du PPN RDA au début des années 1970, il fut ministre de la Justice et Garde des Sceaux de 1995 à 1996. Aujourd'hui reconverti dans la promotion de l'agriculture de rente dans la vallée du fleuve Niger, il a utilisé son capital relationnel et lignager de manière à développer la petite irrigation privée en parallèle au développement d'un vaste périmètre rizicole. Bénéficiant d'appuis financiers auprès d'une structure mutuelle locale, il occupe en outre un poste à responsabilités au sein de l'Agence Nigérienne pour la Promotion de l'Irrigation Privée (ANPIP). Son exemple est suivi par d'autres investisseurs (Encadré 2).

Les seconds relèvent plus directement de la sphère du capitalisme marchand. Ils basent leur travail sur une expérience prolongée de l'évolution des cours et sur leurs contacts avec les importants marchés du Golfe de Guinée (Lagos, Cotonou, Lomé), du nord du Nigeria (Sokoto, Kano) et du Sahel (Niamey). La position stratégique de Gaya, Malanville et Kamba permet à ces *patrons* de déployer une activité commerciale basée sur l'établissement de réseaux très étendus et en rapide expansion. Ayant peu fréquenté l'école, ils ont souvent acquis une expérience professionnelle au Ghana ou en Côte d'Ivoire durant leur jeunesse et ont parfois disposé d'appuis marqués au sein de leur Etat. Leur statut d'allochtones leur permet de bénéficier d'une plus grande marge de manœuvre que les investisseurs revenus au pays en ce qui concerne l'affectation de leurs ressources, ce qui les autorise à s'affranchir des contraintes sociales qui s'opposent, dans la majorité des sociétés africaines, au commerce et à la libre entreprise. «Les ethnics ou groupes africains qui ont réussi à susciter des réseaux d'entrepreneurs et de commerçants en leur sein» – affirme à ce propos J.-F. Médard (1992; 185) – «sont justement ceux qui sont parvenus à contourner d'une façon ou d'une autre la norme de redistribution familiale et qui ont réussi à la limite à retourner la solidarité familiale au profit de l'entreprise: l'exemple des Bamiléké et des Haoussa est typique à cet égard.»

En outre, le poids considérable de leurs activités sur le plan des ressources locales se répercute sur l'électorat politique, marquant un affaiblissement des institutions traditionnelles qui reposaient sur la paysannerie:

> Gaya connaît un développement économique galopant du fait de la proximité des frontières. La population autochtone est presque avalée et les conséquences que cela entraîne sont énormes: elle ne détient pas entièrement les commandes. Il y a quelques années, si vous n'aviez pas [le quartier de] Sokondji avec vous, vous flottiez politiquement mais actuellement la population étrangère est égale sinon beaucoup plus importante que les autochtones et ces gens sont actifs dans les activités économiques plutôt que dans le travail de la terre. C'est très récent. Les rapports de force sont en train de changer: du fait que les campagnes se «relâchent», les centres urbains se peuplent et ceux qui se font passer pour les «ténors» de la campagne [les chefs traditionnels] sont en train de perdre.[5]

Mais l'investissement des *patrons* ne se limite pourtant pas à la sphère locale, comme l'illustre leur engagement croissant dans la politique nationale.

9.4 Des *patrons* entrés en politique ou ce qu'il arrive lorsqu'on *«ouvre la cage aux fauves»*

Au Niger comme au Bénin ou au Nigeria, les marchands ne constituent pas une «classe» en rupture avec un ordre ancien, dont l'action révolutionnaire permettrait de transformer les rapports de production, en combattant militaires et propriétaires fonciers traditionnels. Au contraire, leur influence gran-

5 Entretien avec I. Beïdou, 04.12.04, Gaya.

dissante s'adapte parfaitement aux changements de société (Grégoire, 1994) comme en témoigne l'histoire des grands empires sahéliens fondés sur la rente de la guerre et l'esclavage ainsi que les relations clientélistes des Etats haoussa du XVIIe siècle (Laya, 1999). L'ère coloniale et postcoloniale ont encore renforcé ces tendances en basant la rente économique sur des avantages comparatifs agricoles ou miniers et en accordant une importance grandissante aux ajustements structurels et à l'ouverture des marchés. A la faveur de ces nouveaux paradigmes se développe une rente du développement fondée sur l'entretien d'une *économie de la pauvreté*, dans laquelle la rente stratégique et l'aide au développement sont appréhendées dans une perspective plus structurelle que conjoncturelle. Dans ce mouvement, les élites économiques opèrent une reconversion rapide qui se marque par un investissement accru dans les hautes sphères politiques, ce qu'il est possible d'illustrer au travers de l'étude de la représentation des commerçants à l'Assemblée Nationale du Niger, par exemple.

La présence massive de marchands à l'Assemblée nigérienne est un phénomène récent. Certes, dès la fin des années 1950, ceux-ci forment un groupe influent qui entretient des relations étroites avec la classe politique et, jusqu'en 1966, l'entreprise privée est encouragée par l'Etat, lui-même à l'origine de l'enrichissement d'une partie des commerçants sur un mode clientéliste. Dans les années 1970, en revanche, les marchands connaissent des difficultés à imposer leurs intérêts face à l'élite nigérienne. «La bourgeoisie d'Etat» – montrent à ce propos J.-L. Amselle et E. Grégoire (1987; 33) – «se méfiait en effet de l'emprise des marchands en milieu rural et souhaitait que l'Etat devienne leur partenaire économique privilégié en se substituant à eux.» Le régime de parti unique de Seyni Kountché au Niger (1974-1989) comme le marxisme-léninisme de Mathieu Kérékou au Bénin (1972-1990) souhaitent alors limiter la possibilité offerte aux commerçants d'accéder aux faveurs des hommes politiques. En 1974, tandis que les moyens de transport de l'armée permettent de remédier partiellement aux insuffisances alimentaires et assurent son succès populaire au Niger, le slogan «Non à l'affairisme des agents de l'Etat» est lancé pour servir de ciment national autour de l'appareil étatique. Cet optimisme sera cependant de courte durée.

La crise de subsistance des années 1980, qui révèle les limites des programmes de développement fondés sur l'autosuffisance de la production sahélienne, encourage alors les marchands à investir la sphère politique. Dans ces années troublées, les *patrons* du capitalisme marchand représentent en effet des acteurs sur lesquels les élites politiques sont contraintes de s'appuyer pour garantir la sécurité alimentaire des populations. La démocratisation des années 1990 – appelée *«décrispation»* au Niger – modifie encore les rapports de force en permettant aux marchands d'entrer massivement à l'Assemblée nationale et en liant indissociablement leurs moyens financiers aux actions entreprises par les partis politiques. Au fil des législatures, ces commerçants prennent de l'ascendant et passent, en l'espace de vingt ans, du statut d'opérateurs soupçonnés par la dictature d'exploiter les paysans par leurs pratiques spéculatives, à celui d'acteurs dominants du système politique. Ce mouvement est habilement résumé par un ancien fonctionnaire des Douanes nigérien qui précise à ce propos: «On a ouvert la cage aux fauves et tout le monde cherche la brousse.»

En l'absence de statistiques donnant une appréciation dynamique de ce phénomène, il est impossible de chiffrer la proportion croissante de députés exerçant une activité marchande au cours des différentes législatures. Tout au plus les chiffres récoltés permettent-ils de montrer que les commerçants ont investi les principaux partis selon des proportions variables (Tableau 11). En tenant compte de la part des professions inconnues, 40 % des députés de l'Assemblée Nationale pratiquent vraisemblablement une activité marchande au Niger. Le PNDS est le parti qui présente la proportion la plus élevée (57 %) alors que ceux qui forment l'alliance de la majorité sont plus représentés par d'autres professions, notamment le parti présidentiel MNSD dans lequel les marchands ne représentent que 27 % des députés.

Selon le discours commun, la forte représentation des commerçants, tendanciellement moins instruits que les autres représentants de l'élite nigérienne, est supposée accentuer le conservatisme. Loin de former une «élite éclairée», ces acteurs tireraient alors les bénéfices d'une situation d'enclavement et de pauvreté sans pour autant investir de manière durable, préférant les placements à court terme. Mais c'est sans compter sur le fait que la recherche de rente et la spéculation sont globalement répandues dans tous les corps de métier et que les marchands ne forment pas un groupe homogène et sont concernés, comme les autres catégories socio-professionnelles, par des effets de génération dans lesquels les jeunes formés à l'étranger sont plus mobile et plus réceptifs aux nouvelles technologies et aux instruments modernes de gestion que leurs aînés.

Il est cependant indubitable que la démocratisation des années 1990 a correspondu à un certain relâchement social ainsi qu'à un assouplissement des procédures destinées aux entreprises privées dans le cadre des programmes d'ajustements structurels. Alors que les marchands s'engageaient active-

Partis politiques	*Commerçants* Nbre	%	*Autres* Nbre	%	*Inconnus* Nbre	%	*Total* Nbre
MNSD Nassara. Mouvement National pour la Société de Développement	12	26,7	26	57,8	7	15,6	45
PNDS Tarayya. Parti Nigérien pour la Démocratie et le Socialisme	13	56,5	9	39,1	1	4,3	23
CDS Rahama. Convention Démocratique et Sociale	7	38,9	8	44,4	3	16,7	18
Rassemblement des Démocrates (autres partis)	7	43,8	6	37,5	3	18,8	16
Total/Moyenne	*39*	*38,2*	*49*	*48,0*	*14*	*13,7*	*102*

Tableau 11. Profession des députés de l'Assemblée Nationale du Niger, 2004-2009
Note: les chiffres se rapportent à la 2ᵉ législature de la 5ᵉ République. Le Président de l'Assemblée Nationale et les 10 membres du Bureau ne figurent pas dans ce tableau.
Sources: Maman, 1990 et 2003 et enquêtes de l'auteur, 2005.

ment en politique, les privatisations des entreprises publiques les plus rentables participaient à l'enrichissement d'une élite désormais décomplexée aux comportements ostentatoires. A l'austérité qui caractérisait le régime des militaires s'est donc substitué un climat certes plus favorable aux *patrons*, mais également plus inégalitaire entre les citoyens. Les liens qui unissent aujourd'hui commerce et politique se sont encore renforcés du fait d'une concurrence toujours plus rude pour les ressources de l'Etat et de pratiques d'attribution de marchés publics peu transparentes.

9.5 L'enrichissement et l'ostentatoire

L'affirmation récente d'une élite de *patrons* enrichis par le commerce international ou l'agriculture de rente dans la région de Gaya – Malanville – Kamba se manifeste dans deux domaines ostentatoires particuliers: d'une part, les ressources dégagées par le capitalisme marchand ou l'investissement agricole permettent d'entretenir un mécénat orienté vers le domaine religieux plutôt que laïc, d'autre part, les *patrons* privilégient l'entretien d'une cour d'obligés qui se réunissent autour d'eux, parfois à des fins politiques.

Les manifestations ostentatoires ont de quoi surprendre aux yeux de ceux qui considèrent que les préoccupations dominantes des sociétés sahéliennes sont essentiellement alimentaires. Une observation attentive de l'affectation des ressources montre pourtant qu'une part importante des revenus est destinée aux dépenses somptuaires, qu'il s'agisse de l'agriculture de rente, du commerce d'import-export ou de détail. Les producteurs et les marchands consacrent prioritairement leurs excédents aux événements sociaux. La rente dégagée par l'activité économique permet par exemple aux jeunes hommes de se marier plus tôt compte tenu de la dot à apporter à leurs beaux-parents et de contracter un second mariage, traditionnellement conçu par les plus aisés comme une manière de multiplier les alliances et les obligés. En milieu rural, les revenus de la canne à sucre, du riz et des cultures de contre-saison sont également massivement consacrés aux baptêmes, aux mariages, aux pèlerinages à La Mecque ou à l'achat de maisons en ville de Gaya plutôt qu'à la modernisation de l'appareil de production.

Les marchands et les investisseurs de Gaya semblent préférer l'ostentatoire. Leurs comportements, apparemment contraires à la rationalité et aux conditions de survie, peuvent cependant être analysés en faisant référence aux travaux de T. Veblen (1899 [1978]) sur la *Classe de loisir* occidentale, en supposant que la dimension ostentatoire est universelle. L'auteur montre qu'«aucune classe de la société, même si elle se trouve dans la pauvreté la plus abjecte, ne s'interdit toute habitude de consommation ostentatoire» (ibid.; 57), ce qui s'explique par le fait que ces comportements participent à la définition des statuts sociaux. Comme le rappelle K. Polanyi (1944 [1983]; 75), «l'homme agit de manière, non pas à protéger son intérêt individuel à posséder des biens matériels, mais de manière à garantir sa position sociale, ses droits sociaux, ses avantages sociaux. Il n'accorde de valeur aux biens matériels que pour autant qu'ils servent cette fin». Lorsqu'un individu dépense son salaire mensuel à l'achat d'autant de moutons qu'il possède d'enfants pour la fête de Tabaski par exemple, il illustre le fait que le prestige social généré par le coût, la consommation et la redistribution clientéliste des morceaux de viande aux alliés du quartier compensent très largement le capital investi. Que ces animaux soient égorgés et consommés immédiatement importe peu car l'ostentatoire assure un renom à l'individu et à sa famille sur une période étendue et peut lui assurer des revenus moins immédiats mais plus profitables. L'exemple surprend peut-être en raison de l'extrême modicité des moyens de subsistance de l'intéressé et de l'importance démesurée de la dépense. Mais c'est précisément parce qu'il est excessivement difficile de fournir un mouton à chacun de ses enfants que leur sacrifice prend de l'importance. Nul besoin en effet que le bénéfice soit immédiat car le don qui est fait à cette occasion fonctionne comme une réserve de capital relationnel mobilisable dans le temps. En ce sens, les conduites de prestige s'éloignent passablement de logiques à court terme et doivent être interprétées comme des manières de se projeter dans le futur, par le renom et par les enfants, deux éléments qui survivent à l'individu.

L'ostentation est particulièrement développée dans le contexte urbain comme en attestent le grand nombre de réalisations financées à Gaya et à Malanville par des notables citadins ou de riches hommes d'affaires originaires de la région. Jusqu'à aujourd'hui cependant, comme dans d'autres villes sahéliennes (Grégoire, 1986), cette forme de mécénat s'exprime presque exclusivement dans le domaine religieux, par la construction de mosquées, dont l'exemple le plus manifeste a été bâti dans le quartier Sokondji à Gaya au milieu des années 1990 par un homme politique aux talents d'investisseur avérés. L'inauguration de ce lieu de culte fut l'occasion d'une démonstration de pouvoir destinée à mobiliser les militants du parti et à faire contrepoids à un adversaire politique local (Bako-Arifari, 1997). D'autres mosquées ne reflètent pas si intensément ce type d'enjeu, mais plus directement la prospérité de certains acteurs économiques, à l'image du grand commerçant en import-export El Hadj Barti à Gaya ou de El Hadj Djibo à Malanville. Les mosquées ainsi construites rompent généralement avec l'habitat des anciens quartiers, par leur taille imposante et par leur style manifestement influencé par l'architecture saoudienne:

> Pour montrer qu'ils avaient de l'argent, ils [les commerçants] font faire une mosquée. [...] Donc un El Hadj, avec ses sous, cherche une place et construit une mosquée. [...] Partout où vous voyez des mosquées, c'est fait par des commerçants. Il n'y a que les toutes premières mosquées qui ont été faites par investissement humain, ce qu'on appelle les vraies maisons de Dieu.[6]

La construction d'une mosquée relève d'une démarche personnelle dont le but vise une forme de reconnaissance divine, elle matérialise la réussite et apporte une plus-value sociale supérieure à tout autre réalisation urbaine. En revanche, les investissements laïcs souffrent du fait que la notion de «bien public» reste inopérante malgré la décentralisation. En conséquence, il est difficile d'imaginer que les *patrons* deviendront les mécènes des villes de demain et que l'initiative privée en matière d'aménagements urbains pourra pallier l'insuffisance financière des communes et de l'Etat.

6 Entretien avec A. Na Argungu, 2004, Gaya.

L'ostentatoire se marque également dans la cité par l'intermédiaire de forums informels qui rassemblent certains *patrons* et leurs obligés (Laurent et Bako-Arifari, 1999) et peuvent se confondre avec les sièges des délégations régionales des partis politiques en fonctionnant comme des relais électoraux. El Hadj Maman Garba illustre parfaitement cette tendance. Militaire de métier et ancien militant du parti unique, il fut président de la section locale du Mouvement National pour la Société de Développement (MNSD) et du syndicat des commerçants de Gaya. Il est aujourd'hui coordonnateur de l'Association de Réanimation de l'Elevage au Niger (AREN) et anime de fréquentes réunions dans la cour de son hôtel qui s'adressent à un électorat peul bien souvent localisé en brousse:

> Vous savez, je suis coordonnateur de l'AREN. Lorsqu'on a décidé d'une chose, ils [les éleveurs peul] se réunissent chez moi. Je suis coordonnateur… c'est moi qui les oriente, qui dit on fait ça, on fait comme ça. Moi je ne suis pas un chef de tribu, je ne suis pas un chef coutumier. […] Vraiment, on est tous membres du MNSD, tous militants du MNSD. Tous les Peul de l'arrondissement, et ça c'est moi qui ai fait ça. Tout, tout, tout. Y'en a pas un qui n'est pas dans le parti MNSD, tous autant qu'ils sont.[7]

D'une manière assez surprenante, l'information diffusée par ce canal semble atteindre facilement les lieux les plus reculés grâce à un réseau dense d'obligés. «On est en brousse, on est en ville» – poursuit M. Garba.

> Quand il y a un problème en brousse, même à Dioundiou, déjà le lendemain je suis informé. J'ai la bonne oreille. Vous savez, les Peul, leurs renseignements, c'est comme la radio: s'il y a un petit truc qui se passe, tout le monde va entendre tout de suite. Et moi, dans tous les cantons, j'ai des gens, directement avec lesquels je parle.

Ces forums urbains ressemblent aux cours d'antan dans leur forme et sont un instrument puissant de pouvoir dans le contexte de la démocratisation. Les *patrons* les utilisent pour asseoir leur légitimité et pour diffuser les idées qui pourront servir leurs éventuels intérêts politiques.

7 Entretien avec El Hadj Maman Garba, 2004, Gaya.

9.6 *«Dieu merci, j'arrive à nourrir ma famille!»* Les deux piliers de la réussite marchande

Les commerçants des trois marchés de Gaya, Malanville et Kamba connaissent des variations importantes de leurs affaires. Celles-ci enregistrent une baisse évidente pendant les mois de juin à septembre, due à la présence des paysans dans leurs champs et à l'éloignement des éleveurs dans leurs pâturages. La fin de la saison des pluies est généralement synonyme de reprise de la consommation des ménages ruraux, avec toutefois des périodes creuses pendant lesquelles les budgets des ménages sont déprimés, comme après le carême du Ramadan par exemple. Il est cependant difficile de connaître l'évolution annuelle des affaires car elle dépend du type de commerce en question. Les marchands qui spéculent sur les grains font naturellement de plus grands bénéfices lorsque la situation est globalement déficitaire du point de vue alimentaire et que les ventes des autres commerçants sont au plus bas. Le fait que les activités économiques soient souvent diversifiées constitue une stratégie de lutte contre l'adversité, bien qu'elle rende l'évaluation des profits plus ardue.

Dans une situation caractérisée par un grand nombre de vendeurs et une faible diversité de produits, l'offre ne suffit pas à démarquer les marchands. Il est donc nécessaire aux commerçants de nouer des affinités, dont certaines sont purement commerciales tandis que d'autres sont religieuses, par le biais de talismans ou de confréries musulmanes. C'est pourquoi certains témoignages recueillis dans ce domaine insistent sur l'importance des pratiques occultes dans les affaires:

> Si je veux que vous achetiez ma marchandise, moi en tant que grand croyant, si j'ai le secret, j'ai certaines prestations que je fais. Soit dans ma boutique j'accroche quelque chose, un talisman qui fait en sorte que les clients viennent, ou j'enterre quelque chose, ou chaque matin je récite certains versets pour me donner un peu plus de valeur par rapport aux autres. A partir du moment où j'ai fait des prières, c'est comme si vous êtes hypnotisé. Deux produits sont de la même marque, de la même usine, mais comme vous êtes hypnotisé, vous préférez aller chez moi. [...] Si maintenant j'ouvre une boutique, je peux avoir plus de clients par rapport à quelqu'un qui est à côté de moi. Il faut simplement que je détienne ce secret-là, qui hypnotise ou qui attire la clientèle.[8]

8 Entretien avec A. Na Argungu, 08.09.05, Gaya.

Mais plus généralement, les marchands évaluent la bonne marche de leurs affaires au respect des deux piliers fondamentaux que sont la religion et la famille. Ils conçoivent usuellement que c'est en fonction du comportement individuel que Dieu favorise ou punit les entreprises humaines. Interrogés à propos de leur situation financière, ils disent alors: «Dieu merci, j'arrive à nourrir ma famille», ce qui est une manière de dire que pour être un bon commerçant, il faut nécessairement être aussi un bon musulman. Dans l'histoire précoloniale, l'islam fut en effet un puissant vecteur de diffusion économique, qui permit aux marchands de se souder en communautés solidaires et, consécutivement, de se démarquer des pratiques archaïques. Le marchand musulman constitue alors une figure emblématique de l'homme dont les affaires reflètent la piété:

> Si je veux acheter quelque chose: vous vendez du mil, vous êtes musulman, lui mon frère il vend du mil mais il n'est pas musulman, je préfère aller chez vous parce qu'il est plus mon frère. Plus vous êtes musulman et plus vous êtes instruit. Si vous êtes connaisseur, on apprécie mieux ce que je vends par rapport à lui qui n'a pas cette même culture. On apprécie son produit parce que c'est lui qu'on apprécie. [...] Si je veux acheter une montre, j'ai plus confiance en vous, le musulman, qu'en lui parce qu'il est étranger. A partir du moment où je mets toute ma confiance en vous, je préfère traiter mes affaires avec vous.[9]

Cette vaste transformation historique des rapports clientélistes est résumée par C. Meillassoux (1971; 32) lorsqu'il affirme que:

> l'Islam, religion universaliste et déontologie, offre aux marchands à la fois le moyen de se reconnaître comme appartenant à une super-collectivité et des règles élémentaires de fonctionnement. [...] En retour il accentue leur tendance à ne rechercher d'alliance qu'entre eux.

Il devient alors évident que l'appartenance à l'une des multiples confréries religieuses de l'islam est un élément prépondérant de la constitution des clientèles locales et internationales:

> Si par exemple je vais à Kano, je suis de la Qadriya, j'irai d'abord demander: «Est-ce qu'il y a un commerçant qadriya?» parce que j'ai déjà un objectif de trouver mon parent. Que cela soit cher ou pas, en tous cas c'est lui mon parent parce qu'on a la même religion, on suit le même chemin. Si je suis Tidjania, un étranger vient, il ne connaît personne et il va demander: «Est-ce qu'il y a un marabout tidjania?» et c'est là qu'il va descendre. Les grossistes, tous ceux qui viennent chez eux appartiennent à leur secte. [...] Si moi je vais acheter, si j'ai un parti pris, je préfère aller chez celui qui a le même principe [confrérie]

9 Entretien avec A. Na Argungu, 08.09.05, Gaya.

> que moi. En quittant chez moi, je sais où aller pour acheter. Si il n'a pas le produit, c'est lui qui va aller me le chercher. [10]

Sans nier le fait que certaines congrégations religieuses existent à Gaya et qu'elles peuvent avoir une influence sur la marche des affaires, il n'en demeure pas moins que la majorité des commerçants ne perçoivent pas l'intérêt économique de limiter leurs activités à un petit nombre de fidèles: «Moi, je suis musulman» – explique un important marchand de friperie de Gaya.

> Mais si je dois traiter avec des grossistes ou avec des clients du Bénin, s'ils ne sont pas musulmans comme moi, c'est pas grave. Même que souvent, j'ai plus de problèmes avec mes clients musulmans du Nigeria qui me disent «Allez, on est tous des musulmans, tu vas pas me faire ce prix-là.» Alors qu'avec les chrétiens, je fais mon business et puis c'est fini. [11]

Ils ont en ce sens une attitude pragmatique plutôt que dogmatique vis-à-vis de la clientèle, ce qui ne les empêche pas par ailleurs de suivre un islam rigoriste dans le cadre familial. Les affaires sont considérées plutôt du point de vue individuel: les commerçants peuvent connaître des fortunes diverses et non prévisibles, selon leur «chance».

Si les marchands ne restreignent pas leurs activités au cercle de leur confrérie, il demeure que l'islam est toujours revendiqué comme une référence identitaire incontournable de l'activité marchande et que son efficacité en tant que vecteur de structuration économique n'est pas affectée par les transformations économiques. Il semble dès lors difficile de suivre C. Meillassoux (1971; 40), lequel notait que l'élément religieux «qui fut un des facteurs de la puissance passée de ces marchands, est aujourd'hui un passif», essentiellement par le fait que «la culture musulmane n'est plus appropriée aux exigences du commerce moderne». Au contraire, les règles de circulation héritées du commerce précolonial semblent trouver une actualité nouvelle dans le contexte de l'ouverture des marchés, de la démocratisation et des technologies de communication et d'administration qui autorisent à traiter des affaires à longue distance en fonction d'un réseau qui transcende les frontières.

En ce qui concerne la famille, force est de constater qu'il existe un lien évident entre l'évolution des affaires et la vie menée avec les femmes. D'une manière générale il semble admis que les relations extraconjugales nuisent au commerce alors qu'une famille soudée est gage de réussite professionnelle. Il

10 Entretien avec A. Na Argungu, 08.09.05, Gaya.
11 Entretien avec Mohamed Thabti, 10.12.05, Gaya.

y a près de 70 ans de cela, un document colonial notait déjà que «femme de pêcheur, de chasseur ou de dioula, on attribue à son inconduite pendant l'absence du mari l'échec de l'opération commerciale» (Collectif, 1939; 321). Les jeunes commerçants du marché de Gaya, par exemple, se marient très souvent rapidement et divorcent par la suite, car ils pensent que le libertinage en dehors du mariage n'est pas bon pour leurs affaires. Les naissances nombreuses et rapprochées qui en découlent de même que la polygamie «sont toujours considérés comme un bienfait social, un élément de prestige, contribuant, au même titre que l'activité économique et l'accomplissement des devoirs religieux, au sentiment de réussite urbaine» (Bertrand, 1990; 95).

9.7 Des entrepreneurs conservateurs?

Les éléments développés jusqu'ici semblent montrer que les *patrons* possèdent certains attributs progressistes indéniables. Ils fonctionnent comme des innovateurs en introduisant de nouvelles techniques comme l'irrigation mécanique ou les communications par téléphonie mobile, en créant de nouveaux réseaux qui s'étendent aujourd'hui à une échelle internationale pour les plus actifs d'entre eux, et en développant des alliances politiques originales qui les conduisent à une certaine convergence d'intérêts avec la classe dirigeante issue du fonctionnariat et de l'armée. En outre, dans ce domaine, l'investissement politique des commerçants semble davantage orienté vers le PNDS, traditionnellement plus ouvert à la modernité que les autres partis en raison de l'importance qu'il consacre, dans sa rhétorique, aux questions sociales. L'émergence d'une nouvelle génération de marchands, instruite dans les hautes écoles étrangères conforte encore le sentiment que l'élite commerçante privilégie l'ouverture. Enfin, le comportement ostentatoire des *patrons* peut être interprété comme une manifestation redistributive à visée sociale.

Toutefois, plusieurs autres éléments semblent manifestement s'opposer à cette vision. Ainsi, il n'est pas certain que l'introduction de techniques, réseaux et alliances nouvelles servent nécessairement des buts progressistes, mais qu'elle conduit plutôt à un certain renforcement du conservatisme, en maintenant des inégalités toujours plus grandes entre les individus qui maîtrisent les éléments nouveaux et les autres. Ensuite, les particularités de la démocratie nigérienne, dans laquelle les électeurs votent en majorité pour des individus plutôt que pour des programmes ou en fonction d'arguments idéologiques orientés selon le clivage occidental gauche-droite, explique que l'entrée en politique des commerçants soit motivée par des stratégies rentières qui s'expriment quelle que soit la coloration des partis politiques. A ce titre, la plus forte proportion de marchands dans le PNDS n'est pas un signe d'ouverture mais seulement la preuve que ce parti offrait de meilleures opportunités électives. Enfin, la nouvelle génération de *patrons* est certes mieux formée mais elle est également extrêmement réduite et, surtout, il n'est pas certain qu'elle ait l'ambition de réformer un système qui lui fournit de substantielles ressources et des pouvoirs croissants.

De ce point de vue, il semble que les attitudes et les ambitions des *patrons* ne peuvent être classées définitivement dans un registre progressiste ou conservateur, par ailleurs très inspiré des catégories occidentales. Il s'ensuit que leurs comportements relèvent à la fois de l'innovation et de la consommation ostentatoire, sans obligatoirement constituer des signes de changement social. Cette particularité avait déjà fait l'objet d'une analyse approfondie de T. Veblen (1899 [1978]; 109), lequel notait que «la prodigalité ostentatoire n'offre directement aucun terrain au changement ou à la croissance, mais la conformité à ses exigences est la condition de survie des innovations qui peuvent se faire sur d'autres terrains». Cela signifie que cette consommation obéit, en dernier ressort, à des mécanismes conservateurs: «De quelque façon que naissent usages, habitudes et méthodes de dépense», – poursuit ce même auteur –

> cette norme d'honorabilité les soumet à son action sélective; dans la concurrence qui les oppose à d'autres usages et coutumes, ils sont aptes à survivre dans la mesure où ils se conforment aux exigences de la norme. Toutes choses égales d'ailleurs, l'usage, la méthode qui sont les plus dispendieux ont plus de chance de survie. La loi du gaspillage ostentatoire n'explique pas l'origine des variations mais seulement la persistance de telles formes qui sont capables de survivre sous son empire. Elle agit pour conserver l'adapté, non pas pour inventer l'adaptable. Sa fonction, c'est d'éprouver toutes choses et de retenir solidement celles qui sont convenables à ses fins (ibid.).

Que le changement puisse engendrer la perpétuation n'est pas chose nouvelle. Les *patrons* introduisent certes des éléments perturbateurs du système mais la finalité de ces apports n'est pas nécessairement de remettre en cause les privilèges dont ils tirent avantage. Parfois en rupture avec la norme, leur but le plus fréquent est de se conformer au modèle de la réussite, qui allie les valeurs de la famille et de la religion. D'ailleurs, la question de savoir pourquoi ces *patrons* ne contestent pas fondamentalement le système peut se comprendre aisément. En effet, il faut se rappeler que l'élément central et durable de l'accumulation financière et de la constitution des réseaux relationnels en Afrique subsaharienne est le clientélisme. Or, ce mode d'alliance sociale tire d'autant plus de force qu'il s'inscrit dans un ensemble de règles connues de tous. Le *patron* qui voudrait s'en détacher perdrait ses appuis et par voie de conséquence, la possibilité même de s'élever dans la hiérarchie de la société. Il se retrouverait alors dans la même situation qu'un ancien cadre des Douanes dont on dit que «sa simplicité l'a condamné», pour signifier qu'il n'a pas suffisamment puisé dans les caisses des collectivités publiques pour entretenir autour de lui un réseau durable.

Ces logiques permettent de reconsidérer la définition généralement attribuée à l'innovation, conçue comme un renouveau importé de l'extérieur. S'il est manifeste que les élites économiques visent la perpétuation des conditions qui assurent leur place dominante tout en s'adaptant constamment aux changements sociopolitiques, cela signifie que l'innovation est plutôt synonyme de traduction d'un état nouveau dans les termes appropriés de l'ancien. Ni effondrement général détruisant les rapports de force à la manière d'une révolution, ni invasion d'un ordre social par des stratégies plus concurrentielles, l'innovation introduite par les *patrons* s'effectue dans un registre culturel spécifique. Plus que l'apport d'un élément exogène dans un système social donné, elle correspond alors au processus de traduction sociale de cet élément, en fonction de codes préexistants. Elle ne peut être exclusivement technologique ou entrepreneuriale car elle met nécessairement en jeu un large ensemble de mécanismes régissant la société. Ces éléments ont incité P. Chabal et J.-P. Daloz (1999) à formuler l'hypothèse que l'obligation de réciprocité entacherait l'Afrique de développer des possibilités d'investissements hors des réseaux de parenté et de clientélisme, pratique constituant une forme redistributive qui empêche l'accumulation capitaliste. Cela ne signifie pas pour autant que l'Afrique soit rétive à la modernité, définie par G. Balandier comme «l'irruption de l'inédit au triple plan des techniques, des rapports entre les hommes et de la production de la pensée» (1992; 24), c'est-à-dire «le mouvement plus l'incertitude» (1988; 161), mais que la tradition implique la conformité aux règles de conduite socialement prescrites, l'adhésion à l'ordre spécifique de la société et de la culture, le refus ou l'incapacité de concevoir une alternative rompant avec les usages validés par le passé. Par conséquent, cette tradition s'apparente à un héritage qui définit et entretient un ordre en effaçant l'action transformatrice du temps et ne retient que les moments fondateurs dont elle tire sa légitimité. Elle fonctionne alors comme un dispositif de négation de l'histoire, du désordre et du changement.

10. Synthèse: franchir la frontière et réussir dans la vie

Les flux frontaliers qui caractérisent l'espace de Gaya – Malanville – Kamba se développent dans un contexte rentier et informel où l'appartenance ethnique compte moins que la faculté de profiter du bon usage de la partition coloniale. Se développant en étroite liaison avec le secteur formel, l'informel illustre une forme d'organisation économique qui doit certes une part de sa vitalité à la paupérisation des populations sahéliennes mais qui paraît également bien adaptée aux logiques circulatoires des capitalistes marchands. Ces constats rejoignent la formule de P. Chabal et J.-P. Daloz (1999; 26), selon laquelle «on a peut-être trop considéré son émergence [à l'Etat] comme inéluctable et pas assez exploré l'idée qu'il pourrait y avoir incapacité durable de sortir de la prééminence de l'informel mais encore [...] résolution délibérée de n'en rien faire», ce qui, en termes économiques, pourrait signifier que «le devenir du continent ne semble pas se jouer dans une sortie de l'informel, mais au contraire en poussant cette logique à ses extrêmes, jusque et y compris dans le commerce international» (ibid.; 165). Cela revient à poser l'informel comme une partie d'un ensemble plus vaste, appelé *économie de la pauvreté*, c'est-à-dire un type d'organisation économique naissant dans un contexte de paupérisation et qui s'appuie sur des ressorts internes pour faire face aux nécessités de la modernité incarnées aujourd'hui par les ajustements structurels. Cette économie de la pauvreté s'inscrit dans un contexte politique où l'Etat est une source privilégiée d'enrichissement en marge de laquelle vont se développer des activités économiques qui lui échappent partiellement.

En zone frontalière, ces activités sont néanmoins dépendantes d'un certain nombre de facteurs parmi lesquels figurent le degré d'enclavement, la libre circulation, l'activité des marchés ruraux et urbains ainsi que les relations clientélistes entretenues entre *patrons* et obligés. Grâce aux actions entreprises par la DDC, l'enclavement des régions rurales du département de Gaya a significativement diminué, alors que la libre circulation formelle des biens et des personnes est aujourd'hui difficile à mettre en œuvre du fait des blocages qui interviennent parfois dans le domaine de l'import-export (boycott du port de Cotonou, litiges entre transporteurs de passagers) ou dans celui de l'économie locale (contrôles frontaliers nigériens). La densité des marchés ruraux et urbains, concentrés le long de la vallée du fleuve et de la frontière nigériane ainsi que dans les principales zones de productions agricoles, influence également la bonne marche des affaires des commerçants puisqu'elle leur permet d'effectuer des circuits itinérants en milieu rural ou de faire transiter leurs produits d'un marché à l'autre à moindre frais en milieu urbain. Ces négoces sont dominés par deux figures: celle du *patron* et celle de son double indissociable, l'obligé, qui expriment les deux facettes des relations de pouvoir africain, nécessitant de donner pour recevoir. Dans ce continent de l'échange, fût-il inégal, l'étude des *patrons* permet de réinscrire les faits du clientélisme dans un ensemble sociologique plus vaste qui permet d'envisager une réhabilitation de toutes les relations sociales et culturelles, et non pas seulement comme alibi de la dépendance économique. Le *patron* ne peut se concevoir qu'à l'intérieur d'un système global de l'échange, qui assure la reproduction de la société et qui repose sur une fréquentation du milieu urbain. Ce système assure d'une part un statut social privilégié quoique précaire à celui qui donne, puisque sa position dépend de la conjonction des trois capitaux de naissance, de mérite et d'argent, et garantit d'autre part la protection sociale de l'obligé confronté aux aléas de la vie sahélienne.

Compte tenu des inégalités fondamentales qui séparent les individus, le clientélisme qui naît des relations entre ces deux figures permet une certaine forme de redistribution de la richesse. Celle-ci est certes conduite de manière ostentatoire et inégale à travers la consommation de biens d'usage du monde «moderne», mais ses ressorts ont des motivations plus profondes. Les *patrons* font étalage de leur richesse dans un but distinct de celui du capitalisme, où l'argent est recherché pour lui-même. Dans les logiques de la région considérée, l'ostentatoire sert avant tout à conforter les deux piliers du monde marchand que sont la religion et la famille, c'est-à-dire les formes spirituelles et lignagères de permanence sans lesquelles le commerce ne trouve pas d'achèvement.

Partie III

Les logiques de production: l'agriculture de rente

> Les prix de vente des produits agricoles et des intrants et les fluctuations des marchés, les flux migratoires, la contrebande avec le Nigeria sont des variables économiques majeures que personne ne maîtrise, ni même ne tente plus de maîtriser.
>
> J.-P. Olivier de Sardan, 1997. *Chefs et projets au village (Niger)*; 25

Les productions agricoles de rente se distinguent de l'agriculture de subsistance par le fait qu'elles donnent lieu à un échange marchand visant à la production de numéraire. En Afrique de l'Ouest, ce type d'agriculture concerne aussi bien les cultures dont l'essor est directement lié à la colonisation et qui font l'objet d'une exportation massive (arachide, coton, cacao, café) que des cultures plus localisées (tomates, mangues, oignons, piments, patates douces, canne à sucre) qui approvisionnent préférentiellement les centres métropolitains (Bach, 1994). Dans certains cas, l'importance des voies commerciales, l'étroitesse du marché urbain local et la demande croissante en produits légumiers et fruitiers des grands centres nationaux favorisent les exportations de la production locale, au risque cependant d'accentuer la dépendance de ces zones vis-à-vis de leurs marchés. En tenant compte de ces dimensions, l'enjeu du travail est donc de s'interroger sur l'organisation – autocentrée ou extravertie – de l'économie des productions de rente de l'espace frontalier, sur les initiatives qui ont été prises dans le domaine agricole tant du point de vue collectif que privé, ainsi que sur les perspectives qui peuvent être attendues de l'intensification des logiques de production en terme de développement humain.

Dans la région d'étude, l'agriculture de rente concerne essentiellement la canne à sucre, les oignons, le riz, les patates douces, les agrumes et les légumes. Exception faite de la canne à sucre, qui est une plante annuelle et du riz pluvial, toutes ces productions peuvent être également qualifiées de contre-saison, dans la mesure où elles se pratiquent en dehors de la période de culture céréalière qui s'étend grossièrement de juin à septembre, qu'elles s'inscrivent dans une phase d'échanges économiques et culturels intenses et qu'elles se distinguent par deux éléments fondamentaux et relativement récents que sont la clôture et l'irrigation (Retaillé, 1988). Le choix de se limiter à ces productions agricoles est dicté par le fait que les réseaux relatifs aux céréales sont déjà documentés (Igué, 1999; Saïbou, 2005; Soulé, 2000) et peu susceptibles d'être mobilisés dans le cadre des programmes des bailleurs de fonds, contrairement aux productions irriguées qui font l'objet d'une promotion importante au Niger.

Du point de vue géographique, ces cultures sont très inégalement réparties à l'échelle frontalière, c'est pourquoi l'étude des zones de production concerne essentiellement les terroirs nigériens et béninois, alors que l'analyse des réseaux s'étend aux trois Etats concernés par la thématique. Dans les vallées fossiles *(dallols)* et le long de la vallée du fleuve Niger, deux logiques de production très différentes sont à l'œuvre actuellement: d'une part de grands investissements hydro-agricoles dominés par une gestion coopérative, d'autre part des investissements privés appuyés, dans leur partie nigérienne, par un programme de promotion de la petite irrigation privée financé par la Banque mondiale.

Des exemples issus des deux rives du fleuve Niger permettent alors de comparer l'évolution et le succès des initiatives collectives aux investissements dans le domaine de l'irrigation privée. L'hypothèse formulée à ce propos est de considérer que les difficultés rencontrées par les réalisations collectives résultent moins du mode de gestion retenu (*top-down* ou *bottom-up*) que de l'application d'une démarche coopérative basée sur des technologies inadaptées aux capacités locales. Dans ce sens, la disposition des paysans dendi à privilégier l'exploitation privée ne résulte pas d'une aversion pour toute action coopérative mais est une condition de la survie de leurs exploitations car elle permet de répondre à des réseaux d'approvisionnement extrêmement mobiles. Pour appuyer ce propos et après avoir présenté les caractéristiques climatiques et hydrologiques de la région, la partie traite des grands périmètres nigériens et béninois, de l'ex-Projet fruitier de Gaya ainsi que des diverses coopératives agricoles de la région.

11. Des zones de production dépendantes du contexte climatique et hydrologique

Compte tenu des fortes variations des isohyètes délimitant le Sahel «théorique» au cours des dernières décennies, la zone frontalière de Gaya – Malanville – Kamba est caractérisée par un climat de type tropical sec, avec des températures moyennes minimales entre 18,6° et 27,2° en janvier et maximales entre 33,1° et 40,3° en avril (Gaya, 1970-1997). Les précipitations annuelles moyennes, qui atteignent 788 mm à la station de Gaya pour la période de 1968 à 1999, croissent généralement de mars à août pour rapidement décliner ensuite en septembre et octobre. Leur variabilité est très importante dans le temps et dans l'espace: les années 1983 et 1984 ont par exemple été largement déficitaires (531 mm) alors que 2003 fut exceptionnelle avec 1161 mm à Gaya dont 399 mm en août, ce qui constitue un record depuis les premiers relevés en 1950.

Ces éléments climatiques ont une incidence importante sur la distribution des zones de production, de même que sur la disponibilité des ressources hydrauliques. Ces dernières sont considérables, compte tenu de la présence permanente du fleuve Niger qui traverse la zone d'ouest en est sur plus de 100 kilomètres et des grandes vallées fossiles du sud-ouest nigérien, orientées du nord au sud en direction du fleuve (Dallols Bosso, Fogha et Maouri). Ces vallées ou *dallols* présentent un écoulement intermittent lié à la saison des pluies ainsi que des chapelets de mares plus ou moins temporaires le long des talwegs, assurant l'approvisionnement en eau des cultures par irrigation naturelle, manuelle ou mécanique. Les *dallols* présentent de fortes potentialités agricoles en raison de la qualité de leurs sols et des conditions hydrologiques; toutefois, à cause des fluctuations du niveau des nappes phréatiques, les inondations fréquentes peuvent y provoquer l'arrêt ou la destruction des productions agricoles.

Trois types d'usage traditionnel des ressources hydrauliques peuvent être distingués:

1. Les cultures pluviales, tout d'abord, concernent essentiellement la production céréalière de mil, de sorgho et de haricots installée sur les sols

sableux. Les travaux agricoles qui s'y déroulent de juin à septembre requièrent une main-d'œuvre nombreuse sans toutefois permettre une grande productivité.

2. L'agriculture de décrue, ensuite, se pratique sur le pourtour immédiat des mares ou des cours d'eau, à la faveur de l'assèchement saisonnier des zones inondées. Les paysans cultivent alors essentiellement la canne à sucre, la patate douce, le manioc et le riz, sans recourir à l'extraction de l'eau des nappes phréatiques car l'humidité contenue dans les sols des bas-fonds permet aux cultures de se développer sans irrigation. Ce type d'agriculture est largement répandu en raison des rendements élevés qu'il procure.
3. L'irrigation, enfin, présente d'importants avantages économiques tels qu'une grande productivité et une relative indépendance vis-à-vis des conditions climatiques. Elle fournit une large gamme de fruits (oranges, pamplemousses, citrons verts) et de légumes (oignons, tomates, salades, aubergines, piments, poivrons). Son potentiel est considérable dans la région, pour autant que les surfaces périphériques aux bas-fonds puissent être exploitées par pompage dans la nappe phréatique.

La prise de vue aérienne du terroir de Malgorou au Niger (Photo 6) montre de quelle manière ces trois types d'agriculture peuvent se combiner dans l'utilisation de l'espace agricole: alors que les cultures pluviales sont effectuées de part et d'autre du Dallol Fogha sur les terres les plus élevées et les moins productives (1), les bordures du *dallol* sont plantées de vergers (2) tandis que les cultures de décrue et l'irrigation sont restreintes au centre de la vallée (3). Cette photographie, prise après la saison des pluies, n'offre toutefois qu'une image ponctuelle de l'exploitation des *dallols*, car en saison sèche, les surfaces dévolues à l'irrigation sont très restreintes et l'agriculture de décrue ne peut être pratiquée.

Dans ce contexte, l'espace économique régional peut être divisé en deux grandes zones de production de rente: les vallées fossiles nigériennes et nigérianes tributaires du fleuve Niger et la vallée du fleuve proprement dite, aujourd'hui soumises à une dynamique de transformation agricole particulièrement intense. La zone des *dallols* est marquée par l'essor de la culture de la canne à sucre qui conditionne les échanges économiques vers les départements voisins de Dosso et de Dogondoutchi et, à plus longue distance, vers Niamey. Le développement de l'exploitation de la canne à sucre est certes dépendant des conditions d'accès aux terrains favorables, mais semble connaître une croissance durable, compte tenu de la demande grandissante des

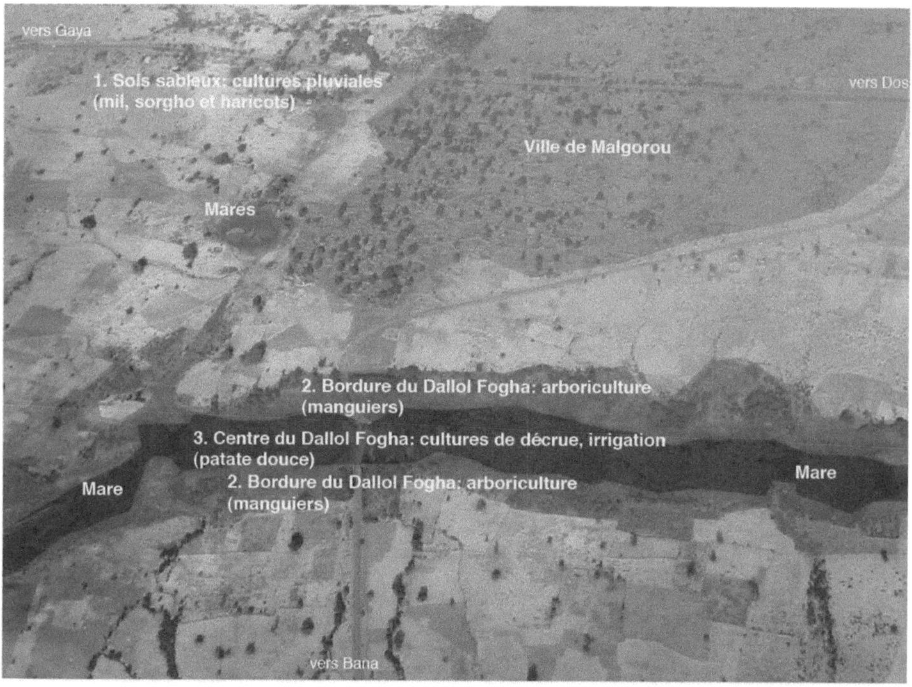

Photo 6. Utilisation de l'espace agricole dans le Dallol Fogha à Malgorou (Niger)
Source: Jaubert, 2004.

centres urbains et de conditions hydrauliques particulièrement avantageuses. Bien que la culture de cette plante se développe paradoxalement au moment où le discours des pays sahéliens est orienté vers l'autosuffisance alimentaire, les producteurs concernés notent que la canne à sucre constitue la culture la plus rentable de la région. Outre celle-ci, certains terroirs ont développé des savoir-faire dans la culture de la patate douce (Bengou) et des cultures maraîchères (Dioundiou, Koutoumbou, Kawara N'Debbé).

La vallée du Niger est, quant à elle, dominée par des cultures de riz et d'oignons, ainsi que par l'arboriculture et le maraîchage, qui s'étendent en rive droite du fleuve de Birni Lafia à Lollo et de Ouna à Dolé en rive gauche. Le potentiel de ces régions est autant dû à la présence d'un marché local qu'à la facilité d'exportation des produits en direction des grands marchés urbains internationaux. L'importance de la proximité des centres locaux est toutefois variable: celle-ci permet certes de disposer de certains avantages en termes de production (main-d'œuvre qualifiée) et de commercialisation (infrastructures routières ou fluviales, informations sur les variations des cours du marché, diminution des coûts de transactions entre vendeurs et clients) mais augmente également le coût du travail en raison de la concurrence qu'exercent les autres opportunités non agricoles et renchérit l'accès au foncier du fait des plus fortes densités. En périphérie de Gaya et de Malanville, la production agricole, orientée vers les domaines fruitiers et légumiers approvisionne directement les grands centres urbains du Niger et du Bénin sans nécessairement alimenter le marché local. Il s'agit d'une divergence majeure par rapport à d'autres contextes ouest-africains, comme aux environs de Sokoto ou de Kano (Mortimore et Adams, 1999; Mortimore, 2002) et de Sikasso (Sanago, 1996).

Les terroirs les plus productifs sont aujourd'hui exploités de manière très inégale. Certaines zones sont cultivées sous la forme de coopératives paysannes alors que, grâce à l'appui de l'Agence Nigérienne pour la Promotion de l'Irrigation Privée (ANPIP) financée par la Banque mondiale, un nombre croissant d'irriguants produisent des biens agricoles individuellement.

12. Evolution contrastée des grands investissements collectifs

Depuis une trentaine d'années, l'espace frontalier a fait l'objet de très importants investissements agricoles destinés à exploiter le potentiel des terres inondables de la vallée du fleuve et, dans une moindre mesure, de celles des *dallols*. Ces projets, qui privilégient les grandes surfaces irriguées, l'organisation en coopératives et la mécanisation lourde, présentent toutefois de graves dysfonctionnements qui handicapent ou annulent toute perspective d'amélioration des conditions de vie des populations bénéficiaires.

12.1 Des périmètres rizicoles aux résultats très inégaux

L'évolution des périmètres rizicoles mis en place dans les *dallols* et dans la vallée du fleuve Niger est très contrastée. En ce qui concerne la partie nigérienne, la plupart des infrastructures actuelles sont soumises à d'importantes difficultés. Une partie de ces problèmes provient de la conception même des périmètres, conçus comme des surfaces indépendantes du fleuve Niger, à partir duquel s'effectue le pompage à l'aide de puissantes machines. Le coût et la sophistication de l'équipement nécessaire à ce genre de procédé dépassent bien souvent les capacités des exploitants comme le montre le cas des périmètres de Tara et de Kiessa, où les paysans sont dans l'impossibilité financière de refouler l'eau dans le fleuve et de sauver leurs récoltes lors de fortes inondations. En outre, lorsqu'une panne mécanique survient, aucun exploitant ne se sent directement concerné par l'arrêt du pompage, au contraire des pannes qui interviennent sur les motopompes privées et qui ont alors un impact direct sur les revenus individuels. Très souvent, l'arrêt ou le fonctionnement aléatoire des machines provoque une baisse considérable des rendements agricoles, passant de 7,5 t/ha en conditions d'irrigation et d'engrais optimales à 1,7 t/ha. A ces éléments techniques s'ajoutent souvent des problèmes de gestion frauduleuse des fonds des coopératives paysannes mises en place pour assurer l'exploitation des parcelles et la commercialisation des produits.

Au Niger, la gestion des infrastructures hydro-agricoles est confiée à plusieurs intervenants aux motivations diverses, ce qui ne facilite pas nécessairement la compréhension de la stratégie régionale de mise en valeur des surfaces irriguées. Les activités sont coordonnées par l'Office National des Aménagements Hydro-Agricoles (ONAHA), une structure créée à la fin des années 1970 afin de fédérer les activités formelles en matière d'aménagements hydro-agricoles et qui s'est progressivement réorientée vers l'appui-conseil aux irriguants et la réalisation d'ouvrages à la demande des bailleurs de fonds. Parmi l'ensemble des périmètres rizicoles de la région, seuls les ouvrages de Boumba (1990) et de Gattawani-Dolé (1993-1997)[1] ont reçu l'aide de l'ONAHA (Wampfler, 1998), alors que les ouvrages de Tara (1978) furent financés par l'USAID et Africare et ceux de Gaya Amont (1989-1992) livrés clé en main par la Chine populaire. A cela s'ajoute le fait que la région de Gaya bénéficie de l'appui du Projet Dallol Maouri (PDM) financé par la Banque Ouest Africaine de Développement (BOAD). Ce projet, dans lequel l'ONAHA agit en tant que prestataire d'ouvrages, est également actif dans la réalisation d'aménagements hydro-agricoles.

Ces différents montages institutionnels sont rendus nécessaires par les rapports de force et les «philosophies» (*top-down* ou *bottom-up*) des bailleurs et sont soumis aux vicissitudes de la politique étrangère du Niger. Ainsi, la seconde phase du projet Gattawani-Dolé, dont le financement prévu par la CFD devait s'étendre de 1998 à 2001, fut finalement abandonnée après le coup d'Etat d'Ibrahim Baré Maïnassara en 1996. De la même manière, le financement du Projet Dallol Maouri par la BOAD fut interrompu en 1990 à cause des problèmes de règlement de la dette du Niger, jusqu'à ce qu'un accord intervenu en 2001 relance ses activités.

Les services de l'ONAHA de Gaya encadrent une dizaine d'aménagements représentant une surface de 515 ha endigués et grillagés et 380 ha exploitables, soit 0,15 % de la superficie cultivable du département hors zones classées (ONAHA, 2005). Cinq d'entre eux concernent la production rizicole, dont trois seulement sont fonctionnels (Gaya Amont, Sokondji, Kessa) et six concernent la polyculture (Yélou, Kizamou, Léguéré, Angoal Madé, Sormo, Dioundiou). D'une manière surprenante, la plupart de ces

1 Ce dernier étant financé par la Caisse française de Développement (CFD) et le Ministère français de la Coopération

réalisations hydro-agricoles sont aujourd'hui en difficulté, qu'elles aient été entreprises d'une manière dirigiste, comme à Tara, ou participative, comme à Gattawani-Dolé. A Tara, où 184 ha ont été initialement endigués, seuls 7,5 ha sont exploités en 2003 en raison des très fortes précipitations qui ont induit un ruissellement accéléré le long des versants de la plaine alluviale et qui ont complètement inondé les casiers à riz, aujourd'hui partiellement envahis d'herbes aquatiques *(Typha australis)*. Les rendements initiaux ont chuté de 8 à 5 t/ha, consécutivement aux détournements et aux pannes de pompes qui ont ralenti le fonctionnement des périmètres. Certains exploitants ont alors délaissé leurs parcelles et cherché à s'établir sur les périmètres béninois situés sur l'autre rive alors que d'autres se sont concentrés sur des parcelles privées en marge du périmètre et produisent du riz, des choux et de la salade à l'aide de motopompes achetées au Bénin. Les fruits et les légumes sont moins abondants, sauf peut-être les bananes que les paysans ont plantées sur les bords de leurs casiers et dont la vente procure un appoint intéressant aux revenus rizicoles. A Gattawani-Dolé, la situation du périmètre n'est guère plus réjouissante. Conçu comme une entreprise participative, élaborée et gérée par ses membres paysans selon le principe de l'«aménagement progressif», le projet a connu les mêmes vicissitudes que les autres structures collectives de la région, notamment une chute des rendements agricoles et une gestion délictueuse des fonds communs. La mise en valeur des 29 000 ha potentiellement exploitables de la plaine inondable de Gattawani-Dolé est ainsi restée faible malgré une forte demande locale en riz.

La situation des périmètres du Projet Dallol Maouri est également problématique. Des retards importants survenus au cours des années 2003 et 2004 semblent à l'origine du manque d'initiatives dans ce domaine, de même que des problèmes spécifiques à chaque ouvrage (PDM, 2005). A Kizamou par exemple, le fonctionnement des surfaces irriguées à partir de forages artésiens est freiné par des problèmes techniques (salinité élevée, présence d'herbes aquatiques) et socio-politiques (distribution clientéliste des parcelles), avec pour résultat que les surfaces réellement exploitées demeurent faibles (Walther, 2004a). A Sormo, l'ensemble des problèmes qui empêchent la reprise des activités sur le périmètre villageois n'est également pas résolu et, après avoir été inondées pendant plusieurs années, les parcelles disponibles sont aujourd'hui à l'abandon. A Kessa, le périmètre n'a également pu être exploité en raison des difficultés financières de la coopérative (ONAHA, 2005) tandis qu'à Dioundiou, des retards accumulés par l'entreprise chargée du forage artésien ont compromis l'ouverture du site. Soixante parcelles de

0,25 ha y ont pourtant été délimitées et devraient permettre aux exploitants de produire de la canne à sucre et peut-être du maïs, des choux et des oignons. La situation semble plus satisfaisante à Yélou, qui abrite un périmètre villageois de 36 ha divisé en 250 exploitants. Depuis 2003, cette surface est entièrement réhabilitée pour l'irrigation mécanique à partir de plusieurs forages artésiens réalisés en 1967, d'un réservoir d'eau et de canaux de distribution en ciment. Dans le périmètre, chaque parcelle est irriguée tous les 10 jours pendant six mois par an, ce système semblant mieux fonctionner que le précédent, dont la gestion anarchique ne répondait pas à un calendrier précis. Chaque exploitant paie alors une taxe de 7000 à 15000 FCFA (11 à 23 €) par an selon la taille de sa parcelle et dispose d'engrais à crédit. La canne à sucre s'est très rapidement imposée aux yeux des exploitants comme la culture la plus rentable assurant environ 220000 CFA (335 €) de revenu brut par parcelle et un rendement d'environ 80 t/ha, ce qui incite les producteurs à intensifier cette culture.

Au Bénin, les structures collectives connaissent également certains problèmes techniques et de gestion, mais leur performance générale semble meilleure qu'au Niger, notamment dans le périmètre rizicole de Malanville. Celui-ci fut réalisé par Taiwan au début des années 1970 pour 150 paysans, puis par la Chine populaire. Abandonné dans les années 1980, il fut réhabilité depuis 1989 grâce à un financement de la BOAD. Depuis cette date, la production est en constante augmentation et les terrains disponibles sont insuffisants, comme en témoigne le fait que plusieurs centaines de candidats ont entrepris des démarches pour disposer d'une parcelle auprès de l'Union des Groupements de Producteurs du Périmètre de Malanville (UGPPM) qui gère l'infrastructure. En 2005, la totalité de la surface disponible, équivalente à 516 ha, est cultivée par 771 paysans[2], dont certains commencent même à investir des zones sableuses hors de l'aménagement initial, testent de nouvelles semences pour répondre aux rendements décroissants (de 7 t/ha à 5 t/ha) de la variété locale et sont parvenus à solliciter l'aide d'ingénieurs chinois pour remettre à neuf la station de pompage. Ils souhaitent en outre renouveler la station électrique, qui connaît des défaillances mécaniques ainsi que la portion de digue située en aval, dont le mauvais état laisse entrevoir des dépenses considérables.

2 Entretien avec Soumana Souley, président de l'Union des Groupements de Producteurs du Périmètre de Malanville (UGPPM), 23.11.05, Malanville.

Le périmètre de Malanville connaît une certaine forme de prospérité, essentiellement due à la forte demande de riz en provenance du Nigeria. Deux récoltes par an effectuées de janvier à juin et de juin à octobre suffisent à peine pour répondre aux besoins des Nigérians. Le riz paddy produit sur place est immédiatement vendu, de 8000 à 9000 CFA (12 à 14 €) le sac de 82 kg, et exporté au Nigeria, où le décorticage se fait à moindre coût. Les exportateurs nigérians suivent le cours du fleuve Niger en pirogue, en passant par Garou et les autres villages riverains ou empruntent la route pour alimenter Sokoto, Jega, Birni N'Kebbi ou Argoungou par Gaya et Kamba. Les flux relatifs au commerce du riz mettent en évidence le rôle prépondérant de la vallée du fleuve, à la fois espace de production et vecteur de circulation principal (Carte 10). Dans cette organisation, Malanville constitue indéniablement le centre de collecte primatial, regroupant les stocks de riz paddy non seulement de l'ensemble des rives béninoises – exception faite de l'extrême est orienté vers Lolo – mais également des parcelles collectives et individuelles nigériennes. A partir de ce pivot, la réexportation du riz local s'effectue prioritairement en direction du Nigeria par la route ou par voie fluviale.

La faible ingérence de l'UGPPM dans le domaine de la commercialisation du riz, conjuguée à la forte demande nigériane, explique sans doute la différence de rentabilité entre les périmètres du Bénin et du Niger sur les rives du fleuve. Mais si, comme à Malanville, il semble que le marché libre soit plus efficace à écouler la production que lorsqu'il est géré par une structure collective, il est en revanche certain que ce marché s'organise aujourd'hui en dehors de toute réglementation. Grâce à une demande qui excède l'offre, les petits producteurs de riz subissent moins les variations des cours que ceux qui cultivent l'oignon; toutefois l'absence de filière locale de transformation des produits agricoles signifie qu'une part significative des revenus échappe à la zone de production. L'ambiguïté est donc la suivante: en laissant le marché libre, c'est-à-dire en privilégiant les réseaux économiques déjà en place, le risque est grand de pénaliser les petits producteurs alors qu'en organisant le marché par l'intermédiaire des coopératives, la production et l'initiative personnelle risquent d'être pénalisées. Aucune structure n'est à ce jour parvenue à trouver une voie médiane pour la simple raison que le système ne connaît pas d'instance de régulation susceptible de garantir durablement des prix minima aux producteurs, en s'opposant de manière conjoncturelle à la capacité monopolistique des grands exportateurs. L'Etat nigérien s'est récemment désengagé de cette question, sans pour autant que les actions de ses

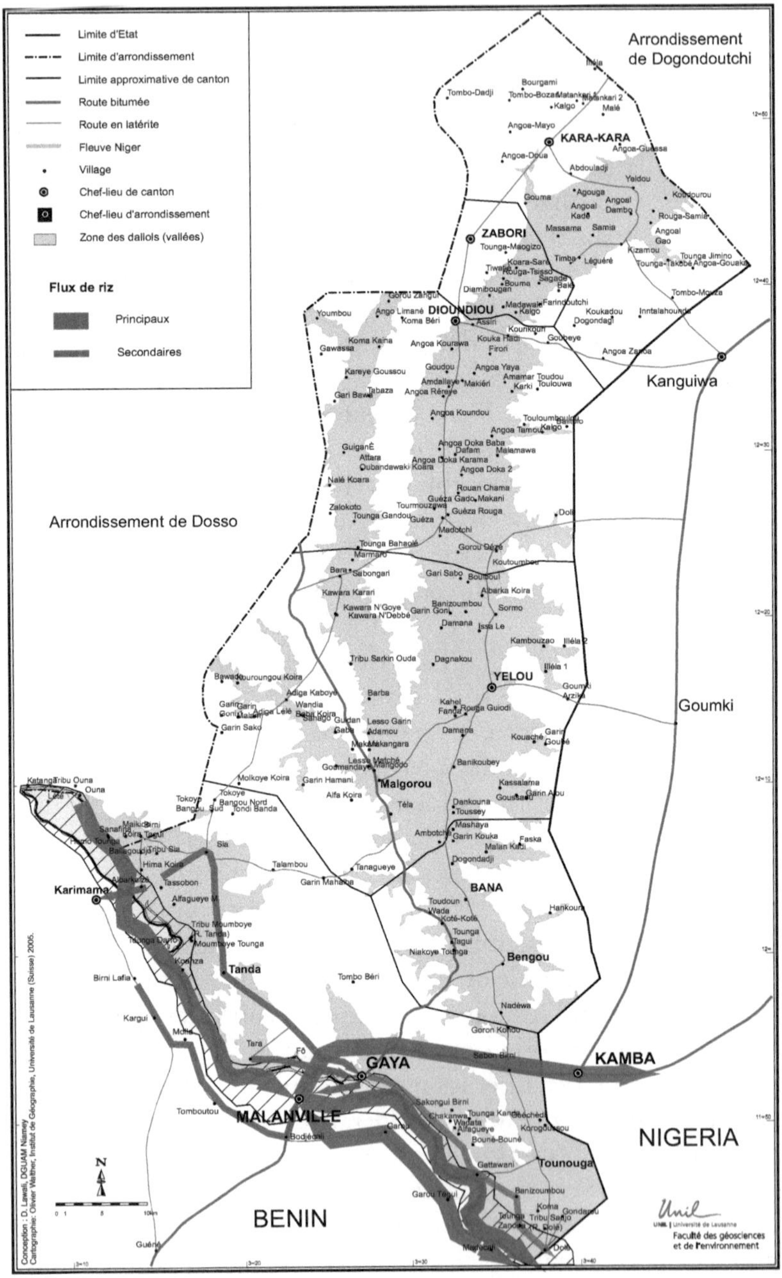

Carte 10. Production et réseaux de commercialisation du riz
Source: enquêtes de l'auteur, 2004-2006.

sociétés d'Etat (OPVN, SONARA) n'aient jamais pu répondre efficacement aux famines et crises alimentaires qui ont affecté le Niger ces trente dernières années, notamment en 1969-1974, 1984-1985 et 1990-1991. En ce sens, les producteurs de la région vivent une situation d'économie de marché totalement débridée dans laquelle ceux qui appartiennent aux coopératives se trouvent paradoxalement à l'abri des fluctuations spéculatives mais ne disposent pas des moyens nécessaires à la valorisation de leurs activités, ce qui explique que la plupart des producteurs préfèrent subir les cours fluctuants du marché libre que les contraintes des structures communautaires. L'échec d'une véritable «solution» régionale à l'encadrement des marchés témoigne alors de la prédominance des logiques circulatoires, qui profitent de la disponibilité des stocks là où ils se trouvent, quitte à changer sans cesse de lieux d'approvisionnement et d'écoulement, sur les logiques productives mises en place par des structures coopératives, plus lentes à réagir aux ajustements des marchands. Cette situation met en lumière également l'erreur de conception généralement attribuée au monde paysan sahélien, usuellement appréhendé comme un ensemble structurellement homogène et invariablement soudé de manière collective dans ses activités de production. Les exemples des périmètres à l'abandon présentés précédemment, comme ceux des coopératives diverses qui suivent, montrent à l'évidence que les exploitants font généralement preuve d'un individualisme acharné.

12.2 Des coopératives confrontées à de sérieuses difficultés

L'ex-Projet fruitier de Gaya (1979-1987), situé à l'est de la ville, permet d'illustrer les difficultés liées aux programmes de production gérés sous forme de coopératives. Aujourd'hui à l'abandon, il a en effet connu bien des vicissitudes. A l'origine, cet organisme se donnait pour but de produire et de commercialiser des fruits à proximité de la ville de Gaya, de manière à «améliorer l'équilibre alimentaire [des paysans] et augmenter leurs revenus par l'approvisionnement des centres urbains» (République du Niger, 2002a). Grâce à un financement français, il fut géré par un personnel expatrié pendant cinq ans avec de réels succès, ce qui a permis à la production d'être acheminée en direction du Petit Marché de Niamey à l'aide d'un camion frigorifique. Une fois la succession entre coopérants et gestionnaires nigériens assurée en 1987, les problèmes ont progressivement commencé, notamment au niveau de la gestion des fonds. Le Projet a souffert en particulier de la vente de ses infrastructures au profit de certains de ses dirigeants et n'a pas échappé aux logiques clientélistes (Bako-Arifari et Laurent, 1999). En 1997, 59 producteurs se partageaient encore les 52 ha du Projet fruitier repris en coopérative, produisant 150 t de fruits pour un chiffre d'affaires de 25 millions de CFA (38 000 €) (Wampfler, 1998). Chaque parcelle, théoriquement plantée de 192 pieds d'agrumes, pouvait générer au maximum 300 000 CFA[3] (457 €) par mois.

Tant que le Projet était géré par les coopérants, l'entretien du moteur principal qui irriguait à distance le périmètre ne posait pas de problèmes majeurs; toutefois, ce type d'installation étant très gourmand en énergie, il n'a pu être réparé par les membres de la coopérative lorsqu'il est tombé en panne trop régulièrement. Plus de 60 % des arbres fruitiers ont alors séché partiellement ou complètement et le Projet est parti en faillite. Après une visite du Chef de l'Etat nigérien en 2002, les structures de la coopérative furent dissoutes, les parcelles reprises en gestion collective par un Comité de gestion transitoire et une aide financière de la sous-préfecture fut temporairement accordée. La carte des flux d'agrumes (Carte 11), dont la zone de l'ex-Projet fruitier de Gaya est le principal pourvoyeur frontalier, illustre la dépendance des producteurs vis-à-vis des grands marchés urbains sahéliens, en premier lieu celui de Niamey, situé à 300 kilomètres au nord-ouest. Les marchés de Gaya (3 km), Malanville (10 km) et Kamba (25 km) ne forment que des débouchés très secondaires aux productions légumières et fruitières.

Actuellement, les exploitants de l'ancienne coopérative ont toujours des difficultés à financer l'entretien des infrastructures et à rémunérer le personnel, malgré la vente de fruits qui a permis de remplacer certaines plantations desséchées. Le constat de faillite met en lumière l'investissement colossal consenti dans l'aménagement (1 mia CFA avant la dévaluation, soit 3 mio €), les coûts d'entretien démesurés des machines et la gestion peu transparente des infrastructures et des revenus de la coopérative. La préfecture de Dosso a tenté d'identifier les problèmes spécifiques de l'ex-Projet (République du Niger, 2002a, b, c), sans toutefois proposer des solutions innovantes car aucune

3 Cette somme tient compte des coûts de l'entretien communautaire, évalués à un tiers des recettes totales de chaque producteur, et aux frais individuels (main-d'œuvre, fertilisants).

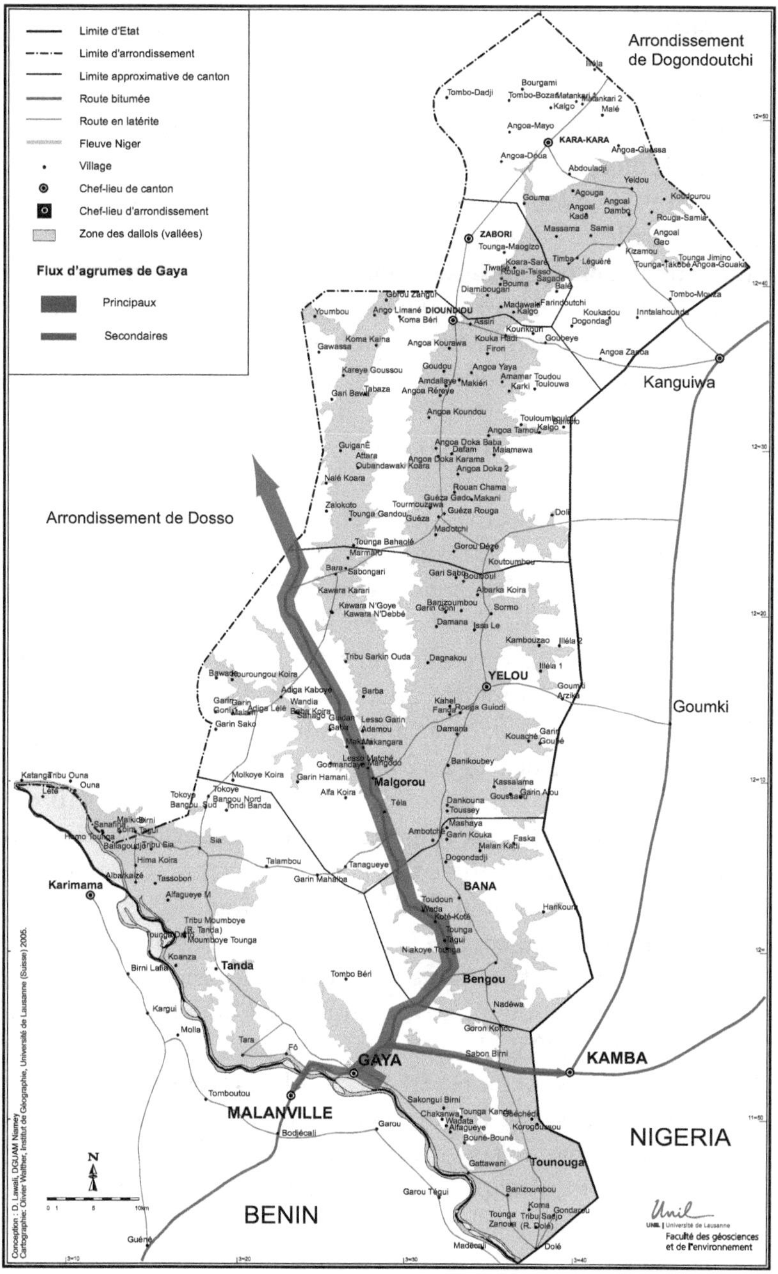

Carte 11. Production et réseaux de commercialisation des agrumes
Source: enquêtes de l'auteur, 2004-2006.

remise en cause fondamentale du fonctionnement de la structure n'est proposée. Les détournements financiers sont évoqués sans que les auteurs soient précisément identifiés et sans que les sanctions qui les attendent soient connues. Plus fondamentalement, la logique proposée dans le cadre de la réforme de l'ex-Projet fruitier semble profondément opposée aux dynamiques de production et de commercialisation actuelles, lesquelles privilégient une gestion individuelle de l'eau par des motopompes privées. Ces petites machines permettent aux exploitants de répondre exactement aux besoins de leurs productions, sans dépendre de coûts de fonctionnement inconsidérés.

Outre l'ex-Projet fruitier, d'autres coopératives sont partiellement actives dans l'espace frontalier. Certaines sont victimes de crises internes qui minent leur fonctionnement, à l'image de celle des femmes transformatrices d'arachides ou de la coopérative de bois de Gorou Bassounga (Bako-Arifari et Laurent, 1999).

D'autres structures collectives semblent plus actives, notamment dans le secteur de la production et de la distribution de l'oignon, un produit extrêmement rentable qui connaît cependant des problèmes conjoncturels de commercialisation liés à la difficulté d'assurer des cours stables sur le marché de Malanville où viennent se ravitailler les grossistes du Golfe de Guinée. Ne pouvant se permettre d'attendre la remontée des cours, les producteurs d'oignons vendent au prix fixé par les grossistes, celui-ci pouvant passer de 50 000 CFA (76 €) le sac de 115 à 120 kg en cas de pénurie à seulement 4000 à 5000 CFA (6 à 7,6 €) au moment de la récolte. Aucune structure de type coopératif n'a toutefois réussi à contrecarrer véritablement cette situation.

La Coopérative de l'Oignon de Gaya avait pourtant été organisée dans ce sens. Née en 1994 avec l'appui du Projet Gattawani-Dolé, elle a reçu une assistance technique jusqu'en 1997. En 2005, elle regroupait 150 producteurs dont 10 femmes actives dans la vente sur les marchés de Gaya et de Malanville, pour une production d'environ 1410 t en 2003-2004 et d'environ 2220 t en 2004-2005[4]. La coopérative a pour objectif d'améliorer les conditions de vie de ses membres en assurant l'exportation des oignons à un prix avantageux. Elle assiste les producteurs lors des semis et de l'entretien des champs et se charge de la vente auprès de grossistes résidant à Abidjan, qui écoulent l'oignon principalement sur le Golfe de Guinée et, dans une

4 Entretien avec M. Tahirou, encadreur de la Coopérative de l'Oignon de Gaya, 24.09.05, Gaya.

moindre mesure, vers Niamey ou Malanville. La coopérative souhaite étendre la durée de sa période de vente aux grossistes, qui est actuellement fixée de décembre à mars, grâce au stockage dans un hangar construit en 2004-2005. Etant donné qu'elle ne dispose pas de capital pour acheter les stocks aux producteurs et que ceux-ci sont souvent tentés de vendre au plus tôt pour faire face à leurs multiples obligations financières, la coopérative compte sur l'appui d'un projet encore non identifié qui permettra d'acheter les récoltes des membres et d'assurer leur stockage jusqu'à la remontée des cours. Cette initiative, conjuguée à l'utilisation de la variété *galmi* et d'une trentaine de motopompes fournies par le Projet de Promotion des Exportations Agro-Pastorales (PPEAP), devrait permettre d'améliorer les conditions de production et de commercialisation de l'oignon à Gaya, à condition que les cultivateurs parviennent à éviter les dysfonctionnements observés au Bénin dans ce domaine.

En effet, à Malanville, une structure appelée Comité de Réception et de Vente d'Oignon (CORVO) a été créée par les producteurs pour tenter de s'organiser et de défendre les cours du produit[5]. Le CORVO s'efforce donc de s'interposer entre vendeurs et acheteurs pour garantir un certain prix, mais se heurte aux producteurs, qui souhaitent vendre immédiatement leurs stocks pour rentrer plus rapidement dans leurs villages, parfois distants de plusieurs dizaines de kilomètres. Des grands hangars de stockage ont été construits à l'ouest du marché de Malanville par l'African Development Foundation (ADF), pour que les producteurs puissent attendre la montée des cours. Cependant, la plupart des transactions continuent de s'effectuer dans la rue, à proximité des hangars coopératifs, entre producteurs des rives du fleuve Niger et grossistes établis dans les métropoles du Golfe de Guinée.

5 Entretien avec M. le secrétaire du Comité de Réception et de Vente d'Oignon (CORVO), 19.12.04, Malanville.

13. La réussite des initiatives privées

En parallèle des activités précédemment décrites se développent des initiatives privées aux résultats souvent spectaculaires. Qu'il s'agisse de la culture de la canne à sucre ou de la patate douce développées dans les *dallols*, du riz ou de l'oignon produits préférentiellement le long du fleuve Niger ou des cultures maraîchères ou fruitières diffusées à proximité des centres urbains, les acteurs privés font preuve d'un esprit d'initiative remarquable. L'intensification agricole, notamment par le recours à l'irrigation, modifie considérablement l'espace économique de la zone frontalière. Le succès de ces entreprises est assuré par un attachement évident des Dendi aux travaux de la terre, revendiqué en ces termes par un investisseur de Gaya:

> Chez nous, c'est différent. C'est propre au milieu. Lorsqu'on avait 14 ou 15 ans, on voyait qu'ailleurs les parents avaient peur de dire à leurs enfants: «Venez, on va en brousse pour travailler aux champs.» Ici, on leur dit: «Suivez-nous, vous allez travailler comme nous!» Ici, les gens sont travailleurs, ils aiment travailler la terre. J'ai toujours aimé ce travail-là, le travail de la terre.[1]

Ce fait est ancien puisqu'il est attesté depuis les années 1930: «Profondément individualistes, les Dendi ont un sens très précis de la propriété et chacun, au sein d'une même famille, respecte scrupuleusement le bien de son voisin» (Collectif, 1939; 328). Outre le fait que le travail de la terre est valorisé, l'innovation est également favorisée par une disposition particulière des populations en faveur de l'initiative des jeunes, lesquels bénéficient d'une autonomie très largement mise à profit pour se consacrer à des tâches agricoles: «La famille est organisée de telle façon que l'enfant n'est pas très ‹retenu› par la famille, parce qu'on se dit qu'il faut qu'il aille faire de l'argent. C'est un ou deux jours par semaine qui sont réservés pour l'enfant, pour s'occuper de ses choses.»[2] Cette disposition particulière contribue à nuancer les analyses qui font de la famille africaine le noyau indissociable de la production agricole et tendent à montrer qu'une certaine marge de manœuvre est accordée à l'individu désireux de produire par et pour lui-même.

1 Entretien avec Ibrahim Beïdou, 03.12.04, Gaya.
2 Entretien avec Ibrahim Beïdou, 03.12.04, Gaya.

13.1 *Dallols:* l'essor de la canne à sucre et de la patate douce

La culture de la canne à sucre s'étend aujourd'hui à un grand nombre de terroirs caractérisés par la présence de ressources hydrauliques suffisantes et d'individus désireux d'accroître leurs revenus agricoles.

Les surfaces consacrées à la canne à sucre s'étendent essentiellement au détriment du riz et de la patate douce, qui n'assurent pas une rentabilité équivalente ou en raison de modifications de l'environnement physique, notamment des inondations plus fréquentes. A Bengou par exemple, les bas-fonds ensablés par les sédiments provenant de l'érosion des versants du *dallol* conviennent mieux à la culture de la canne à sucre, qui supplante alors le riz. Dans la plupart des exploitations privées, cette dernière est plantée en association avec de la patate douce ou du maïs, ce qui permet d'accroître les revenus à l'hectare (Photo 7). Les exploitants semblent accorder une importance égale aux productions qui font la renommée de leurs terroirs, qu'il s'agisse de canne à sucre, de patates douces ou de mangues. La polyculture qui en résulte permet aussi de relativiser le terme de spécialisation et de lui préférer celui de transformation agricole. Même s'il s'agit d'une culture exigeante en intrants et en ressources hydrauliques, la canne à sucre procure des bénéfices presque inégalés grâce à une forte demande urbaine et à une augmentation de la disponibilité en eau qui semble caractériser un certain nombre de sites du nord du Dallol Maouri.

Les villages des cantons de Zabori et de Kara Kara illustrent le processus de transformation de l'agriculture locale et l'importance grandissante de la canne à sucre dans le revenu paysan. A Zabori (1000 hab.), malgré la faible superficie du canton, de vastes terrains y sont destinés et assurent l'essentiel des revenus. Cultivée dans la zone humide du Dallol Maouri (*fadama* en haoussa), la canne à sucre est acheminée au chef-lieu par charrettes d'où elle est ensuite chargée sur des camions de 10 à 40 t. La production s'est développée depuis une dizaine d'années, surtout pour ravitailler le marché de Niamey et secondairement les localités proches de Dioundiou, Kara Kara, Kargui Bangou et Boureimi. De ce fait, la région est bien connue des grossistes, qui établissent des relations d'affaires stables avec les producteurs.

La localité de Kara Kara (3000 hab.) bénéficie quant à elle du dynamisme de son marché, bien relié à l'arrondissement de Dosso, par Lido et Bolbol, où se trouve la route nationale goudronnée. Au sud, l'intensité des flux économiques avec Dioundiou est importante, alors qu'à l'est, l'ouverture de la

Photo 7. Dans le Dallol Maouri, les cultures de patate douce et de canne à sucre sont entreprises sur les sols les plus humides alors que les vergers sont établis sur les versants (Bengou)
Source: Walther, 2005.

piste rurale NC7 et son prolongement en direction de la frontière assure une bonne connexion avec le Nigeria et les villages du Dallol Maouri. Rien d'étonnant donc à ce que la canne à sucre vendue à Kara Kara provienne de localités situées dans un rayon de 15 km. La vente s'effectue auprès des grossistes de Kalgo, Lido, Matankari et Dosso, ceux de Niamey préférant embarquer la canne directement depuis les champs ou à partir de lieux de collecte au bord de la piste de latérite. Ce choix s'explique par la nécessité d'emporter de très forts tonnages, par l'économie de transport que représente un chargement direct après la coupe – cette méthode leur permettant de court-circuiter d'éventuels grossistes villageois – enfin parce qu'il serait difficile aux camions de n'être présents qu'une fois par semaine, le jour du marché.

Les réseaux de commercialisation de la canne à sucre figurent parmi les plus étendus et les mieux structurés de la région, du fait de l'ancienneté de cette culture et de la multiplicité des zones de production, réparties principalement dans la zone comprise entre Dioundiou au sud, Kara Kara au nord et la frontière nigériane à l'est qui constitue le prolongement de l'aire de culture de Dogondoutchi, le nord du Dallol Maouri, ainsi que, de façon plus isolée, à Koutoumbou, Kawara N'Debbé, Yélou, Bana et Bengou. Les flux principaux alimentent le marché de Katako à Niamey, distant de 300 km, quelles que soient les zones de production, alors que les flux secondaires ravitaillent les plus petits centres de consommation du département de Gaya (Dioundiou, Kara Kara, Tanda, Sia), de Dosso (Moko, Kargui Bangou), de Filingué (Loga) et de Dogondoutchi (Boureimi), à l'exception du Nigeria qui bénéficie d'une production endogène (Carte 12). Paradoxalement, les *dallols* ne constituent pas des vecteurs commerciaux, car les flux se greffent sur un réseau de routes nationales et de pistes rurales en bon état qui évitent autant que possible d'emprunter le fond des vallées fossiles sujet aux inondations.

Du fait de l'ancienneté des réseaux qui s'y étendent et de l'importance de la production, la commercialisation est structurée par une hiérarchie précise et par le principe que les gains issus de ce commerce dépendent de la position de chacun dans le réseau. De ce fait, les producteurs retirent des bénéfices significativement moins élevés que les grossistes qui parcourent les terroirs à la recherche de champs à acheter sur pied ou qui fréquentent les centres de collecte ruraux où sont acheminés par charrettes les productions de plusieurs exploitants.

D'une extrémité à l'autre de la chaîne de commercialisation, les profits retirés varient considérablement. Ainsi, la canne à sucre est achetée au producteur à un prix extrêmement variable, qui oscille entre 500 et 3000 CFA (0,8 à 4,6 €) le fagot de 20 tiges pesant environ 60 kg tandis qu'au marché de gros de Katako à Niamey il varie entre 2250 et 4500 CFA. Les vendeurs de rue achètent ensuite les tiges de 225 à 300 CFA (0,3 à 0,5 €), les débitent en 8 ou 10 morceaux qu'ils revendent de 25 à 50 CFA (0,04 à 0,08 €) dans la rue, ce qui leur laisse un bénéfice de 125 à 200 CFA (0,2 à 0,3 €) par tige. Du producteur au consommateur, le prix de la canne à sucre est alors multiplié de deux à quinze (Tableau 12).

La différence de prix observée entre cultivateurs et intermédiaires dans les marchés régionaux s'explique par le fait que la production est directement acheminée vers Niamey. En conséquence, les prix des intermédiaires reflètent le tarif local sur les marchés villageois où la canne est débitée, alors que les prix auprès des producteurs représentent le coût payé par les grossistes de Niamey. Ce sont ces grossistes qui vont se charger des négociations d'achat et mandater un transporteur pour acheminer, au gré des coupes, la production à destination de la capitale. Il est à ce point essentiel de signaler que ni les agriculteurs ni les grossistes ne possèdent les véhicules qui transportent les cargaisons; les

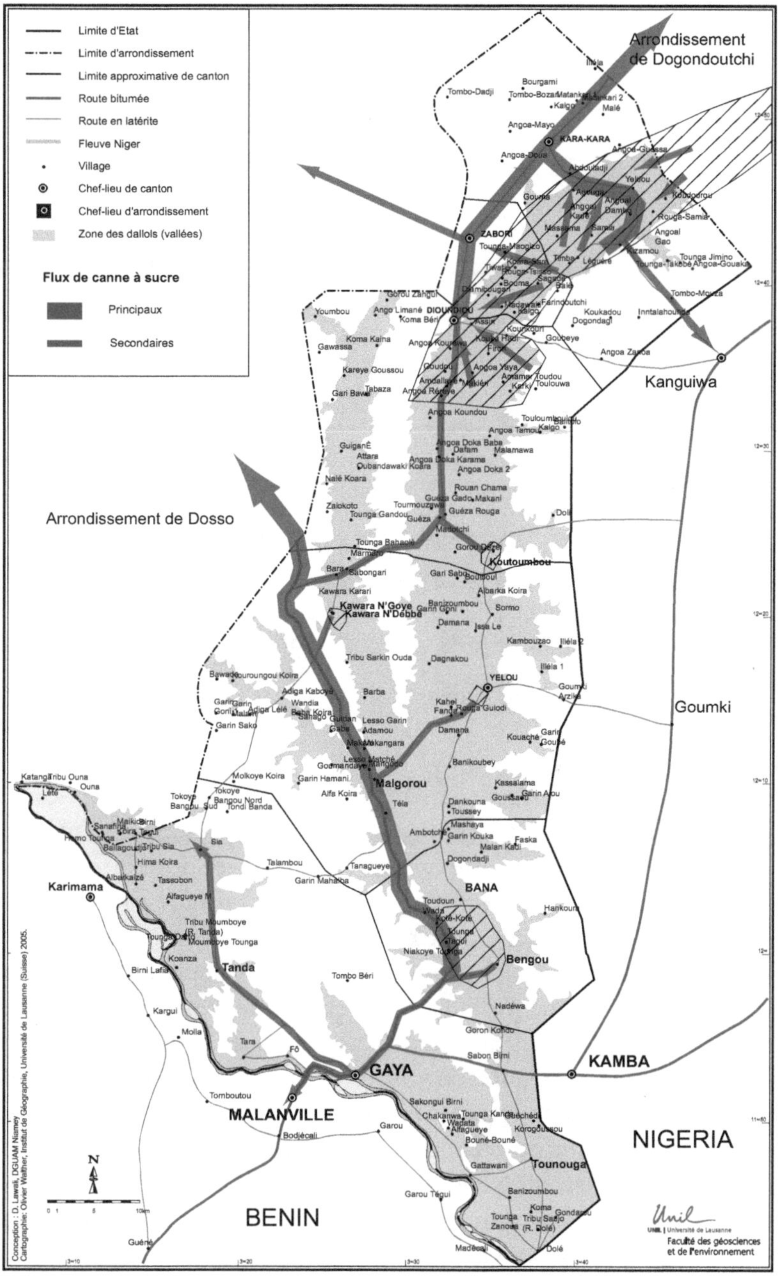

Carte 12. Production et réseaux de commercialisation de la canne à sucre
Source: enquêtes de l'auteur, 2004-2006.

Année	*Site*	*Prix de la canne à sucre* en CFA/fagot	*Statut du vendeur*	*Production* en tonnes
2005	Angoal Doka II	1500-2000	Producteur au champ	100
2005	Amdallaye	1500-2000	Producteur au champ	100
2005	Bana	1000-3000	Producteur au champ	200
2005	Bengou	750-1000	Producteur au champ	
2005		1000-1500	Producteur au marché	700
2003	Dioundiou	850-1000	Intermédiaire de marché	700
2003	Kara Kara	1000-1500	Intermédiaire de marché	500
2005	Koutoumbou	2000-3000	Grossiste	350
2003	Kawara N'Debbé	1000	Producteur au champ	150
2003	Léguéré	1250-1500	Producteur au champ	200
2003	Massama	1000-2000	Producteur au champ	200
2003	Yeldou	1000	Intermédiaire de marché	50
2005	Yélou	750-1000	Producteur au champ	1000
2003	Zabori	500-1000	Producteur au champ	700

Tableau 12. Prix et production de canne à sucre, 2003 et 2005
Note: en l'absence d'une comptabilité plus fiable, les estimations reposent sur la base du nombre moyen de camions de 10 ou 40 t qui stationnent dans chaque site de production par année. 1 € = 656 FCFA.
Sources: enquêtes de l'auteur, 2003-2005.

premiers parce que cet investissement est hors de leur portée et les seconds parce que la canne à sucre n'est transportée que de juillet à décembre, tandis que les camions ont besoin d'être utilisés toute l'année pour être rentables. Le système de location est celui qui assure les frais d'entretien les plus bas.

Si la canne à sucre est achetée sur pied, comme c'est l'usage dominant, les grossistes s'entendent avec les producteurs sur la valeur d'une parcelle, versent une somme équivalente à un engagement auprès du producteur, puis une avance sur leurs ventes au gré des coupes et de leur écoulement sur les marchés. Si les prix sont stables en ville de Niamey, les marchands reviennent auprès des producteurs pour payer la différence; si ce n'est pas le cas et que le cours de la canne a diminué dans la capitale, les grossistes ne paient pas cet écart de prix. Le paysan qui vend sur pied peut faire un bénéfice rapide mais la pratique est risquée car il ne maîtrise pas l'évolution des cours, trop éloigné qu'il se trouve des marchés urbains. A cause de ces négociations, qui entraînent le paiement éventuel des arriérés, les relations entre producteurs et grossistes sont souvent conflictuelles et certains grossistes sont connus pour ne pas payer correctement les exploitants à leur retour du marché. Pour remédier à ce problème, ces derniers ne disposent que de moyens limités: à Yélou, où la production de canne à sucre est récente, les exploitants du périmètre ont été confrontés à cette difficulté sans avoir les moyens de trouver d'autres clients plus fiables, ce qui les a obligés à plus de méfiance dans leurs transactions, tandis qu'à Bengou, où les réseaux de commercialisation sont plus anciens, les relations de confiance sont mieux instituées et les grossistes règlent l'entier de leur facture aux exploitants au moment de la coupe. Ces exemples montrent que l'efficacité des réseaux agricoles est très dépendante de l'ancienneté des relations interpersonnelles et pratiquement indépendante de la solidarité ethnique, puisque producteurs, grossistes et transporteurs proviennent de régions différentes et n'entretiennent pas nécessairement de rapports clientélistes fondés sur l'appartenance à une même ethnie.

Une fois la marchandise chargée au lieu de production ou de collecte, les transporteurs acheminent la canne à sucre sur les grands marchés nationaux pour le compte des grossistes. L'exemple de M. Yaya Idi dit Rouwa, grossiste en canne à sucre de Bengou permet d'évaluer les bénéfices liés à la commercialisation de ce produit[3]. Ayant commencé son activité en vendant de la canne au détail dans son village d'origine, M. Rouwa possède aujourd'hui une capacité financière suffisante pour louer des camions de 10 t, chargeant au maximum 110 fagots par voyage ou de s'associer à d'autres producteurs pour louer un camion de 40 t jusqu'à Niamey. Sachant que le fagot se négocie à 3500 CFA (5 €) sur le marché de Katako à Niamey à la fin de l'année 2005, il achète ses fagots de 400 à 450 naïra (1600 à 1800 CFA, 2,4 à 2,7 €) aux producteurs de Bengou et des environs, où la monnaie nigériane est prédominante. Le transport lui coûte 550 CFA (0,8 €) par fagot s'il utilise un gros véhicule, 650 CFA (1 €) s'il loue un plus petit camion nigérien ou un forfait de 80000 CFA (122 €) s'il fait appel à un camion immatriculé au Nigeria (Tableau 13). En conséquence, après déduction des frais inhérents à l'achat des produits et à leur transport, mais sans compter les frais éventuels de route et la marge de l'intermédiaire du marché de gros de Niamey, le grossiste peut espérer réaliser un bénéfice compris entre 970 et 1350 CFA (1,5 à 2,1 €) par fagot.

3 Entretien avec Yaya Idi, 01.12.2005, Bengou.

	Camions nigérians de 10 t	*Camions nigériens de 10 t*	*Camions de 40 t*
Prix d'achat à Bengou	1600-1800	1600-1800	1600-1800
Transport	730	650	550
Prix de vente à Niamey	3500	3500	3500
Bénéfice	*970-1170*	*1050-1250*	*1150-1350*

Tableau 13. Marges d'un grossiste de canne à sucre selon le moyen de transport, 2005
Note: les prix sont exprimés en CFA par fagot d'une vingtaine de tiges. 1 € = 656 FCFA.
Source: M. Yaya Idi, Bengou, 2005.

Le chargement sur des camions de 40 t est le plus avantageux en raison des quantités transportées. Cependant, la disponibilité de ces moyens de transport est plus faible que celle des véhicules nigérians, abondants sur les pistes rurales des deux côtés de la frontière, ce qui explique qu'ils soient tout de même utilisés par les grossistes. M. Rouwa, qui vend toujours sa canne à sucre au même grossiste de Niamey, ne se déplace pas lui-même et envoie une note qui explique la quantité transportée et le prix souhaité avec son chargement. Certains producteurs préfèrent amener leur canne directement à Niamey, en louant les services d'un camionneur de passage. Ils opèrent alors une vente directe aux détaillants et restent de quatre à dix jours à Niamey, le temps de se faire rembourser par ceux-ci (Encadré 3).

Plus au sud, dans les Dallols Fogha et Maouri, les terroirs de Kawara N'Debbé, Koutoumbou, Bengou et Bana sont également spécialisés dans la canne à sucre, sans toutefois que l'extension de cette culture soit aussi importante que dans le nord du département de Gaya. Localement, la canne assure de confortables revenus, en association avec d'autres productions de rente, telles que la patate douce (Kawara N'Debbé, Bengou) ou les fruits (Koutoumbou, Bengou). Le fonctionnement des réseaux n'y est pas fondamentalement différent de celui de la partie septentrionale. Ainsi, le village de Kawara N'Debbé (4000 hab.) situé dans le Dallol Fogha présente la particularité d'avoir établi des relations d'affaires et de parenté avec la région de Filingué, en direction de laquelle il écoule une part importante de sa production, composée de patate douce et de canne à sucre plantées en association, ainsi que de manioc et de mil. A cause de la forte salinité des sols, l'ensemble des bas-fonds ne peut être mis en culture, malgré la présence de mares importantes qui s'étendent en chapelets de Sabon Gari à Kawara N'Debbé. L'extension de la canne décrit alors un arc de cercle orienté du sud du village jusqu'aux localités de Tourmouzawa, Raouja et Sado. Tandis que la vente se fait indivi-

Encadré 3. Le marché de gros de Katako à Niamey

La canne à sucre de l'Ouest nigérien approvisionne principalement le marché de Katako à Niamey, unique point de vente et de distribution en gros de ce produit dans la capitale nigérienne. La canne à sucre de Katako provient essentiellement des régions nigériennes de Kizamou, Massama, Léguéré, Angoal Doka, Dioundiou, Zabori, Koutoumbou, Kawara, Bengou, Kara Kara, Samia, Zaziatou, Zombo, Fadama et Magouri.

Le marché, situé au nord de la ville, se tient sur une très grande place dénuée de toute infrastructure, exception faite de quelques hangars légers qui servent momentanément à protéger les grossistes et leurs produits du soleil. En réalité, la rapidité des échanges rend inutiles les aménagements, dans la mesure où le marché n'est animé que durant quelques heures au petit matin et se vide subitement une fois les transactions terminées. Celles-ci se déroulent alors que la canne à sucre est toujours chargée dans les camions qui viennent des zones de production. Des négociations rassemblent alors les grossistes de la capitale aux producteurs ou, plus généralement, aux grossistes qui parcourent les zones de production. Une fois qu'un accord a été établi, les grossistes de la capitale montent sur les chargements pour se réserver les fagots les plus intéressants, les paient et les font décharger par des manœuvres jusque sous des hangars où ils sont alors débités en tiges d'une vingtaine de centimètres. Ces grossistes passent alors des contrats oraux avec les petits détaillants qui débitent les cannes et arrangent les morceaux dans des brouettes et partent immédiatement les vendre en ville. Cette organisation hiérarchisée entièrement informelle explique qu'il ne reste quasiment jamais de stocks de canne à sucre sous les hangars. A partir de huit ou neuf heures du matin, le marché est vide.

En comptant quatre camions de 10 t et deux camions de 40 t par jour, l'offre sur le marché de gros de Katako peut être estimée à 18 000 t au cours des 150 jours de la saison de production, ce qui représente environ 13 % de la production nationale, évaluée par le Ministère du Développement rural du Niger à 139 000 t en 1998. Plusieurs éléments font penser que cette capacité est inférieure à la demande urbaine: il n'existe pas de stocks au marché qui pourraient être interprétés comme des signes de surproduction; les transactions sont extrêmement rapides entre grossistes; le niveau général des prix reste élevé auprès des grossistes et des fournisseurs. Dans cette optique, l'accroissement de la production au nord du département de Gaya répond certainement à une demande dont le potentiel reste encore largement inexploité. Une transformation industrielle paraît, en revanche, hors de propos car le marché nigérien est alimenté à bas prix en sucre d'origine française. Le développement d'une production nationale souffrirait de la concurrence internationale, de la petitesse des parcelles cultivées ainsi que de la faiblesse de la mécanisation et des intrants.

duellement ou par l'entremise de grossistes qui achètent directement aux cultivateurs, la production est dirigée vers Niamey, Filingué, Dosso, Malgorou, Téra, Ouna, Bella, Sia et Gaya. La patate douce et le manioc suivent approximativement les mêmes circuits: la production est acheminée vers la route goudronnée puis transportée par camions jusqu'à Baleyara et Filingué plutôt que vers Kara Kara et Dioundiou car le Nigeria ravitaille plus avantageusement ces villes en patate douce de bonne qualité.

Le terroir de Koutoumbou, situé dans le Dallol Maouri, bénéficie quant à lui de deux éléments déterminants pour le développement des cultures de rente: des ressources hydrauliques artésiennes importantes et la présence d'investisseurs agricoles aux activités orientées vers la capitale nigérienne et le Nigeria[4]. Ainsi, consécutivement à une phase pilote du Projet Dallol Maouri (1969-1970) destinée à tester le comportement des sols des *dallols* à l'irrigation, un réseau de plusieurs puits et de canaux alimente des vergers et des jardins très productifs et peu marqués par la salinité. Laissés à l'abandon puis réhabilités par l'Etat en 1984 dans l'urgence de pallier les effets de la sécheresse, les canaux sont aujourd'hui gérés de manière privée et permettent une irrigation continue de la canne à sucre et des vergers, les deux principales productions commerciales du lieu. La culture de la canne y est ancienne mais connaît aujourd'hui une croissance rapide, en remplacement du sorgho, du manioc et du riz. Elle alimente les marchés de Niamey, Mokko, Dogondoutchi, Filingué principalement, et dans une moindre mesure ceux de Bella, Dosso et Malgorou.

La vente y est effectuée sur pied, la coupe étant effectuée par l'acheteur ou par le cultivateur, lequel doit alors acheminer sa production jusqu'à un marché en louant des camions de 10 t en provenance du Nigeria. Les agriculteurs, contraints de couper leurs cannes par petites quantités pour ne pas faire chuter les cours sur les marchés proches, préfèrent vendre sur pied.

Le dynamisme des terroirs est manifestement davantage lié aux compétences des élites locales en matière de développement économique qu'aux potentialités agricoles des environnements soumis à l'irrigation. Bengou et Bana illustrent cette problématique en montrant que deux espaces très similaires situés dans le Dallol Maouri à quelques kilomètres de distance peuvent être aménagés de façon radicalement différente. Dans tout le département de Gaya et jusqu'à Niamey, le terroir de Bengou est renommé pour la qualité de ses patates douces et de sa canne à sucre, produits qui constituent une

4 Entretien avec M. Maman Mouza, 07.10.05, Koutoumbou.

grande partie des exportations de la localité. Grâce à ces cultures et au dynamisme politique de ses élites, Bengou (11 000 hab.) est en mesure d'appuyer plus fortement ses ambitions administratives[5] vis-à-vis du chef-lieu de canton voisin de Bana (5000 hab.). La prospérité de Bengou doit en effet l'essentiel de son essor aux réseaux d'exportation que certains grands producteurs ont su tisser jusqu'à la capitale.

A Bengou, la patate douce a connu un essor important, quoique limité actuellement par l'épuisement progressif des sols, et cela malgré un usage intensif d'engrais. Les producteurs affirment que ce tubercule est l'unique production «adaptée» à leurs terroirs, ce qui signifie en fait qu'elle est la seule à générer d'aussi grands bénéfices. Elle est exportée à longue distance sur les grands marchés urbains de Niamey, Gaya, Malanville, Kamba et Dosso de même qu'à Malgorou et Bella par des grossistes de la capitale, grâce à des camions de 10 ou 40 t. Une culture si intensive ne serait guère possible sans moyens mécaniques importants; c'est la raison pour laquelle plusieurs dizaines de producteurs se sont équipés de motopompes achetées à Gaya et au Nigeria depuis une dizaine d'années. La canne à sucre y est quant à elle cultivée sur des surfaces considérables au nord de la ville au moyen d'une irrigation naturelle ou mécanique selon la disponibilité en eau. La commercialisation s'effectue en direction de Gaya et Malanville principalement, et dans une moindre mesure vers Niamey, Sia et Tanda. Ainsi qu'ailleurs, la canne est achetée sur pied par des grossistes de Bengou et Bana qui se chargent ensuite de la couper et de l'acheminer. La présence de pistes rurales en bon état et de l'axe goudronné Dosso – Gaya à l'ouest en facilitent l'exportation. Etant donné que la plus grande partie des produits locaux sont vendus directement à des fournisseurs depuis les champs, le marché de la localité est d'une importance très faible.

Autant Bengou affiche ouvertement un terroir très aménagé, des bas-fonds intensivement mis en valeur et des vergers à hauts rendements, autant Bana souffre d'un faible dynamisme économique. Non seulement son marché est insignifiant en regard de son importance administrative, mais les terroirs potentiellement fertiles du *dallol* ne sont que très peu aménagés. Le mil, le

5 La revendication principale de Bengou est la reconnaissance de la ville comme chef-lieu de canton, indépendamment de celui de Bana. Aujourd'hui, Bengou revendique sa souveraineté sur plusieurs villages du canton, au détriment du chef-lieu et s'appuie pour cela sur une activité commerciale très importante qui contraste fortement avec celle de Bana.

sorgho et un peu de manioc dominent la production et assurent parfois de petites exportations à Gaya et à des grossistes du village alors que le haricot est vendu au Nigeria, éloigné d'une dizaine de kilomètres. Dans la zone humide, le niveau des eaux est régulièrement trop élevé pour permettre un développement significatif de la canne à sucre. En période de décrue, les paysans y pratiquent la culture de la patate douce et du riz. Des jardins de faible étendue sont situés sur la bordure de la zone inondable, mais leur production est entravée par l'absence de motopompes ainsi que par les coûts élevés du désherbage. De toute évidence, les céréales rapportent plus que les cultures de décrue parce qu'elles sont moins risquées en l'état actuel des aménagements, malgré que le potentiel agricole et commercial du terroir soit comparable à celui de Bengou. Ce qui différencie réellement les deux terroirs, ce sont les compétences respectives de leurs élites et la présence de certains investisseurs particulièrement actifs dans le domaine des cultures de rente à Bengou.

13.2 Vallée du fleuve: l'intensité de la culture de l'oignon et du riz

Les productions de la vallée du fleuve Niger, considérée ici entre Ouna au Niger et Illo au Nigeria, sont traditionnellement orientées vers la culture de l'oignon et du riz. L'irrigation y est plus répandue qu'ailleurs, bien que de grandes disparités marquent l'espace économique régional. Au Bénin, il existe en effet un fort gradient de productivité orienté le long de la vallée du fleuve, entre les zones enclavées de Karimama et les terroirs plus favorisés par l'activité économique que sont les environs de Malanville ainsi que les régions proches de la frontière nigériane. Ces différences sont moins visibles au Niger car de gros marchés ruraux reliés par un bon réseau de pistes assurent une commercialisation plus adéquate des produits issus de l'irrigation. Il n'en demeure pas moins que l'intensité des cultures est liée à deux facteurs dominants: la proximité des marchés et la distance aux frontières. Compte tenu de ces éléments, le commentaire géographique suivra le fil du fleuve, d'ouest en est, en commençant par la rive nigérienne.

L'ouest nigérien de la vallée du fleuve est dominé par la culture du riz dans la plaine inondable. Ponctuellement, certains terroirs connaissent les prémices d'une intensification agricole de contre-saison. C'est le cas des villages d'Ouna (5000 hab.) et d'Albarkaïzé (1000 hab.) dans lesquels les habitants se reconvertissent partiellement à la culture céréalière et irriguée, à la faveur d'une raréfaction massive du poisson survenue depuis 15 à 20 ans. Cette évolution est d'autant plus remarquable que ces populations étaient jusqu'ici connues pour «suivre le poisson comme les Peul suivent leurs troupeaux», c'est-à-dire qu'elles préféraient s'établir en amont ou en aval de leur localité d'origine, à la recherche d'emplacements favorables à la pêche. Dans cette partie de la vallée, la reconversion agricole n'est pas nécessairement aisée et, de toute évidence, la pêche et la riziculture priment encore ici sur les cultures de contre-saison. Des jardins locaux fournissent néanmoins de la patate douce, du manioc, du gombo, des mangues, des agrumes ou, à Albarkaïzé, des pommiers cajou *(Anacardium occidentale)* sur des parcelles de petite taille. La courge, produite en décrue dans la plaine inondable ainsi que sur des sols dunaires, fait l'objet de la culture la plus intense depuis une quinzaine d'années. Grâce à une forte demande en provenance de la capitale nigérienne, elle apporte des revenus appréciables aux terroirs riverains du fleuve mais elle reste sujette à de brusques excédents qui résultent du fait qu'un nombre croissant d'agriculteurs l'aient adopté en contre-saison (Encadré 4). Les réseaux de commercialisation des produits de rente restent par conséquent très embryonnaires: la vente s'organise en direction de Sia et de Gaya par véhicules et charrettes tandis que le marché d'Ouna joue un rôle essentiel dans la collecte et la distribution des produits agricoles céréaliers. Le dynamisme de ce marché provient de son ancienneté (plus de 50 ans), de sa bonne accessibilité par le fleuve et de sa très large diversité de produits et d'agents économiques nigériens, béninois et nigérians. Grâce à ces éléments, son aire d'influence atteint une quinzaine de kilomètres au Bénin (Karimama, Goroubéri, Kwara Tégui, Lété, Toyo) et environ 25 kilomètres au Niger (Sia, Tanda, Albarkaïzé, Momboye Tounga), surtout en raison des déplacements en pirogue.

Localement, certaines mares ont fait l'objet d'un aménagement significatif en faveur des cultures de contre-saison. Ainsi, à Bangoubi («mare noire») proche de Sia (6000 hab.), l'agriculture de décrue s'est développée au profit des productions maraîchères et fruitières depuis une quinzaine d'années.

Le riz constitue toujours la culture la plus rentable, mais on y trouve également de la canne à sucre, de la patate douce, du gombo, du maïs, du manioc et des fruits. En fonction des tonnages disponibles à chaque récolte, les produits sont exportés à Gaya ou au Nigeria ou vendus directement aux champs à des femmes des villages environnants, qui les emmènent ensuite au marché. Comme dans l'ensemble de cette zone riveraine du fleuve les

Encadré 4. Le marché des courges de Pont Kennedy (Niamey)

L'intensification de la culture de la courge en aval de Niamey est directement liée à la forte demande urbaine. Depuis une dizaine d'années en effet, la courge mobilise de façon croissante les villageois nigériens et béninois riverains du fleuve dans la région de Gaya et du Parc national du W (Tenda Tadji, Kardji, Mossey, Boumba, Kambakoubi, Karoya, Tounga Djingo, Karékopto, Tondey). Ce produit est acheminé au marché de Pont Kennedy, situé sur la rive droite du fleuve à Niamey, grâce à des pirogues pouvant transporter de 1500 à 2000 courges pour un coût approximatif de 250 CFA (0,4 €) la pièce. De l'avis des débardeurs du port, une à trois pirogues accostent tous les jours pendant la période de culture, ce qui représente environ 420 000 à 560 000 courges par an, vendues à un prix variant de 50 000 à 100 000 CFA (76 à 152 €) pour 1000 pièces au port. Des circuits de collecte permettent aux grossistes de diversifier leur ravitaillement en fonction des saisons, en s'approvisionnant à Ayorou, à Kandadji ou dans le Boboye lorsque les légumes du sud viennent à manquer. Il n'en demeure pas moins que le marché fluviatile reste saisonnier, compte tenu du fait que les eaux ne sont accessibles aux grandes pirogues à moteur que d'août à février alors que les petites embarcations peuvent naviguer jusqu'à début avril.

Les courges achetées par les grossistes sont déchargées au pied du pont et distribuées dans la ville par des transporteurs privés qui assurent l'acheminement jusqu'aux marchés urbains pour la somme de 2500 à 3000 CFA (3,8 à 4,6 €) les 100 pièces. Chaque grossiste de Niamey provenant du Petit Marché ou de Katako possède un fournisseur attitré qui lui garantit un approvisionnement en courges quelles que soient les conditions de production, ce qui tend à démontrer que le caractère informel des activités n'est pas incompatible avec des schémas économiques réguliers et rigoureux. La chaîne commerciale qui lie les producteurs, les grossistes et les distributeurs est basée sur les affaires plutôt que sur la parenté et c'est la confiance et l'ancienneté des liens noués qui assurent le bon fonctionnement du réseau. Les paiements se font d'ailleurs souvent à crédit, dans un délai de deux à trois jours. Les prix ont fortement diminué du fait de l'intensification de la production en aval du fleuve, la courge étant aujourd'hui considérée comme la «viande du pauvre» (150 à 400 CFA, 0,2 à 0,6 € l'unité au détail).

exploitants sont confrontés au manque de moyens d'exhaure mécanique, à l'absence de grillage empêchant les animaux de divaguer sur les parcelles et à la présence des herbes aquatiques, qui sont cependant arrachées et brûlées. En raison des petites quantités produites, aucun grossiste ne s'est encore véritablement consacré à l'exportation des productions locales de contre-saison.

L'intensification du travail agricole augmente à mesure que l'on se rapproche de Gaya, une illustration de la théorie de l'utilisation du sol et de l'intensité de la production agricole relative à la distance aux marchés développée par J. von Thünen (1826 [1966]). Les opportunités de production y sont notablement plus élevées qu'en amont par le fait que l'accès aux intrants et aux financements de petite irrigation privée sont facilités par la proximité des centres urbains. En outre, la commercialisation bénéficie de la présence d'opérateurs économiques actifs sur une échelle plus vaste et de marchés urbains plus développés. Cela est notamment visible à Tanda (17000 hab.), deuxième ville du département de Gaya, qui possède un des plus grands marchés de la région grâce à la présence d'acheteurs béninois et nigérians. Les cultures de contre-saison sont concentrées dans la zone humide à l'est de la ville qui présente des bas-fonds plus intéressants à cultiver en contre-saison que la plaine inondable, en raison des risques encourus dans cette zone par la montée des eaux en l'absence d'aménagements. Comme dans l'ensemble de la vallée du Niger, les parcelles sont irriguées manuellement ou à l'aide de motopompes et produisent de la salade, du piment, des choux et des carottes, acheminés préférentiellement à Tanda, à Gaya, Sia et Albarkaïzé. Les habitants de Tanda possèdent des parcelles de riz situées dans la plaine inondable du fleuve, dans les environs de Kouanza au Niger comme au Bénin mais seuls les producteurs les plus aisés en commercialisent la production sur les marchés locaux de Tara et Tanda et, en cas d'importants excédents, à Malanville et Kamba.

En ce qui concerne plus particulièrement la rive béninoise, force est de constater que les environs de Karimama constituent une zone particulièrement peu dynamique. D'une part, cette localité a connu, depuis la colonisation, un déclin irrémédiable de son influence politique traditionnelle, d'autre part, sur le plan économique, les cultures commerciales irriguées y sont fort peu répandues et rares sont les producteurs qui bénéficient d'une motopompe. De petits jardins situés à proximité du fleuve fournissent certes des courges, du gombo, des oignons, des tomates et du piment mais l'activité productrice est limitée au marché local. Les producteurs expliquent cette situation par les inondations fréquentes qui, en l'absence de digues, rendent la culture irriguée aléatoire. La culture de rente dans les bas-fonds y est inexistante, contrairement aux terroirs situés sur la route Guéné-Karimama, intensément irrigués par des motopompes. Le faible dynamisme de la région s'explique également par l'enclavement de la ville vis-à-vis des centres de collecte et de consommation, situés à plus de 35 kilomètres à vol d'oiseau à l'est. La ville pourrait peut-être bénéficier de sa proximité avec le Parc national du W, mais en l'absence d'un développement significatif des infrastructures touristiques, peu de visiteurs empruntent cette entrée.

En comparaison, les cultures de rente pratiquées dans les terroirs de Dégué Dégué, Tomboutou et Molla semblent connaître une bien plus forte croissance. Cet espace riverain est soumis à de grandes transformations agricoles, allant dans le sens d'une utilisation plus intensive de l'eau et de cultures commerciales plus développées. D'une manière générale, le riz est planté à proximité du fleuve ou dans les bas-fonds alors que l'oignon et les autres cultures de contre-saison (piment, tomate) sont plantées sur les versants du fleuve avant la fin des pluies pour profiter de l'humidité résiduelle, puis intensément irriguées. Grâce à la technique des puits en PVC profonds de 10 m reliés aux motopompes, ces cultures se développent malgré un handicap routier important. Toutes les productions sont acheminées à Malanville par des moyens divers: le plus généralement, les cultivateurs se rendent au marché eux-mêmes par Guéné ou par Wollo selon le degré d'inondation des pistes mais il est arrivé également que la production soit collectée au village par des grossistes de Tara et de Malanville, lesquels parcourent les villages riverains du fleuve avec des Peugeot 504 de location et des camions de 10 t. La part des échanges directs avec la rive nigérienne est extrêmement faible en raison du poids du marché de Malanville dans les flux régionaux (Carte 13).

En aval de Malanville jusqu'à la frontière nigériane, les conditions pédologiques et climatiques imposent un découpage physique et temporel de la production. La vallée du fleuve *(fadama)*, plus exposée aux inondations, est planté de riz, les bas-fonds *(ziggi)* éloignés parfois de plusieurs kilomètres du fleuve sont plus favorables à la culture intensive de l'oignon en raison de la grande disponibilité en eau, alors que les terres les plus sableuses sont préférentiellement semées de céréales pluviales (mil et sorgho). L'oignon, produit intensivement depuis une quarantaine d'années en raison de sa très forte rentabilité, est cultivé d'octobre à janvier, après quoi, les producteurs marquent un temps d'arrêt cultural qui peut durer jusqu'à mars et qui est mis à profit pour les affaires. Avril marque le début du plantage du riz, du maïs et du gombo de contre-saison, des produits non commercialisés destinés à être consommés pendant la période de *soudure*. Entre juillet et septembre, les producteurs sont occupés aux cultures de mil, sorgho, maïs, riz, haricot, gombo, piment, arachide, canne à sucre, manioc et patate douce dont la récolte a lieu environ trois mois plus tard.

L'eau est exploitée par irrigation mécanique entre 4 et 5 m, à l'aide de motopompes branchées sur des puits cimentés ou des tuyaux en PVC. Les machines utilisées depuis trente ans sont achetées à des marchands nigérians qui les transportent en camions depuis Kaduna et Abuja jusqu'à la frontière bénino-nigériane, puis en pirogues. Les producteurs les paient à crédit, après versement d'un premier acompte, le solde intervenant après la récolte. A

Carte 13. Production et réseaux de commercialisation de l'oignon
Source: enquêtes de l'auteur, 2004-2006.

Garou Tégui, plus d'une centaine de producteurs en seraient équipés alors qu'à Madécali, ce nombre serait deux fois plus élevé. Quelle que soit la fiabilité de ces chiffres, donnés par les exploitants eux-mêmes, il est évident que la possession de pompes mécaniques est devenue absolument nécessaire à tout producteur désireux de tirer de l'oignon des rendements élevés.

Les oignons sont acheminés à Malanville en camions de 10 t ou en pirogues, vendus à un prix variant entre 5000 et 15000 CFA (7,6 à 23 €) et exportés à destination des grands marchés du Golfe de Guinée comme Cotonou ou Abidjan. Si les cours sont trop bas au Bénin, les producteurs préfèrent se rendre à Gaya ou à Yawri, Kontagora et Jega (Nigeria) à plus de 150 km. Cette flexibilité des prix montre que les villageois de Garou, Garou Tégui et Madécali sont obligés de faire preuve d'une grande mobilité pour écouler leurs produits.

13.3 Agricultures urbaine et périurbaine

Les jardins urbains et périurbains peuvent constituer des localisations favorables aux cultures de rente, en raison de la présence d'eau à faible profondeur, de la facilité d'écoulement des produits et d'une main-d'œuvre disponible abondante (Lynch, Binns et Olofin, 2001). A Gaya par exemple, les jardins les plus intensivement cultivés sont localisés d'une part le long du *kori* principal qui traverse la ville, d'autre part le long du fleuve Niger (Carte 6, Partie I). Il n'y a pas de différence fondamentale entre agricultures urbaine et périurbaine dans ce contexte, si ce n'est le fait que la première est orientée plutôt vers la culture maraîchère alors que la seconde est plus diversifiée (arbres fruitiers, jardins, oignons).

Les versants du *kori* traversant Gaya sont intensément cultivés en contre-saison. La partie située en amont du pont, qui a connu de graves inondations au début des années 1980, produit surtout des salades et des choux. Ces surfaces fournissent un emploi saisonnier à plus d'une vingtaine de jeunes hommes du quartier voisin de Kwara Tégui, lesquels reprennent leurs cultures céréalières après la saison sèche. L'écoulement des produits s'effectue sur les marchés proches de Gaya et de Malanville par l'intermédiaire de très nombreuses femmes. L'irrigation se fait manuellement, à partir d'un puits foré en 1985-1986, d'une profondeur de plus de 8 m. Les surfaces concernées par les cultures de contre-saison se situent à l'intérieur de la ville et pourraient par conséquent être menacées par la densification urbaine. Les propriétaires actuels ont jusqu'ici repoussé les propositions d'achat faites par de riches commerçants de la place mais nul doute qu'à long terme, l'insécurité foncière limitera les investissements agricoles. Ceci est d'autant plus certain que les financements octroyés en faveur de la petite irrigation privée ne peuvent être accordés aux parcelles situées à faible distance des villes car elles ne donnent pas de garantie suffisante de durabilité.

En aval du pont, la production est d'autant plus diversifiée (salades, choux, agrumes, oignons, tomates, piments) qu'on se rapproche du fleuve Niger, mais l'organisation des cultures et de leur commercialisation ne diffère pas fondamentalement des parcelles précédemment décrites. Les champs, acquis par héritage, appartiennent usuellement à des habitants des quartiers proches de Sokondji, Sakabatama et Kwara Tégui. L'irrigation des bords du *kori* est manuelle en amont et mécanique en aval, à mesure que les parcelles s'agrandissent. Grâce à un surcreusement, l'eau est disponible au fond du cours d'eau temporaire toute l'année ou directement à partir du fleuve. La rive du Niger située à l'ouest de Gaya est quant à elle exploitée par des producteurs privés qui y plantent surtout des piments, des tomates, des oignons, des choux et des salades, généralement en association avec un couvert arboré de manguiers. Dans les jardins riverains, l'irrigation mécanique est largement diffusée à l'aide de puits en PVC ou directement dans le fleuve mais elle se pratique également à la main. Les oignons sont commercialisés à Malanville et à Niamey, les piments, les choux et les salades sont écoulés à Gaya et à Malanville tandis que les mangues sont vendues aux femmes de Gaya, illustrant l'extrême fragmentation du marché local.

Par un jeu subtil d'investissements consécutifs, les producteurs parviennent à s'équiper en motopompes de manière individuelle. Ainsi en est-il de M. M., qui cultivait à l'origine du riz sur une parcelle riveraine du fleuve aux environs de la Douane de Gaya. Grâce au revenu d'une récolte particulièrement abondante, il est parvenu à acheter un veau à 30000 CFA (45 €), qu'il a engraissé pendant un an, avant de le vendre 140000 CFA (213 €). Le bénéfice retiré lui a ensuite permis ensuite d'acheter une motopompe Robin et d'augmenter considérablement sa surface irriguée ainsi que ses bénéfices. Aujourd'hui, il souhaite réinvestir dans l'embouche bovine, ce qui lui permettrait aussi de disposer de bœufs de labour. Ce mode d'investissement, extrêmement répandu parmi les exploitants de Gaya, comme le montre l'exemple suivant, insiste sur la nécessité de ne pas séparer jardinage et élevage dans l'analyse des transformations économiques:

> Ceux qui n'avaient qu'une paire de bœufs se sont organisés de telle façon que, pendant une ou deux campagnes, les bœufs deviennent gros. On les vendait et on achetait des plus petits. Quand vous passez dans la rue, vous voyez une paire de bœufs avec deux bœufs plus petits qui suivent. Il y a un excédent monétaire qui a commencé à se faire sentir. La thésaurisation a commencé par les animaux. Les pères avaient une paire de bœufs qui travaillait et l'autre qui attendait.[6]

En outre, en vertu du principe selon lequel les jeunes hommes peuvent consacrer une partie de leur temps libre à des activités individuelles, la pratique de l'agriculture permet de réaliser des investissements dans d'autres secteurs économiques:

> Les enfants faisaient de la salade, des légumes, jusqu'à faire de 200 000 à 400 000 francs [305 à 610 €] de récolte par an. Ce sont des gens qui venaient de se marier ou qui n'étaient même pas encore mariés. Ces enfants se sont demandés: que faire des surplus? [...] Au lieu de garder l'argent, ils ont fait l'achat de *kabu-kabu* [motos-taxis]. Aujourd'hui, la plupart des jeunes gens qui ont plusieurs *kabu-kabu* transforment tout de suite leur véhicule en Toyota Starlet deux portes au port de Cotonou. Avec 600 000 francs CFA [914 €], vous avez une Starlet. Vous avez aujourd'hui plus de dix natifs de Gaya qui ont des véhicules et qui font du transport [de passagers]. Vous voyez que de la culture de rente à la production privée, tout est parti de la terre. C'est l'agriculture qui a permis le développement des gens de Gaya.[7]

De Kotcha à la Douane, de grandes parcelles d'oignon (Photo 8) et de riz sont également cultivées à proximité du fleuve tandis que les versants plus proches du plateau latéritique sont réservés à la culture céréalière, à cause de leur soubassement rocheux qui rend le forage difficile. Etant donné que l'oignon pousse en trois mois, les exploitants effectuent une ou deux récoltes par an et écoulent leurs produits principalement à Cotonou et à Lomé et, plus rarement, sur les marchés de Gaya et de Niamey, à des tarifs pouvant atteindre 40 000 CFA (61 €) le sac. Plus à l'est, sur la route de l'ex-Projet fruitier, 130 à 150 producteurs exploitent depuis plus d'une trentaine d'années une cinquantaine d'hectares de parcelles denses (Wampfler, 1998), plantées en arbres fruitiers et semées de riz et d'oignon. Ici, la gestion de l'eau est radicalement différente de celle qui fut mis en place dans le cadre de l'ex-Projet fruitier précédemment décrit car les exploitants utilisent des motopompes individuelles à partir de puits cimentés ou en PVC. Contrairement au périmètre collectif

6 Entretien avec Ibrahim Beïdou, 03.12.04, Gaya.
7 Entretien avec Ibrahim Beïdou, 03.12.04, Gaya.

Photo 8. Culture intensive d'oignons en périphérie de la ville de Gaya
Source: J.-M. Walther, 2005.

où le moteur principal ne fonctionne qu'irrégulièrement, les arbres des parcelles privées ne souffrent pas de dessèchement, l'arrosage étant assuré presque quotidiennement. Le renouveau dû aux investissements agricoles de petite irrigation privée financés par l'ANPIP y est particulièrement visible: là où ne poussaient que des manguiers ou des céréales pluviales, des infrastructures d'irrigation sont construites pour cultiver oignons, tomates ou riz tandis que la présence de clôtures métalliques, de châteaux d'eau en plastique et de très nombreux forages et puits peu profonds atteste d'une intensification des usages de l'eau.

Pour assurer l'irrigation de leurs parcelles, les privés s'approvisionnent en motopompes à Sokoto (300 km), Yawri (200 km), Kano (750 km), qu'ils paient en espèces après s'être éventuellement endettés auprès de certains parents ou voisins alors que la ville de Niamey (300 km) où se vendent également ces machines japonaises est réputée trop chère. Les motopompes sont considérées comme les instruments indispensables d'une culture fruitière ou rizicole importante et diversifiée. De nombreux agrumes comme les oranges, les citrons, les pamplemousses, les mandarines et les *tangelos* (hybrides entre la mandarine et l'orange), assurent les revenus les plus confortables après leur cueillette en fin d'année. Des manguiers et des goyaviers sont également plantés bien qu'ils tendent à être remplacés par des agrumes pour des questions de rentabilité. L'oignon, le piment, le chou, la salade, l'oseille, l'aubergine, la tomate, le manioc et le riz sont aussi cultivés alors que la canne à sucre est délaissée en raison de sa plus faible rentabilité et de sa culture saisonnière qui assure des revenus peu réguliers.

Sur le plan de la commercialisation, les agrumes et les mangues sont transportés en charrettes jusqu'à la gare routière puis chargés dans des minibus, des pick-up et des camions de 10 à 40 t et transportés prioritairement au Petit Marché de Niamey et très secondairement jusqu'à Kandi et Cotonou. Le fait que les producteurs privilégient l'exportation explique que les fruits sont difficiles à trouver sur le marché local. Il semble alors que les cultivateurs privilégient la réduction des risques par l'établissement de relations commerciales à long terme et à longue distance plutôt qu'un profit local plus important mais non assuré dans le temps. La demande en agrumes est si importante que les grossistes de la capitale viennent s'approvisionner directement auprès des producteurs. Les exploitants apprécient ce système car se rendre à Niamey est synonyme de frais élevés, d'avaries mécaniques et de pertes importantes compte tenu des moyens de transport non réfrigérés. En ce qui concerne le riz, il est fréquent que des commerçants nigérians achètent l'entier de la production et la chargent directement sur leurs camions.

L'exploitation privée des jardins au bord de fleuve ne va pas sans difficulté: les paysans se plaignent surtout de ne pas posséder suffisamment de ressources financières avant les récoltes pour acheter leurs engrais et payer le carburant de leurs machines lorsque les semis nécessitent le plus d'arrosage. Du fait d'une demande soutenue, la commercialisation ne pose pas de grands problèmes, si ce n'est peut-être la conservation temporaire des produits qui, conjuguée à l'absence de réserves financières, peut menacer les exploitants les plus fragiles.

Cette zone périurbaine, où l'intensification de l'usage mécanisé des ressources hydrauliques est particulièrement évidente, constitue l'une des régions les plus concernées par la promotion de la petite irrigation privée appuyée par les bailleurs internationaux.

14. La promotion de l'irrigation privée

Conscient du potentiel encore partiellement inexploité de ses ressources en eau et de la nécessité de promouvoir des types de production moins dépendants des variations climatiques, le Niger a mis en place un programme national de promotion de la petite irrigation privée, grâce à un financement de la Banque mondiale.

14.1 Le Projet de Promotion de l'Irrigation Privée

De 1996 à 2001, le gouvernement nigérien met en place une phase pilote de promotion de ce genre d'irrigation, qui connaît, depuis 2003, une seconde phase plus ambitieuse appelée Projet de Promotion de l'Irrigation Privée (PIP2). D'un montant de 38,8 millions de dollars, cette seconde étape est confiée à l'Association Nigérienne pour la Promotion de l'Irrigation Privée (ANPIP). Les objectifs sont notamment

> l'intensification et la diversification de la production irriguée pour améliorer la sécurité alimentaire; le développement du secteur privé et le renforcement du pouvoir des groupements de producteurs et des organisations professionnelles; la mise en place de mécanismes de financement durables du monde rural; l'instauration de conditions de production qui soient de nature à préserver durablement l'environnement (ANPIP, 2005; 3).

Le projet concerne toutes les zones susceptibles de mettre en place des infrastructures irriguées, notamment les vallées des cours d'eau temporaires et permanents.

Dans ce contexte, l'enjeu du travail consiste à se demander quel est le profil des investisseurs et dans quels domaines économiques leurs investissements sont réalisés, en se basant sur l'hypothèse qu'il existe une profonde divergence entre un investissement agricole, effectué par une notabilité et un fonctionnariat à la retraite, et un investissement spéculatif dans le domaine de l'import-export effectué par des commerçants. De ce point de vue, l'analyse d'un échantillon composé de 126 dossiers de plus de 2 millions

Cultures pratiquées avant le financement de l'ANPIP		*Nombre de parcelles*	*Pourcentage*
Cultures irriguées		124	79.5
Dont:	*Jardins*	*42*	*26.9*
	Vergers	*31*	*19.9*
	Oignon	*19*	*12.2*
	Riz	*16*	*10.2*
	Canne à sucre	*10*	*6.4*
	Patate douce	*6*	*3.9*
Cultures céréalières		24	15.4
Aucune culture		8	5.1
Total		*156*	*100*

Tableau 14. Cultures initialement pratiquées sur les parcelles ayant bénéficié d'un financement de l'ANPIP
Note: N= 102 dossiers valides
Source: Antenne de l'ANPIP de Dosso, 2005.

de CFA (3049 €) financés par l'ANPIP dans le département de Gaya de 2003 à 2005 devrait mettre en évidence la relative étanchéité qui existe entre les logiques des deux types de *patrons* précédemment identifiés. Le choix de se limiter aux dossiers supérieurs à 2 millions de CFA se justifie par le fait que ceux-ci forment la majorité des demandes, dans la mesure où ils permettent aux promoteurs de disposer de moyens d'exhaure indispensables à une intensification de l'usage des ressources en eau, notamment parce que la mécanisation requiert une surface minimale pour être rentable. Certes, des pompes à pied moins onéreuses sont proposés par le projet mais leur diffusion reste extrêmement restreinte à Gaya.

Le fait que près de 80 % des parcelles concernées par le projet de promotion de l'irrigation faisaient déjà l'objet d'une agriculture intensive permet de montrer que les crédits alloués concernent en grande partie une modernisation de l'appareil productif existant plutôt que son extension à de nouvelles parcelles, et que, par conséquent, l'échantillon retenu est représentatif de l'évolution de l'irrigation dans le département de Gaya. De ce point de vue, le projet ANPIP est bien plus un appui à des promoteurs déjà engagés dans la culture irriguée, mécanisée ou non, qu'une aide à la promotion de cette irrigation privée sur des terrains auparavant moins mis en valeur, par exemple par des cultures céréalières (15 %), voire sans culture du tout (5 %) (Tableau 14). Il s'adresse donc aux individus soucieux de renouveler leurs infrastructures d'irrigation et ne semble pas conduire, au vu des chiffres ci-dessous, à un accroissement significatif des surfaces irriguées. Les surfaces concernées par le programme de l'ANPIP (430 ha) n'occupent d'ailleurs que 0,2 % de la superficie cultivable du département.

14.2 L'investissement s'effectue par le canal des entrepreneurs aisés

L'ANPIP délègue l'élaboration des sous-projets de financement à de petites structures locales. La plupart des dossiers qui concernent la région de Gaya sont rédigés par le bureau Agrobusiness de Gaya (communes de Gaya, Tanda, Tounouga, Bengou et Bana) et Nyya de Dosso (communes de Kara Kara, Dioundiou, Zabori et Yélou). Ces organismes sont généralement composés d'ingénieurs en génie rural et agronomie, d'environnementalistes et d'autres techniciens. Ils accueillent les promoteurs désireux de soumettre un sous-projet à l'ANPIP et établissent un dossier plus ou moins standardisé de la situation géographique, économique et financière de chaque parcelle, lequel comprend généralement un descriptif de la situation de référence avant projet, de la nature de l'activité envisagée, de la production prévue et de ses besoin en eau, de l'assolement ainsi qu'un budget détaillé de l'investissement et le résultat des études d'impact. Les dossiers doivent répondre à un certain nombre de critères, dont l'accessibilité, la sécurisation foncière, la disponibilité en eau et le coût moyen sont les facteurs déterminants. L'investissement ne peut être supérieur à 2 millions de CFA à l'hectare (3049 €), la nappe phréatique ne peut dépasser 12 m de profondeur et les parcelles ne peuvent être situées à proximité d'une zone urbaine de manière à garantir leur viabilité en cas d'extension des quartiers périphériques ou sur un couloir de passage pastoral. En outre, les parcelles doivent impérativement être légalisées auprès de la Commission foncière ou auprès des chefs de canton qui en légitiment la propriété.

Le promoteur doit également fournir une part variable du financement total, déposée sur un compte auprès de la Mutuelle Asunsu Dendi de Gaya, puis débloquée pour financer la première tranche des travaux. En ce qui concerne plus particulièrement les équipements agricoles, l'ANPIP finance la construction de puits maraîchers cerclés de béton réalisés par des puisatiers locaux, des forages dans lesquels sont insérés des tuyaux de PVC de 63 ou 110 mm de diamètre afin de procéder au pompage mécanique ainsi que des réseaux dits californiens enterrés à 1,5 m de profondeur et reliés aux motopompes. Elle permet en outre aux promoteurs de disposer des plants fruitiers, des semences et du matériel agricole nécessaires à l'exercice de leurs activités. Selon le directeur de l'antenne de Gaya, entre 30 et 40% des sous-projets déposés sont rejetés, la plupart d'entre eux présentant des faiblesses dans la sécurisation foncière des parcelles (manque de preuve officielle de détention), dans l'agrément de groupement donné par le Service d'Agriculture et signé par le Préfet, et dans le rapport entre superficie et investissement. Les producteurs contribuent au financement de leur projet d'irrigation selon leur statut d'investisseurs privés individuels, de «groupes vulnérables» composés de jeunes et/ou de femmes ou de Groupements d'Intérêt Economique (GIE) et selon le montant de leurs investissements (Tableau 15).

En chiffres absolus, l'investissement agricole moyen des GIE est nettement plus élevé (plus de 10 mio CFA, 15243 €) que celui des investisseurs privés (moins de 5 mio CFA, 7622 €) ce qui est compréhensible compte tenu du fait que les GIE sont composés de plusieurs individus. En rapportant l'investissement collectif et privé au nombre d'individus concernés par chaque dossier, l'investissement moyen des GIE par individu (1,4 mio) est alors très nettement inférieur à l'investissement moyen privé (5,0 mio), qu'il s'agisse de l'apport de l'ANPIP ou du promoteur (Figure 16). Cette différence s'explique par le profil des deux types d'investisseurs. En effet, les GIE sont plutôt composés d'agriculteurs (58%) que de fonctionnaires (17%) alors que cette proportion est de 25% et 44% parmi les investisseurs privés.

Contrairement au présupposé du développement local selon lequel le changement provient de la capacité des acteurs locaux à acquérir des compétences, l'analyse du profil des irriguants ayant bénéficié de crédits supérieurs à 2 millions de CFA montre que ceux-ci sont essentiellement des acteurs extérieurs à l'agriculture et à la région. En effet, deux tiers (66%) des bénéficiaires ne font pas partie du monde paysan parmi lesquels plus de 40% de fonctionnaires, 8% de commerçants et 6% d'universitaires. Parmi ces fonctionnaires, les plus nombreux (28%) sont des individus haut placés dans la hiérarchie administrative locale ou régionale qui occupent par exemple des fonctions de juge, préfet, maire, commissaire, inspecteur des Postes ou des Douanes ou directeur de sociétés étatiques, tandis que les policiers, douaniers et militaires représentent 21% du total et les comptables et enseignants chacun 15%.

Parmi les investisseurs disposant d'un financement global de plus de 10 millions de CFA (15244 €), considéré comme très important compte tenu

Montant de l'investissement	*Investisseurs privés*		*Groupes vulnérables*		*Collectifs (GIE)*	
	ANPIP	Apport personnel	ANPIP	Apport personnel	ANPIP	Apport personnel
De 35 000 à 2 millions de CFA	90%	10%	90%	10%	90%	10%
De 2 à 10 millions de CFA	80%	20%	90%	10%	85%	15%
De 10 à 25 millions de CFA	70%	30%	90%	10%	80%	20%

Tableau 15. Contributions de l'ANPIP et des promoteurs au financement des projets d'irrigation
Note: les financements octroyés aux activités qui ne dépendent pas strictement des «Equipements et Intrants» suivent des répartitions différentes. En outre, 10% du financement total revient aux GIE chargés de l'élaboration et du suivi des projets durant un an, soit deux campagnes de production. L'échantillon disponible ne contient aucun dossier élaboré par un «groupe vulnérable». 1 € = 656 FCFA.
Source: ANPIP, 2005.

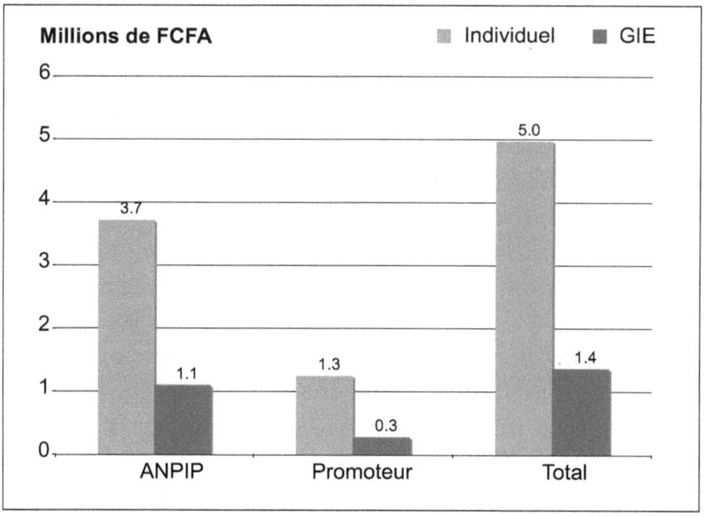

Figure 16. Investissement agricole moyen selon le statut de l'irriguant
Note: N = 103 sous-projets de plus de 2 millions de CFA.
Source: Antenne de l'ANPIP de Dosso, 2005.

de la moyenne, figurent des individus au profil tout à fait exceptionnel: économiste, directeur technique et député, transitaire, officier des Douanes. C'est une situation très similaire de celle qui caractérise l'agriculture périurbaine de Torodi au Niger où, «en 1985, les parcelles de cultures de contre-saison sont majoritairement détenues par des fonctionnaires» (Giraut, 1995; 220) ou de Sikasso au Mali. Dans cet autre contexte en effet, l'initiative de ces productions maraîchères revient à un nombre restreint d'individus qui ont en commun la possession d'un capital relationnel plus important que la moyenne:

> Deux tiers environ des planteurs inscrits sur le registre des adhérents de la coopérative des planteurs et maraîchers de Sikasso résident dans la ville. Ils sont pour l'essentiel d'anciens fonctionnaires, des commerçants-transporteurs, des migrants de retour, des descendants d'anciennes familles princières (Sanago, 1996; 185).

Il faut donc considérer que l'activité maraîchère ou fruitière est le fait d'individus particulièrement innovateurs et/ou favorisés, en étroite relation avec le milieu urbain.

Les chiffres relatifs à la proportion de paysans (29%) dans la région de Gaya diffèrent sensiblement de ceux qui sont obtenus par l'ANPIP à l'échelle nationale, ces derniers établissant que «84% des bénéficiaires de sous-projets sont agriculteurs, suivis de loin par les ouvriers et manœuvres [et autres professions] (6%), les fonctionnaires (5%) et les commerçants (4%)» (ANPIP, 2005; 15). L'écart qui sépare les résultats des deux analyses vient du fait que l'échantillon national est constitué à 92% de GIE, dans lesquels les agriculteurs représentent une majorité de 89%, alors qu'à Gaya les GIE ne forment que 10% des dossiers (Figure 17). Le biais introduit par la prépondérance, au niveau national, des GIE sur les investisseurs individuels diminue singulièrement en ne considérant que les sous-projets privés: la proportion d'agriculteurs s'établit alors à 21%, celle de fonctionnaires à 37%, celle des commerçants à 10% et celles des ouvriers, manœuvres et autres professions à 32%[1]. Ce différentiel signifie que, si à une échelle globale, les financements sont majoritairement accordés à des agriculteurs, il en va très différemment des sommes dépassant 2 millions de CFA, qui sont préférentiellement accordées à des fonctionnaires dans le département de Gaya (Figure 18). La proportion très importante d'investisseurs privés à Gaya est également rapportée par les bureaux chargés de l'élaboration des dossiers, qui constatent une tendance à privilégier les demandes individuelles plutôt que les dossiers collectifs, même si la contribution personnelle y est plus élevée. En effet, l'irriguant privé n'a pas à partager l'équipement de sa parcelle et peut commencer à l'exploiter

1 Compte tenu de la structure de l'emploi au Niger, où le salariat industriel est pratiquement inexistant, il a été jugé préférable de procéder à un découpage de l'échantillon différent en distinguant des catégories plus fines. L'amélioration obtenue est significative puisque la catégorie «autre» ne dépasse pas 11% à l'échelle de Gaya, contre 32% au niveau national.

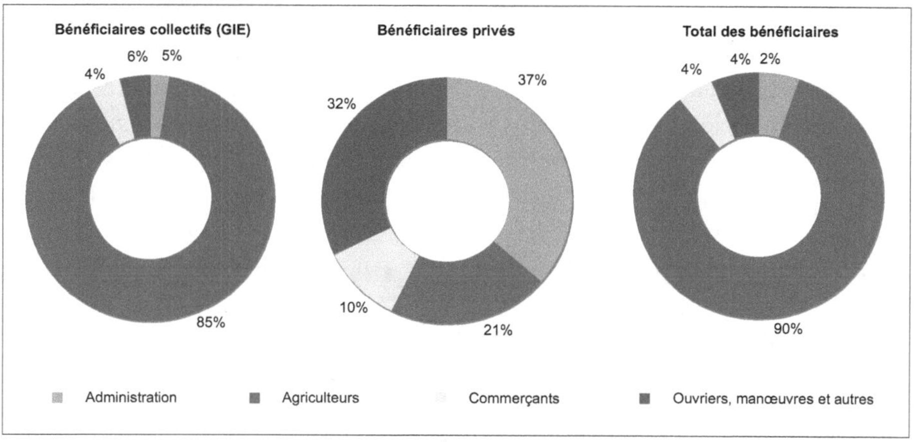

Figure 17. Bénéficiaires des financements de l'ANPIP selon la profession au Niger
Note: N = 10 390 projets. Le pourcentage des «artisans», proche de 0, n'est pas représenté.
Source: ANPIP, 2005.

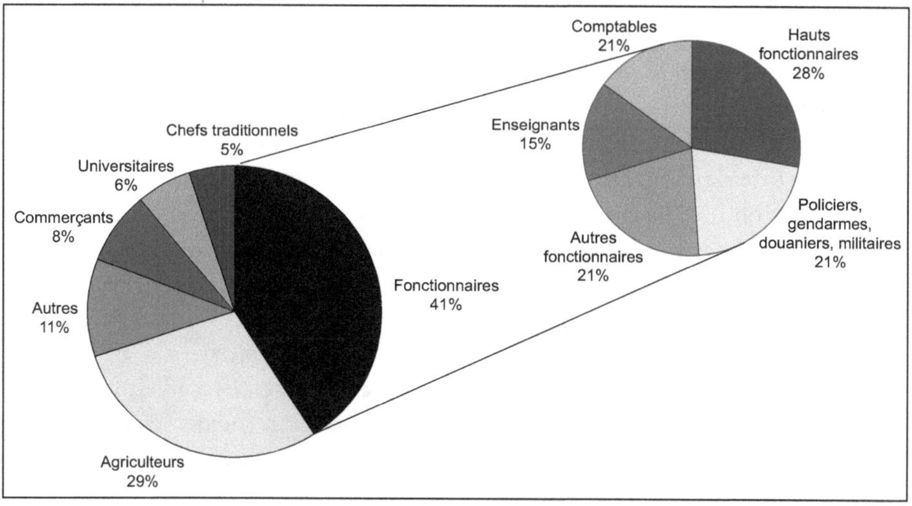

Figure 18. Bénéficiaires des financements de l'ANPIP selon la profession à Gaya
Note: N = 104 sous-projets de plus de 2 millions de FCFA.
Source: Antenne de l'ANPIP de Dosso, 2005.

plus rapidement, car les demandes collectives supérieures à 10 millions de CFA (15 243 €) sont évaluées à Niamey plutôt qu'à Dosso, ce qui ralentit les démarches. Ils remarquent également qu'à l'intérieur des groupements, les capacités financières des individus sont souvent inégales et aboutissent à des relations conflictuelles et observent alors une tendance à scinder les groupements en demandes privées, surtout si chaque propriétaire possède une parcelle bien distincte.

L'étude du financement moyen accordé par profession fait apparaître des contrastes similaires. Les universitaires et les fonctionnaires sont également ceux qui ont consenti l'investissement personnel moyen le plus élevé (1,9 et 1,6 mio) tandis que les chefs traditionnels et les commerçants présentent un investissement très inférieur atteignant à peine 1 mio de CFA tout comme les agriculteurs (1,3 mio) (Figure 19).

L'analyse des montants moyens accordés par l'ANPIP à chacune des professions présente une situation légèrement différente, par le fait que les fonctionnaires sont moins représentés que les agriculteurs dans les GIE et, par conséquent fournissent une contribution plus élevée dans le financement total (Figures 20 et 21). Il résulte des clés de répartition de l'ANPIP et du profil professionnel respectif des bénéficiaires privés et collectifs que l'investissement moyen total des universitaires, des agriculteurs et des fonctionnaires est significativement supérieur (5,5 mio) à la moyenne. A tous points de vue, les catégories des chefs traditionnels et des commerçants ont moins investi dans le département de Gaya et, consécutivement, ont moins bénéficié des aides de l'ANPIP.

La forte représentation des fonctionnaires dans l'échantillon s'explique par le fait que dans la société nigérienne actuelle, l'administration publique reste le moyen le plus durable d'accéder à des revenus réguliers susceptibles d'être investis dans une exploitation agricole. Le paiement des salaires des fonctionnaires conditionne en outre largement l'évolution de l'économie nationale comme le rapporte cet observateur avisé de Gaya, lui-même enseignant à la retraite: «Au Niger, le revenu c'est les fonctionnaires. Une fois que le salaire des fonctionnaires n'est pas payé, les problèmes s'accumulent: les commerçants n'ont plus d'argent et ainsi de suite. Comme on recommence à payer les fonctionnaires, maintenant ça redémarre. Il n'y a pas d'autre issue.»[2] L'importance du fonctionnariat dans l'économie est devenu un thème majeur des campagnes politiques, qui se basent sur le versement des salaires

2 Entretien avec Na Argungu, 15.11.2005, Gaya.

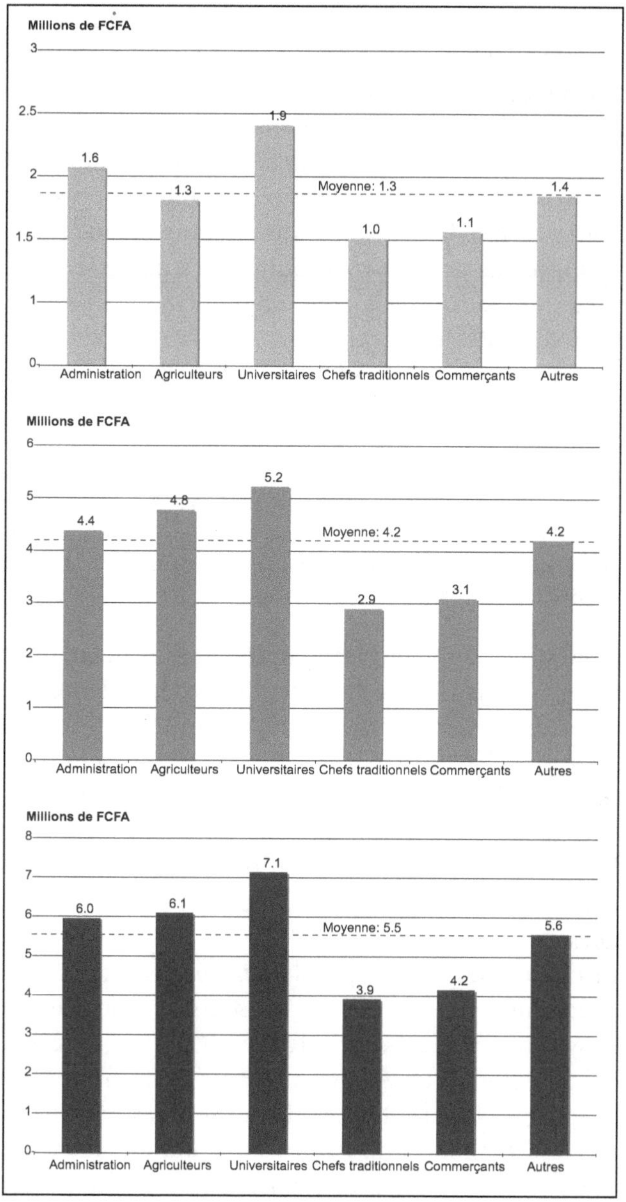

Figures 19, 20 et 21. Investissement agricole selon la profession de l'irriguant: investissement personnel (en haut), participation de l'ANPIP (au milieu) et investissement total (en bas)
Note: N = 103 sous-projets de plus de 2 millions de FCFA.
Source: Antenne de l'ANPIP de Dosso, 2005.

pour justifier de leur intégrité. C'est ce qu'exprimait indirectement le Premier Ministre nigérien Hama Amadou à l'occasion des élections présidentielles de 2005 à la radio *La Voix du Sahel*: «Est-ce que nous n'avons pas payé les fonctionnaires? Oui! Alors on dit que nous avons volé. Si nous avons volé, comment pourrait-on payer les fonctionnaires?» Il n'en demeure pas moins que le débat sur le fonctionnariat fait s'interroger les observateurs locaux de la scène politique: «On a l'impression que depuis les indépendances, nos gouvernements successifs ne sont prédestinés qu'à payer les salaires. Pour le développement d'une nation, cela n'est éternellement ni fiable, ni viable» (Journal Alternative, 2004). En outre, les ajustements subis par le pays à travers ses programmes de restructuration des grandes sociétés d'Etat ou lors des changements de gouvernement ont favorisé l'apparition d'une catégorie nouvelle d'investisseurs ruraux composée de

> fonctionnaires de tous niveaux, en activité ou mis à la retraite suite à l'ajustement, d'anciens employés des sociétés d'aménagement mis au chômage par la réduction des finances aux «projets de développement», de diplômés qui retournent à la terre faute de trouver un emploi (Bach, 1994; 90).

Certes, certains commerçants sont immensément plus riches que la moyenne des fonctionnaires, mais leurs affaires restent plus dépendantes de l'évolution conjoncturelle de l'économie régionale et des affinités politiques entretenues avec l'appareil étatique. En outre, les commerçants nigériens sont spécialisés, depuis longtemps, dans la spéculation céréalière et l'import-export. Leur modeste présence dans l'échantillon d'étude (8 %) tend à confirmer que l'investissement local et le commerce international constituent des sphères disjointes, autrement dit que les grands commerçants investissent peu dans les activités agricoles.

De ce point de vue, les deux types de *patrons* distingués précédemment obéissent à des logiques très différentes où seuls les nouveaux investisseurs appartenant au système militaro-étatique investissent significativement dans le domaine agricole alors que les commerçants concentrent leurs activités dans le capitalisme marchand. Dès lors, le nombre restreint de dossiers concernant les commerçants rend impossible toute analyse statistique comparative approfondie avec les autres professions. Tout au plus est-il possible de montrer que les commerçants, qui investissent en moyenne moins que l'ensemble des irriguants et notamment les fonctionnaires, possèdent des parcelles en moyenne plus restreintes que les autres (2,5 ha contre 3,4 ha) et sont légèrement plus âgés (54,5 ans contre 52,4) (Tableau 16). D'une manière

Commune	*Village*	*Ha*	*Age*	*Financement de l'ANPIP*	*Contribution du promoteur*	*Investissement total*	*Mode d'acquisition*
Dioundiou	Dioundiou	4.3	–	6934334	1733583	8667917	achat et héritage
Dioundiou	Dioundiou	1.1	46	2214328	948998	3163326	achat
Dioundiou	Angoal Doka	1.5	61	2858935	698005	3556940	héritage
Gaya	Gaya	1.4	60	2883674	1131568	4015242	achat et héritage
Gaya	Kiessa	1.7	46	5738833	2459499	8198332	achat
Kara Kara	Massama	1.9	71	3272267	802439	4074706	héritage
Kara Kara	Massama	1.8	48	2652231	661739	3313970	héritage
Tanda	Tanda	1.2	62	1925878	472422	2398300	héritage
Yélou	Agé Mouraba	7.4	42	3174899	1360671	4535570	don
?	?	2.5	54.5	3517264	1140992	4658256	?
?	?	3.4	52.4	4171330	1331851	5503182	?

Tableau 16. Données relatives aux commerçants ayant bénéficié d'un financement de l'ANPIP
Note: les coûts sont exprimés en francs CFA. 1 € = 656 FCFA.
Source: Antenne de l'ANPIP de Dosso, 2005.

générale, les marchands ont plus recours à l'achat (36%) que la moyenne (26%). Seuls deux des plus grands commerçants de Gaya, actifs dans l'import-export et la gérance du marché de la ville, ont investi récemment dans de petites parcelles proches de la cité, alors que les autres marchands proviennent des gros bourgs ruraux de l'intérieur du département.

Il ne fait plus aucun doute en revanche que le dynamisme économique d'un village, d'un terroir ou d'une région est très fortement dépendant de la présence d'un investisseur agricole ou d'une élite influente (Encadré 5). Ces innovateurs partagent un profil atypique en regard des autres villageois, notamment grâce à l'importance de leurs appuis politiques dans l'appareil d'Etat ou dans la chefferie, aux connaissances qu'ils ont acquises au gré de leurs voyages dans les pays frontaliers et à leur fréquentation du milieu urbain. S'ils réussissent à gagner le leadership villageois ou la chefferie, ils peuvent alors décider de l'orientation à apporter à la production d'un site et également de l'attitude à adopter vis-à-vis des initiatives de l'Etat, des ONGs et des missions scientifiques.

Les renseignements détaillés relatifs aux transactions foncières sont peu nombreux dans les dossiers car il s'agit d'informations sensibles. Il ressort néanmoins de l'analyse qu'à mesure que se développent les investissements, le régime foncier se transforme également. Dans l'échantillon concerné, 23% des parcelles ont en effet fait l'objet d'une transaction financière alors que 69% ont été acquises par héritage et 8% ont été données. L'émergence d'un

Encadré 5. Un exemple d'entrepreneur agricole: M. Ousmane Guero à Yeldou

M. Ousmane Guero, adjudant-chef de l'armée à la retraite, est un entrepreneur agricole particulièrement actif. Originaire de Yeldou, étroitement apparenté à la chefferie, disposant de relations politiques et de moyens financiers, cet homme au parcours emblématique des investisseurs locaux dispose de plusieurs sites de production.

Fils du chef de village de Yeldou, M. Guero fréquente l'école de Gaya dès 1952, à une époque où les lions sont si nombreux que la piste en devient dangereuse. A l'école primaire, il montre déjà de l'intérêt pour la culture maraîchère, activité qu'il ne cessera de développer tout au long de sa vie. Il fréquente brièvement l'Institut Pratique de Développement Rural de Kollo en 1959 puis rejoint l'armée nigérienne dès l'Indépendance. Lors de ses différentes affectations dans le pays, il s'adonne aux cultures de contre-saison (tomates, salades, oignons) avec un réel succès, ce qui lui vaut d'ailleurs la réprobation de ses supérieurs. Il passe douze ans à Niamey, est affecté à Malbaza puis à Birni N'Konni au début des années 1980. A cette époque, il produit de l'oignon et du blé en quantité, assisté de l'ONAHA. Rentré à Gaya, il introduit une nouvelle variété d'oignon blanc et gagne le titre de *sarkin noma*, c'est-à-dire «chef de l'agriculture». Sa réputation est établie de Birni N'Konni à Gaya.

Eprouvant des difficultés à concilier l'exercice de ses fonctions avec celui de l'agriculture de rente, M. Guero est affecté par ses supérieurs en 1990 à Dosso, une localité où prétendument *«rien ne pousse»*. Il parvient pourtant à y cultiver du maïs, de l'oignon et du blé. Une délégation ministérielle visite son périmètre et lui accorde des moyens matériels. Il sert alors de conseiller agricole à d'autres producteurs, perfectionne ses techniques de semis en fonction de la qualité des sols et cultive du riz et du gombo qu'il exporte à Arlit à 1050 km de là. En 1993, peu avant sa retraite, il est affecté à Gaya, travaille dans l'agriculture au bord du fleuve Niger puis décide de se retirer à Yeldou pour se consacrer à l'exploitation de parcelles de contre-saison. Il y introduit l'irrigation par motopompe et tente, en vain jusqu'à présent, de faire des émules au village.

Le premier site de M. Guero est aménagé en casiers sur un versant dunaire, à proximité immédiate d'une mare ayant récemment occupé une exploitation de *banco*. Même s'il n'y a pas d'affluents, la réserve alimentée par la nappe phréatique permet de subvenir aux besoins de l'arrosage par motopompe et de cultiver du riz en décrue. Les parcelles sont plantées d'oignons et de piments. Le second site, consacré à la canne à sucre et aux cultures maraîchères, a souffert des inondations récentes et du vent qui a renversé les tiges de canne. M. Guero y tente pourtant plusieurs essais: d'une part il cultive ses semis sur une termitière inondée par ses soins, d'autre part, il fait des tentatives de repiquage des plants de canne à sucre. Traditionnellement, les paysans se contentent de repiquer le sommet de la canne, qui donne alors de nouvelles pousses mais M. Guero essaie quant à lui de multiplier les rejets à partir d'une seule tige. Compte tenu de la nouveauté de la technique, il est encore difficile de juger des succès de cette entreprise.

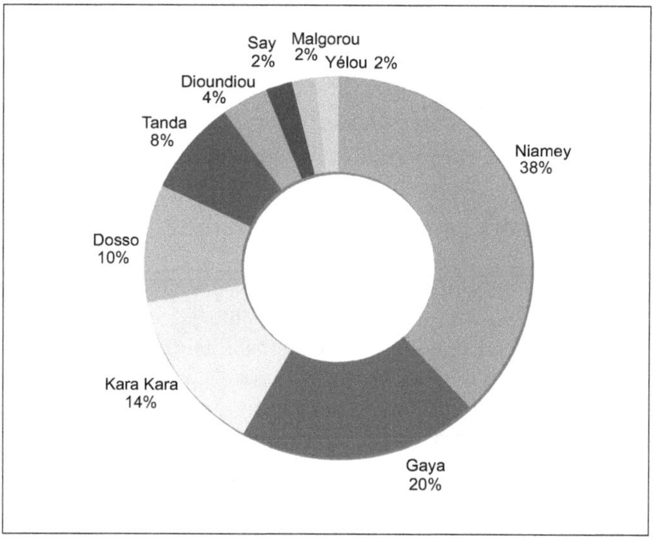

Figure 22. Domicile des investisseurs qui ne vivent pas à proximité de leurs parcelles
Note: N = 105 dossiers de plus de 2 millions de CFA. Les promoteurs des parcelles situées à Sokondji Birni, Kiessa et Kotcha et résidant à Gaya ne figurent pas dans cette comptabilité en raison de la faible distance qui sépare les localités concernées.
Source: Antenne de l'ANPIP de Dosso, 2005.

marché foncier est directement lié à l'investissement massif d'acteurs économiques qui n'appartiennent ni à la paysannerie ni à la région.

L'augmentation probable des transactions foncières à l'échelle du département de Gaya pose le problème plus général de l'exploitation salariée des surfaces irriguées, puisqu'il est évident qu'un grand nombre de fonctionnaires ou de commerçants n'exploitent pas eux-mêmes leurs parcelles (Figure 22). En outre, 43 % des promoteurs n'habitent pas à proximité des parcelles où le financement a été acquis, ce qui permet de conclure à une dominante urbaine très importante dans les investissements agricoles locaux. Parmi eux, presque 40 % sont domiciliés à Niamey, alors que les autres investisseurs qui habitent loin de leurs biens sont préférentiellement domiciliés dans les petites et moyennes villes du département, en particulier à Gaya (20 %) et à Kara Kara (14 %), ainsi que dans une moindre mesure à Dosso (10 %).

Les propriétaires qui n'exercent pas une profession proche de l'agriculture et qui vivent éloignés de leurs parcelles sont dans l'obligation d'y employer des manœuvres ou des jardiniers salariés et relativement qualifiés, compte tenu des moyens d'exhaure modernes. L'émergence d'un salariat agricole dans la région est pourtant peu visible tant le nombre d'anciens propriétaires terriens contraints de louer leur force de travail est faible. En milieu rural où un certain salariat existe, celui-ci est saisonnier, le travailleur possédant ses propres champs. L'immense majorité des exploitations restent familiales, quelles que soient les productions. A ce titre, le constat de J.-P. Olivier de Sardan (1984; 250) reste valable pour la région frontalière:

> la quasi-totalité de la production agricole s'opère actuellement dans l'Ouest nigérien selon des rapports qui ne sont ni ceux qui régnaient à l'époque pré-coloniale (excepté la division sexuelle du travail) ni ceux que l'on appelle communément «capitalistes» (utilisation massive de main-d'œuvre salariée).

L'intensité des solidarités collectives explique que les campagnes ne se soient pas davantage vidées de leurs éléments les plus pauvres, ce qui a eu comme conséquence de retarder l'apparition d'un salariat plus développé et d'un «prolétariat» paupérisé, nécessaires à l'exploitation capitaliste des campagnes.

Ces éléments permettent de questionner singulièrement le modèle de transition économique présenté par M. Tiffen (2003) comme le passage d'un état stable à haute intensité de main-d'œuvre agricole à un autre état de stabilité caractérisé par une dominance des activités de services, sous la pression de l'urbanisation. Selon ce modèle, les sociétés agricoles passent d'un stade marqué par une faible spécialisation, des petits producteurs propriétaires et des citadins peu nombreux et peu solvables, une productivité faible typique d'une agriculture extensive à longues jachères, sans mécanisation et sans apports d'engrais, peu d'innovateurs et d'investisseurs de même qu'un accès limité aux marchés par des transports lents et chers à un second stade. Dans celui-ci, une urbanisation vigoureuse accroît l'importance des petits centres dans l'interface entre économie rurale et marchés urbains, permet à la spécialisation du travail de s'opérer, aux régimes de propriété de se transformer, fournit les débouchés des produits agricoles, le lieu de résidence des investisseurs, le lieu d'activité des grands marchands, le lieu de consommation des citadins. L'urbanisation et l'augmentation de la densité conduisent au stade théorique suivant dans lequel les sociétés sont fortement spécialisées et hiérarchisées, les petits producteurs étant remplacés par des grands propriétaires alimentant les consommateurs urbains en produits de rente ou de contre-saison grâce à une agriculture intensive nécessitant une forte mécanisation, des apports importants d'engrais et une main-d'œuvre salariée, tout cela grâce à un réseau de transport performant.

Cette situation s'éloigne également de celle qui est rapportée par le Club du Sahel (1996; 22) dans certaines régions d'Afrique de l'Ouest où

> on voit ainsi émerger les premiers signes d'un prolétariat rural, résultat non pas seulement de l'environnement naturel, mais bien du fonctionnement des sociétés. Face à cette prolétarisation structurelle, les solidarités traditionnelles semblent peu jouer. Ces dernières portent plus sur les crises que sur la différentiation sociale, qui d'ailleurs existait avant le développement de l'économie marchande.

Dans certains cas, la culture de la patate douce et de la canne à sucre nécessitent des travaux de terrassement qui sont effectués par des tâcherons, notamment là où l'intensité de travail est forte, comme à Bengou et à Kawara N'Debbé. Dans cette dernière localité, les travaux relatifs à ces cultures nécessitent l'aide de tâcherons qui possèdent leurs propres champs au village mais qui se sont progressivement spécialisés dans ces travaux par nécessité financière. Il s'agit souvent de paysans ayant vendu leurs parcelles de bas-fonds pour ne conserver que les terres sableuses à mil des versants du *dallol*. L'activité salariée n'est toutefois pas développée au point que des villageois s'y consacrent à plein temps. Cela reste une activité saisonnière ou conjoncturelle, qui pourrait toutefois connaître un certain essor compte tenu de la demande en main-d'œuvre et de l'appauvrissement de certains producteurs.

A mesure que se développent les cultures de rente, ces manœuvres pourraient éventuellement être de plus en plus indispensables et conduits à se transformer en ouvriers agricoles. Cependant, plusieurs éléments laissent penser que le salariat agricole, s'il devait se développer, serait plutôt susceptible de concerner les populations gourmantché, originaires du Burkina Faso et réputées pour leurs qualifications professionnelles. Alors qu'un salarié agricole gagne environ 1000 à 2500 CFA (1,5 à 3,8 €) par jour selon l'intensité du travail et pendant de courtes périodes, un Gourmantché installé avec sa famille sur la parcelle d'un propriétaire peut gagner de 15 000 à 25 000 CFA (23 à 38 €) par mois. Il est plus raisonnable d'imaginer dans ce domaine un renforcement du recours à des Gourmantché qu'à la main-d'œuvre locale, compte tenu des compétences requises pour les travaux d'irrigation mécanisés.

14.3 Des investissements agricoles favorables aux régions périurbaines

L'attribution des financements de l'ANPIP n'illustre pas uniquement les clivages sociaux qui séparent les types d'investisseurs mais contribue également à différencier l'espace géographique. Les éléments qui suivent sont destinés à connaître la répartition des investissements consentis par les promoteurs et par l'ANPIP relativement aux neuf communes du département de Gaya, en observant si la distribution des moyens associés aux projets d'irrigation est homogène ou, au contraire, privilégie certaines zones particulières. Il est possible d'imaginer que les investissements les plus importants seront consentis dans les zones les plus favorables, au plan des ressources locales et des débouchés commerciaux, à commencer par les périphéries urbaines. Dans cette perspective, la géographie des investissements agricoles de la petite irrigation privée devrait refléter le développement inégal de certaines parties des *dallols* et de la vallée du fleuve Niger.

Les dossiers acceptés et financés sont inégalement répartis sur le territoire du département de Gaya. Compte tenu du fait que ceux de la commune de Tounouga concernent en fait l'extension orientale des jardins périphériques de Gaya (Sokondji Birni), près de 40 % des parcelles concernées par l'analyse se trouvent dans un rayon de 10 kilomètres autour du chef-lieu de département. Les communes du nord, notamment Dioundiou et Kara Kara, totalisent également près d'un tiers des dossiers, tandis que Yélou, Bengou, Bana et Zabori sont nettement moins représentées et ne totalisent que 20 % des cas (Figure 23). La localisation précise des sous-projets acceptés et financés par l'ANPIP (Figure 24 et Carte 14) illustre cette hétérogénéité spatiale. La partie centrale de la vallée du fleuve ainsi que le nord du Dallol Maouri, entre Dioundiou et Koudourou, forment les deux espaces de concentration des interventions de l'ANPIP, tandis que l'espace médian des *dallols*, compris entre le sud de Dioundiou et la vallée du Niger, bénéficie d'une couverture moins dense. Cette distribution reflète les dispositions déjà entreprises en matière d'irrigation par les exploitants privés, traditionnellement concentrés dans les régions les plus productives de la vallée du fleuve Niger (riz, oignon, maraîchage) et du nord des *dallols* (canne à sucre) alors que le centre de l'espace est plutôt occupé par des populations peul plus impliquées dans des activités agropastorales que dans l'intensification de l'irrigation. Elle confirme également que la proximité aux centres urbains est déterminante en ce

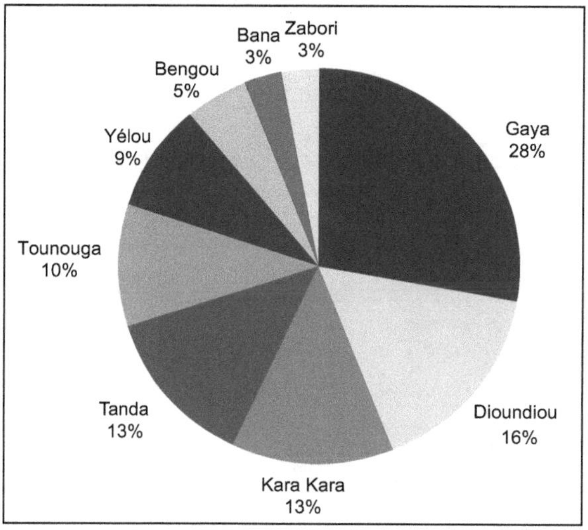

Figure 23. Projets d'irrigation financés par l'ANPIP par commune
Note: N = 126 sous-projets de plus de 2 millions de CFA.
Source: Antenne de l'ANPIP de Dosso, 2005.

qui concerne l'obtention des crédits d'irrigation: les investisseurs sont souvent des citadins, l'accessibilité aux marchés locaux assure un écoulement aisé des productions, encore renforcé par le réseau de routes nationales qui passe par les centres urbains, auquel s'ajoute le fait que les bureaux habilités à constituer des dossiers, situés à Gaya et à Dioundiou, avantagent les promoteurs les plus proches de ces localités.

Cette évolution est particulièrement évidente dans les terroirs situés à l'est de la ville de Dioundiou, sur la route de Kanguiwa (Nigeria), qui ont connu une extension considérable des cultures de contre-saison. En parallèle d'anciens jardins, de nouvelles parcelles financées par l'ANPIP et reconnaissables à leurs cornières rouges se sont développées. La canne à sucre y est cultivée dans la *fadama* qui bénéficie d'une humidité naturelle, de même que les fruits, lesquels sont acheminés à Dioundiou puis réexportés vers le Nigeria, Dogondoutchi et Dosso alors que la salade et les choux partent directement au Nigeria.

Les communes sont très inégalement dotées en infrastructures d'irrigation. Dans l'ensemble des sous-dossiers, l'ANPIP a contribué à l'équipement de 171 puits maraîchers, 247 forages et 179 réseaux d'irrigation. Les puits étaient déjà fortement utilisés en périphérie de Gaya, tandis que la technique

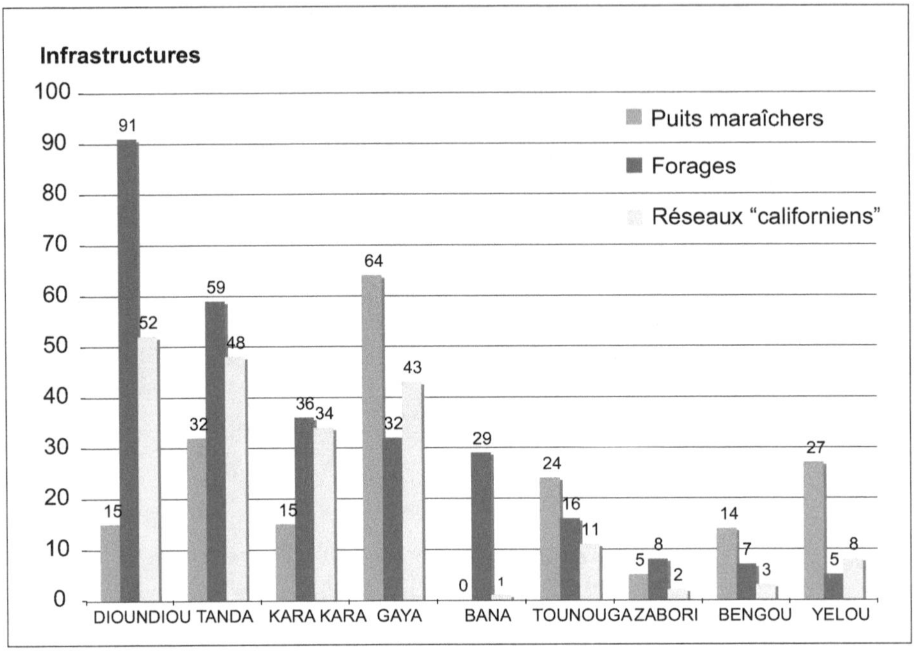

Figure 24. Infrastructures hydrauliques financées par l'ANPIP par commune
Note: N = 103 sous-projets de plus de 2 millions de CFA pour un total de 171 puits, 247 forages et 179 réseaux.
Source: Antenne de l'ANPIP de Dosso, 2005.

des forages spécialement destinés aux motopompes fut généralisée à partir du Bénin (Encadré 6) et que les réseaux d'irrigation sont peu connus. En dépit de ces éléments, l'ANPIP a considérablement encouragé la diffusion de ces infrastructures, en jouant habilement sur le fait qu'elles n'étaient pas inconnues d'un certain nombre de producteurs et en leur permettant, grâce à des financements particulièrement avantageux, d'y accéder le cas échéant. La géographie de ces équipements fait apparaître des zones de concentration localisées dans la vallée du fleuve Niger, entre Tanda et Sokondji Birni ainsi que dans le nord du Dallol Maouri, entre Dioundiou et Koudourou. De ce point de vue, la distribution des équipements reflète largement celle des centres principaux dans lesquels se pratique une forme manuelle ou mécanisée d'irrigation et à partir desquels se diffusent progressivement les techniques.

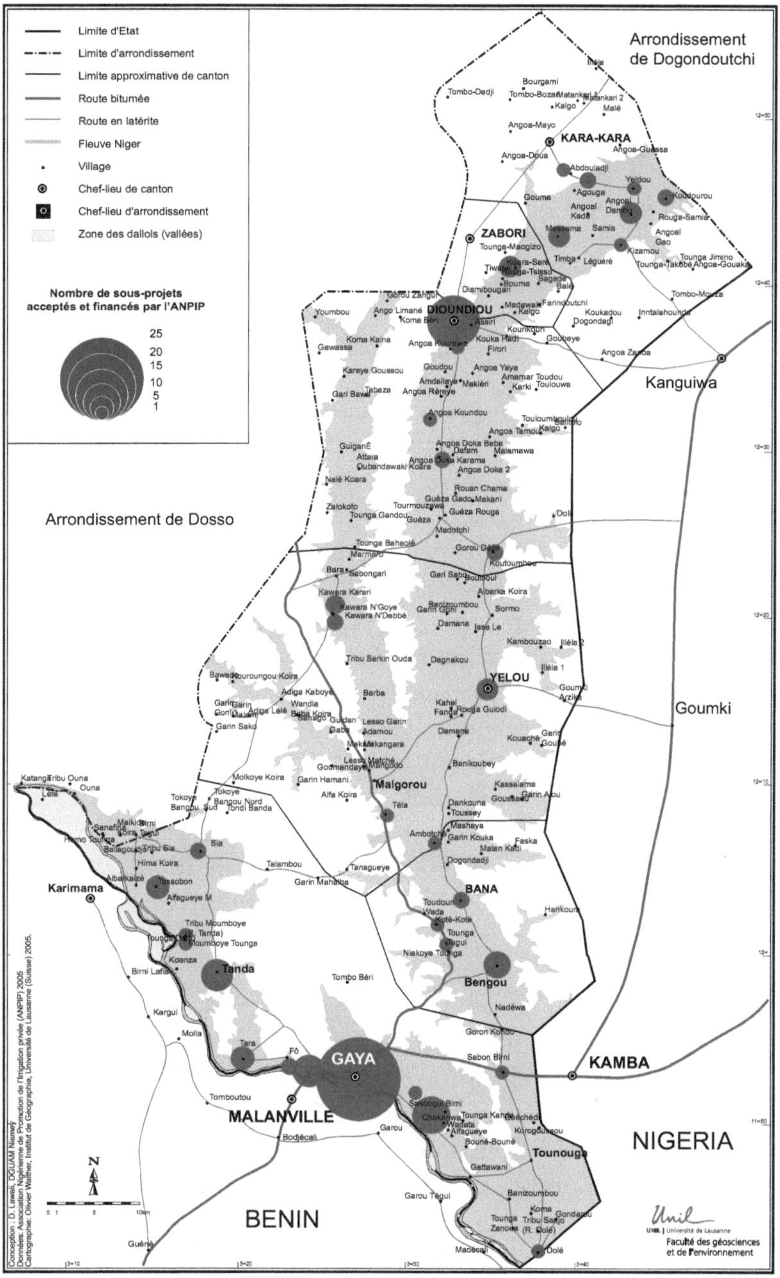

Carte 14. Localisation des projets d'irrigation financés par l'ANPIP, 2005
Source: Antenne de l'ANPIP de Dosso, 2005.

Encadré 6. La technique des puits en PVC

Avant la promotion de l'irrigation privée, la technique de forage permettant de disposer de puits équipés de tuyaux en PVC a été développée depuis le Bénin où elle est omniprésente. Au Niger, celle-ci se diffuse à partir des rives du fleuve. Lorsqu'elle est pratiquée dans le nord du département de Gaya, comme à Timba, elle a été introduite par certains producteurs ayant voyagé et expérimenté ses avantages, notamment son faible coût (environ 20 000 CFA, 30 €), sa facilité d'utilisation combinée avec l'utilisation de motopompes et un débit assez important, pourvu que le forage se fasse dans des nappes phréatiques proches du sol. Ce sont généralement des Béninois qui effectuent les travaux.

L'interprétation de ces distributions spatiales nécessite de considérer le facteur suivant: un nombre élevé de puits, de forages et de réseaux peut qualifier soit une région d'investissements récents, où les promoteurs s'équipent massivement en vue de mettre en valeur des terres auparavant non irriguées ou irriguées manuellement, soit une région anciennement cultivée, dans laquelle les promoteurs cherchent à renouveler leurs outils de production. Les cartes relatives aux puits, aux forages et aux réseaux d'irrigation présentent alors des variations importantes, confirmées par l'analyse factorielle qui montre que le nombre de puits est corrélé négativement avec le nombre de forages à l'échelle des communes (-0,86) alors que les liens entre les autres équipements sont faibles. Ainsi, la distribution des puits maraîchers privilégie la proche périphérie de Gaya ainsi que Bengou et, dans une moindre mesure, de petits centres situés dans le nord du département, une géographie très similaire à celle des réseaux d'irrigation californiens. Ces localisations correspondent largement aux terroirs déjà équipés en infrastructures d'irrigation, mais qui connaissent une intensification des usages mécanisés de l'eau. En revanche, la localisation des forages présente une situation très différente dans laquelle émergent des terroirs en cours de mécanisation, tels que Bana, Tanda et, d'une manière tout à fait spectaculaire, Dioundiou. Ces espaces périphériques constituent des relais de diffusion de l'irrigation à l'intérieur des *dallols* et de la vallée du fleuve (Cartes 15, 16 et 17).

L'ANPIP a contribué à l'achat de 226 motopompes dans le département de Gaya alors que le nombre de machines existantes en état de fonctionnement est évalué à environ 190 sur la rive nigérienne et à 270 sur la rive béninoise, soit un peu moins de 700 machines au total. Ceci montre à nouveau l'effort considérable consenti à la fois par l'ANPIP et par les promoteurs pour renouveler leur matériel de pompage. Les premières motopompes ont

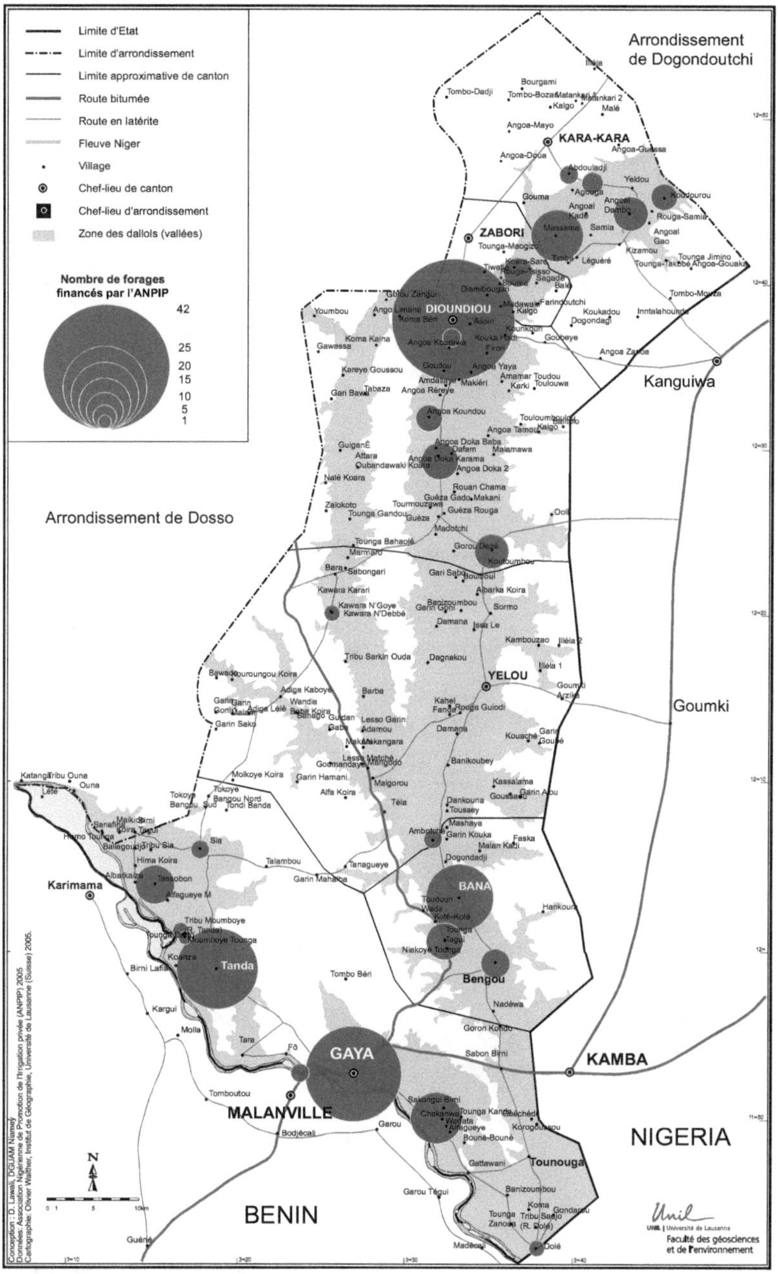

Carte 15. Localisation des forages financés par l'ANPIP, 2005
Source: Antenne de l'ANPIP de Dosso, 2005.

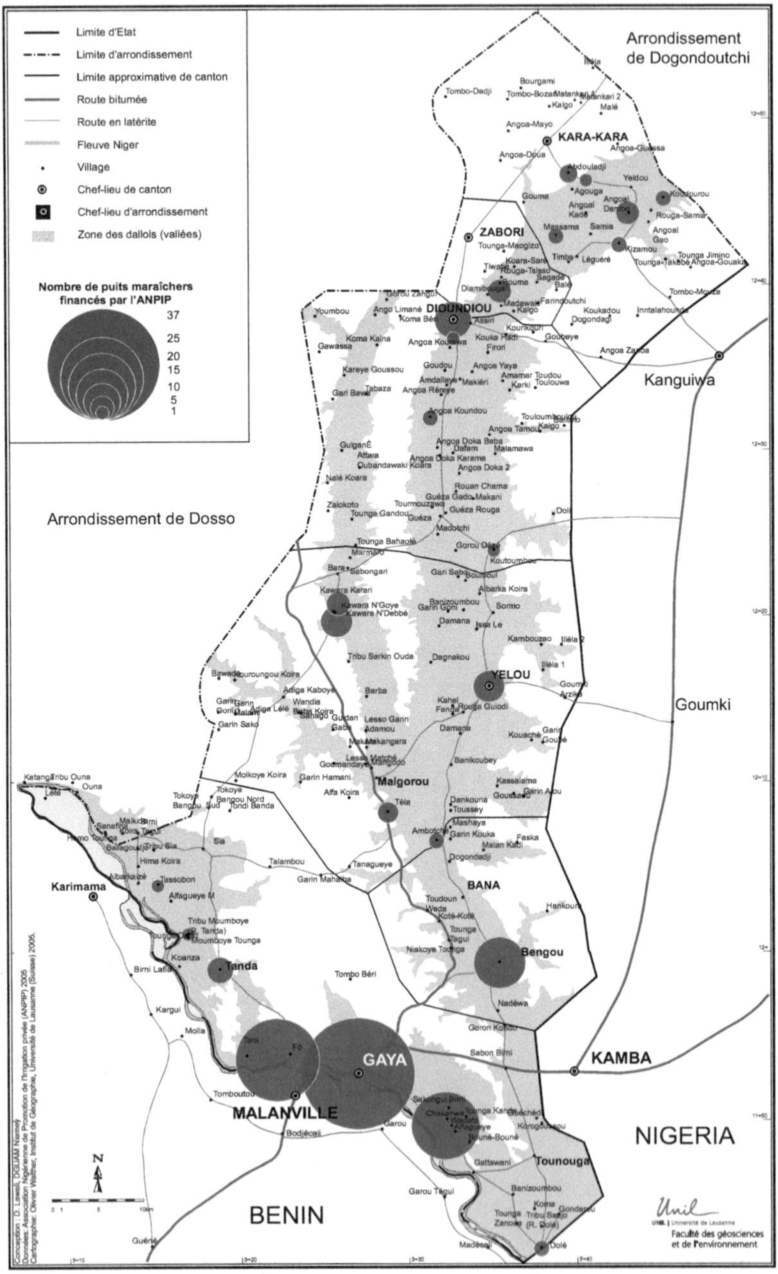

Carte 16. Localisation des puits maraîchers financés par l'ANPIP, 2005
Source: Antenne de l'ANPIP de Dosso, 2005.

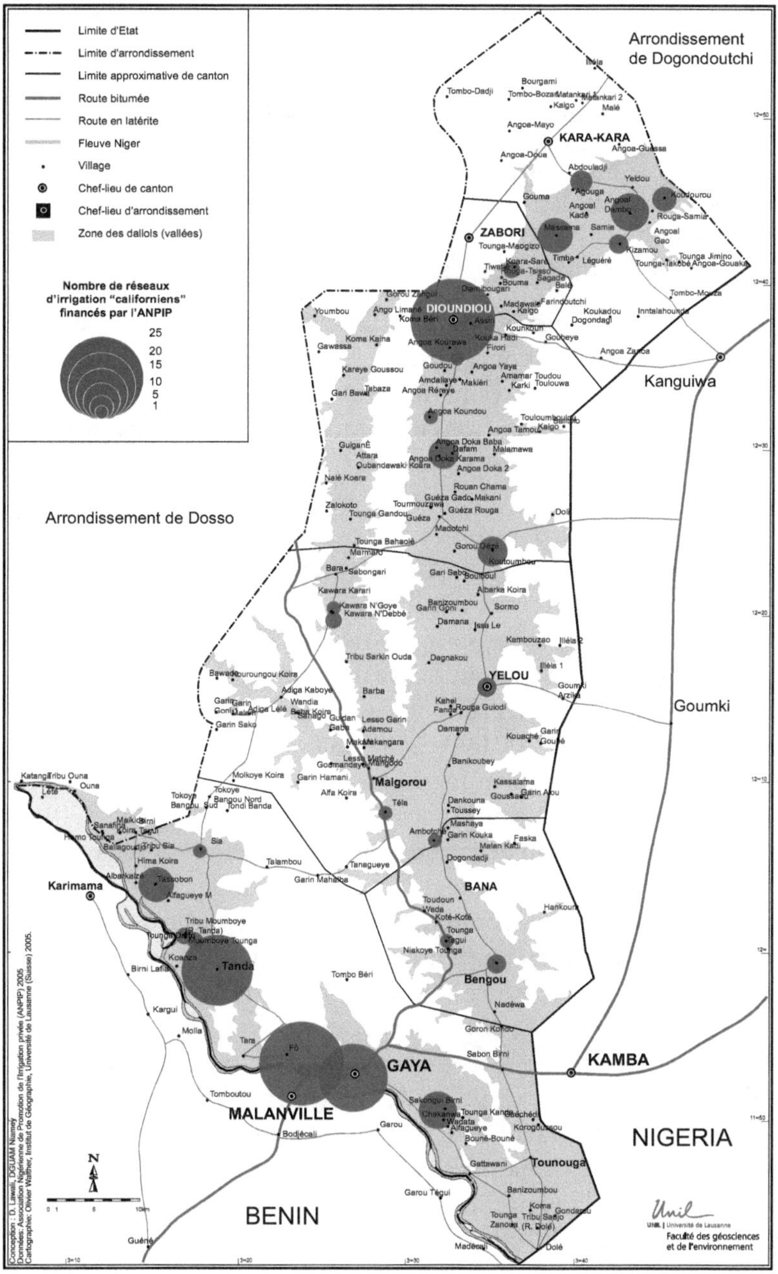

Carte 17. Localisation des réseaux d'irrigation financés par l'ANPIP, 2005
Source: Antenne de l'ANPIP de Dosso, 2005.

été introduites, côté nigérien, au début des années 1970, comme s'en souvient leur initiateur:

> La vulgarisation de la motopompe commence maintenant. Quand j'ai vu, au début, ces paysans qui travaillaient sans relâche, j'ai dit: «Mais qu'est-ce qui fait leur problème?» J'ai fait un test avec des producteurs de Sokondji et Lawey [deux quartiers de Gaya]. Les uns se plaignaient des dégâts champêtres, on leur a fait des clôtures. Les autres, deux familles de Lawey et Sokondji, j'ai dit: «Vous allez avoir des motopompes.» C'était en 1970-1972. Je venais tout juste d'être député.[3]

L'usage des motopompes est devenu indispensable au maintien de rendements élevés et reste très concurrentiel vis-à-vis des grandes installations de pompage qui caractérisent les périmètres irrigués des coopératives. Dans la partie nigérienne de l'espace frontalier, le rendement est ainsi supérieur lorsque l'irrigant utilise des motopompes (27,6 t/ha) plutôt que lorsqu'il cultive un périmètre irrigué (26,7 t/ha), quoique cette technique demande plus de main-d'œuvre (370 h/ha/an contre 300 h/ha/an) (Wampfler, 1998). Ce dernier écart ne remet pas en cause l'usage de la motopompe compte tenu de l'abondance de main-d'œuvre familiale. Les machines plus appréciées, mais également les plus onéreuses sont les Yamaha 3,5 CV qui coûtent plus de 400 000 CFA (610 €) mais dont la puissance et la solidité sont vantées dans toute la région tandis que les Robin sont également très utilisées en raison de leur prix plus bas, entre 200 000 et 300 000 CFA (305 à 457 €) suivant les modèles. La Mutuelle Asunsu Dendi de Gaya commercialise également des motopompes chinoises à gasoil particulièrement accessibles (300 000 CFA, 457 €) et économes (1l/3h de fonctionnement). Le retour sur investissement de ces machines peut être évalué de 1 à 3 ans selon les productions.

La distribution des motopompes, qui renseigne sur le degré d'intensification de l'usage de l'eau, met en évidence une nouvelle fois le clivage entre les espaces périurbains de la vallée du fleuve Niger, notamment entre Tanda et Sokondji Birni au Niger et entre Kargui et Madécali au Bénin, aujourd'hui bien équipés en matériel d'exhaure mécanique, et les zones des *dallols*, beaucoup plus hétérogènes de ce point de vue (Carte 18). Dans un rayon de 10 kilomètres autour de Gaya – Malanville se trouvent 40% (89 sur 226) de toutes les motopompes financées par l'ANPIP et 50% (225 sur 457) de toutes les machines de la région frontalière considérée. Dans les *dallols*, les financements de l'ANPIP ont parfois contribué à équilibrer l'offre en moto-

3 Entretien avec Ibrahim Beïdou, 03.12.04, Gaya.

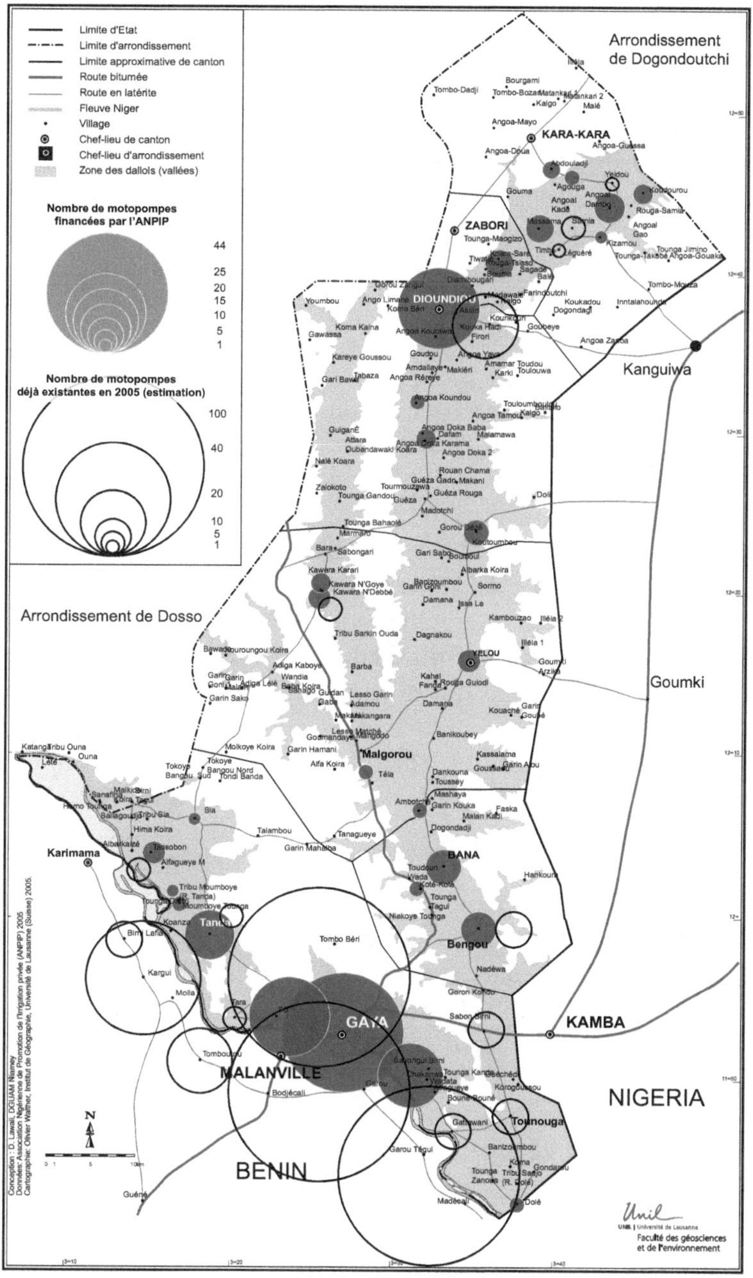

Carte 18. Localisation des motopompes. 2005
Source: Antenne de l'ANPIP de Dosso, 2005 et enquêtes de l'auteur, 2004-2005.

pompes du sud vers le nord, mais il n'en demeure pas moins que les lieux déjà équipés comme Bengou, Dioundiou ou le nord du Dallol Maouri, ont plus bénéficié des financements que les autres.

Une étude plus complète de la géographie des investissements nécessite de réaliser une analyse en composantes principales (ACP) sur neuf variables, dont certaines reflètent l'apport financier respectif des promoteurs ou de l'ANPIP ainsi que l'investissement total, alors que d'autres prennent en compte la superficie des parcelles irriguées en hectares, l'âge des bénéficiaires et les diverses infrastructures d'irrigation financées, telles que les puits maraîchers en ciment, les forages munis de tubes en PVC, les réseaux d'irrigation enterrés et les motopompes.

Ces variables sont traitées à l'échelle des neuf communes du département de Gaya, dans le but d'analyser les liens statistiques qui les unissent et d'isoler un certain nombre de facteurs explicatifs de la dynamique de l'irrigation, puis d'aboutir à une classification ascendante hiérarchique (CAH) qui permette de regrouper l'ensemble des communes en groupes présentant des profils similaires. Ce traitement statistique doit préciser les arguments précédemment développés par la cartographie de chacun des facteurs, lesquels montraient déjà une dynamique de différentiation spatiale, entre les terroirs en cours d'aménagement et ceux qui étaient concernés par le renouvellement de leurs infrastructures.

L'analyse de la matrice montre de très bonnes corrélations (significativité au niveau 0,01 et importance de la corrélation supérieure à +0,80) entre les variables liées au financement des sous-projets (investissement privé, financement de l'ANPIP et financement global) entre elles de même qu'entre ces variables et la superficie des parcelles (Tableau 17).

Il s'agit d'un lien statistique peu surprenant compte tenu du fait que plus une parcelle est grande et plus elle va nécessiter de financements de la part du promoteur et de l'ANPIP. Plus intéressant en revanche est la corrélation positive ou négative entre la superficie et l'âge moyen des irriguants d'une part et les différentes infrastructures d'irrigation d'autre part. Ainsi, l'âge moyen présente une liaison fortement positive et significative non seulement avec le nombre de forages (0,78) mais également avec le nombre de motopompes (0,69). En revanche, cette variable est corrélée négativement avec le nombre de puits (-0,65). A cela s'ajoute le fait que les variables relatives aux forages et aux motopompes sont positivement corrélées (0,86) alors que les forages sont négativement liés au nombre de puits (-0,87). Il se dégage de l'ensemble des liaisons statistiques que les variables d'infrastructures ne se comportent

	Financement accordé par le PIP2 en FCFA	*Apport personnel du promoteur en FCFA*	*Financement total en FCFA*	*Superficie en ha*	*Age en années*	*Nombre de puits en ciment*	*Nombre de forages en PVC*	*Nombre de réseaux d'irrigation*	*Nombre de moto pompes*
Financement accordé par le PIP2 en FCFA	1	.956(**)	.996(**)	.959(**)	.121	.281	.070	-.449	.204
Apport personnel du promoteur en FCFA	.956(**)	1	.978(**)	.908(**)	-.087	.462	-.169	-.464	-.052
Financement total en FCFA	.996(**)	.978(**)	1	.952(**)	.058	.340	-.003	-.458	.127
Superficie en ha	.959(**)	.908(**)	.952(**)	1	.082	.331	.098	-.626	.319
Age en années	.121	-.087	.058	.082	1	-.648	.778(*)	-.074	.689(*)
Nombre de puits en ciment	.281	.462	.340	.331	-.648	1	-.865(**)	-.208	-.533
Nombre de forages en PVC	.070	-.169	-.003	.098	.778(*)	-.865(**)	1	-.164	.857(**)
Nombre de réseaux d'irrigation	-.449	-.464	-.458	-.626	-.074	-.208	-.164	1	-.367
Nombre de motopompes	.204	-.052	.127	.319	.689(*)	-.533	.857(**)	-.367	1

Tableau 17. Matrice des corrélations de l'analyse factorielle
Note: ** Corrélation significative au niveau 0,01 (2-tailed).
* Corrélation significative au niveau 0,05 (2-tailed).

pas de manière similaire lorsqu'elles sont rapportées aux variables relatives aux investisseurs, ce qui autorise à penser que l'investissement consacré peut être très différent selon les profils des individus.

L'analyse en composantes principales permet d'affiner l'étude du lien entre ces variables, en isolant deux facteurs principaux, lesquels résument après rotation 84,8 % de la variance totale (Figure 25). Le premier facteur (48,5 %), qui oppose les variables de financement et de superficie au nombre de réseaux d'irrigation, indexe l'ancienneté des aménagements en distinguant les parcelles déjà aménagées mais où le promoteur désire effectuer des investissements importants, à des zones en cours d'aménagement où les réseaux d'irrigation sont privilégiés pour pratiquer une agriculture intensive. Le second facteur (36,3 %), qui oppose l'âge, le nombre de forages et de motopompes au nombre de puits en ciment, indexe l'ancienneté de l'exploitant. Il permet de distinguer les irriguants plutôt âgés qui investissent significativement dans des infrastructures susceptibles d'apporter un usage mécanisé de l'eau par

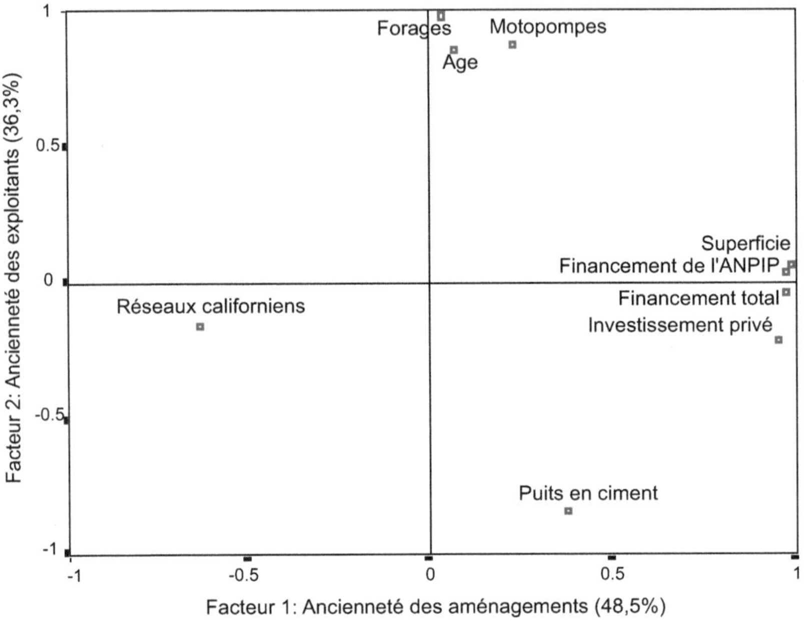

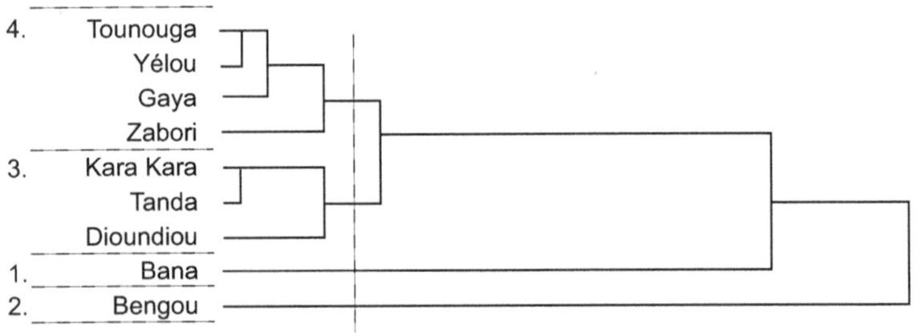

Figure 25. Représentations des deux premiers facteurs de l'analyse factorielle (en haut)

Figure 26. Classification hiérarchique des communes du département de Gaya (en bas)

rapport à des jeunes investisseurs qui consacrent plutôt leurs économies aux puits à usages multiples. Il y a là une opposition forte entre deux logiques: celle d'exploitants expérimentés désireux de perfectionner leurs installations en mécanisant fortement l'usage des ressources en eau, et celle d'exploitants plus jeunes désireux de se lancer dans l'irrigation à partir d'ouvrages moins complexes et moins mécanisés. L'âge des bénéficiaires est donc un critère discriminant des investissements, les données montrant d'ailleurs que la moyenne des irriguants est très élevée dans toutes les communes (52,4 ans), particulièrement à Bengou (58) et à Kara Kara (56).

Les résultats de la classification ascendante hiérarchique (CAH) permettent de classer les neuf communes ayant bénéficié des financements de l'ANPIP en quatre grands groupes aux profils spécifiques (Figure 26).

Bana et Bengou forment deux groupes à elles toutes seules – une preuve supplémentaire de leur forte différentiation géographique –, tandis que le troisième groupe est formé de Tanda, Kara Kara et Dioundiou et le quatrième de Gaya, Tounouga, Yélou et Zabori. A priori, il n'existe, dans cette différentiation, pas d'opposition visible entre les communes où dominent les terroirs des *dallols* (Kara Kara, Zabori, Dioundiou, Yélou, Bana et Bengou) et les communes riveraines du fleuve Niger (Gaya, Tounouga, Tanda). De même, les groupes constitués ne distinguent pas clairement les zones de *dallols* plus productrices de canne à sucre, des régions proches du fleuve, productrices de riz et d'oignon.

L'analyse de l'écart au profil moyen de chacun des groupes permet alors de visualiser sa spécificité (Figure 27). Le profil du premier groupe, composé de Bana, montre que les exploitants du lieu ont privilégié l'équipement en motopompes et en forages, au détriment des réseaux. Cela signifie que les terroirs sont vraisemblablement aménagés pour l'irrigation depuis une courte période, par des exploitants qui disposent de capacités financières moyennes. L'introduction des technologies, dont le réseau enterré est la plus complexe, se fait ainsi graduellement. Bana s'illustre en outre par une superficie moyenne (6,4 ha) beaucoup plus importante que dans les autres groupes. Il est de ce point de vue intéressant de remarquer que la surface varie considérablement d'une commune à l'autre, puisqu'elle est près de trois supérieure à Bana qu'à Tounouga (2,0) et près de deux fois supérieure à Bana qu'à Yélou (2,6), Kara Kara (3,0), Dioundiou (3,3) ou Zabori (3,4).

Le terroir de Bengou se démarque essentiellement par le fait que les financements accordés par l'ANPIP aux exploitants ainsi que les contributions personnelles sont beaucoup plus élevés qu'ailleurs. Les données rapportées aux

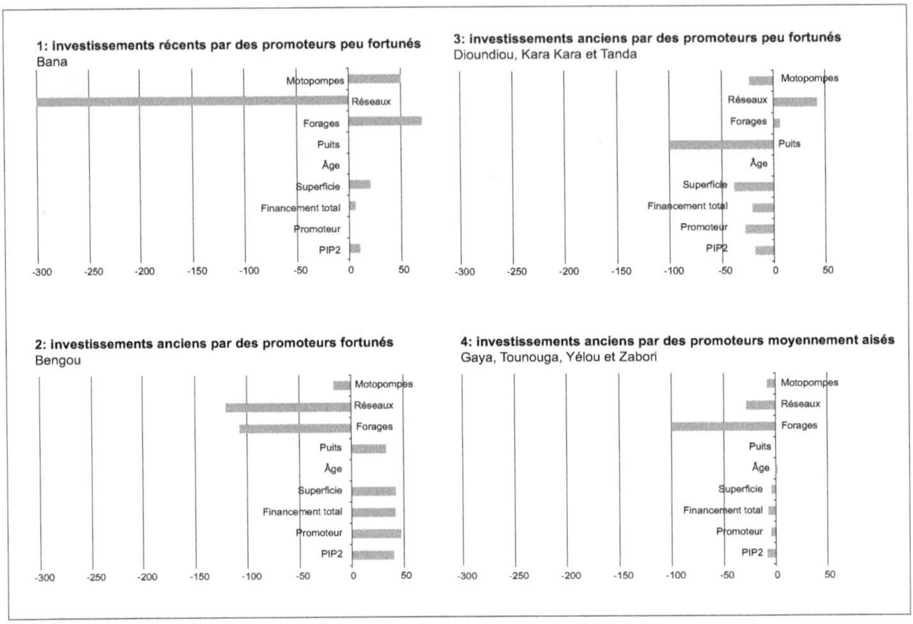

Figure 27. Profil des communes du département de Gaya relativement aux variables d'irrigation
Ecarts à la moyenne des groupes issus de la classification hiérarchique ascendante (CAH) en %.

financements moyens montrent que Bengou se démarque des autres entités par des montants exceptionnellement importants (plus de 10 mio), un chiffre près de deux fois et demi plus élevé que Kara Kara (3,8 mio) alors que toutes les autres communes bénéficient d'un financement moyen comparable (Figures 29 et 29). Ces différences régionales s'expliquent par le poids de certains investisseurs locaux dotés de moyens financiers particulièrement importants. Alors qu'à Bengou la surface des parcelles est généralement importante (4,6 ha), les parcelles y ont moins bénéficié de motopompes, de réseaux et de forages que la moyenne. Ces éléments illustrent le fait que la commune se singularise par de grands terroirs déjà aménagés et pourvus de systèmes d'irrigation, financés par des investisseurs plus aisés qu'ailleurs qui recherchent à intensifier leurs productions. C'est l'exact opposé de Bana à tous points de vue.

Le troisième groupe, qui concerne Dioundiou, Kara Kara et Tanda, est marqué par un financement inférieur à la moyenne, quelles que soient les variables. C'est le seul groupe dans lequel le nombre de réseaux d'irrigation est significativement supérieur à la moyenne, alors que le nombre de moto-

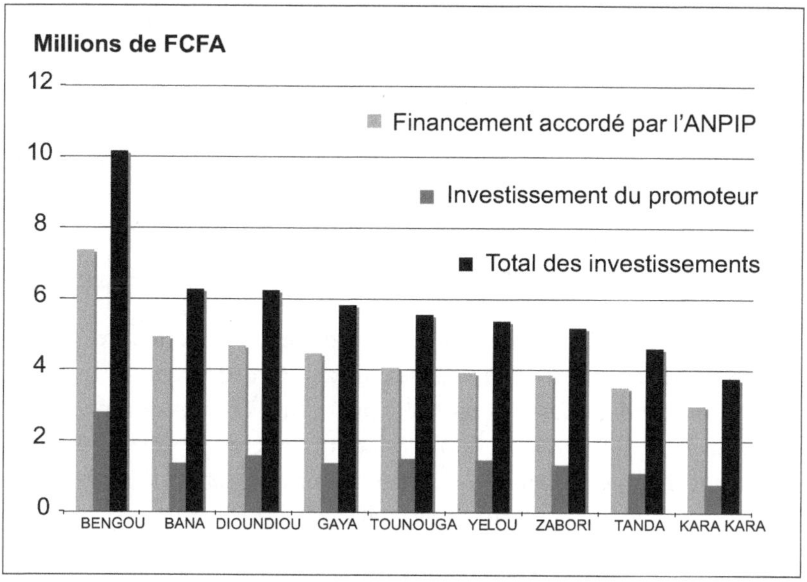

Figure 28. Investissement agricole moyen par commune, 2005
Source: Antenne de l'ANPIP de Dosso, 2005.

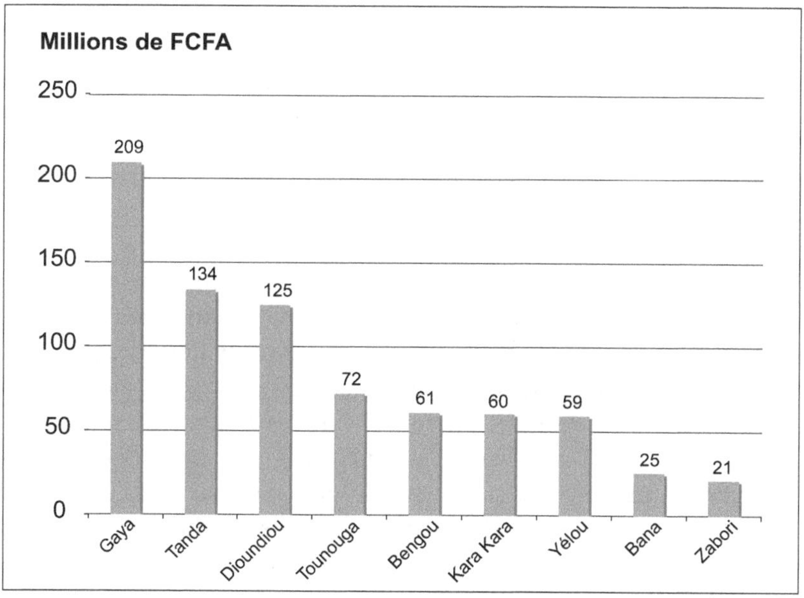

Figure 29. Investissement agricole total par commune, 2005
Source: Antenne de l'ANPIP de Dosso, 2005.

pompes et de puits accordés par l'ANPIP est plutôt faible. En conséquence, il semble que ce groupe soit formé de parcelles de petite taille, propriétés d'investisseurs peu fortunés qui privilégient l'innovation des réseaux, signe peut-être qu'ils sont déjà équipés en motopompes et en puits.

Dans le quatrième groupe, formé de Gaya, Tounouga, Yélou et Zabori, les financements moyens sont légèrement inférieurs à la moyenne tandis que les irriguants sont sous-représentés en termes d'infrastructures. Ce profil présente des similitudes avec celui de Bengou: très vraisemblablement le faible équipement demandé à l'ANPIP résulte du fait que les irriguants en sont déjà pourvus, mais s'en distingue par la capacité financière des bénéficiaires, très nettement inférieure à celle de Bengou. Ces résultats sont surprenants lorsqu'on les compare au nombre de dossiers acceptés par commune. En revanche, le constat que Gaya et Tounouga appartiennent au même groupe s'explique aisément par le fait que les parcelles concernées appartiennent au même grand ensemble périurbain de Gaya, qui s'étend de Kotcha à Sokondji Birni.

14.4 Trouver des marchés, améliorer les techniques et diffuser l'irrigation

Les résultats obtenus par l'analyse cartographique et statistique de la petite irrigation privée laissent penser que la région sera confrontée à très court terme aux défis de trouver des débouchés commerciaux aux produits agricoles et d'améliorer la qualité et la performance des irriguants au niveau technique. Ces deux aspects sont évidemment très liés car une offre plus abondante ne peut soutenir les prix que si elle s'accompagne d'une recherche de qualité et d'une diminution des coûts d'exploitation. En outre, compte tenu des profils socio-économiques qui caractérisent déjà les promoteurs, le but est de faire bénéficier le plus grand nombre de producteurs des financements d'irrigation et, par conséquent, de limiter l'exacerbation des inégalités existantes. Trouver des marchés, améliorer des techniques et diffuser l'irrigation de façon égale entre régions et entre groupes sociaux constituent alors les trois enjeux les plus pressants.

En premier lieu, l'objectif est de connaître quels seront les débouchés géographiques des productions, notamment pour les agrumes et les légumes, et de concevoir un lien plus étroit entre production et commercialisation. Si les rendements augmentent grâce à l'intensification de l'usage de l'eau par les machines et si, comme les résultats le montrent, une majorité de producteurs choisissent de se concentrer sur un petit nombre de produits (Figure 32), une surproduction durable est à craindre en l'absence de transformation locale et de diversification des débouchés internationaux. A ce titre, les perspectives de transformation par des investissements privés ne sont pas encourageantes, d'une part parce que les grands commerçants de la place manifestent peu d'intérêt à cet égard et d'autre part parce que l'industrialisation a, dans les conditions actuelles, le handicap de devoir entrer en concurrence avec l'informel et l'exportation à l'état brut des produits agricoles. C'est ce que montrent d'une part les exemples des structures coopératives précédemment décrites, lesquelles n'incitent pas à recourir à une gestion collective pour s'assurer de la commercialisation des produits, d'autre part l'histoire récente de l'usine chinoise de coton. Celle-ci avait été implantée en périphérie de Gaya alors que les terres à coton étaient déboisées sur l'emplacement de la Forêt classée de Gourou-Bassounga à l'ouest de la ville avec l'accord des autorités nigériennes. Malgré l'investissement consenti, les usines de transformation ne sont pas parvenues à être rentabilisées en raison des prix payés aux producteurs, qui leur permettaient tout juste à rembourser les emprunts destinés à payer les intrants. Ayant revendiqué une hausse du prix du coton sans succès auprès des Chinois, les paysans se sont alors tournés vers le marché informel nigérian qui offrait de meilleurs tarifs. L'usine de Gaya fut alors confrontée à un manque de matière première qui signa l'arrêt de son fonctionnement. Progressivement, les paysans abandonnèrent le coton pour des cultures plus fondamentales (céréales) ou plus lucratives (contre-saison). L'échec de cet investissement réalisé au moyen de méthodes destructrices de l'environnement et de schémas de commercialisation ignorant les circuits informels n'a pas contribué à accroître l'intérêt pour le secteur industriel.

Au cours des années 1990, les coopératives fruitières, d'oignon et d'huile ont essayé de se rapprocher des commerçants pour valoriser leurs productions mais sans succès «en raison de la concurrence qui est forte, de l'absence de moyens de transports propres et de l'éloignement des grands centres urbains» (Wampfler, 1998; 43), auxquels s'ajoute le désintérêt des commerçants locaux pour les investissements non spéculatifs en matière industrielle. Selon le même auteur,

> les industries de transformation approchées ont préféré la production de la zone de Maradi, dont les coûts seraient moins élevés, du fait d'un poids plus faible des charges d'irriga-

tion. Aux dires des coopérateurs rencontrés, ces charges, liées à une infrastructure d'irrigation collective coûteuse, pèsent lourdement sur les prix pratiqués et handicapent la production de la Coopérative par rapport à celle d'autres zones nigériennes à petite irrigation privée et par rapport aux productions fruitières des pays côtiers (ibid.; 43).

L'échec de la transformation et de la reprise de la Coopérative par un bailleur de fonds malgré les offres faites à la FAO et à la Cooperative League of the USA (CLUSA) s'explique également par l'état de sa trésorerie qui, dans les conditions actuelles d'exploitation, ne peut dégager de bénéfices.

En second lieu, se pose la question de savoir comment améliorer les produits et les techniques d'irrigation. L'enjeu est essentiellement technique et peut profiter utilement des expériences réalisées dans les zones périurbaines plus avancées dans le processus de production pour les marchés urbains en Afrique de l'Ouest (Sokoto, Kano, Sikasso). Conscients du fait que la qualité des produits agricoles pourrait être améliorée, les producteurs d'oignon de Gaya ont, depuis 2005, introduit une variété appelée *galmi* en référence à l'une des principales régions de production du Niger située au sud de Tahoua. Cette variété disponible à crédit est aujourd'hui plus recherché en raison de ses qualités de conservation et de sa valeur nutritive que celle de Gaya, d'origine nigériane. En outre, les producteurs de canne à sucre ont depuis quelques années presque abandonné la variété blanche au profit de la rouge, plus grande et plus appréciée des consommateurs. En dehors de ces initiatives, d'importantes améliorations pourraient être apportées aux variétés de légumes et de fruits. L'ANPIP encourage certes déjà les paysans à changer de semis en ce qui concerne la plupart des espèces cultivées à Gaya (aubergines, choux, courges, laitues, pastèques, piments, poivrons, tomates) mais la disponibilité de ces produits et les habitudes des producteurs freinent la diversification des productions. Les exploitants privilégient en effet une diversité peu importante en plébiscitant, dans leurs intentions de culture, les poivrons et les oignons à plus de 80 % en raison de leur prix de vente, suivis des choux et des tomates retenus par plus de 60 % des exploitants (Figure 30) et semblent peu désireux de cultiver de la patate douce, du riz ou de la canne à sucre, trois des plus importantes cultures du département de Gaya. Ces choix, en partie dictés par la qualité du sol, l'accès aux semences et la facilité de commercialisation, ne donnent cependant qu'une image imparfaite des productions qui sont réellement effectuées dans les champs des agriculteurs du fait que les intentions de culture sont standardisés dans les dossiers de candidature et soumis à des changements importants une fois les crédits débloqués.

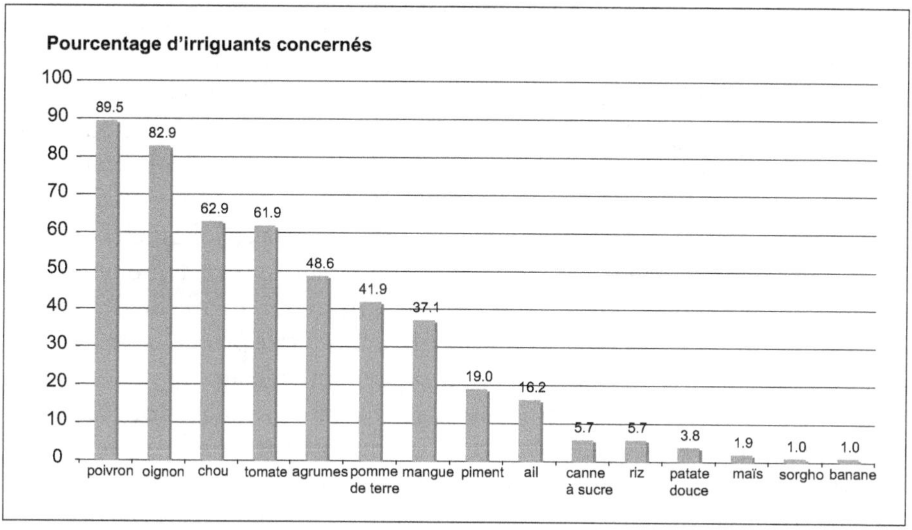

Figure 30. Cultures envisagées par les promoteurs des projets d'irrigation, 2005
Note: N = 105 sous-projets de plus de 2 millions de CFA.
Source: Antenne de l'ANPIP de Dosso, 2005.

Il reste à se demander comment, dans ces conditions, faire bénéficier le plus d'irriguants des financements de la petite irrigation privée. L'enjeu concerne autant les inégalités géographiques séparant les zones les espaces déprimés des zones plus favorables dans lesquelles l'irrigation est déjà développée (*dallols*, vallée du fleuve et périphéries urbaines), que les inégalités socio-économiques qui opposent les propriétaires irriguants à la main-d'œuvre salariée et aux nomades peul. Ainsi que le rappelle D. Bach (1994; 89)

> le principe fondamental des avantages comparatifs et la libéralisation des filières commerciales redonnent tout leur sens à la diversification des espaces: spécificités écologiques, position par rapport aux axes et aux marchés devraient devenir des facteurs essentiels d'une diversification des productions. Revanche de la géographie assurément, mais aussi accentuation d'une géographie des inégalités.

Après une phase de croissance durant laquelle les producteurs les plus entreprenants et les plus favorisés ont accès aux financements, la question de l'accès à des exploitants potentiels moins favorisés se pose avec acuité. L'extension des cultures irriguées se heurte alors à trois obstacles principaux, qui sont le manque de moyens financiers, la faiblesse du capital social et la méfiance généralisée qui accueille les projets de financement.

Soucieuse d'éviter le problème des inégalités financières entre exploitants, l'ANPIP a abaissé le seuil de l'apport personnel de 2 millions (3049 €) à 35 000 CFA (53 €) – une somme qui correspond à l'achat d'une pompe à pied – en accord avec l'objectif de la Banque mondiale de lutte contre la pauvreté. Cependant, le fait qu'une proportion importante des parcelles soit possédée par des individus issus des couches favorisées de la population s'explique également par la nécessité de posséder des moyens financiers transitoires entre deux tranches de crédit. Il faut en effet disposer d'une réserve de capital pour payer les employés qui assurent l'irrigation manuelle des parcelles avant l'installation des motopompes financées par le projet, de même que les autres dépenses d'exploitation avant la première récolte.

Les compétences administratives et rédactionnelles des groupes socioprofessionnels non paysans expliquent aussi qu'ils aient plus facilement accès aux structures chargées de l'élaboration des dossiers et qu'ils puissent y rédiger des projets plus solides, les cellules d'appui apportant une part considérable des éléments figurant dans les sous-projets. Aussi, la discrimination constatée en défaveur des paysans est-elle directement liée à leur plus faible capital social. En cela, l'ANPIP ne discrimine pas volontairement un groupe par rapport à un autre mais elle reste tributaire des inégalités d'origine de la société nigérienne, notamment celles qui opposent la notabilité et le fonctionnariat à la paysannerie. Si les financements de l'ANPIP ont plutôt bénéficié à des investisseurs étrangers au monde paysan et à la région de production, il n'en demeure pas moins que l'investissement agricole de l'ANPIP a eu des répercussions importantes sur le marché des entrepreneurs à Gaya. Pour répondre aux appels d'offre de l'ANPIP en matière de réalisation d'infrastructures, une trentaine de tâcherons développent aujourd'hui leurs activités dans la région.

Enfin, les responsables de l'antenne locale de l'ANPIP à Gaya évoquent la méfiance des producteurs vis-à-vis de l'ANPIP, motivée par le fait que certains irriguants potentiels craignent de voir leur argent détourné. Un an a été nécessaire pour vaincre partiellement ces résistances, grâce à l'engagement personnel des responsables locaux à garantir les financements et à certains notables qui ont joué le rôle d'initiateurs en élaborant des projets et en aménageant des parcelles, contribuant ainsi au succès de l'entreprise.

La durabilité du programme d'appui à la petite irrigation privée est donc liée à la manière dont ses responsables nationaux et locaux envisageront le développement des exportations agricoles, l'amélioration de la qualité des produits et la réduction des inégalités socio-économiques.

15. Synthèse: un espace dominé par des investisseurs extérieurs

L'étude des réseaux agricoles de rente de Gaya – Malanville – Kamba permet de conclure à une forme particulière d'extraversion, dans laquelle l'essentiel de la production locale est destinée à approvisionner les grands marchés régionaux après avoir été collectée sur les marchés locaux puis centralisée à Malanville. L'intensité des flux qui se servent de l'espace frontalier pour alimenter Niamey, le Nigeria et le Bénin illustre alors une forme de dépendance de la zone étudiée envers ses clients extérieurs mais également le dynamisme spectaculaire de ses acteurs économiques, capables de construire des réseaux informels à grande distance. Ceux-ci se doivent d'être sans cesse attentifs aux demandes de la capitale ou des pays voisins, secoués de crises qui provoquent brusquement des excédents et des pénuries, des interdictions à l'importation et des besoins urgents.

Dans cette organisation, deux logiques œuvrent à transformer l'espace de production. En premier lieu, l'appui de grands programmes dirigistes ou participatifs a conduit à l'aménagement de périmètres hydro-agricoles dont les résultats en termes de rendement et de gestion sont très contrastés. Plusieurs exemples issus du département de Gaya montrent que ces programmes sont souvent abandonnés ou déviés de leurs perspectives originales par des difficultés de fonctionnement liées à l'usage de machines de pompage centralisées et par une gestion délictueuse des fonds coopératifs. Là où, comme à Malanville, certaines coopératives aboutissent à des résultats plus satisfaisants, l'analyse montre en définitive que leur succès résulte paradoxalement d'un désengagement de la structure coopérative en ce qui concerne la commercialisation des produits.

En second lieu, l'étude des réseaux informels qui caractérisent le commerce privé montre que ceux-ci sont structurés sur des bases souples et sur des solidarités qui prennent appui sur l'ancienneté des relations entretenues entre producteurs et grossistes plutôt que sur le facteur ethnique. L'efficacité de ces réseaux est garantie par leur souplesse et semble aboutir à des résultats économiques supérieurs aux initiatives collectives ou centralisées. Pour s'en convaincre, il suffit de comparer les petites rizières privées du bord de fleuve et les périmètres irrigués, les parcelles de canne à sucre du nord du Dallol Maouri et les périmètres de l'ONAHA, les vergers individuels et le Projet fruitier, les champs de patates douces de Bengou et les tentatives de cette même culture dans le périmètre de Yélou. A tous points de vue, les contrastes sont saisissants. D'un côté, des rendements élevés et des réseaux informels extravertis permettent une orientation vers des cultures de rente sans excédents, des investissements réduits et supportables par les exploitants. De l'autre, une gestion coopérative aboutissant à un abandon des parcelles, à des problèmes de partage des terres innombrables, à des investissements démesurés et à la cannibalisation progressive du matériel commun. Ainsi, le dynamisme de la région est assuré par l'initiative individuelle, qu'il s'agisse de la canne à sucre au Nord, de la patate douce et de la canne à sucre au Centre ou de la riziculture, des cultures fruitières et légumières dans la vallée du fleuve Niger. De toute évidence, la légèreté des infrastructures financées par l'ANPIP est un gage de réussite dans un contexte où les réorientations de production peuvent être rapides, contrairement aux aménagements hydro-agricoles lourds.

Ce constat ne doit pas pour autant conduire à l'apologie du secteur privé, tant il est vrai que cette évolution peut conduire à un accroissement des inégalités. Tous les producteurs ne sont pas des innovateurs et tous ne sont pas égalitairement dotés en capitaux économiques et relationnels comme le rappellent les résultats des analyses socio-économiques menées sur la base des données du projet d'appui à la petite irrigation privée de l'ANPIP, avec l'appui de la Banque mondiale. Dans le département de Gaya en effet, l'investissement s'effectue grâce au concours de certains investisseurs privés dont les principales caractéristiques sont d'être étrangers au monde de la paysannerie (66 %) et d'habiter loin de leurs biens fonciers (43 %). Parmi eux, les fonctionnaires (40 %) sont particulièrement surreprésentés, notamment dans les professions liées à la haute administration et aux forces de l'ordre. Les commerçants sont quant à eux extrêmement peu présents dans le domaine de l'investissement agricole (8 %), ce qui permet de confirmer l'existence de deux sphères économiques, celle des *patrons* revenus à la terre et dont le profil est marqué par la fréquentation des sphères militaro-étatiques et celle des *patrons* du capitalisme marchand dont l'essentiel des stratégies d'investissement est fondé sur la circulation des denrées plutôt que sur leur production.

Sur le plan spatial, l'appui à la petite irrigation se marque par un renforcement des zones où l'intensification de l'usage de l'eau était déjà visible, notamment en faveur des zones périurbaines de la vallée du fleuve et de la petite ville de Dioundiou, située au cœur de la zone de production de canne à sucre. Le fait que les investissements soient favorables aux régions périurbaines – dans un périmètre de 10 km autour de Gaya et Malanville sont concentrées 40 % des parcelles ayant bénéficié d'un financement de l'ANPIP et 50 % de toutes les motopompes de la région – ne fait que vérifier les modèles géographiques basés sur la différentiation des usages agricoles en fonction de la distance aux centres. Comme le relève le FIDA (2001a; 179), «la culture commerciale aide surtout ceux qui ont facilement accès aux marchés urbains et étrangers, aux infrastructures, au capital humain, à la technologie et aux systèmes d'assurance». Les compétences nécessaires pour générer des bénéfices grâce aux cultures de rente et leur trouver les débouchés adéquats restent concentrées dans les mains d'un nombre restreint d'individus et l'essor prévisible de ces productions ne se fera par conséquent pas de manière égalitaire mais sur des bases fortement clientélistes. Dans ce sens, les avantages de la proximité urbaine sont clairement reconnus par les investisseurs, qu'il s'agisse de l'accès aux intrants, de l'écoulement de la marchandise ou des services liés à la gestion du programme d'irrigation en lui-même.

Une analyse menée à l'échelle des communes et des variables de financement identifie ensuite deux facteurs principaux relatifs aux parcelles irriguées. D'une part, l'ancienneté des aménagements permet de distinguer certaines parcelles où les producteurs privilégient le renouvellement de leurs équipements, d'autres parcelles plutôt concernées par un aménagement récent. D'autre part, l'ancienneté du promoteur lui-même permet de différencier les logiques des investisseurs âgés désireux de perfectionner leurs installations en mécanisant fortement l'usage des ressources hydrauliques et celle d'exploitants plus jeunes désireux de s'adonner à l'irrigation à l'aide de moyens plus modestes. Selon ces éléments, la commune de Bana est concernée par des investissements récents effectués par des promoteurs peu fortunés, à l'inverse de celle de Bengou, tandis que les deux autres groupes de communes sont représentées par des investissements anciens menés par des promoteurs peu (Dioundiou, Kara Kara et Tanda) ou moyennement fortunés (Gaya, Tounouga, Yélou et Zabori). Ces disparités ne semblent pas pour autant conduire à l'émergence d'un salariat agricole local et massif en milieu rural. En effet, les compétences requises dans l'exploitation des surfaces irriguées, la taille limitée des parcelles aménagées jusqu'ici (430 ha dans le cas de l'ANPIP contre 515 ha gérés sous forme de périmètres hydro-agricoles pour une superficie départementale de 4044 km^2) ainsi que la disponibilité de terrains favorables aux cultures de rente conduisent les exploitants à recourir à une main-d'œuvre gourmantché déjà qualifiée et peu coûteuse. Dans la plupart des terroirs, la spécialisation en cours n'est pas encore suffisamment développée pour permettre aux producteurs de s'affranchir de la culture du mil et du sorgho et ne se consacrer qu'aux cultures de rente ou de contre-saison. Ces dernières restent un appoint, même si dans certains cas, la canne à sucre tend à supplanter les cultures de subsistance, les cas du riz et de la patate douce étant un peu particuliers car ils servent à la fois de rente et de subsistance.

Dans ce contexte, les enjeux principaux qui se posent aux initiatives de promotion de l'irrigation semblent se résumer à trois domaines interdépendants: trouver de nouveau débouchés susceptibles de répondre à l'accroissement de la production, améliorer la qualité de la production dans le but de gagner la faveur des grossistes opérant à une échelle internationale et contribuer à réduire les inégalités entre irriguants.

Partie IV

Les logiques de circulation: l'import-export et le commerce de détail

> In Africa, the dynamic and innovative forces are mainly not to be found among ministries, parastatals and formal companies in the formal economy, but among the entrepreneurs in the informal sector. It is here we find the level of innovation and entrepeneurship, which is Africa's real competitive advantage.
>
> M. Boas, 2001. *Regions and regionalisation: A heretic's view;* 36-37

Outre les opportunités agricoles locales développées dans le chapitre précédent, l'espace frontalier de Gaya – Malanville – Kamba tire une part importante de sa richesse des flux d'import-export. Couloir de transit situé entre les ports vitaux du Golfe de Guinée et les grands marchés urbains du Niger et du nord du Nigeria, il offre une rente de situation privilégiée à certaines activités internationales particulièrement développées comme la réexportation de vêtements usagés, les échanges de céréales issues des marchés côtiers ou mondiaux ou le transit de voitures d'occasion. Ces activités sont caractérisées par une grande flexibilité spatiale et temporelle qui permet à leurs acteurs de bénéficier des opportunités conjoncturelles des marchés frontaliers, par un degré élevé d'opacité et par une fugacité importante, signifiant que les trajectoires des produits sont difficiles à identifier. Ces propriétés n'empêchent pas les *patrons* qui dominent ces réseaux de structurer leurs liens clientélistes sur des bases solides et d'entretenir des rapports de dépendance réciproques avec les agents des Etats chargés de la surveillance des frontières.

A une échelle plus restreinte, le commerce de détail assure également des revenus variables aux petits marchands qui animent les centres urbains. Le profil de ces acteurs économiques diffère sensiblement des *patrons* actifs dans l'import-export, dans la mesure où leurs activités concernent plutôt l'économie locale. Une enquête menée dans les trois villes-marchés permet alors, dans un premier temps, de mieux connaître les caractéristiques socio-économique de ces agents (âge, origine, ethnie, mode d'acquisition des savoirs, études achevées, métiers exercés), le cadre de leur travail (secteur d'activité, évolution des affaires, principaux problèmes rencontrés) et l'ampleur de leurs réseaux d'approvisionnement et d'écoulement. Dans un second temps, l'étude se donne pour but de comparer les résultats obtenus dans chacun des marchés, en cherchant à souligner, malgré un échantillon nécessairement restreint, les principales particularités.

Au-delà des différences de statut qui caractérisent les grands *patrons* du capitalisme marchand et les petits détaillants qui animent l'économie de proximité, l'exemple des flux d'import-export et du commerce de détail doit permettre de montrer que ces activités appartiennent à une logique de circulation commune dans laquelle les marchands de la zone forment un groupe allogène, motivé par les perspectives économiques de la frontière, contrairement à la région de Kano – Maradi qui bénéficie d'une plus longue tradition commerciale. Dans ce contexte, l'activité marchande est fondée sur l'exploitation de sources d'approvisionnement extrêmement diverses dans un marché soumis à des évolutions contrastées selon les centres urbains et directement dépendant des opportunités spéculatives et rentières offertes par les Etats concernés.

16. Des importations massives qui stimulent l'activité internationale

L'enclavement des pays sahéliens ainsi que les possibilités de réexportation vers le Nigeria de certains produits conduisent à renforcer le rôle international du carrefour de Gaya – Malanville – Kamba, lequel constitue le passage obligé d'une part importante quoique variable[1] de l'import-export nigérien à destination des Etats voisins. Ces flux sont en grande partie informels et par conséquent peu susceptibles d'être enregistrés à leur juste valeur par les bureaux de douanes régionaux, c'est pourquoi les éléments qui suivent conjuguent l'utilisation des statistiques de la Direction des Douanes du Niger et du bureau des Douanes de Gaya avec des observations de terrain.

16.1 Une croissance spectaculaire des flux marchands

Les marchandises qui transitent par les douanes de Gaya sont extrêmement diverses mais peuvent cependant être regroupées en deux catégories. La première concerne des biens industriels comme le ciment, les cigarettes et la friperie, auxquels s'ajoutent les autres produits de l'industrie agroalimentaire

1 En raison de statistiques incomplètes – qui ne prennent pas en compte les flux d'hydrocarbures par exemple – la part des importations et exportations nigériennes qui transitent par le bureau de Gaya n'est pas quantifiable. En ce qui concerne les exportations, les statistiques disponibles montrent une chute spectaculaire des flux passant par Gaya, tendance qui n'est pas confirmée par les données en provenance des autres sources d'information, lesquelles affirment plutôt que les exportations nigériennes sont globalement stables depuis cinq ans (OCDE/BAfD, 2005). Etant donné que le bureau de Gaya ne semble pas avoir été spécifiquement affecté par une baisse des exportations par rapport aux autres bureaux nationaux, cet écart est, selon toute vraisemblance, imputable à des données disparates. Il est donc impossible d'évaluer la situation commerciale de Gaya: sans doute ce poste présente t-il un déséquilibre structurel semblable à celui du Niger tout entier.

internationale comme le lait en poudre, le sucre ou le concentré de tomate. La seconde catégorie regroupe des produits agricoles importés d'Asie ou d'Europe comme le riz et le blé ou des pays riverains du Golfe de Guinée comme le maïs et la farine de manioc. A noter encore que les véhicules d'occasion assurent une rente financière appréciable à la région par le biais de taxes spécifiques bien que ne figurant pas dans la statistique nationale (Tableau 18).

Produits	*Importations en CFA*					
	2000	2001	2002	2003	2004	2005*
Ciments	15005260	173491905	97952050	1072245000	3147363016	4295264738
Riz cargo	255441535	39086527	682473150	945484628	1105402757	1587934297
Friperie	476788877	514781575	428428905	493541223	430141579	300444837
Blé	160766766	678583854	380710965	1244293253	276453261	2177215733
Maïs	42321550	24618500	65272500	637113923	128546316	78830519
Wax	50781642	100319802	148016625	96929781	90385644	70753823
Lait en poudre	31300547	16002129	102185406	20766810	62334671	192309300
Sucre	16940179	75916220	34523595	273456340	60000000	–
Piles R20	90389376	21322048	24156000	6295499	54436683	59455628
Cigarettes	19853403	129791328	–	2586528	45163173	133055660
Farine de manioc	21442450	17634080	16089300	21083608	26547366	123934799
Conc. de tomate	81915318	44052100	14697950	24816305	2695327	6245226
Autres	643112522	586810047	816463508	805798482	2037055251	263343159
Total	*1906059425*	*2422410115*	*2810969954*	*5644411380*	*7466525044*	*9288787719*
Total en €	*2905578*	*3692698*	*4285015*	*8604285*	*11381897*	*14159737*

Tableau 18. Evolution des principales importations du bureau de Gaya, 2000-2005
Note: les valeurs 2005 (*) sont des estimations calculées à partir des sept premiers mois de l'année. Une pondération a été calculée sur chaque article: les produits non saisonniers (ciment, wax, lait en poudre, sucre, piles, cigarettes, concentré de tomate) ont bénéficié d'un facteur 0,50; les produits agricoles (riz cargo, blé et froment, maïs, farine de manioc) importés d'un facteur 0,33 étant donné que l'essentiel des importations a lieu dans les 6 premiers mois de l'année; la friperie d'un facteur 0,66 car les plus grosses commandes ont lieu en fin d'année. 1 € = 656 FCFA.
Source: Direction générale des Douanes du Niger, 2005.

D'une manière générale, les importations passant par le bureau de Gaya ont connu entre 2000 et 2005 une croissance spectaculaire en valeur comme en tonnage. Depuis 2002, l'augmentation est particulièrement importante et proportionnellement plus élevée que l'ensemble des importations nigériennes (+100 % entre 2002 et 2003 et +32 % entre 2003 et 2004) (Figure 31). Cette hausse met en évidence l'aggravation de la balance commerciale du Niger, chutant de -3,0 % à -5,8 % du PIB sur cette période (OCDE/BAfD, 2005).

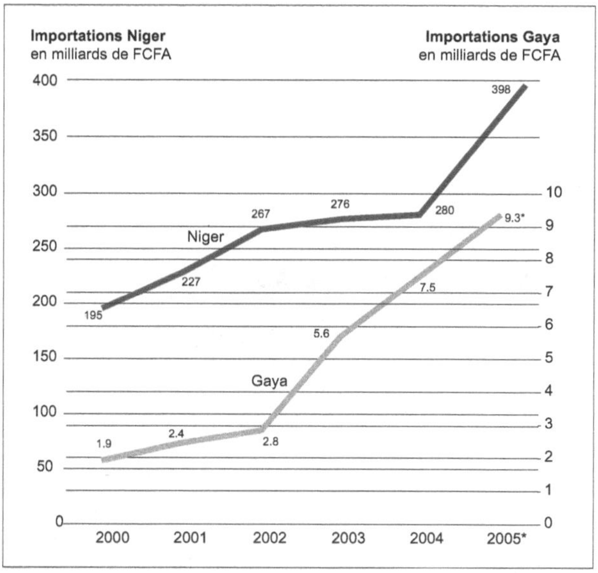

Figure 31. Importations totales du Niger et du bureau des douanes de Gaya, 2000-2005
Note: la valeur 2005 (*) est une estimation calculée à partir des sept premiers mois de l'année.
Sources: Direction générale des Douanes du Niger, 2005 et www.izf.net.

Les principaux produits importés ont connu des évolutions très divergentes dont certaines seront analysées en détail par la suite mais qui montrent déjà une dépendance accrue du Niger vis-à-vis des céréales achetées sur le marché mondial comme le riz et le blé, ainsi qu'un accroissement spectaculaire des besoins en ciment, consécutifs de l'urbanisation rapide que connaît le pays et des possibilités de réexportation offertes en direction du Nigeria. En revanche, la part des importations de textiles, des biens de l'industrie agro-alimentaire et des cigarettes semble avoir connu une baisse importante non linéaire tandis que celle des autres produits est devenue extrêmement réduite (2,2 % en 2005) (Figure 32).

Outre ces biens d'importations, le commerce de véhicules d'occasion connaît un essor remarquable dans le sud du Niger en raison de l'interdiction formelle d'importation décrétée par le Nigeria. Contrairement aux années 1980, peu de Nigérians ont en effet encore les moyens financiers d'acquérir une voiture neuve produite dans les usines Peugeot du pays. Cette situation de paupérisation, conjuguée à des tarifs d'achat et de transport très bas sur les marchés internationaux, alimente la demande en véhicules usagés malgré

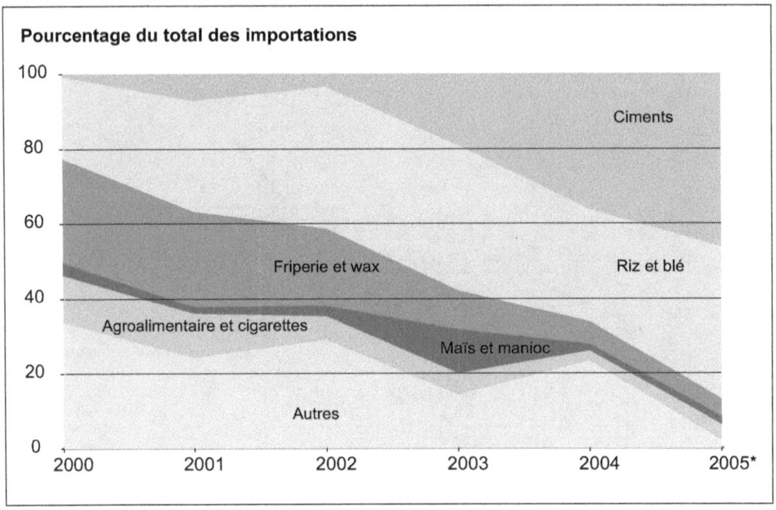

Figure 32. Contribution des principaux produits d'importation des douanes de Gaya, 2000-2005
Note: la valeur 2005 (*) est une estimation calculée à partir des sept premiers mois de l'année.
Source: Direction générale des Douanes du Niger, 2005.

l'interdiction décrétée par le Nigeria. Les réseaux nigérians qui dominent ce commerce utilisent alors Gaya comme porte d'entrée méridionale pour la réexportation des voitures en direction des marchés du nord du Nigeria, lesquels représentent environ 80% de la demande, le reste étant acheminé vers Niamey. Les voitures sont appelées *Belgique* en référence au port d'Anvers où s'effectue la majorité des embarquements à destination de l'Afrique de l'Ouest mais proviennent de plusieurs pays européens, notamment la Suisse et l'Allemagne. Il s'agit essentiellement de véhicules de tourisme japonais et allemands (Toyota Hiace, Starlet, Corolla, Honda Civic, Mercedes 190 et 220) et de tout-terrains de type Toyota Land Cruiser ou Hi-Lux, auxquels s'ajoutent de manière croissante de grosses cylindrées de luxe (Lexus, Mercedes ML, BMW X3). Les voitures circulent en convoi depuis Cotonou et appartiennent généralement à un petit nombre de grossistes qui passent des commandes auprès de fournisseurs africains installés en Europe.

A Gaya, les répercussions de ce commerce sont importantes. Chaque véhicule d'occasion en transit doit en effet s'acquitter d'une taxe de 1500 CFA (2,3 €) auprès de la mairie, ce qui représente une recette hebdomadaire d'environ 600000 CFA (915 €) pour une moyenne de 400 véhicules par semaine. Durant l'année, cela signifie qu'environ 20000 véhicules d'occasion transitent par Gaya et apportent une contribution estimée à 30 millions de CFA (45 700 €) aux autorités locales. Les chauffeurs qui livrent les véhicules de Cotonou au Nigeria gagnent de 30000 à 40000 CFA (46 à 61 €) par trajet, sans compter les petites affaires privées qu'ils négocient en parallèle (trafic d'essence, transport illégal de passagers). Un émissaire précède les convois pour régler les formalités douanières de manière frauduleuse, ce qui permet aux véhicules d'entrer par capillarité depuis Kamba jusqu'à la région de Maradi et du Bornou en évitant les axes récemment créés ou réhabilités par les Routes Rurales de Gaya (RRG) sur lesquels se sont installés les douaniers nigériens. Une fois parvenus au Nigeria, ils disparaissent d'autant plus vite dans la «nature» que leur sont apposées de fausses plaques et que l'immatriculation des véhicules n'est pas problématique au Nigeria: il suffit de payer environ 50000 CFA (76 €) pour l'obtenir. Certains témoignages rapportent que la «disparition» des véhicules est facilitée par des coupures artificielles du courant électrique dans les villes, qui permettent aux voitures de rejoindre leur nouveau propriétaire en toute discrétion dans la région de Zinder-Kano.

16.2 Gaya, plaque tournante du commerce de la friperie et des textiles

Dans les espaces frontaliers tels que Gaya – Malanville – Kamba, l'intensité et la rentabilité des négoces a conduit à subordonner la collaboration entre Etats en matière de répression des fraudes au maintien de relations interpersonnelles entre commerçants et fonctionnaires chargés de la surveillance des frontières. C'est ce que montre l'évolution des rapports entretenus entre le Niger et le Nigeria relativement au commerce de textiles neufs et usagés. Cette activité, qui fournit un exemple particulièrement représentatif des flux de réexportation à l'échelle internationale, s'est développée consécutivement aux restrictions d'importation décrétées par le Nigeria. Elle est aujourd'hui structurée par des relations d'affaires entre certains marchands influents qui ont construit des entrepôts à Gaya et à Malanville et d'autres importateurs nigérians désireux d'acheminer des stocks importants d'habits en provenance des Etats-Unis et d'Europe occidentale dans leur pays. Jouant sur l'efficacité de leurs réseaux à traverser les frontières, sur l'absence de coopération transfrontalière des gouvernements et sur d'évidentes complicités, ces marchands parviennent aujourd'hui à alimenter les grands marchés sahéliens en textiles importé sans que le Niger et le Nigeria ne parviennent à encadrer les flux.

Dès les années 1970 pourtant, le gouvernement nigérien souhaita interdire la réexportation de ces vêtements à destination du Nigeria en raison des pratiques corruptrices qu'elle générait. A cette époque, les Nigériens servaient en effet de prête-noms à certains importateurs nigérians qui préfinancaient les commandes de textiles et de cigarettes aux noms des premiers et acheminaient leurs marchandises au Nigeria via Maradi. Les Nigériens ont rapidement compris le profit qu'ils pouvaient tirer de ces activités et ont commencé à passer commande à leur nom puis à revendre les marchandises aux Nigérians. Par la suite, voyant leurs marges diminuer, ces derniers ont utilisé des prête-noms à l'insu des Nigériens, ce qui leur permettait de faire officiellement transiter la marchandise par le Niger et, en réalité, de l'acheminer directement au Nigeria depuis les ports européens ou nord-américains via Port Harcourt et Lagos. Dans ce système, qui a perduré jusque dans les années 1980, les produits ne transitaient plus matériellement par le Niger, mais les importateurs continuaient de faire viser leurs commandes au Niger, avec la complicité évidente des douaniers des deux pays. A la faveur de la prise du pouvoir par le général Mohammed Buhari, les relations entre les deux Etats, qui n'avaient jamais été particulièrement transparentes et coopératives, se durcirent au milieu de cette décennie, aboutissant à la fermeture de la frontière entre avril 1984 et février 1986, à l'initiative du Nigeria (Grégoire, 1991). Cette mesure entraîna une augmentation des prix des produits importés ainsi qu'une réorientation des flux avantageant les petites villes frontalières où les contrôles terrestres étaient moins intensifs. La chute du général Buhari en août 1985 au profit du général Ibrahim Babangida marqua un relâchement des flux informels et une simplification des procédures adoptées par les importateurs nigérians: dorénavant, ceux-ci falsifièrent délibérément les documents et les tampons des douanes nigériennes pour éviter de se rendre personnellement à Maradi. Cela peut être interprété comme le stade ultime de l'intégration informelle, dans la mesure où les marchands sont parvenus à organiser leurs flux d'une manière totalement distincte selon que sont considérés les itinéraires officiels ou les itinéraires réels, s'appuyant pour cela sur une utilisation également informelle du personnel des deux Etats chargés de l'application des interdictions d'importation.

A ce stade, aucune coopération frontalière ne pouvait être légitimement revendiquée entre les deux Etats, ce qui explique que le projet de zone franche mis à l'étude par le Niger à Gaya ne fut jamais appuyé par les élites politiques. Le gouvernement nigérien lui préféra alors le système des magasins sous douanes, sous la pression des commerçants qui se sentaient menacés dans leurs intérêts immédiats. La démocratisation des années 1990 n'a pas apporté plus de transparence dans ce domaine, bien qu'un contrat ait été signé entre la République du Niger et la compagnie Cotecna, en ce qui concerne le contrôle des factures relatives aux importations. Il demeure que le recrutement des douaniers nigériens a pris une forte coloration politique depuis la «décrispation», favorisant ainsi les nominations clientélistes et la collusion entre les hommes politiques et les autorités chargées de la surveillance du territoire. En ajoutant à cela une dotation chroniquement insuffisante en matériel – les Douanes de la région frontalière de Dosso disposaient de 5 véhicules pour 8 500 km^2 jusqu'à récemment –, il n'est pas surprenant de constater que les commerces illégaux se développent aux frontières des trois Etats.

Dans ce système, Malanville a longtemps joué un rôle important avant de perdre son monopole du commerce de gros au profit de Gaya. Entre 1989 et 1996, le marché des textiles neufs et usagés était en effet bien développé dans la ville béninoise, grâce à des importations dirigées vers les ports de Lomé et de Cotonou. La cité était «la grande porte de sortie des friperies dont le passage contribue à l'augmentation des recettes au poste douanier de la ville» (Igué et N'Bessa, 1980; 29) tandis que les marchandises gagnaient les zones urbaines du Niger, du Nigeria et du Ghana. Deux facteurs ont perturbé cette dynamique. D'une part, les clients qui venaient s'approvisionner au Bénin sont devenus eux-mêmes de grands opérateurs économiques préférant passer leurs commandes directement dans les pays exportateurs puis importer leurs tissus en franchise de douanes jusqu'à Gaya. D'autre part, il semble que certaines pressions des autorités municipales de Malanville ont contribué au déménagement des grossistes en direction du Niger, venant porter un coup fatal aux activités de stockage de la ville voisine. L'interdiction d'importation du Nigeria et les profits qu'elle permet par contournements ont ensuite stimulé la concentration des activités aux mains d'un petit nombre de grossistes à Gaya tandis que les détaillants de Malanville perdaient une partie de leur meilleure clientèle.

En quinze ans, Gaya est donc devenue l'une des principales plaques tournantes de la friperie à l'échelle de l'Afrique de l'Ouest. Le choix de cette ville est éminemment stratégique car elle constitue le point le plus proche du port de Cotonou (700 km) d'où il est possible d'acheminer les textiles en franchise de douanes par le Bénin. Grâce à cette situation privilégiée, les commerçants peuvent importer librement les textiles et négocier leur vente à des marchands nigérians qui se chargeront de la réexportation dans leur pays et, dans une moindre mesure, vers le Tchad, le Cameroun, le Mali et le Burkina Faso. Ce commerce est dominé par une vingtaine de grands opérateurs peul, zarma, haoussa et songhay originaires du Niger, par des Igbo du Nigeria et par un petit nombre de marchands tunisiens et libanais, dont certains ont quitté Cotonou, Lomé ou le Burkina Faso pour s'implanter spécifiquement à Gaya et profiter ainsi du dynamisme lié au marché de la friperie.

Les habits usagés qui transitent par Gaya proviennent des entreprises caritatives qui collectent ces produits en Europe (Belgique, Allemagne, Pays-Bas, Turquie) ou en Amérique du Nord (Etats-Unis, Canada), les lavent et les désinfectent, avant de les revendre au profit de leurs bénéficiaires à des exportateurs. Ceux-ci les trient en Europe, en Afrique du Nord ou directement en Afrique de l'Ouest (Lomé, Cotonou) et les mettent en balles de 80 à 120 kg qui peuvent contenir jusqu'à 400 pièces de vêtements. Elles sont appelées «directes» si elles sont triées par catégories de vêtements ou «mêlées» si les habits sont mélangés. Leur prix varie en fonction de la qualité: sur le marché de gros de Gaya, une balle de chemises de qualité supérieure *(number one)* se vend entre 120 000 et 180 000 CFA (183 à 274 €), la seconde qualité de 80 000 à 95 000 CFA (122 à 149 €), la troisième de 75 000 à 80 000 CFA (114 à 122 €) et la qualité la plus basse de 40 000 à 45 000 CFA (61 à 69 €).

La plupart des balles sont destinées à la réexportation vers les pays voisins mais une quantité limitée approvisionne néanmoins les marchés locaux de Gaya, Malanville et Kamba. A l'échelle locale, les grossistes approvisionnent alors des détaillants qui possèdent des boutiques ou pratiquent la vente itinérante. A Malanville, les petits marchands de friperie installés depuis plusieurs années au Bénin et originaires des régions de Dosso et de Niamey rencontrent des difficultés liées aux fluctuations saisonnières du marché car les ventes sont nettement plus importantes en saison froide que durant la saison chaude. Les plus aisés d'entre eux s'approvisionnent directement à Cotonou auprès de grossistes igbo et vendent au détail à la clientèle locale. Seule la moitié des pièces que contient une balle est vendue sur les marchés urbains, tandis que l'autre moitié est acheminée dans les campagnes en raison de sa qualité inférieure. Les chemises coûtent environ 800 CFA (1,2 €) pièce à Gaya et 600 CFA (0,9 €) en brousse ce qui signifie que le revenu par balle peut être estimé entre 100 000 et 160 000 CFA (152 à 244 €). Dans la réalité cependant, cette somme est très inférieure compte tenu du fait que les petits vendeurs n'ont généralement pas les moyens financiers nécessaires à l'achat d'une balle et doivent, par conséquent, s'adresser à des intermédiaires qui leur fournissent des lots plus modestes.

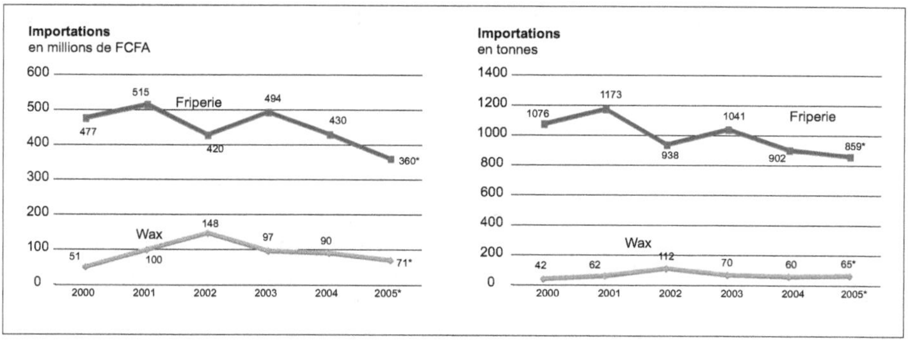

Figure 33. Evolution des importations de textiles du bureau de Gaya, 2000-2005
Note: la valeur 2005 (*) est une estimation calculée à partir des sept premiers mois.
Source: Direction générale des Douanes du Niger, 2005.

L'évolution des données statistiques concernant les textiles montre que les importations connaissent des variations annuelles accentuées: quoique leur volume et leur valeur restent exceptionnellement élevés (Figure 33), ils sont en diminution depuis cinq ans, d'environ 10000 à 8000 tonnes de friperie pour une valeur de 500 à 350 millions de CFA (762000 à 534000 €).

Les tissus neufs importés des Pays-Bas, du Ghana, de Chine et de Côte d'Ivoire, recensés sous l'étiquette de *wax* en raison du procédé utilisé pour leur impression, ont connu une évolution plus stable dans l'ensemble. Cette statistique ne rend pourtant qu'imparfaitement compte de l'ampleur du commerce des textiles en ville de Gaya et s'accorde mal avec les témoignages des *patrons* responsables de la filière. Ces derniers notent en effet une croissance durable des activités, à l'exception de l'année 2005, au cours de laquelle le secteur a connu des difficultés conjoncturelles imputées au conflit qui opposa, de juillet à septembre, un grand commerçant et industriel d'origine nigérienne proche du gouvernement du Nigeria, à un ensemble d'importateurs nigérians. En considérant le total des importations du Bureau de Gaya, la part respective de la friperie et des textiles n'a cessé de chuter depuis 2005 aussi bien en valeur qu'en tonnage. Alors que les vêtements d'occasion représentaient encore un quart du prix des importations et plus de 10 % du poids en 2000, leur importance respective a très nettement décliné, jusqu'à ne concerner plus que 4 % de la valeur totale et moins de 1 % du tonnage total 5 ans plus tard. Cette évolution, marquée également pour les tissus *wax*, est liée à l'importance considérable des importations de ciment et de céréales, passée de 20 à 40 % consécutivement aux besoins de l'industrie de la construction du Niger et du Nigeria et au déficit structurel de l'économie nigérienne en matière alimentaire.

Encadré 7. El Hadj Djibo et les marchés internationaux

El Hadj Djibo est un grossiste importateur de friperies d'origine nigérienne installé à Malanville. Dans les affaires depuis 35 ans, il a commencé son activité commerçante en Gold Coast à l'âge de seize ans puis s'est installé à Malanville en 1969. Les économies accumulées dans le Golfe de Guinée lui ont permis d'acheter des fripes à Cotonou et d'établir progressivement un réseau international basé sur une fréquentation des marchés internationaux d'Amsterdam, de New York, du Canada et de la Turquie.

Grâce à de multiples appuis et à la présence d'un comptable à Gaya, il possède aujourd'hui cinq camions frappés de l'insigne du lion. La prospérité de ses affaires lui a permis d'investir au Niger et à Malanville, où il a fait construire deux mosquées.

Les grossistes de Gaya entretiennent des liens solides avec leurs clients nigérians originaires de Jos, Kaduna, Kano et Sokoto, bien que ce marché soit plus marqué encore que tous les autres par la discrétion et l'opacité (Encadré 7). Les acheteurs du Nigeria ont mis en place une stratégie élaborée de négociations avec les grossistes. Au moment de se rendre à Gaya, ils s'accordent sur leurs achats respectifs et sur les prix qu'ils sont susceptibles de leur payer, ce qui leur permet de limiter la surenchère entre eux. Ils travaillent avec plusieurs magasins de stockage et emploient des rabatteurs qui se renseignent avant leur arrivée sur les prix et la disponibilité des produits. Ils paient leur marchandise tout en laissant systématiquement quelques arriérés, ce qui leur permet de conserver les balles d'habits dans le magasin des grossistes, en attendant le moment le plus propice à leur importation au Nigeria et marquent les vêtements achetés par un signe pour les reconnaître par la suite. Cette forte solidarité entre Nigérians, qui ne repose pas nécessairement sur des bases ethniques, complique passablement le travail des grossistes de Gaya en les obligeant à de continuelles négociations. En outre, ces commerçants sont souvent confrontés à des difficultés de recouvrement auprès des détaillants venus chercher leur marchandise à crédit et souffrent du fait que les habits venus d'Europe sont souvent passés de mode lorsqu'ils arrivent à destination ou ne correspondent pas à la qualité commandée.

Les camions qui se rendent au Nigeria sont chargés par des manœuvres locaux à Gaya et peuvent emporter jusqu'à 750 balles de 80 kg, soit environ 60 t. Pour supporter de telles charges, les Nigérians importent des camions d'Europe et fabriquent localement les bennes qui porteront la marchandise.

Les itinéraires empruntés par les véhicules de vêtements usagés dépendent en grande partie des relations entretenues entre les importateurs basés dans les grands centres de consommation du nord du Nigeria et les douaniers situés à plusieurs niveaux hiérarchiques. Géographiquement, le trajet le plus court pour gagner le Nigeria depuis Gaya consiste à passer par Kamba (30 km), cependant, la plus grande partie des tonnages transitent par Maradi (675 km), avant de gagner Kano (940 km) et Jos (1270 km) par Illéla. Ce choix est rendu nécessaire par le fait que les routes nigériennes offrent une sécurité nettement supérieure à celles du Nigeria où sévissent les pilleurs et les «contrôles» des forces gouvernementales. A cela s'ajoute le fait que les relations frontalières ont récemment été perturbées par une mésentente entre importateurs de friperie et douaniers de Kamba, qui a occasionné un report du trafic des fripes vers l'est du Niger. Lorsque les camions entrent au Nigeria, des éclaireurs sont chargés de négocier le passage des véhicules auprès des postes de contrôle. Les douaniers et les policiers soudoyés de telle sorte *«regardent ailleurs»* tandis que les camions franchissent la frontière, de nuit obligatoirement. Ces véhicules peuvent être la propriété de Nigériens et avoir des plaques nigérianes, ce qui explique que tous les camions de friperie croisés à Gaya sont immatriculés au Nigeria. Ce commerce très lucratif alimente également l'activité des transitaires chargés du passage de la marchandise à travers les frontières, de l'enregistrement des contrôles dans le carnet de route du camion et du dédouanement s'il y a lieu, pour des clients qui résident à Niamey ou ailleurs.

16.3 Le renforcement de Malanville comme marché régional

La développement des importations de céréales achetées sur le marché mondial est une conséquence directe du fait que l'accroissement de la production céréalière du Niger en mil, sorgho, maïs et riz, évaluée à 2,0 % entre 1985 et 2004, est inférieur au taux annuel de croissance démographique estimé à 3,2 % de 1975 à 2003 (PNUD, 2005). D'une manière générale, le riz et le blé connaissent une augmentation constante, parfois accentuée par de brusques importations conjoncturelles lors d'années particulièrement difficiles (2005), une tendance également observée pour les produits agricoles venus des pays côtiers, en particulier le maïs en 2003 et le manioc en 2005.

La part des céréales dans l'ensemble des importations a connu une croissance régulière. Alors qu'en 2000, le riz et de blé ne représentaient qu'un peu plus de 20 % de la valeur totale, leur part respective a doublé en 2005, ce qui montre une dépendance très importante du pays vis-à-vis de ces produits (Figure 34). L'évolution des importations de maïs et de manioc est, en revanche, restée proportionnellement stable au cours des cinq dernières années (de 2 à 3 %), exception faite de certaines années particulièrement atypiques (2003 et 2005) (Figure 33).

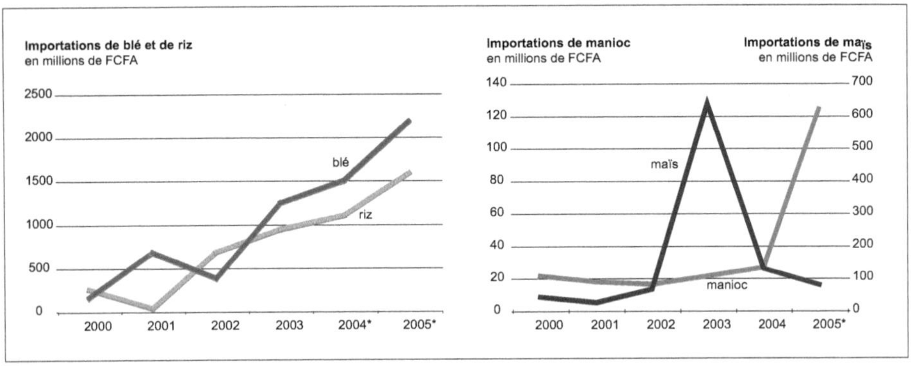

Figures 34 et 35. Importations de blé et de riz (à gauche), de manioc et de maïs (à droite) déclarées aux douanes de Gaya, 2000-2005
Note: la valeur 2005 (*) est une estimation calculée à partir des sept premiers mois.
Source: Direction générale des Douanes du Niger, 2005.

Dans ce commerce, Gaya et Malanville jouent un rôle essentiel de centres de transit à destination des marchés plus importants comme Niamey ou plus éloignés du Golfe de Guinée comme Filingué et Baleyara. Bien que Gaya et Malanville puissent être considérées comme un marché unique d'un point de vue régional, les prix sur ces deux places connaissent des écarts parfois importants, comme l'illustre la tendance des consommateurs locaux et des grossistes de Niamey qui préfèrent traverser le fleuve pour s'approvisionner au Bénin plutôt qu'à Gaya. La situation actuelle rend compte de la hiérarchie des centres de collecte et de commercialisation, les deux villes ne proposant pas les mêmes facilités marchandes. Consécutivement, et contrairement à son voisin, le marché de Gaya est plutôt orienté vers les flux d'import-export que sur la collecte des produits agricoles et leur réexportation vers les pays de la sous-région. Cette spécialisation explique également certaines des différences de prix observées entre les deux infrastructures, globalement favorables à Malanville en matière de produits agricoles.

L'évolution du prix des céréales sur les marchés de Gaya et de Malanville de 2000 à 2005 montre de très fortes variations saisonnières pour tous les produits à l'exception du riz importé, dont le prix dépend des cours du marché mondial et qui constitue dès lors un cas particulier (Figure 36). La disponibilité variable des céréales engendre alors une forte augmentation conjoncturelle en période de *soudure* (mai-juin) et, inversement, un effondrement des cours dans la période qui suit immédiatement les récoltes (août-septembre). De ce point de vue, les deux villes connaissent des variations annuelles très importantes directement liées à la disponibilité des stocks de céréales, un phénomène bien connu dans toute l'Afrique sahélienne. La question de savoir si certains spéculateurs utilisent ces variations de cours pour constituer des réserves revendues au prix fort reste discutée: l'opinion publique relève la responsabilité des commerçants dans la hausse artificielle des cours et leur rôle spéculatif alors que les observateurs internationaux notent qu'en 2005, «rien ne permet de penser que les négociants ont spéculé en accumulant des stocks substantiels de mil jusqu'à la saison maigre en attendant de bénéficier de la hausse des prix» (PAM, 2005; 3). Ils basent leur jugement sur le fait qu'aucune vente massive de mil n'a été effectuée au moment où cela aurait été le plus rentable et que ces commerçants ont, en outre, été parfois incapables de fournir les quantités voulues au gouvernement.

Les variations sont particulièrement prononcées durant l'année 2005, au cours de laquelle le Niger a connu un épisode de famine accentué, notamment dans l'est du pays. A Gaya comme à Malanville, le prix des céréales a atteint des niveaux très élevés dès le mois de juin, s'élevant 20 000 CFA/sac (30 €) en ce qui concerne le mil, le sorgho et le maïs et à 30 000 CFA/sac (46 €) pour le niébé. La tendance s'est encore accentuée durant les derniers mois de la *soudure* de l'année 2005, puisque le prix du sac de mil a dépassé 30 000 CFA. Les écarts à la moyenne furent particulièrement prononcés dans le cas du mil et du sorgho, tandis que le maïs et le niébé subissaient des pics moins marqués, quoique significatifs. Certes, des niveaux de prix particulièrement élevés avaient précédemment été atteints en 2002 à Gaya, sans que la perception de l'insuffisance alimentaire ait été aussi grande au niveau national, mais les données disponibles prouvent que la situation de 2005 était exceptionnellement atypique à l'échelle de ces dernières années. A noter toutefois que ces maxima furent extrêmement limités dans le temps (juin à août) et suivis d'une chute considérable. Les raisons principales de l'augmentation des prix

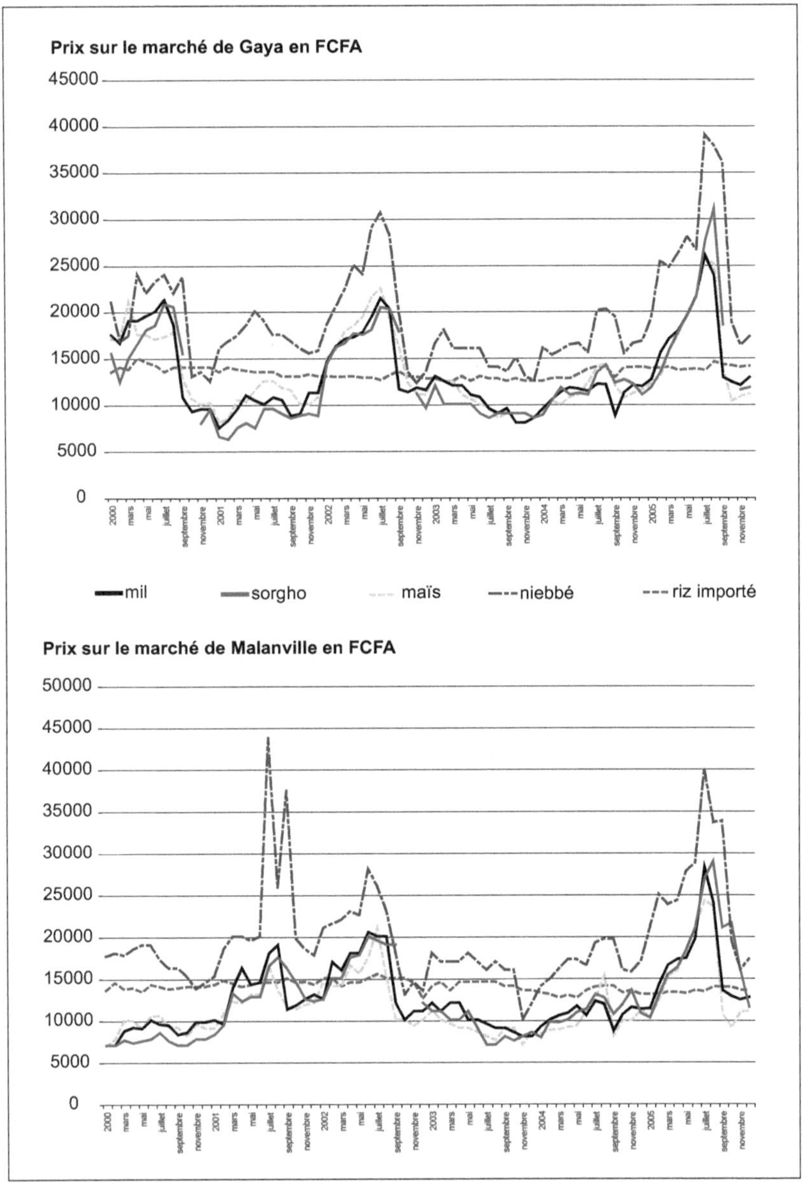

Figure 36. Evolution générale des prix des céréales sur les marchés de Gaya et Malanville, 2000-2005

Note: sacs de 100 kg de mil, sorgho, maïs et de niébé et sacs de 50 kg de riz blanc importé.
Source: Ministère du Développement communautaire, Direction départementale de Gaya, 2005.

sur les marchés nigériens résultent d'une combinaison de facteurs, parmi lesquels

> la réduction des approvisionnements de sources nationales entraînée par la baisse significative de la production dans plus de la moitié des 33 districts ruraux; l'augmentation de la demande de produits alimentaires de base parmi les populations rurales résultant du déficit de la production familiales; la réduction des importations, surtout en provenance du Nigeria, ainsi que du Mali et du Burkina Faso (PAM, 2005; 2; voir également CIRAD/CILLS, 2005).

Au cours des variations saisonnières, le prix des céréales suit cependant une évolution identique sur les deux marchés, autrement dit l'écart est relativement constant (Figure 37). Certaines variations particulièrement marquées en défaveur de Gaya, comme en 2000, s'expliquent par des crises politiques qui entraînèrent la fermeture des frontières et l'impossibilité de ravitailler le Niger en céréales béninoises et non par un avantage concurrentiel déterminant du Bénin sur son voisin. Au cours de cet épisode, seuls les piroguiers parvenaient à ravitailler en fraude le marché nigérien, mais leurs tonnages n'ont pas suffi à enrayer la hausse vertigineuse des prix du mil, du sorgho et du maïs. Le niébé, d'origine nigérienne, n'a pas souffert de cette évolution, ni le riz importé. De même, des problèmes frontaliers survenus au milieu de l'année 2001 entre les deux Etats ont entraîné un renchérissement du niébé nigérien au Bénin. Mais d'une manière générale, le prix des céréales montre une tendance à l'égalisation de part et d'autre de la frontière depuis 2002, une situation qui est également relevée à l'est du pays, entre Maradi et Jibia (PAM, 2005). La différence est d'autant plus faible que les produits viennent du Niger: le mil est très légèrement plus cher à Gaya qu'à Malanville, le sorgho présente déjà des écarts plus prononcés en faveur du Bénin, davantage marqués pour le maïs alors que le riz connaît une stabilité remarquable.

En définitive, les données disponibles tendent à montrer que le cours des céréales, quoique soumis à de fortes variations dues à des facteurs climatiques et politiques, connaît une convergence toujours accrue entre les deux marchés frontaliers. Par conséquent, le gain espéré par le consommateur a significativement diminué depuis cinq ans même si, dans le cas des grossistes, il peut encore représenter une opportunité appréciable. Cette convergence s'explique par le haut degré d'ouverture des frontières et les nombreuses stratégies mises en place par les opérateurs des deux places économiques pour faciliter l'approvisionnement de l'une ou de l'autre ville. Elle illustre la

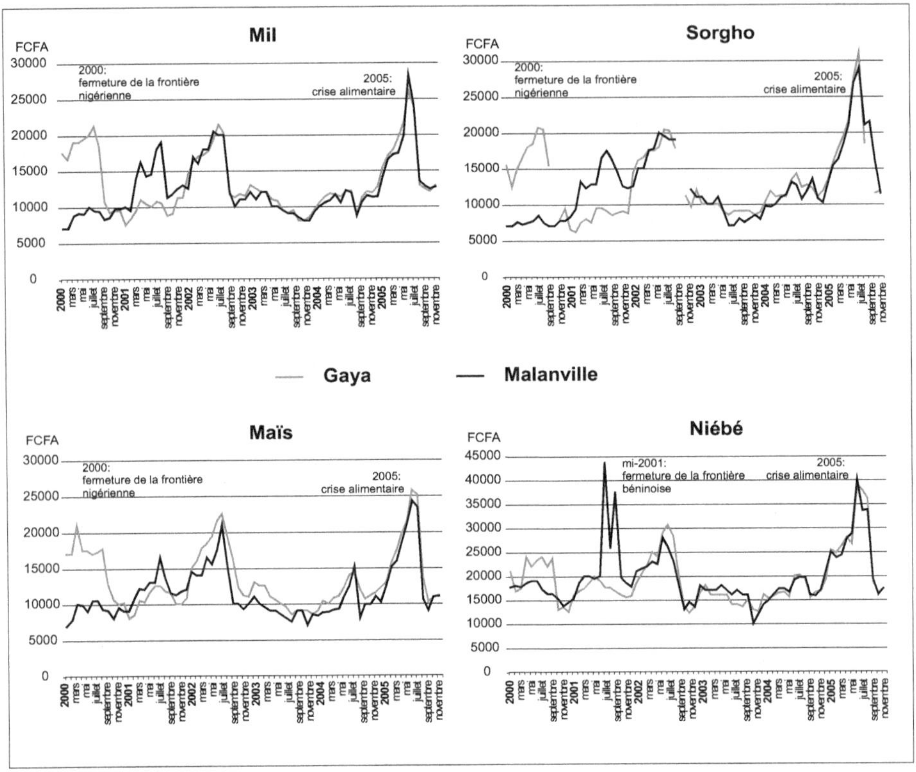

Figure 37. Evolution détaillée des prix des céréales sur les marchés de Gaya et Malanville, 2000-2005

Note: sacs de 100 kg de mil, sorgho, maïs et de niébé et sacs de 50 kg de riz blanc importé.
Source: Ministère du Développement communautaire, Direction départementale de Gaya, 2005.

mise en place d'un «marché commun» plus équilibré que par le passé mais à l'évidence fortement dépendant des crises qui peuvent, à tout instant, provoquer de brusques augmentations des cours.

16.4 Le déclin du marché de Kamba

Interrogés sur l'évolution de leur situation économique personnelle, 32 % des petits commerçants des différents marchés de Gaya, Malanville et Kamba affirment que leurs affaires sont en baisse, 45 % pensent qu'elles connaissent une hausse alors que seuls 5 % jugent que leurs ventes stagnent (Figure 38). Dans le détail, l'évaluation de la situation économique personnelle des marchands est très dépendante des marchés dans lesquels ils exercent leur métier. A Kamba, la proportion de commerçants jugeant leurs affaires en baisse est nettement plus élevée (65 %) qu'à Malanville (20 %) et surtout qu'à Gaya où plus des deux tiers des marchands considèrent que leur situation personnelle est bonne, ce qui permet de conforter le sentiment que le marché de Kamba a fortement souffert d'une baisse de l'activité économique.

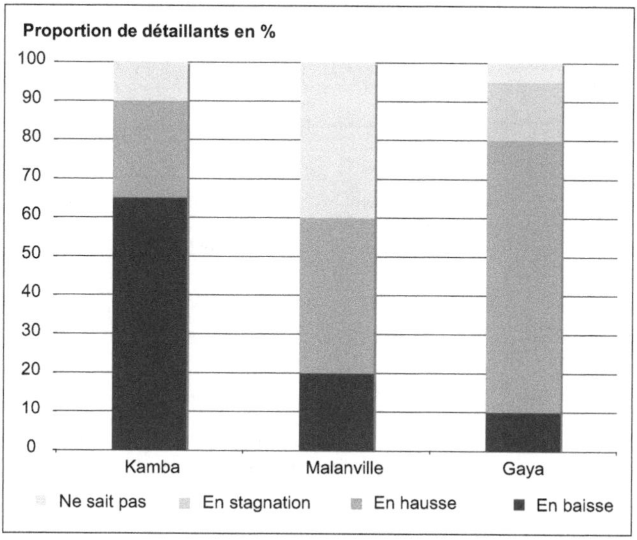

Figure 38. Perception de la marche des affaires par les détaillants des marchés, 2005
Source: enquêtes de l'auteur, 2005.

Jusqu'à la fin des années 1980, Kamba était pourtant réputé à l'échelle internationale et fréquenté par une clientèle de citadins parfois très éloignés. Les Niaméens et les habitants de Gaya s'y approvisionnaient en carburant, infiniment moins onéreux qu'au Niger, en biens manufacturés et en produits agricoles. A cette époque sans doute, la centralité du carrefour économique de Gaya – Malanville – Kamba était nettement à l'avantage de la ville nigériane. Ce temps est aujourd'hui révolu et le marché de Kamba semble progressivement vidé de ses acheteurs comme de ses marchands. Les arguments qui suivent sont destinés à montrer que le déclin de Kamba a des origines liées à l'évolution du contexte politique, économique et religieux du Nigeria (Figure 39).

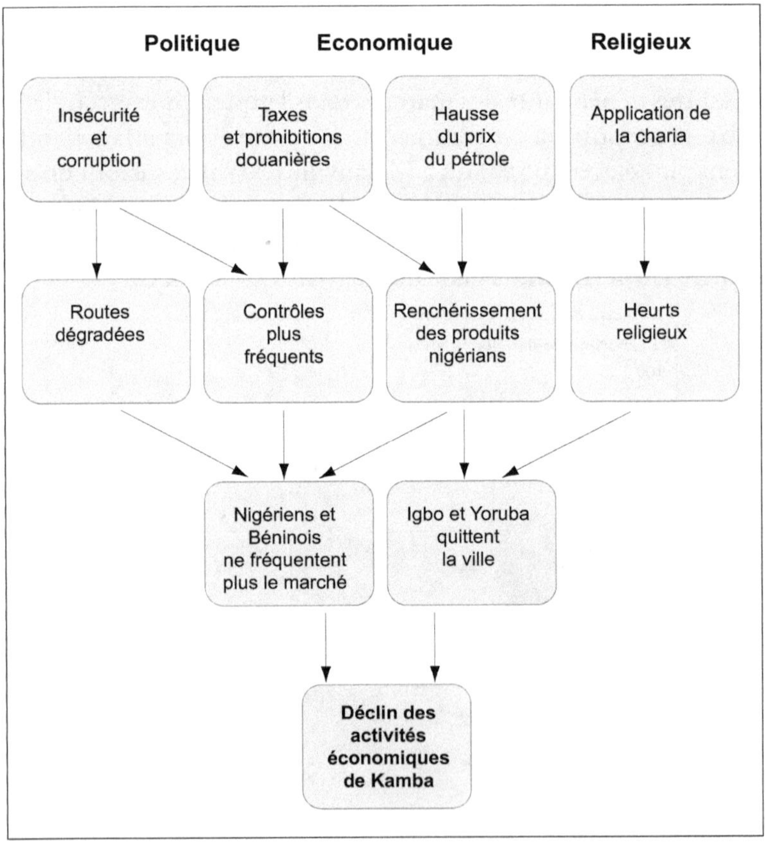

Figure 39. Facteurs explicatifs du déclin économique de Kamba
Source: Walther, 2006.

Les commerçants de Kamba utilisent le terme haoussa de *mulki* qui se rapporte au pouvoir politique capable de faire la fortune ou le déclin d'une ville pour expliquer qu'il y aurait une volonté implicite des «autorités» de l'Etat ou du gouvernement fédéral de faire décliner le commerce de la ville. Cette explication endogène est difficile à évaluer. En revanche, il est certain que la chute des activités de la ville s'explique par la politique économique intérieure du Nigeria vis-à-vis de ses voisins, laquelle limite certaines importations dans le but de préserver ses industries nationales. La mise en place de cette politique, conjuguée à des saisies en douane et aux rotations rapides des agents de surveillance frontalier destinées à freiner la corruption, aurait entraîné un renforcement des contrôles. A cela s'ajoute l'insécurité dans les déplacements des marchands, liée à l'incapacité du gouvernement fédéral à assurer le contrôle de son territoire et aux attaques à main armée qui affectent de manière irrégulière le marché et la gare routière de la ville. Cette situation témoigne également de la faiblesse de l'encadrement local: les commerçants de Kamba ne paient aucune taxe de marché, ne s'acquittent d'aucun frais vis-à-vis du gouvernement local exception faite d'une somme mensuelle de 100 nairas (env. 0,6 €). En retour, celui-ci ne leur offre aucune facilité ou service particulier. L'insécurité et la corruption ont donc une influence directe sur la fréquentation des routes et limitent considérablement les échanges économiques avec Gaya et Malanville.

Le dynamisme de la région est également très fortement influencé par la situation économique au Nigeria, elle-même liée aux pénuries structurelles, aux sabotages des oléoducs et raffineries et à l'évolution des cours du pétrole sur le marché mondial (Codo 1986; Daloz 2002). Ce dernier facteur a été particulièrement déterminant dans la chute des activités de Kamba. En effet, l'attractivité de la ville a singulièrement diminué depuis que le gouvernement nigérian s'est donné pour but de relever les tarifs des produits pétroliers, une manière de ne plus subventionner massivement les prix à la consommation et, peut-être, de réduire la contrebande. Ainsi, le litre d'essence est passé de 0,2 à 0,7 naira de 1978 à 1991 pour atteindre ensuite 30 nairas en 2000 (Soulé, 2000). Un témoin nigérien de l'époque du pétrole bon marché raconte:

> Kamba a beaucoup diminué d'importance. Avant, on n'avait pas besoin d'aller à Birni N'Kebbi ou à Sokoto ou à Kano. Kamba avait tout. [...] Lorsque c'était vendredi, tous les produits descendaient à Gaya et au PK 10 [embranchement situé à 10 km au nord de la ville]. C'était la ruée vers l'or presque. Même les véhicules de Niamey venaient ici, à cause de l'essence, faire le plein. Ils avaient des réservoirs doubles qui permettaient de faire une

> semaine et de revenir s'alimenter. A l'époque, l'essence coûtait 25 francs CFA le litre [0,08 €]! Quand on vous servait à la pompe, les pompistes regardaient ailleurs et l'essence coulait hors du réservoir. On leur criait: «Regardez! Ça coule!» Ils nous regardaient comme si on était fou. Mais maintenant, ils ont vu pourquoi on criait. Ils ont pris conscience.[2]

Le relèvement progressif des tarifs officiels n'a pas éliminé totalement le marché noir, qui assure encore entre 35 et 50 % des besoins du Niger (Soulé, 2000). En conséquence, la contrebande reste vive dans l'ensemble de l'espace frontalier. La lutte contre ce phénomène manque de moyens et de volonté politique dans la mesure où peu d'élus sont disposés à prendre des mesures coercitives à l'encontre des marchands illégaux qui réalisent encore des bénéfices sur les produits pétroliers. La hausse du prix des carburants sur les marchés mondiaux a encore encouragé les consommateurs des trois villes concernées à s'approvisionner en dehors du marché officiel à des tarifs plus abordables compte tenu de leur pouvoir d'achat (Encadré 8).

Enfin, du point de vue religieux, l'exacerbation des conflits entre chrétiens et musulmans, associée à l'application de la *charia* dans les Etats du Nord du Nigeria a conduit à des heurts défavorables pour l'activité économique de Kamba. Igbo et Yoruba chrétiens, progressivement installés depuis les années 1930 à Kamba, ont alors déserté la ville pour Ouagadougou, Niamey, Gaya et Malanville. Ces départs ont encore fragilisé l'économie de Kamba, à l'avantage des deux autres centres frontaliers. Aujourd'hui, ces deux groupes ne représentent plus que 20 et 10 % des commerçants enquêtés, une proportion certes supérieure à celle de Malanville et Gaya où ils ne forment ensemble que 5 à 10 % des marchands. Leur départ a précipité le déclin économique de la ville dans la mesure où il s'agissait de marchands spécialisés dans la vente de produits manufacturés, notamment les plastiques, les machines, la quincaillerie et les pièces détachées en provenance des métropoles industrielles du sud du Nigeria (Lagos, Onitscha, Ibadan). En quittant la ville, leur savoir-faire en matière de réseaux d'approvisionnement n'a pas été remplacé par des compétences locales.

2 Entretien avec Ibrahim Beïdou, 03.12.04, Gaya.

Encadré 8. Pénuries d'essence et marché noir

Le marché noir des hydrocarbures est à l'origine de stratégies surprenantes dans l'espace frontalier. Gaya fut ainsi longtemps privée de station-service parce que l'ensemble des clients se ravitaillaient à meilleur prix sur le marché parallèle. La station actuelle reste extrêmement peu fréquentée en raison d'écarts de prix encore trop forts entre le prix officiel et les revendeurs au marché noir.

Dans le nord du Bénin, la quasi-totalité des stations-service manquent d'essence et de gasoil. Cette situation est provoquée par la corruption des agents des stations en question, lesquels revendent une grande partie de leur stock au marché noir, ne gardant en réserve que la quantité nécessaire au plein des grands bus internationaux et des véhicules officiels. Les autres clients sont obligés de s'approvisionner auprès de revendeurs de rue, qui leur facturent l'essence et le gasoil légèrement plus chers que dans les stations (30 CFA, 0,04 € de plus). La station et les revendeurs opèrent parfois de concert, comme à Malanville où il est possible de se faire délivrer un reçu rédigé par le pompiste de la station officielle pour du gasoil acheté au marché parallèle.

Dans les petits villages nigériens bordiers de la route Dosso – Gaya, la contrebande de gasoil en provenance du Nigeria est très active. Les revendeurs stockent les fûts d'hydrocarbures dans leurs maisons et approvisionnent les véhicules privés ou les camions effectuant la liaison Niamey-Cotonou.

17. Des activités de détail stimulées par l'urbanisation

La croissance urbaine rapide des centres de commerce frontalier est à l'origine du développement spectaculaire des activités de détail qui, contrairement aux flux d'import-export précédemment décrits, s'épanouissent plutôt à une échelle urbaine locale. Les arguments qui suivent sont destinés à montrer que les détaillants partagent un profil socio-économique proche des *patrons* du capitalisme marchand mais très différent de celui des investisseurs agricoles bien que la diversité de leurs activités économiques soit très importante. Négociants en alimentation générale, vendeurs de fruits ou d'habits d'occasion, revendeurs d'électronique ou de pièces détachées sont alors, selon l'hypothèse privilégiée, plutôt marqués par une origine étrangère, signe de l'attraction qu'exercent les zones frontalières sur les marchands, mais aussi par des niveaux de formation très bas qui limitent considérablement la possibilité de diversification des activités. Pour illustrer cette thématique, un échantillon d'une soixantaine de commerçants des marchés de Gaya, Malanville et Kamba est utilisé.

17.1 Des petits marchands d'origine étrangère

Dans les villes frontalières où le commerce s'est développé tardivement, les marchands présentent généralement une origine étrangère. A Gaya – Malanville – Kamba, 80 % des petits commerçants ne proviennent pas de la ville dans laquelle ils travaillent ou de sa proche périphérie. Plus d'un tiers (38 %) sont étrangers au pays où se trouve le marché, un quart sont des nationaux issus des autres départements et 17 % proviennent de la circonscription administrative à laquelle appartiennent Gaya, Malanville ou Kamba. Parmi les trois marchés, celui de Malanville présente la plus forte proportion de marchands d'origine allogène (90 %) alors que, de ce point de vue, Gaya et Kamba possèdent un profil plus marqué par des commerçants venant de la ville même, de l'Etat ou du Département proches (Figure 40).

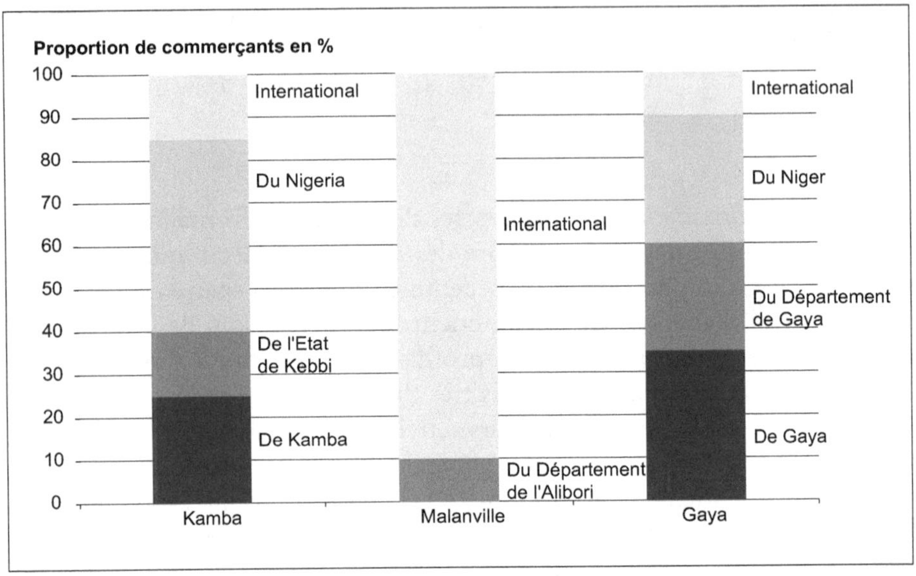

Figure 40. Origine géographique des détaillants des marchés, 2005
Source: enquêtes de l'auteur, 2005.

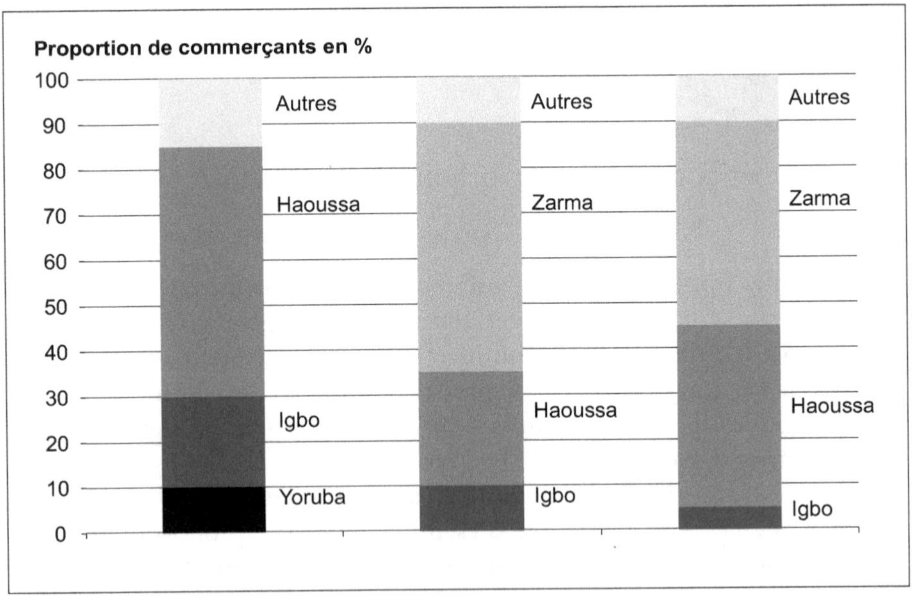

Figure 41. Origine ethnique des détaillants des marchés, 2005
Source: enquêtes de l'auteur, 2005.

Ces chiffres, qui permettent de confirmer l'origine allochtone des marchands de l'espace frontalier, sont également révélateurs de l'investissement très faible consenti par les Dendi dans le domaine commercial, comme le montrent les résultats portant sur l'appartenance ethnique des détaillants. Sur l'ensemble des trois marchés, celle-ci se résume à quatre grands groupes: haoussa, zarma, igbo et yoruba. Les deux premiers dominent la scène économique avec respectivement 40 % et 33 % des commerçants enquêtés, tandis que Igbo (12 %) et Yoruba (3 %) venant du sud du Nigeria, occupent des niches commerciales dans les secteurs de la quincaillerie ou des pièces détachées. Les marchands haoussa, igbo et yoruba sont naturellement plus représentés au Nigeria où ils forment 85 % de l'échantillon tandis que les Zarma se retrouvent en majorité au Niger (55 %) et que la répartition entre Haoussa et Zarma est équilibrée au Bénin (Figure 41).

Du fait que les détaillants de la zone frontalière sont des allochtones et ont souvent exercé d'autres métiers avant de s'installer à Gaya, Malanville ou Kamba, leur âge moyen est assez élevé (38,3 ans), même s'il reste très largement inférieur à celui des bénéficiaires des financements d'irrigation qui varie entre 47 et 58 ans selon les communes (Partie III). Les différences entre les trois marchés sont peu significatives, même si globalement les marchands semblent plus âgés à Malanville (39,6 ans) qu'ailleurs. L'expérience professionnelle, mesurée par le nombre d'années que le marchand a passé à exercer son métier actuel est également plutôt élevée (12,5). Elle est nettement plus longue à Kamba (15,6) qu'à Gaya (8,6), signe peut-être d'un développement économique récent des activités nigériennes et du fait que, dans la situation actuelle, seuls les marchands qui ont de l'expérience résistent à l'érosion de la clientèle au Nigeria (Figure 42).

D'une manière générale, les détaillants comptent leur expérience professionnelle à partir du moment où ils deviennent leur propre patron ou acquièrent des responsabilités, ce qui signifie que leur entrée dans la vie active à titre d'indépendant s'effectue approximativement à l'âge de 26 ans en moyenne. Ce chiffre peut paraître particulièrement élevé dans le domaine de la vente au détail qui n'est généralement pas considérée comme un secteur demandant beaucoup de qualifications. Il est cependant nécessaire de tenir compte de deux facteurs: d'une part, les détaillants enquêtés ont souvent plusieurs métiers précédents à leur actif et d'autre part, le type d'apprentissage le plus courant dans la région nécessite de longues années dans le domaine familial, avant que l'individu puisse se considérer comme indépendant. C'est ce que montrent les résultats de l'enquête menée sur la formation professionnelle.

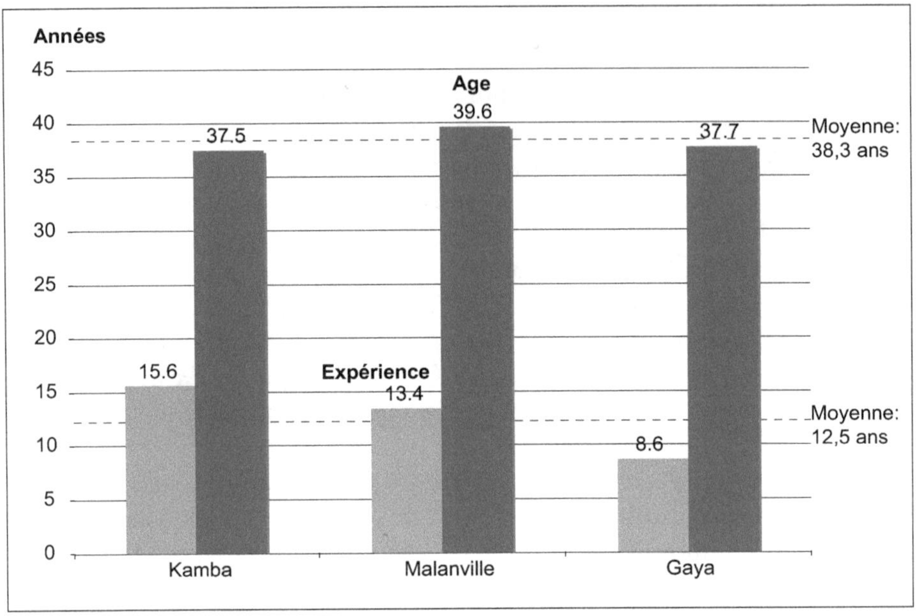

Figure 42. Age et expérience des détaillants des marchés, 2005
Source: enquêtes de l'auteur, 2005.

17.2 Des détaillants en manque de formation professionnelle

A l'échelle nationale, la déliquescence des systèmes éducatifs ouest-africains ne favorise évidemment pas des niveaux de scolarité élevés: le taux d'alphabétisation des plus de 15 ans était de 14,4 % au Niger, de 33,6 % au Bénin et de 66,8 % au Nigeria en 2003 (PNUD, 2005). A l'échelle régionale, ces indices sont sensiblement plus élevés que la moyenne nationale au Niger et au Bénin puisque la population adulte scolarisée atteignait 21,1 % dans le département de Gaya en 1997 et 38,7 % dans celui de l'Alibori en 2002 (PNUD, 2003b) mais inférieures dans le cas du Nigeria où cette proportion était de 41 % dans l'Etat de Kebbi en 2003 (Federal Office of Statistics, 2003). Relativement à ces statistiques, le niveau d'études achevées par les petits commerçants des marchés de Gaya, Malanville et Kamba est supérieur aux moyennes régionales sans être exceptionnel. En effet plus de la moitié des détaillants des trois

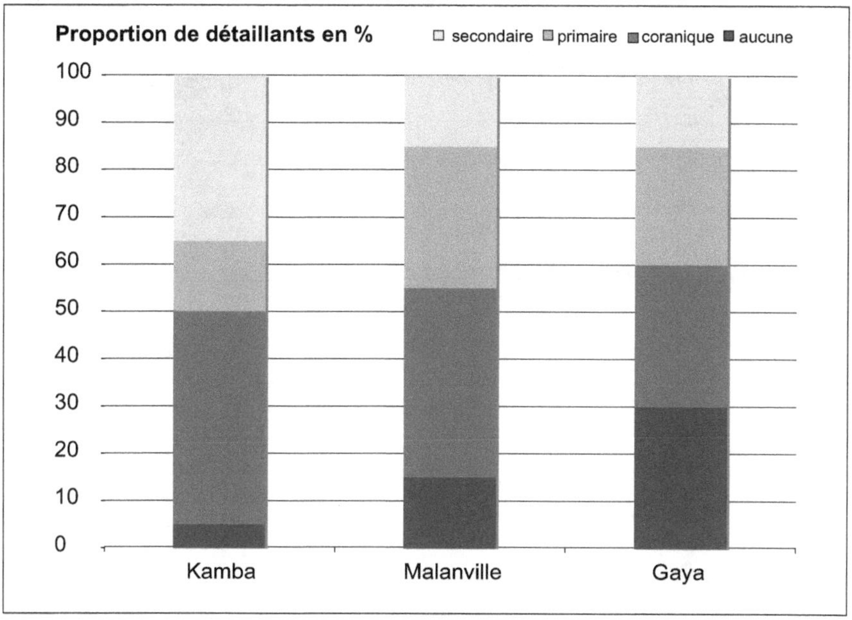

Figure 43. Niveau de scolarité des détaillants des marchés, 2005
Source: enquêtes de l'auteur, 2005.

marchés considérés (55 %) n'ont pas fréquenté d'institution éducative nationale, qu'ils n'aient jamais été à l'école (17 %) ou que leurs parents aient préféré leur faire suivre l'école coranique (38 %). Seule une minorité d'entre eux sont au bénéfice d'une scolarité primaire (23 %) ou secondaire (22 %). Ces chiffres illustrent le fait que le petit commerce constitue un débouché aux individus dont le capital éducatif est faible. A Kamba, le poids des écoles coraniques y est particulièrement élevé (45 %) mais, paradoxalement, la proportion des commerçants ayant achevé une scolarité secondaire est également plus forte qu'ailleurs (35 %). La situation de Malanville et de Gaya est marquée par la faiblesse de l'éducation supérieure et la proportion particulièrement forte de marchands illettrés en français (55 et 60 %). Compte tenu du fait précédemment établi que la quasi-totalité de ceux de Malanville sont d'origine nigérienne, il n'est pas surprenant de constater que les niveaux d'étude atteints dans les marchés au Niger et au Bénin soient identiques (Figure 43).

Consécutivement à la faiblesse de la scolarité, la formation professionnelle des commerçants est globalement marquée par un apprentissage autodidacte (45 %) ou familial (37 %), les apprentissages plus encadrés ne repré-

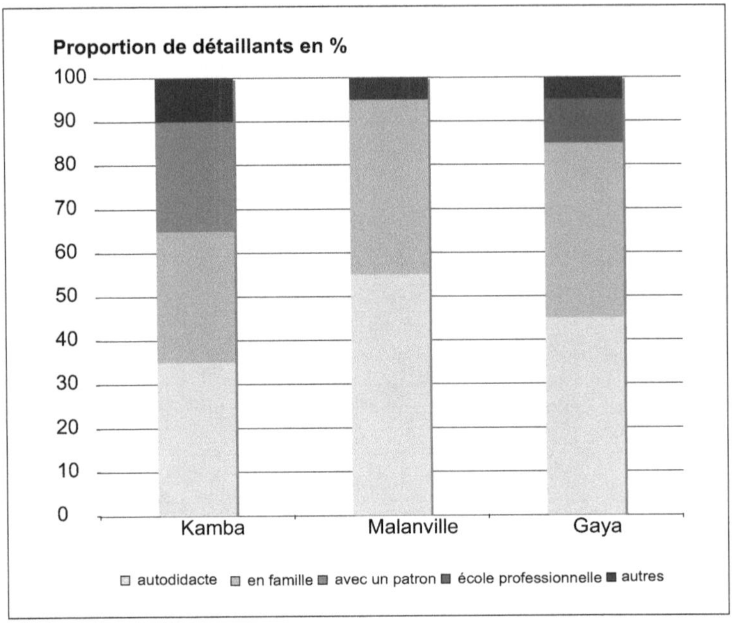

Figure 44. Niveau de formation professionnelle des détaillants des marchés, 2005
Source: enquêtes de l'auteur, 2005.

sentant qu'une portion faible de l'échantillon, que ce soit sous la direction d'un patron (8 %) ou d'un encadrement plus spécifique (3 %) (Figure 44). Dans le détail, les marchands de Malanville et de Gaya partagent un profil sensiblement similaire, marqué par la prédominance de l'apprentissage autodidacte (55 et 45 %) et au sein de la famille (40 %) alors qu'à Kamba, un pourcentage plus élevé de commerçants ont acquis un savoir-faire grâce à un patron (25 %). D'une manière générale, ces chiffres confirment que le secteur marchand est délaissé à la fois par les services de l'Etat, déjà peu susceptibles de fournir une éducation de base complète, et par les bailleurs de fonds internationaux. En l'absence de filières professionnalisantes, le rôle de la famille dans les affaires reste prépondérant puisqu'il assure la pérennité des établissements de commerce et permet, en outre, de disposer de crédits sans recourir aux banques.

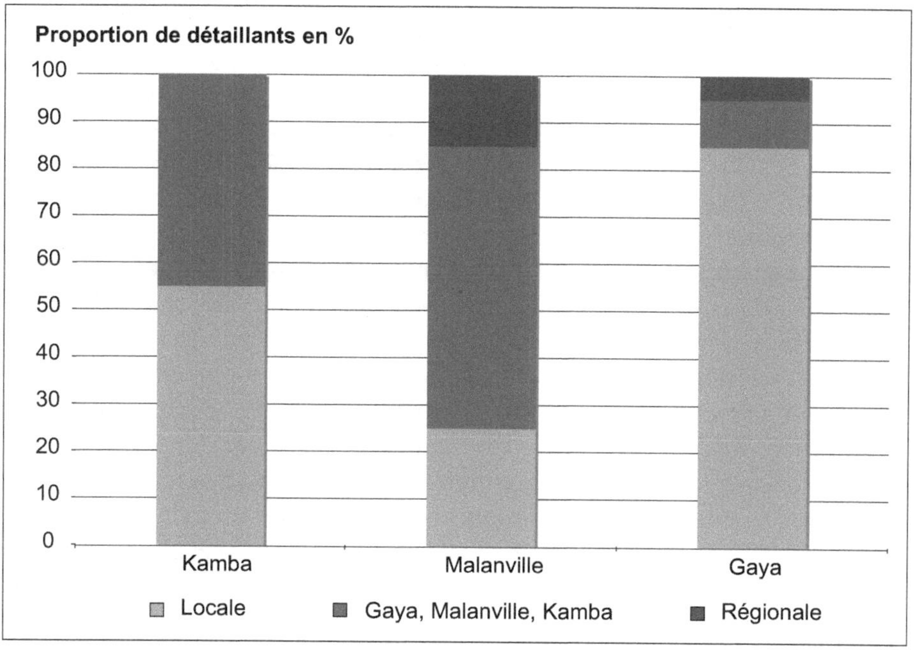

Figure 45. Origine de la clientèle des détaillants des marchés, 2005
Source: enquêtes de l'auteur, 2005.

17.3 Une clientèle à dominante locale et régionale

Si la clientèle des grands commerçants est composée d'importateurs nigérians parfois situés à plus de mille kilomètres de leurs entrepôts, celle des détaillants est nettement plus restreinte. Dans le cas de la zone frontalière, plus de la moitié des petits marchands attirent une clientèle locale (55 %), c'est-à-dire des acheteurs provenant de la ville et de ses environs, 38 % d'entre eux s'adressent à une clientèle régionale provenant de l'espace économique compris entre Gaya, Malanville et Kamba et seuls 7 % des commerçants parviennent à attirer des clients plus lointains, issus des capitales des trois Etats concernés ou des grandes villes du Kebbi, de Dosso ou de l'Alibori (Figure 45).

Malanville est le marché qui possède l'influence la plus importante, en ce qui concerne la clientèle régionale (60 %) et plus lointaine (15 %), tandis que Gaya attire une grande majorité de clients locaux (85 %) alors que Kamba possède un profil particulier, essentiellement marqué par une influence locale (55%) et régionale (45%). Ces données confirment l'existence d'un espace économique structuré autour des trois villes frontalières et la pertinence de considérer Gaya – Malanville – Kamba comme un marché unique soumis à des fluctuations internes qui déplacement sa centralité.

Le fait qu'une importante proportion de la clientèle des détaillants soit d'origine locale et régionale ne les empêche pas de se fournir parfois à des distances considérables de leur lieu de vente, que ce soit à Niamey (300 km), Sokoto (300 km), Cotonou (700 km), Lagos (800 km) ou Onitsha (1200 km). Les lieux d'approvisionnement sont choisis selon des logiques variables: pour la majorité des détaillants, l'évolution des cours de chaque produit détermine la possibilité de se ravitailler sur un marché plutôt que sur un autre, alors que les commerçants très éloignés de leur région d'origine comme les Igbo et les Yoruba consentent à parcourir de grandes distances pour s'approvisionner. Tandis que les commerçants béninois se rendent prioritairement à Cotonou, ceux de Gaya fréquentent Niamey, Sokoto et Cotonou et ceux de Kamba se rendent préférentiellement à Sokoto et à Lagos. De ce point de vue, Parakou n'apparaît pas comme un centre économique primatial à cause de la prédominance industrielle et portuaire de Cotonou. En revanche, Niamey et Sokoto, voire Lagos pour certains produits comme l'électronique, correspondent effectivement à des centres de catégorie supérieure, c'est-à-dire ceux qui fournissent les marchandises à la zone de Gaya – Malanville – Kamba.

Le fait que les détaillants des trois marchés frontaliers parcourent des distances considérables permet de relativiser l'étiquette de «petits» commerçants qui leur est habituellement accolée. Il montre au contraire que les logiques de l'approvisionnement du commerce de détail ne diffèrent pas singulièrement de celles de l'import-export dans la mesure où elles résultent d'une logique de circulation similaire. «Petits» et «grands» commerçants sont intégrés dans des relations de confiance qui relèvent d'une motivation commune à jouer du territoire non comme une ressource mais selon une conception mobile.

En revanche, l'envergure de l'activité économique de chacun des acteurs est sensiblement différente selon qu'on étudie les détaillants travaillant à une échelle locale, les petits grossistes actifs dans les petites et moyennes villes ou les plus grands opérateurs économiques basés dans les centres principaux du Niger, du Bénin et du Nigeria. Les relations entretenues entre ces marchands sont, de ce point de vue, extrêmement inégalitaires, comme le montre l'exemple des petits commerçants de Gaya, qui se fournissent à Niamey auprès de grossistes d'envergure internationale. Parmi ceux-ci figurent Bagué Daouda,

Hassane Sidi Mohammed, Haddad Khalil, Dan Kandé, Moussa Larabou, Youssouf Abdourahmane, Hima Souley, Ali Mossi, Houdou Younoussa et Siri Guéré. Le chiffre d'affaires des plus influents dépasse 10 milliards de CFA en 2000 (plus de 15 mio €) grâce à des importations qui concernent plusieurs milliers de tonnes de marchandises. La taille de ces entreprises dépasse très largement celle des détaillants des villes frontalières, qui peuvent importer jusqu'à 15 t de marchandises en provenance de Malanville et 30 t depuis Niamey. Grossistes et détaillants entretiennent des rapports de confiance qui autorisent le crédit sans pour autant le rendre obligatoire, ce qui n'empêche pas les plus grands opérateurs de bénéficier de positions monopolistiques extrêmement avantageuses. Les détaillants et les petits grossistes de Malanville d'origine nigérienne craignent à ce propos de *«monter à Niamey»* pour y développer leurs activités car ils rapportent que le marché de la capitale nigérienne est dominé par un petit nombre d'importateurs, qui bénéficient de facilités auprès des services de douanes, en raison de relations informelles établies avec les douaniers autant qu'en raison des remises sur le dédouanement qu'ils obtiennent moyennant de forts tonnages importés (Encadré 9).

Encadré 9. Tagabati, pionnier du hard-discount *nigérien*

Au Niger, des initiatives isolées *«contre la vie chère»* commencent à apparaître pour lutter contre le monopole de certains grands importateurs. La plus emblématique est l'œuvre d'El Hadj Al-Moustapha dit Tagabati, qui présente ses activités sous la forme d'un hard-discount plutôt original:

> Très tôt, Elh Al-Moustapha Abdou (dit Tagabati) comprit la nécessité d'ouvrir son capital social, vu ses activités et son rêve grandiose de devenir plus riche, plus serviable et plus juste envers les pauvres et de lutter contre la pauvreté et la vie chère. [...] Aujourd'hui, Elh Al-Moustapha Abdou Tagabati nous revient au pays mission accomplie telle une providence, car nul n'ignore l'existence des Ets Tagabati pour l'accessibilité de ses articles à toutes les bourses particulièrement aux couches les plus démunies du pays, pour l'accueil cordial et le sens de responsabilités des collaborateurs de Tagabati et de Elh Al-Moustapha Abdou lui-même. Longue vie aux Ets Tagabati (extrait d'une publicité parue dans *Seeda*, mai 2005).

Tagabati, né en 1973 dans une famille de commerçants, est bien connu des Niaméens pour casser les prix d'un assortiment très large de produits. Ses concurrents se sont d'ailleurs plaints aux autorités, sans succès jusqu'ici puisqu'il leur a été répondu qu'ils n'avaient qu'à pratiquer des réductions similaires. Tagabati fonde ses activités et son succès sur son expérience internationale et, sans doute, sur des facilités d'importation. En fin de compte, ce commerçant représente une forme nouvelle d'entrepreneurs dans un marché dominé par les ententes d'intérêt.

18. Synthèse: un marché commun à la centralité mouvante

Si, à l'échelle régionale, les marchés de Gaya – Malanville – Kamba peuvent être considérés comme une place de commerce unique, l'analyse des activités d'import-export et de détail montre une évolution plutôt contrastée à l'échelle de chaque marché. Dans cet espace frontalier, les relations entretenues par les centres urbains oscillent entre concurrence et complémentarité. Du fait d'une décentralisation à la fois trop récente et insuffisamment capable de renforcer le rôle des pouvoirs publics dans la gestion territoriale, une grande liberté d'action est laissée aux agents économiques privés. Ceux-ci développent des affinités mouvantes de part et d'autre des frontières, dont l'intensité est très largement dépendante de la libre circulation de leurs biens et de leur personne et des relations parfois coopératives, parfois conflictuelles, qui se tissent entre les centres urbains.

A Malanville, l'essentiel des activités d'import-export concerne plutôt les produits agricoles issus du Golfe de Guinée ou du marché mondial et redistribués par la suite sur les marchés sahéliens. L'observation de l'évolution des cours sur les marchés de Gaya et de Malanville au cours des cinq dernières années permet de conclure à une convergence accrue entre les deux marchés malgré d'importantes variations saisonnières qui s'expliquent par le degré d'ouverture des frontières et les nombreuses stratégies mises en place par les opérateurs pour faciliter l'approvisionnement de l'une ou de l'autre ville. L'écart de prix qui sépare les mêmes produits de part et d'autre de la frontière nigéro-béninoise, traditionnellement à l'avantage de Malanville, semble se réduire, exception faite des périodes de crise qui viennent bloquer les flux informels. Elle illustre la mise en place d'un «marché commun» plus équilibré que par le passé mais encore fortement dépendant des crises politiques.

L'évolution du commerce de la friperie présente une évolution différente, marquée par la prépondérance de Gaya sur Malanville, grâce à un environnement fiscal plus attrayant, permettant à la ville nigérienne de devenir un centre d'envergure internationale au détriment de sa voisine. Les possibilités de réexportation conduisent à la concentration de marchands spécialisés dans le commerce des textiles neufs et usagés. Grâce aux relations étroites entretenues avec les importateurs nigérians et les autorités chargées de la surveillance du territoire, ces *patrons* ont mis en œuvre des réseaux informels qui s'étendent à une échelle internationale. En définitive, la situation rend compte de la hiérarchie des centres de collecte et de commercialisation. Consécutivement, le marché de Gaya est plutôt orienté vers les flux d'import-export et leur réexportation vers les pays de la sous-région que sur la collecte des produits agricoles.

En ce qui concerne les relations entretenues avec la ville nigériane de Kamba, un ensemble de facteurs politiques, économiques et religieux a conduit au dépérissement de son marché au profit de Gaya et de Malanville. D'une part, les politiques restrictives en matière d'importation, associées à une tolérance douanière plus faible, ont conduit un nombre croissant de Nigériens et de Béninois à s'approvisionner dans leur pays respectif. D'autre part, l'avantage comparatif dont bénéficiait Kamba s'est très largement réduit consécutivement à la hausse des prix à la consommation (hydrocarbures). Enfin, les violences religieuses qui se sont concentrées sur les chrétiens du nord du Nigeria ont entraîné le départ d'un nombre important de marchands spécialisés, au profit des autres villes de la frontière. Ainsi, en même temps que la partie nigériane souffrait d'une érosion de ses avantages comparatifs, les petites villes nigériennes et béninoises développaient des relations toujours plus intenses, grâce à l'habileté et à la souplesse des *patrons* locaux.

Il en résulte une forme de centralité tout à fait particulière: extrêmement mobile et sensible aux brusques fermetures des frontières, celle-ci se déplace au gré des affinités des agents économiques au niveau local et des opportunités économiques plus larges dues au contexte national et international.

Partie V

La bataille du développement

> De l'avis de certains acteurs locaux du programme, la prise en charge effective par les bénéficiaires des actions de développement, contribue de façon significative à l'atteinte de l'objectif national de réduction de la pauvreté au Niger.
>
> PNUD, 2002a. *Gouvernance locale et réduction de la pauvreté au Niger;* 34

Les dynamiques de production et de circulation mises en œuvre par les investisseurs de la sphère agricole et les *patrons* du capitalisme marchand évoluent dans un contexte fortement marqué par les politiques des Institutions Financières Internationales (IFIs), des agences bilatérales de coopération et des Organisations Non Gouvernementales (ONGs). Celles-ci se donnent pour objectif de «lutter contre la pauvreté» et comme stratégie de transformer en profondeur les économies, les systèmes politiques et les organisations sociales des Etats ouest-africains, en faisant la promotion du libéralisme, de la bonne gouvernance et de la société civile.

Ces trois axes stratégiques qui constituent le champ de bataille contemporain du développement, forment un ensemble apparemment cohérent du point de vue conceptuel mais dans lequel la spécificité sahélienne est rarement prise en compte. Certes, conformément aux principes méthodologiques qui ont conduit ce travail, le Sahel ne constitue pas un espace d'exception à l'échelle internationale, irrémédiablement rétif au libre-échange, à la démocratie et à l'expression de ses différences sociétales. Il serait en effet extrêmement préjudiciable d'enfermer cette partie du monde dans un particularisme dangereusement identitaire et l'enjeu de ce chapitre n'est pas de fournir des arguments supplémentaires aux chercheurs qui déconstruisent l'histoire et les fondements du développement dans l'optique de montrer son inanité ou son inexistence.

Il est plus intéressant, en revanche, d'exposer dans quelle mesure les trois grands axes stratégiques du développement d'aujourd'hui se confrontent aux contextes d'intervention en milieu sahélien. Dans cette perspective, l'action développementaliste peut être conçue sur le principe d'une bataille en trois temps au cours de laquelle l'objectif de lutte contre la pauvreté est tout d'abord exprimé au travers d'une phase d'incantation, puis ordonné selon une stratégie particulière, fortement influencée par les valeurs post-modernes occidentales, enfin appliqué, dans la tactique proprement dite, aux contextes économiques, politiques et sociaux des pays en voie de développement. L'usage de la métaphore militaire se justifie non seulement du point de vue de la rhétorique utilisée sur le vaste champ de manœuvre de la «lutte contre la pauvreté» mais également par le fait que cette bataille est conçue et mise en œuvre selon des schémas stratégiques très proches de la guerre.

Ce faisant, le propos ne se résume pas à une critique unilatérale des approches de développement, exclusivement focalisée sur les intervenants du Nord. Contrairement aux conceptions tiers-mondistes qui attribuaient aux seules forces externes la situation de dépendance des Etats africains, il considère que la dépendance «plutôt que déterminée de façon tangible par des facteurs qui échappent à toute volonté humaine, [...] est perpétuellement créée et recréée selon des procédures en définitive très proches du modèle clientéliste» (Badie, 1992; 37).

De ce point de vue, les acteurs engagés dans les problématiques du développement manifestent des revendications contradictoires: les consommateurs du Nord peuvent être conscients des termes de l'échange inégal tout en réclamant des baisses de prix; les technocrates peuvent reconnaître les impasses de certaines réformes et les mener jusqu'à leur terme; les hommes politiques du Sud peuvent être lucides par rapport à leur sujétion à certains programmes macro-économiques et en tirer des avantages dans le contexte national; les chefs traditionnels peuvent assister à l'érosion de leurs privilèges coutumiers et désirer une reconversion politique qui légitime leurs acquis de naissance; les populations, elles aussi, peuvent connaître les limites des interventions qui leur sont proposées et les utiliser au profit de leurs stratégies locales de pouvoir. Quant aux marchands, ils peuvent à la fois investir massivement le Parlement et réaliser l'essentiel de leurs activités à travers des circuits informels en marge de l'Etat.

A travers les trois temps de la bataille du développement et selon les trois axes stratégiques qui l'animent, les arguments qui suivent montrent que la situation est moins dichotomique qu'il n'y paraît au premier abord, parce que les Sahéliens doivent être considérés comme des «sujets agissants de la mise en dépendance de leurs sociétés, tantôt pour s'y opposer, tantôt pour s'y associer» (Bayart, 1989; 46).

19. L'incantation

> Comment peut-on expliquer la persistance de la pauvreté au milieu de l'abondance? Puisque nous connaissons les sources d'une telle prospérité, pourquoi les pays pauvres n'adoptent-ils pas purement et simplement les politiques qui génèrent l'abondance?
>
> D.C. North, 2002. In: Banque mondiale, *Rapport sur le développement dans le monde;* 3

Compte tenu de la complexité des problèmes rencontrés dans les Etats du Sud et de la nécessité de drainer des ressources financières à la hauteur des enjeux de la «lutte contre la pauvreté», les agents de développement ont élaboré un discours qui utilise un registre incantatoire. Cette parole, exprimée à l'occasion de grandes réunions internationales ou lors de la publication des rapports annuels des organismes internationaux, devient progressivement un langage commun à tous les acteurs, des technocrates de New York, Genève, Rome ou Paris et jusqu'au plus profond des campagnes sahéliennes. Sur cette scène oratoire se déploient alors un «métalangage symptomatique d'un espoir» (Rivière, 1992; 28) et de nouvelles certitudes. Jamais sans doute depuis 40 ans, les *«populations locales»* n'ont été plus exhortées à envoyer leurs enfants à l'école, à suivre des cours d'alphabétisation, à payer leurs impôts, à renoncer à leurs pratiques et représentations de la santé morale et physique, à utiliser des préservatifs, à employer des foyers améliorés, à faire vacciner leur bétail ou à renoncer à la circoncision et à l'excision. Des messages planétaires atteignent les Etats africains pour annoncer de nouveaux espoirs de «réduction de la pauvreté», de «croissance économique durable» et de «comblement des fossés». Le PNUD (2000a; 38) n'affirme-t-il pas, à propos des Nouvelles Technologies de l'Information et de la Communication (NTIC) qu'avec elles «le rêve devient réalité, l'inaccessible accessible et l'impossible, possible»? Ce discours ne concerne évidemment pas uniquement les institutions internationales, mais également les ONGs du Nord, les agences bilatérales de coopération et les élites du Sud. En effet, la volonté contemporaine des ONGs de privilégier le «témoignage» et le «plaidoyer» témoigne d'une dynamique parallèle de prédominance de la parole sur l'engagement de terrain. Dans ce nouveau mouvement – le quatrième dans leur histoire après l'aide directe, le renforcement des capacités locales et l'approche micro/macro – le lobbying devient prépondérant. Les ONGs semblent alors subir une segmentation différentielle qui ressemble étrangement à la division internationale du travail de l'économie capitaliste dans son ensemble: aux ONGs du Nord les positions de service auprès des instances gouvernementales, économiques et médiatiques, à celles du Sud, les positions de production, sur le théâtre des opérations. Les agences bilatérales quant à elles renforcent leurs équipes de communication et se trouvent soumises à la nécessité de façonner leurs programmes nationaux selon la rhétorique consacrée par l'usage international. Ainsi en est-il de la Direction du Développement et de la Coopération suisse (DDC) qui, dans sa *Stratégie de coopération 2004-2008*, se trouve dans la situation difficile de concilier «la pleine participation des femmes aux processus de décision dans les ménages ainsi qu'au sein des communautés et des organes politiques, tout en tenant par ailleurs adéquatement compte du contexte social et culturel prévalant au Niger» (DDC, 2005a).

L'incantatoire est aussi fréquemment utilisé lors des colloques et tables rondes qui sont organisés dans le but de discourir des problèmes rencontrés par les «populations». Ces congrès ont toutefois une portée opérationnelle limitée: «malgré les conférences, séminaires, journée mondiale, année internationale pour la promotion de la femme», le PNUD (2002b; 39) reconnaît par exemple que «les contraintes qui entravent son accès à une véritable citoyenneté sont encore nombreuses». Les *«ateliers»*, les *«colloques»*, les *«restitutions»* se succèdent, mais à l'exception de certains organismes humanitaires qui travaillent dans l'urgence, très peu d'agents de développement ont réellement le temps de fréquenter les quartiers informels ou les campagnes reculées pour aller au-devant des problèmes rencontrés par les Sahéliens. Le plus généralement, ces «besoins» sont exprimés à l'occasion de réunions très officielles ou de *«missions»* de courte durée durant lesquelles sont appliquées des méthodes d'acquisition rapide de données. Ces méthodes ne concernent pas uniquement les acteurs internationaux, tant il est évident que les élites sahéliennes répugnent généralement à se rendre en dehors des capitales et ont généralement une connaissance limitée des réalités régionales. Cela ne les empêche pas, au Niger, au Bénin ou au Nigeria, de parler de «bilan participatif positif», d'«efforts de restructuration soutenus», de la «nécessité de relever le niveau d'éducation», de «sécuriser le monde rural», de «parachever l'œuvre du président», de «mettre en œuvre un programme conséquent de relance nationale» ou «d'éradiquer définitivement la pauvreté».[1] Malgré le délabrement général des institutions qui caractérise certains de ces Etats, ces élites font cependant un recours fréquent aux institutions et aux programmes formels qui constituent le champ du développement, sans nécessairement s'interroger sur la capacité de mise en œuvre de ces structures au niveau local. Elles se réfugient alors spontanément derrière les lois de la République, pourtant ignorées de la grande majorité des citoyens par incivisme ou par analphabétisme, et édictées par des Etats qui n'ont pas les moyens de les faire connaître et encore moins de les faire respecter.

Encadré 10. «Il faut constamment...»

«Il faut constamment recentrer l'appui vers la mobilisation des ressources propres, avec une réflexion tendant à la cohérence et à une notion de durabilité, notamment dans le domaine de la pérennisation des actions, tant en termes organisationnels que financier ou technologique» [...] «C'est ici que l'aide au développement a un rôle prépondérant à jouer en créant un environnement favorable qui habilitera les pauvres et les marginaux pour leur faire prendre leur destin en charge, notamment à travers une éducation prenant en compte toutes les réalités économiques et socio-culturelles du Niger.»

PNUD, 2002a; 34, 39.

La pesanteur du jargon fréquemment utilisé à tous les niveaux de l'administration du développement renforce la vision duale de pays dont les principaux «problèmes» font sans cesse l'objet de débats sans qu'il soit possible de vérifier les effets réels de ce discours sur les bénéficiaires. Considéré depuis Niamey, Porto-Novo ou Abuja, le développement apparaît comme une évidence qui n'attend plus qu'un achèvement proche. A cette échelle d'analyse, tout se déroule «comme si» le but du développement était de maintenir les apparences. Comme si les Etats possédaient toutes les institutions nécessaires au bon déroulement de la vie démocratique et internationale (ministères, directions régionales, cellules décentralisées). Comme s'il n'existait pas un écart considérable entre ces institutions et la pratique quotidienne. Comme si, enfin, les rouages de la machine du développement fonctionnaient parfaitement. L'incantatoire agit donc comme un mode de communication commun à l'ensemble des acteurs du développement, il constitue une base mini-

1 Les extraits des pages suivantes sont, sauf indication contraire, issus de documents relatifs aux trois Etats concernés par cette étude, rédigés par le PNUD, la République du Niger, le BIT, la Banque mondiale et le Projet de Développement rural de Maradi.

male de compréhension qui résulte d'un incroyable brassage historique et idéologique et qui reflète assez exactement l'évolution de la pensée occidentale. A mesure que les concepts les plus novateurs, tels l'écologie ou le *gender* des années 1970, sont progressivement lissés de leurs aspérités pour présenter une façade respectable, le langage déployé pour justifier la bataille du développement devient plus consensuel et tend à la formation de champs lexicaux standardisés (Encadré 10).

Il est assez aisé de montrer que les mêmes verbes d'action se trouvent mêlés aux mêmes grands mots d'ordre internationaux, dans le domaine de l'économie libérale d'abord, de manière à «promouvoir la croissance économique», «rentabiliser les citoyens», «restructurer les budgets des Etats du Sud», «rétracter au maximum le domaine d'action de l'Etat», et créer un «environnement favorable à l'esprit d'entreprise pour favoriser la croissance». Dans le domaine de la bonne gouvernance ensuite, afin de «prendre en compte les demandes», «accroître l'efficacité des politiques publiques», «rationaliser la gestion des services», «augmenter la capacité d'autopromotion et la compétence des initiatives locales pour engendrer une amélioration durable de leur situation de vie» et finalement dans le domaine de la société civile, pour «favoriser la participation des communautés locales», «promouvoir le développement à la base», «accroître la participation et la responsabilisation des villages» ou «appliquer une approche participative favorisant le dialogue entre les bénéficiaires des projets d'appui et le gouvernement».

Une correspondance remarquable peut en outre être observée entre, d'une part la manière dont le développement est orchestré par les mots, et d'autre part l'art de faire la guerre tant il devient manifeste qu'un nombre croissant de programmes présentent une forte analogie avec le domaine militaire. Le développement représente aujourd'hui une bataille, un nouveau front de lutte, un combat que les IFIs, les agences bilatérales, les ONGs et les Etats du Sud entendent mener contre l'ignorance, l'analphabétisme, la corruption et l'insécurité à l'aide d'objectifs ciblés et de moyens récemment renouvelés. Après l'euphorie des décennies d'industrialisation massive, les années d'ajustements structurels et les programmes actuels de réduction de la pauvreté, un glissement sémantique s'est opéré, dans lequel le vocabulaire managérial, lui-même à forte référence militaire, s'est progressivement implanté dans le champ lexical du développement. Dans les mots, le développement est devenu proche de la guerre. Le fait que les généraux affûtent leurs stratégies vis-à-vis des «populations-cibles», entraînent des bataillons de consultants, se préparent à l'engagement en ordre plus ou moins dispersé, se donnent les moyens de l'attaque dans l'espérance de la défaite de l'ennemi (on parle alors d'«éradication») accrédite cette thèse. Elle trouve une légitimité accrue dans la nomination de Paul Wolfowitz, ancien Secrétaire adjoint à la Défense des Etats-Unis et l'un des artisans de la guerre en Irak, nommé à la tête de la Banque mondiale, quinze ans après Robert McNamara (1967-1981) jusqu'à sa démission en 2007. De la même façon, le Consensus de Monterrey[2] qui résulte de la Conférence des Nations Unies sur le financement du développement en 2002 est parvenu à instaurer une forte conditionnalité entre la *«lutte contre la pauvreté»* et le combat international contre le terrorisme. On aura donc compris que cet affrontement n'est plus la «bataille moderne» de C. von Clausewitz (1832 [1955]), pas plus qu'il ne s'apparente encore à la «guerre froide» d'un monde bipolaire, mais qu'il constitue plutôt une bataille résolument proche de son époque, qualifiée faute de mieux de «postmoderne». L'incantatoire n'est donc pas simplement une langue de bois appliquée spécifiquement au champ du développement, mais vise également à légitimer des objectifs stratégiques particuliers.

2 Ce Consensus, qui a suivi le Sommet du Millénium et ses Objectifs du Millénaire pour le Développement (2000), a réaffirmé la nécessité de poursuivre l'ouverture des économies nationales aux échanges internationaux et a conditionné l'accroissement de l'aide aux Etats les plus méritants dans le domaine de la démocratisation, des réformes économiques, de la lutte contre la corruption, des droits de l'homme, de la santé, de l'éducation et de la «sécurité».

20. La stratégie

> La stratégie est l'usage de l'engagement aux fins de la guerre. Elle doit donc fixer à l'ensemble de l'acte de guerre un but qui corresponde à l'objet de la guerre. C'est-à-dire qu'elle établit le plan de guerre et fixe en fonction du but en question une série d'actions propres à y conduire; elle élabore donc les plans des différentes campagnes et organise les différents engagements de celles-ci.
>
> C. von Clausewitz, 1832 [1955]. *De la guerre;* 181

Pour détourner la définition de C. von Clausewitz en exergue, la stratégie traitée dans ce chapitre relève d'un *usage de l'engagement aux fins de développement.* Malgré certains efforts pour adapter les programmes aux contextes sahéliens, cette stratégie reste profondément influencée par des valeurs occidentales. Comme le capitalisme dont il est tardivement issu, le développement est alors très fondamentalement représenté comme un changement qui résulte de l'«ensemble des processus sociaux induits par des opérations volontaristes de transformation d'un milieu social, entreprises par le biais d'institutions ou d'acteurs extérieurs à ce milieu et reposant sur une tentative de greffe de ressources, de techniques et/ou de savoirs» (Bonte et Izard, 2000; 758). En ce sens, les récents thèmes d'actions développés au cours de la phase d'incantation sont directement influencés par les normes de la société occidentale et s'imposent au cadre dans lequel se situe l'action de développement plutôt qu'ils ne sont déduits de ce dernier, comme le montre l'adéquation qui s'est formée entre les mots d'ordre internationaux dominant la scène du développement depuis les années 1990 et les valeurs de la société postmoderne occidentale. Sociologiquement marquée par la dissolution des divisions strictes entre les rôles sociaux, cette dernière valorise un certain nombre de valeurs précises, qu'il est possible d'énumérer de la façon suivante: «recherche de la qualité de la vie, passion de la personnalité, sensibilité verte, désaffection des grands systèmes de sens, culte de la participation et de l'expression, réhabilitation du local, du régional, de certaines croyances et pratiques traditionnelles» (Lipovetsky, 1983 [1993]; 17). L'équivalence entre ces sept traits principaux et le contexte spécifique de la stratégie du développement est précisée comme suit:

- La «recherche de la qualité de vie» s'exprime aujourd'hui en termes de «moyens d'existence durable» *(sustainable livelihoods)* qui expriment la capacité des individus à se procurer biens, services et droits nécessaires à leur survie. Il s'agit d'une conception fondamentalement holistique, qui accorde une place plus importante aux potentialités des individus qu'à leurs problèmes ou aux ressources dont ils peuvent disposer dans leur environnement. Cette approche est voisine de l'*empowerment*, c'est-à-dire de la manière dont l'aide au développement peut

> élargir les possibilités dont disposent les personnes défavorisées pour agir sur leurs conditions de vie […] en les aidant à mieux comprendre le contexte de leur vie et de leur travail, en leur fournissant des conseils, une formation appropriée ou un appui à la mise en place de structures communautaires (DDC, 2003a; 5).

- La «passion de la personnalité» se retrouve dans les nombreux portraits qui émaillent les rapports des organismes internationaux et plus encore des ONGs, pour tenter de contrebalancer les analyses macro-économiques impersonnelles. «Les pauvres ont un visage», «la Parole est aux pauvres» (Narayan et al., 2000; World Bank, 2001); ils doivent être associés aux débats, non plus comme une masse mais comme une somme d'individualités représentatives de leur condition socio-économique.
- La «sensibilité verte» s'exprime à travers la référence à l'environnement et à la durabilité. D'une manière assez surprenante par ailleurs, elle n'est généralement pas conçue de manière antinomique à l'impératif de croissance économique. Alternative crédible à l'échec du développement conventionnel pour les uns, nouveau messianisme technologique pour les autres, la vague du développement durable issue de la Conférence de Rio (1992) conduit la plupart des programmes à inclure un volet environnemental à leurs actions, dans lesquels les obstacles majeurs qui freinent encore l'avancée des pays du Sud sont parfois «les mentalités vis-à-vis de l'environnement» (République du Niger, 2000a). Désormais, la guerre contre la pauvreté se justifie aussi par le fait que les pauvres sont forcés de détruire leur milieu naturel ou parce qu'ils sont insuffisamment «sensibilisés» à son importance.
- La «désaffection des grands systèmes de sens» est née de l'extension du modèle capitaliste à la quasi-totalité des Etats du Sud et à l'impasse dans laquelle se trouvent les alternatives à ce modèle. Paradoxalement, la chute du mur de Berlin signale à la fois la convergence idéologique des intervenants du développement et l'extrême éparpillement de leurs motiva-

tions factuelles. A l'appui idéologique moderniste fondé sur l'appartenance à un «bloc» s'est substitué un soutien fragmenté, au gré des innombrables groupes de défense, de promotion et de sauvegarde. L'extrême dissémination de ces initiatives est révélatrice du fait que chacune se pose comme légitime et représentative de l'immense champ de bataille du développement. Comment dès lors s'étonner que certaines ONGs du Niger ou du Bénin aient libellé leur domaine de compétence «Recherche-Action, éducation pour un développement durable», «Vie-environnement. Amélioration des conditions de vie dans un environnement sain et autogéré» ou «Promotion des abeilles pour le développement rural, protection de l'environnement, lutte contre le SIDA et les maladies en général»?

- Le «culte de la participation et de l'expression» est quant à lui d'une importance grandissante et fort révélateur des valeurs du développement. La participation, notamment féminine, est devenue la vertu cardinale de toutes les opérations, car elle est supposée garantir le déroulement équilibré et la durabilité des interventions, menant à l'*ownership*, c'est-à-dire à l'appropriation des actions de développement pour le profit des populations concernées. Les pauvres ne sont plus destinés à l'assistance mais encouragés à se prendre en charge eux-mêmes. Ils ne doivent plus subir passivement leur état de pauvreté, mais mobiliser les potentiels qui leur appartiennent et prendre leurs «responsabilités». Cette conception des rapports de pouvoir conduit fréquemment à des mises en scène de «comités de femmes spontanés», de «groupements d'intérêts» ou de «collectifs» orchestrées par les élites villageoises qui ont l'avantage de présenter une façade encourageante à l'action en développement, mais qui réduisent grossièrement la complexité politique africaine en évacuant les rapports de force et les conflits.
- La «réhabilitation du local et du régional» passe inévitablement par la mise en place de structures décentralisées. A l'organisation héritée des temps coloniaux succède aujourd'hui le désengagement territorial de l'Etat et la valorisation des microstratégies de décision, supposées rapprocher les institutions des citoyens en assurant la promotion d'une démocratie de proximité fondée sur la «bonne gouvernance». Cette «réhabilitation» du local marque une certaine désaffection de la valeur attribuée aux nations et cautionne plus ou moins directement la réduction de poids des Etats. Elle permet paradoxalement aux *patrons* de capter une part plus substantielle de l'aide extérieure du fait de leur maîtrise des échelons locaux de la société.

– La «réhabilitation de certaines croyances et pratiques traditionnelles» s'exprime aujourd'hui par la valorisation des savoirs locaux et l'autopromotion, au risque parfois d'essentialiser les communautés locales (Mercer, Mohan et Power, 2003). Le retrait de l'Etat laisse plus de champ aux associations et «favorise l'essor du communautarisme ainsi que le durcissement des identités» (Amselle, 2001; 23). Cette tendance illustre le fait fondamental que les droits multiples de l'individu se sont substitués aux revendications nationales, favorisant l'expression identitaire. Cette «réhabilitation» s'inscrit en opposition au modernisme qui a imprégné les programmes des décennies 1960 et 1970. Ce faisant, elle recourt parfois à des solutions supposément adaptées au contexte traditionnel, mais qui sont en décalage avec l'ampleur des problèmes globaux.

Certains pourraient considérer que les valeurs présentées ci-dessus sont très éloignées de la stratégie globale du développement portée notamment par les IFIs à travers les impératifs de croissance et de libéralisme, terme entendu ici au sens de doctrine économique et non de philosophie politique. Comment expliquer par exemple que les approches participatives, d'inspiration clairement socialisantes dans leur origine (Potter, Binns, Elliott et Smith, 2004), soient revendiquées par des institutions dominées par des idéologies diamétralement opposées? Ce paradoxe a été rendu possible pour deux raisons. Tout d'abord, il est tout à fait révélateur de l'époque postmoderne de procéder à des collages ou à des juxtapositions de circonstance qui permettent d'utiliser des approches historiquement ou idéologiquement connotées à des fins totalement différentes de celles qui leur étaient initialement destinées, pour autant que leur institutionnalisation soit rendue suffisamment effective et ait abouti à vider ces notions de leur potentiel. Ensuite, il est devenu manifeste que ces conceptions peuvent également être utilement récupérées par des institutions très diverses, comme la Banque mondiale ou certaines ONGs militantes, parce qu'elles focalisent leur intérêt sur les besoins fondamentaux et accordent moins de crédit à l'Etat pour le faire. Du fait de cette évolution, certains auteurs qualifient le mouvement contemporain du développement de *neo-populism,* dans le sens qu'il a pour objectif de recréer ou de préserver des communautés idéales des méfaits du monde extérieur, «seen as a global machine threatening mankind with ecological destruction» (Hettne, 1995; 117).

Selon les situations, les IFIs, les agences de coopération et les ONGs avancent en ordre plus ou moins dispersé dans leurs campagnes. Aux avant-postes se trouvent les spécialistes de certains organismes internationaux (CNUCED,

1996; DfID, 2000) et surtout de la Banque mondiale, à l'origine de la «lutte contre la pauvreté» *(Fight Against Poverty)* (World Bank, 1990). Grâce à des ressources internes considérables qui dépassent celles du PNUD en matière d'assistance technique depuis le milieu des années 1990 (Gwin, 1995), cette dernière parvient à anticiper les critiques que ses programmes peuvent susciter. Dans le même temps donc qu'elle est inspiratrice de la stratégie concernant le développement, la Banque mondiale a également acquis les moyens intellectuels capables de justifier scientifiquement ses arguments et de procéder à son autocritique (Tsikata, 2006). La publication des Objectifs du Millénaire pour le Développement (OMD) (PNUD, 2003d), conjointement au rapport de la Commission présidée par J. Sachs (United Nations, 2005), a contribué à redonner aux Nations Unies une place de premier ordre. Les Nations Unies soutiennent désormais que ce sont les besoins exprimés à travers les Objectifs qui définissent les buts du développement. Les OMD résultent d'un certain dépassement du Consensus de Washington[1] porté par les IFIs dans les années 1980 et 1990 et ont pour ambition générale, en huit points et dix-huit cibles, de

> faire disparaître l'extrême pauvreté et la faim, garantir à tous une éducation primaire, promouvoir l'égalité des sexes et l'autonomisation des femmes, réduire la mortalité des enfants, améliorer la santé maternelle, combattre le VIH/sida, le paludisme et d'autres maladies, assurer la durabilité des ressources environnementales et mettre en place un partenariat mondial pour le développement (PNUD, 2003d; 1-3).

Ce faisant, les OMD contribuent à réintroduire une dimension sociale et spatiale dans le développement et s'éloignent partiellement des conceptions de la Banque mondiale en ce qui concerne les rapports entre croissance et

1 Le Consensus de Washington (1989) regroupe des «recommandations» destinées aux Etats du Sud, parmi lesquelles figurent une discipline budgétaire, une réorientation des dépenses publiques, des réformes fiscales, une libéralisation financière et des échanges, l'adoption d'un taux de change unique et compétitif, l'ouverture aux investissements étrangers directs, la privatisation des entreprises publiques, la dérégulation des marchés et la sécurité des droits de propriété, dans une logique libérale qui a servi à conditionner une partie de l'aide de la Banque mondiale et du Fonds Monétaire International (PNUD, 2003c). L'origine du Consensus réside dans la rupture, au début des années 1980, de l'orientation internationale à référence keynésienne basée sur l'industrialisation par la substitution des importations. Ce dernier a constitué le paradigme dominant de l'aide au développement, sans toutefois amener des résultats très convaincants, non seulement en Afrique, mais également en Asie et en Amérique latine, régions pour lesquelles il avait été conçu à l'origine.

gouvernance. Pour les Nations Unies en effet, la mauvaise gouvernance est, très schématiquement, la conséquence de la pauvreté. «Beaucoup de pays [d'Afrique] sont relativement bien gouvernés» – note J. Sachs (Jeune Afrique, 2005; 130) –

> surtout si l'on considère leurs revenus extrêmement faibles. Et pourtant, même relativement bien gouvernés, ils restent embourbés dans la pauvreté. La crise africaine exige donc une explication plus large. En fait, une grande partie de la zone sub-saharienne demeure prise au piège du sous-développement, qui l'empêche d'accéder à un niveau élevé et constant de croissance économique.

Il en résulte que le développement humain doit propulser la croissance et non l'inverse, comme le soutient la Banque mondiale (World Bank, 2004, 2005b) ou la récente Commision for Africa (2005; 101) qui se demande «What makes people poor? The first and most important answer for Africa must be the absence of economic growth». Il s'agit d'un point de vue également partagé par le Nouveau Partenariat pour le Développement de l'Afrique (NEPAD) d'inspiration libérale, qui s'accorde à reconnaître l'impératif de la croissance économique, comme fondement de la prospérité et de la victoire sur la pauvreté. Pourtant, l'initiative du NEPAD rencontre l'opposition d'un grand nombre d'acteurs africains, qui voient en lui un instrument sans originalité calqué sur les modèles néolibéraux de croissance économique (Power, 2003).

A une échelle plus réduite, la plupart des représentations des agences de développement s'inspirent des principes du développement local. Il s'agit d'une conception volontariste et productiviste qui vise à privilégier les ressources endogènes sur un territoire restreint. Bien que ses origines remontent à la fin des années 1950, le développement local est lié aux politiques de décentralisation des années 1980 dans les pays industrialisés et prend ensuite de l'ampleur en Afrique subsaharienne à partir de 1990. Les agences de coopération s'y réfèrent alors de manière croissante, ce qui leur permet d'accorder une attention toute particulière à l'échelon local plutôt qu'à l'échelle nationale, en réaction aux approches trop hiérarchiques et/ou trop bureaucratiques mises en place précédemment.

Deux tendances principales orientent alors les acteurs du développement: celle qui prétend que l'échelon local constitue le niveau le plus favorable à la mise en œuvre d'une planification, et celle qui conçoit que cet échelon est propice à l'apprentissage de nouvelles valeurs de société, une conception partagée par la Direction du Développement et de la Coopération suisse. Cette dernière définit le développement local comme un «processus de création de richesses (matérielles, culturelles, spirituelles) sur un territoire progressivement maîtrisé par ses habitant/es» (DDC, 2004c; 3) (Encadré 11). Dans les deux cas cependant, ce type de développement suppose la maîtrise locale des ressources humaines (savoir-faire, techniques) et naturelles (eau, pâturages, faune, domaine foncier). L'objectif principal des programmes qui s'y réfèrent est de favoriser les capacités de gestion et de mise en valeur de ces ressources par le biais d'interventions dans le domaine technique (puits, itinéraires pastoraux, amélioration des espèces, cadastres), économique (libéralisation des marchés, appui aux initiatives privées, formation), socio-politique (soutien ou création de structures de gestion, aide aux collectivités décentralisées, aux ministères et services de l'Etat) ou en combinant ces différentes approches dans le cadre des programmes «intégrés».

D'une manière générale et quelles que soient les sophistications apportées à ces programmes, les logiques du développement local sont fortement influencées par une conception où le territoire constitue une ressource à partir de laquelle certaines communautés clairement identifiées peuvent mettre à profit des vocations de production; elles considèrent donc avec réticence les logiques régionales ou supranationales qui se rapportent aux dynamiques circulatoires.

La stratégie précédemment décrite requiert une attaque sur trois fronts: injonction économique à l'ouverture des marchés, promotion politique de la bonne gouvernance, instauration sociale d'une société civile. Ces éléments conduisent conceptuellement à ce que le politique soit subordonné à l'économique et l'Etat à la société civile et s'inscrivent aujourd'hui dans les programmes-cadres soumis aux Etats sahéliens.

Encadré 11. La DDC et le développement local dans la région de Gaya

Dans la région de Gaya, la DDC a massivement investi dans des programmes aux ambitions bien spécifiques: le Programme d'Appui au Développement Local (PADEL) ayant pour mission d'appuyer les capacités institutionnelles des structures communautaires (éducation, pastoralisme, artisanat, coordination), le Fonds de Soutien aux Investissements Locaux (FSIL) permettant aux populations d'avoir accès à des crédits de financement et le programme des Routes Rurales de Gaya (RRG) améliorant la communication hors des villes. L'ensemble de ces actions est en adéquation avec la définition précédemment revendiquée par la DDC selon laquelle le développement local doit conduire à créer des richesses diverses sur un territoire maîtrisé. Si l'amélioration matérielle des conditions de vie figure en bonne place dans la définition en question, l'appui engagé dans les secteurs productifs et marchands est resté indirect, le développement local du PADEL, du FSIL et des RRG étant essentiellement socio-politique et technique, ce qui peut paraître surprenant, compte tenu des spécificités agricoles et commerciales du département, à la fois grenier national et point de passage obligé des flux d'import-export à destination des centres de consommation sahéliens. Ces orientations ont eu pour conséquences de privilégier des conceptions toujours plus sophistiquées et, dans le cas du PADEL, toujours plus éloignées du terrain. En ce qui concerne la phase 3, qui s'étend de 2003 à 2006, le budget de fonctionnement de ce programme, comprenant la coordination, la gestion, les suivis externes et les audits représente 70 % des coûts totaux et absorbe plus de 455 millions de FCFA (694 000 €) tandis que les investissements n'en concentrent que 200 millions (305 000 €) (DDC, 2005b).

La perception de la Coopération suisse est globalement positive du point de vue des observateurs locaux à Gaya. La DDC est louée pour son désintéressement politique et l'abnégation de ses actions. On lui reconnaît l'«intelligence de remarquer les points qui sont perméables au développement», ce qui signifie que

> la Suisse investit sans demander quelque chose en retour. C'est une source d'aide. Si vous voulez aider quelqu'un et vous êtes sûr de le laisser couché, ce n'est pas la peine de le relever. Mais si vous êtes conscient qu'il est assis et vous le faites se lever et marcher, alors là vous allez avoir du courage. C'est le cas des opérations qui se font à Gaya par la Suisse.[2]

En outre, son programme de pistes rurales a considérablement réduit l'enclavement des zones les plus reculées, favorisé l'accès aux marchés et contribué à la transformation des productions agricoles du département. Les observateurs les plus critiques relèvent cependant que la pérennité des actions entreprises par la DDC dans la région de Gaya reste difficile à évaluer. Pour justifier leur position, ils évoquent le fonctionnement des programmes participatifs de l'agence, basés sur une rémunération *per diem* des intervenants, ce qui favorise l'opportunisme et l'attentisme plutôt que la durabilité des activités. Ils notent également que la DDC s'est très fortement diversifiée depuis son programme

2 Entretien avec A. Na Argungu, 09.10.04, Gaya.

Encadré 11 (suite). La DDC et le développement local dans la région de Gaya

initial de conservation de la rôneraie (1981-1991) et militent en faveur d'un «retour aux sources», où l'institution se préoccuperait des aspects économiques liés aux espaces à forts potentiels comme les *dallols* et la zone du fleuve, régions dans lesquelles de solides compétences ont été développées. A ce titre, ils relèvent que d'immenses surfaces productives ne font encore l'objet d'aucune stratégie de développement économique, notamment le nord de Koutoumbou ou le sud de Yélou.

Une hypothétique reconversion des programmes en faveur de la sphère productive et marchande se heurte au fait que l'ensemble des programmes de la DDC est très fortement marqué par une conception communautariste du développement. Celle-ci était certes justifiée par l'abandon des programmes d'Etat et par le fait qu'il n'existait pas encore de communes rurales ou urbaines susceptibles d'agir en partenariat avec l'agence locale. Le processus de décentralisation a, par la suite, permis d'appuyer prioritairement les nouvelles communes et de favoriser la transmission des savoirs et des compétences des structures communautaires mises en place par les programmes. La conception de ces programmes était basée sur l'hypothèse que les sociétés de la région sont structurées selon des logiques communautaires, justifiant la création de «groupements», de «coopératives» et de «comités cantonaux». Pourtant, l'analyse du comportement économique des acteurs montre que cette conception confond deux notions très diverses: l'usage collectif qui peut être fait de certaines ressources comme l'eau des puits et le communautarisme, qui implique que la propriété soit réellement commune. Partant du présupposé que les villages africains forment une communauté d'intérêts, la DDC a mis en place des actions qui tentaient de se rapprocher au mieux de la forme communautaire, mais sans prendre en compte le succès des initiatives individuelles, notamment dans le domaine de la production irriguée privée.

21. Le libéralisme comme solution?

Il n'y a pas de limite à la croissance.
P. Brabeck, P. D.G. de Nestlé, 2004

Les critiques des organismes internationaux et des bailleurs bilatéraux se rapportant à l'excessive lourdeur des Etats africains et à l'échec des politiques d'industrialisation par la substitution des importations ont contribué à promouvoir un modèle plus libéral des rapports entre l'Etat, les entrepreneurs et la société civile, résumé par l'expression *«weak states, strong societies»* et basé sur l'impératif de croissance.

21.1 L'ère des ajustements multiples

Le début des années 1980 a ainsi été marqué par des politiques conditionnelles de prêts et d'assistance, sous la forme de Programmes d'Ajustements Structurels (PAS). Le Niger a ainsi reçu l'appui du FMI dès 1983, a été soumis à l'ajustement structurel depuis 1986 par la Banque mondiale, s'est engagé ensuite dans un Plan de développement économique et social de 1987 à 1991. Il a également bénéficié d'appuis et de projets intérimaires issus de la Communauté européenne, du PNUD et de la France de 1993 à 1998, dans le but de «renforcer le secteur privé» et de contribuer à «l'amélioration de la productivité et de la technicité des cadres, la rationalisation des structures administratives, la fiabilité du système d'information et la fonctionnalité de la logistique» (PNUD, 1998; 76). Enfin, il a été sous les directives d'un Programme d'appui à l'ajustement structurel de 1994 à 1998 et d'un second PAS de 1995 à 1999. Au total, de 1983 à 2001, le Niger a été engagé dans pas moins de quinze accords et ajustements. Quant au Bénin, après deux décennies d'orientation socialiste (1972-1990), il a connu une évolution similaire. Son premier PAS date de 1989, suivi d'autres ajustements en 1991, 1995 et 2001, dans le domaine de la gestion économique et des dépenses publiques (CNUCED, 2004). Le Nigeria s'est pour sa part engagé dans un PAS depuis 1988 avec des résultats plus que contestés en ce qui concerne la pauvreté et les inégalités socio-spatiales.

Ces programmes sont liés à la nécessité sans cesse renouvelée de désendettement des Etats d'Afrique de l'Ouest. «Between 1980 and 1986» – affirme N. Van de Walle (2001; 222),

> twenty-five countries in the region reschedule their debt with the Paris Club some 105 times, suggesting that for many countries debt rescheduling became an almost annual ritual [...] In all, between 1988 and 1995, over $ 13 billion of bilateral debt were forgiven.

Ainsi, le Niger, dont la dette extérieure atteignait 1,797 milliard de dollars en 2002, a bénéficié de dix rééchelonnements entre 1983 et 2001. De 1990 à 2001, la totalité d'entre eux a concerné des dettes contractées au début des années 1980 (CNUCED, 2004). Cet Etat a vu en outre sa dette publique contractée au titre de l'aide au développement vis-à-vis de la France effacée en totalité en 1989. En 2000, le pays a signé un accord triennal avec le FMI au bénéfice de la Facilité pour la Réduction de la Pauvreté et pour la Croissance (FRPC), ce qui a permis certains investissements publics, notamment dans le domaine des infrastructures routières. Il a bénéficié en 2004 d'un nouvel allégement par le Club de Paris d'un montant total de 152 millions de dollars dans le cadre de l'Initiative sur la dette des Pays Pauvres Très Endettés (PPTE) et à titre bilatéral. Cette initiative est venue récompenser les «efforts» consentis par le pays depuis les élections présidentielles démocratiques de 1999. Le Bénin a vécu une évolution similaire: endetté à hauteur de 1,843 milliard de dollars en 2002, il a connu cinq rééchelonnements entre 1991 et 2003, pour un total de 465 millions de dollars. En juin 2005, le Bénin comme le Niger ont figuré sur la liste des 18 pays qui ont bénéficié d'une annulation de leur dette multilatérale auprès du FMI, de la Banque mondiale et de la Banque Africaine de Développement (BAfD). Quoique endetté à hauteur de 34 milliards de dollars en 2004, le Nigeria possède une plus grande marge de manœuvre que ses voisins en raison des revenus en hausse de sa rente pétrolière, qui assure 41 % du PIB, 95 % des exportations et 80 % des recettes budgétaires de la Fédération (Jeune Afrique, 2005).

A la fin des années 1990, le constat s'impose pourtant que les ajustements structurels n'ont pas atteint leurs objectifs en Afrique subsaharienne. D'une part, ils n'ont souvent pas été conduits à leur terme parce que les élites gouvernementales privilégiaient la préservation de leur pouvoir et le maintien de la rente plutôt que la croissance économique. D'autre part, la continuité des mesures a été rendue difficile en raison des changements politiques au sein des Etats. Enfin, il est apparu que ces programmes avaient tendance à négliger les dynamiques internes des sociétés, en proposant des recettes standardisées centrées sur les aspects économiques liés à la libéralisation et reléguant les dimensions politiques, managériales et sociales au second plan (Van de Walle, 2001). Dans le cas particulier du Niger, il faut ajouter à ces critiques le fait que le programme d'ajustement proposé ne contient aucune référence aux relations économiques avec le Nigeria, pourtant considéré comme l'un des partenaires les plus importants du pays compte tenu de sa proximité et de la vigueur des échanges informels qui lient les deux Etats (Bossard, 1995). En fin de compte, les PAS n'ont pas significativement contribué à réduire l'endettement puisque le ratio de la dette et de son service rapportés au PIB est passé au Niger de 70 à 83 entre 1990 et 2002, c'est-à-dire à un niveau comparable à celui de 1985. Au Bénin, la décennie 1990 n'a apporté que des améliorations superficielles dans ce domaine puisque le ratio en question a évolué de 70 à 68 durant la même période alors qu'il se trouvait à 82 en 1985 (CNUCED, 2004. Le Nigeria ne figure pas dans cette statistique).

Prenant le relais de l'ajustement structurel, les Documents Stratégiques de Réduction de la Pauvreté (DSRP) ont été conçus, en partie, pour répondre à ces insuffisances et pour «lutter contre la pauvreté». Mis en application depuis 1999 par les Institutions de Bretton Woods, ils ont été rendus obligatoires pour les Etats souhaitant bénéficier d'un allégement de leur dette dans le cadre de l'initiative en faveur des PPTE. Le Niger a ainsi achevé la rédaction d'un DSRP en 2002, le Bénin s'y est attelé de 2000 à 2003, alors que le Nigeria n'a pas encore produit de document de ce genre, même s'il opère actuellement un rapprochement avec les institutions de Bretton Woods dans le cadre de sa *National Economic Empowerment and Development Strategy* (NEED). Cette stratégie doit conduire à une réduction de la pauvreté et à la création d'emplois et de richesse. Ses buts sont de promouvoir la stabilité macro-économique, d'améliorer les performances dans les secteurs de l'agriculture, de l'industrie et des hydrocarbures. Elle doit en outre favoriser l'accès aux services de base, créer un environnement favorable au secteur privé et investir dans le capital humain.

Un grand nombre de critiques ont cependant été adressées aux Documents de Réduction de la Pauvreté, par le fait qu'ils n'apportent pas d'innovations fondamentales par rapport à leurs prédécesseurs et continuent d'accorder une grande place à l'ouverture des marchés. Comme l'affirme la CNUCED (2002; 6), «la nouvelle approche mettant l'accent sur la réduction de la pauvreté semble donc fondée elle aussi sur le postulat selon lequel la libéralisation et l'intégration rapide et poussée à l'économie mondiale sont la clef d'une croissance rapide et soutenue». Ces documents introduisent cependant deux éléments nouveaux. D'une part, ils reconnaissent que «la croissance ne profite pas automatiquement aux pauvres» ce qui nécessite de mettre en place des facilités d'accès aux services éducatifs et sanitaires, d'autre part, ils conviennent que les «politiques de stabilisation et d'ajustement structurel peuvent avoir des effets temporairement préjudiciables sur les pauvres» (ibid.; 4). C'est pourquoi ils préconisent de les accompagner d'un minimum de mesures d'accompagnement en matière sociale.

Ces réformes partent du présupposé qu'un lien nécessaire peut être établi entre le degré d'ouverture d'un marché intérieur aux échanges internationaux et la croissance d'une économie nationale[1]. Si peu d'auteurs remettent en cause le bien-fondé du commerce international, la plupart des critiques concernent les conditions d'application de l'ouverture des marchés, tant il est manifeste qu'en matière d'abaissement des obstacles tarifaires et de croissance, «la seule relation systématique montre que les pays démantèlent l'ensemble de leurs obstacles au commerce à mesure qu'ils s'enrichissent» (PNUD, 2003c; 29). Par conséquent, puisqu'un certain nombre d'exemples dans le monde montrent que le fait de posséder des droits de douane élevés n'est pas un argument nécessairement défavorable à la croissance, il devient possible de questionner la libéralisation attendue des économies ouest-africaines (Rodrik, 1999). Un rapport indépendant est récemment venu confirmer que la Banque mondiale a péché par excès d'optimisme sur ce point: «while international trade is necessary for sustained economic growth», affirment les auteurs de ce document, «countries take different paths to liberalizing trade with no assurance that doing so will by itself necessarily lead to accelerated growth» (Tsikata, 2006; 92).

A ce titre, le récent débat sur les opportunités liées au commerce international dans l'optique d'une réduction de la pauvreté interroge moins les bienfaits de l'activité économique en tant que telle, ce que personne ne cherche plus guère à contester dans le contexte actuel de l'Afrique sahélienne, que la libéralisation de cette activité. Cette orientation spécifique laisse singulièrement de côté les enjeux liés aux processus de distribution internes des revenus. En effet, l'optique d'une augmentation de la croissance comme seule

1 Pour des raisons d'indisponibilité des données à l'échelle régionale et locale, cet aspect n'a pas été traité dans les chapitres précédents.

solution à la réduction de la pauvreté postule que toute croissance possède naturellement des propriétés redistributrices. Ainsi que le soutient la Banque mondiale (2005b; 17) «increase in a country's overall income tends to lift the income of its poor proportionately». Or, sur ce point, il n'est pas impossible de constater que certaines catégories sociales sortent de la pauvreté telle qu'elle est définie par les seuils usuels, mais que l'écart qui sépare ces «anciens pauvres» du reste des enrichis se soit aggravé dans le même temps, contribuant en l'occurrence à accroître la pauvreté relative des plus démunis. En partant du principe que la croissance apportera la prospérité sans remettre en cause le modèle redistributif, la stratégie de libéralisation s'empêche de discourir des inégalités structurelles qui résultent de déséquilibres internes aux sociétés.

Ce parti pris s'explique dès lors que tout modèle économique de croissance suppose également un modèle de société, qu'il s'agisse de laisser le capital déterminer les classes sociales sans intervention de l'Etat, que ce dernier assume un rôle équilibrant des inégalités socio-économiques, ou que, comme c'est le cas en Afrique de l'Ouest, la distribution emprunte des canaux clientélistes qui doivent à la fois à l'Etat, au marché et aux individus. Dans la situation actuelle, les IFIs font la promotion d'un système économique qui suppose également que les sociétés ouest-africaines doivent se transformer en collectivités structurées sur des rapports de production, de distribution et de consommation capitalistes. Cela explique que certains auteurs émettent de sérieuses critiques à leur égard. Ainsi B. Badie (1992; 62) affirme-t-il que les

> politiques de restructuration et politiques d'ajustement ont pour effet non seulement d'organiser un certain type de régulation du système économique international, de maintenir certainement la dépendance économique des pays du Sud en les soumettant à des conditions inégales de traitement de la crise internationale, mais aussi et surtout de favoriser l'universalisation du modèle libéral et de présenter l'économie de marché comme le modèle unique de conception de l'économie.

Il est vrai que les Etats en question n'ont plus guère le choix de leurs politiques. La cure d'amincissement imposée aux pays africains, jugés trop bureaucratiques et employant trop de personnel les a déjà sérieusement affectés. Mais ces Etats étaient-ils réellement «trop gros»? L'économiste N. Van de Walle (2001; 52) qui a étudié plusieurs dizaines de contextes subsahariens au tournant des années 1990 montre au contraire que «the World Bank and the IMF typically accused African states of being ‹too big›, but that is not really the case: relative to the economies they govern, African states are roughly comparable in size to the states in other middle- and low-income regions».

Alors que les critiques internationales se concentraient sur les dépenses des Etats africains, «the real cause of the endemic fiscal crisis that has plagued most African states following independence has been on the revenue side» (ibid.; 53), ce qui est bien compréhensible dans la mesure où les revenus dépendent essentiellement de l'exportation de matières premières dont les cours sur les marchés internationaux n'ont pas connu de revalorisation importante, notamment dans le secteur du coton et de l'uranium qui concernent directement le Bénin et le Niger.

Un des paradoxes de la cure d'amaigrissement des ajustements structurels a été de renforcer la centralisation des administrations et, dans le domaine frontalier, de développer les activités informelles (Boone, 1994). Ceci s'explique d'abord parce que les ressources devenaient de plus en plus limitées, profitant aux régions et aux individus davantage favorisés. Confrontés à une soudaine chute de leurs recettes et de leur pouvoir administratif, les élites gouvernementales ont eu tendance à compenser leur perte d'influence en attribuant des privilèges à leurs clients habituels (Meagher, 2001, 2003). Un grand nombre de fonctionnaires mis au chômage ont alors privatisé leurs anciens services, se sont greffés sur les structures rescapées des coupes ou ont investi dans des ONGs plus rentières qu'opérationnelles, illustrant par ce mouvement l'effet de vidange des compétences gouvernementales en direction du secteur privé et associatif. Les politiques de libéralisation mises en œuvre sans coordination internationale ont en outre servi les intérêts des capitalistes marchands, lesquels ont habilement profité de l'accroissement des disparités douanières entre les Etats.

Le bilan mitigé des réformes a conduit les IFIs à s'interroger récemment sur les effets de la réduction de la fonction publique:

> efforts at civil service reform have mostly been in the context of adjustment programs negociated wuith the World Bank and International Monetary Fund, and have focused on reducing the wage bill rather than on improving quality. While capacity has increased in some areas [...], there has been little progress in developing the capacity of employees more broadly or in reversing the decline in public service institutions (World Bank, 2000; 74).

Pour tenter de sortir de l'impasse, un certain nombre d'agences bilatérales tentent de renouer avec l'Etat et de privilégier à nouveau une gestion partiellement centralisée de la coordination des actions de développement. Ainsi de la DDC (2003b; 1), qui reconnaît que «le choix stratégique de restreindre la collaboration avec l'Etat a limité le dialogue en matière de politique et de

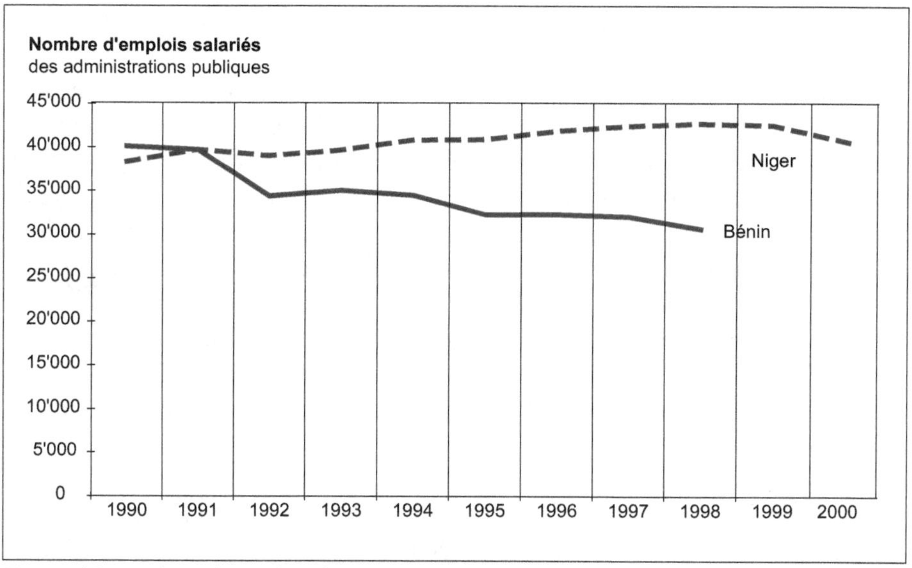

Figure 46. Emplois salariés des administrations publiques du Niger et du Bénin, 1990-2000
Sources: Direction de la Statistique et des Comptes nationaux du Niger; Institut National de la Statistique et de l'Analyse Economique du Bénin.

coordination». Elle insiste aujourd'hui, dans sa stratégie au Niger, sur la nécessité de «mener un fructueux dialogue des politiques avec l'Etat» (DDC, 2005b).

21.2 Des fonctionnaires qui ont perdu leurs «privilèges»

Les programmes de réduction de l'Etat en Afrique de l'Ouest ont largement affecté les fonctionnaires et les entreprises publiques. Au Niger, les réformes structurelles ont contribué au départ à la retraite anticipée de 2384 auxiliaires et cadres de l'administration en 2000 (PNUD, 2000b). Dans des économies où ceux-ci représentaient la plus grande part des emplois salariés et stables, les conséquences de ces réformes sont importantes. Au Niger, les chiffres de l'emploi salarié des administrations présentent une plus grande stabilité qu'au Bénin, pays dans lequel la décennie 1990 fut synonyme de coupes importantes dans les effectifs (Figure 46). Dans les deux cas cependant, compte tenu de la croissance démographique annuelle évaluée à 3,2 % entre 1975 à 2003 (PNUD, 2005), le personnel de l'Etat rapporté à la population totale du pays est en nette diminution. Malgré cela, de nouvelles réformes de la fonction publique attendent encore ces deux Etats. Si les fonctionnaires avaient pu être qualifiés de «privilégiés» après l'Indépendance (1960-1970), la situation s'est nettement dégradée suite à la réduction du train de vie de l'Etat. Pour les instituteurs, notamment en milieu rural, la modicité et l'irrégularité du paiement des salaires provoquent une dépendance accrue aux produits du terroir, qui se manifeste par un investissement agricole devenu indispensable à la survie. La chute de revenus des fonctionnaires a également poussé de nombreux commerçants à soustraire une partie croissante de leurs transactions au contrôle de l'Etat, dans le but de garantir leurs marges bénéficiaires (Meagher, 2001).

Un profond clivage sépare également les structures étatiques des services financés par l'aide extérieure. Il illustre la manière dont l'Etat a progressivement été vidé de sa substance et littéralement dédoublé par les structures des bailleurs de fonds. Certes, les raisons pour lesquelles l'aide extérieure a préféré le canal de la société civile plutôt que les services étatiques sont connues, plusieurs décennies de grands programmes témoignant de l'échec des stratégies modernistes. Il n'en demeure pas moins qu'un écart grandissant sépare désormais les institutions étatiques des structures directement liées aux agences de développement. En contournant le gouvernement central, l'objectif de mettre en place des programmes évalués selon les procédures propres des bailleurs de fonds a certes été atteint. Mais les institutions ainsi créées ont également contribué à miner l'organisation spécifique des gouvernements, notamment l'efficacité des ministères et des agents gouvernementaux qui travaillent sur le terrain. Le personnel le plus qualifié s'est alors largement dirigé vers ces structures, incomparablement mieux financées et plus prometteuses en termes d'avenir professionnel. Ce phénomène peut être mis en évidence dans le département de Gaya entre les services décentralisés de l'Etat nigérien d'une part et ceux mis en place depuis une vingtaine d'années par la Coopération suisse d'autre part. Dans le premier cas, force est de constater que l'Etat est sans le sou: les agents de la Préfecture ou du Ministère du Développement communautaire (ex-Ministère du Plan) occupent des bâtiments décrépis, manquent de moyens et d'espace pour leurs activités alors que les fonctionnaires chargés de l'Agriculture ne disposent même pas d'un véhicule nécessaire à l'évaluation des récoltes du département, pourtant considéré comme l'un des greniers du pays. Dans le second cas, les agents travaillant pour le bailleur bilatéral disposent de bureaux climatisés, équipés de matériel informatique récent, ainsi que de plusieurs véhicules qui leur permettent de se rendre fréquemment en milieu rural pour contrôler le suivi des programmes. Le même contraste est visible entre les structures étatiques d'entretien des routes et la Brigade de rechargement des pistes rurales financée par la DDC. A la vue de ces clivages, il est légitime de se demander pourquoi avoir dépouillé l'Etat de ses moyens s'il s'agissait de recréer des structures parallèles. Certes, les attributions de l'un et de l'autre ne sont pas similaires et ceux qui ont réduit les moyens de l'Etat ne sont pas toujours les mêmes que ceux qui interviennent à titre bilatéral. Cependant, cette évolution présente un paradoxe: à mesure que les Etats s'affaiblissent, les populations sont de plus en plus prises en charge par des organismes bilatéraux ou non-gouvernementaux, dont une part financière variable est toutefois d'origine gouvernementale.

21.3 Réformes et privatisations

Les entreprises publiques ont également été concernées par les privatisations. Au Niger, il était prévu, dès 1996, de céder au secteur privé douze sociétés d'Etat dans les domaines de l'électricité, de la distribution d'eau, des produits agricoles, de l'élevage, des postes et télécommunications et du textile[2]. Le processus est aujourd'hui avancé, notamment dans le domaine de la téléphonie cellulaire, qui fait l'objet d'une croissance spectaculaire dans l'ensemble de l'Afrique de l'Ouest, mais également vivement critiqué par l'opinion publique nigérienne, qui y voit une vaste braderie de l'Etat ne menant ni à la baisse des coûts des services, notamment dans le secteur de l'eau investi par Veolia Water, ni à la croissance de nouvelles entreprises, ni au recul du chômage. Ces privatisations ont considérablement renforcé le secteur privé dans le domaine commercial, alors que le secteur industriel trouvait moins d'acquéreurs, compte

2 Les sociétés concernées sont: NIGELEC, SNE, OFEDES, Abattoir frigorifique, OLANI, OPT, SNC, SONIDEP, RINI, SONITEXTIL, SPEGH, ONAHA. En 1998, l'ONAHA a été retirée de la liste initiale et l'Abattoir frigorifique de Niamey en 2002 alors que la SNTN y a été ajoutée. En 2002, selon le Ministère de la Privatisation, les entreprises suivantes étaient privatisées: SONITEXTIL, SNC, ONPPC, SONHOTEL, OLANI, SNE et SONITEL, tandis que la NIGELEC, SONIDEP, OFEDES, SPEHG, SNTN et RINI restaient à privatiser.

tenu de sa faible rentabilité. Elles ont été l'occasion pour certains opérateurs économiques d'acquérir des biens industriels ou hôteliers en dessous de leur valeur réelle, contribuant à une concentration de la propriété au profit de l'élite proche du pouvoir. Au Bénin, les privatisations ont touché le secteur cotonnier, qui représente 80% des recettes d'exportation et contribue à hauteur de 13% du PIB national (Jeune Afrique, 2005) par l'entremise de la Société nationale pour la promotion agricole (Sonapra). Ces démarches ont provoqué la réaction des syndicats et de certaines élites nationales conscientes du bradage de la société aux investisseurs privés, de procédures de soumissions confuses et du désengagement des opérateurs internationaux. Outre le coton, le Bénin a procédé depuis 1989 à un grand nombre d'autres privatisations, dans les domaines industriels et commerciaux (pétrole, textile, brasseries, assurances, hôtellerie) et projette d'étendre ce mouvement aux postes et télécommunications. Au Nigeria, le processus est moins avancé, du fait de l'action des syndicats. Ceux-ci s'opposent notamment au démantèlement des sociétés d'Etat qui assurent, avec toutefois de graves défaillances, le raffinage du pétrole, l'approvisionnement et la distribution de l'électricité (Nigerian Electric Power Authority), les télécommunications (NITEL), les opérations portuaires (Nigerian Port Authority) et le chemin de fer (Nigerian Railways Corporation). Le gouvernement fédéral est néanmoins décidé à entamer la privatisation de ces structures, ainsi que de certaines industries de transformation et entreprises agro-alimentaires, des banques, des assurances, de l'hôtellerie et de la presse.

En ce qui concerne les entreprises modernes, les données disponibles ne permettent pas de distinguer les sociétés étatiques des structures privées. Néanmoins, en considérant qu'elles étaient largement la propriété de l'Etat avant les années 1990, l'évolution statistique est très différente entre le Niger et le Bénin. Dans le premier cas, et malgré une certaine promotion du secteur privé, le nombre de sociétés modernes connaît une stagnation tout au long de la décennie 1990 au Niger. Au Bénin, en revanche, leur création s'est multipliée à un rythme rapide depuis 1990, passant de 2516 à 7091 unités (Figure 47). La différence entre les deux situations s'explique par le fait que l'économie béninoise est fondée pour une large part sur les activités commerciales et que l'entrepreneuriat privé y est tendanciellement plus développé qu'au Niger, relativement aux activités d'import-export liées au port de Cotonou: 75% des marchandises importées par le Port Autonome sont réexportées vers le voisin nigérian par diverses filières, représentant environ 65% du budget national. La conclusion s'impose alors que le processus de réforme

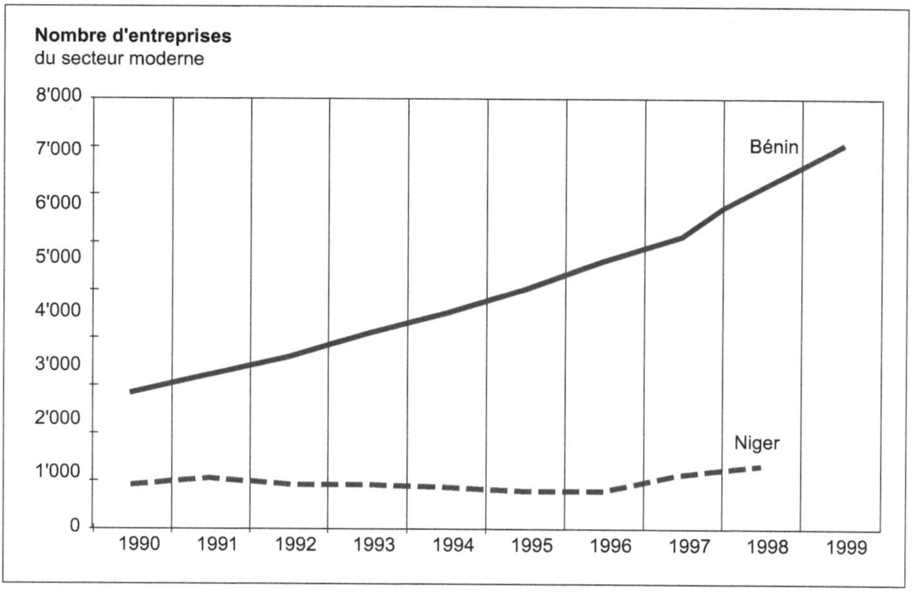

Figure 47. Nombre d'entreprises du secteur moderne du Niger et du Bénin, 1990-1999
Sources: Direction de la Statistique et des Comptes nationaux du Niger; Institut National de la Statistique et de l'Analyse Economique du Bénin.

structurelle a conduit à des effets différents selon le contexte national: si les deux Etats ont été très affectés par une baisse des effectifs salariés de la fonction publique au cours de la décennie 1990, le Niger n'est pas parvenu à susciter la création de nombreuses entreprises modernes, alors que le Bénin a bénéficié du dynamisme de certains acteurs économiques.

Si ces réformes ont amené à de profonds bouleversements des appareils d'Etat, elles n'ont pas pour autant signifié la fin des logiques clientélistes, qui ont eu tendance à s'adapter aux PAS et aux DSRP durant les années 1990-2000. D'une manière générale, en Afrique subsaharienne, les élites ont opéré un transfert de ces pratiques en direction de la rente du développement, conçue aujourd'hui comme une source structurelle et non conjoncturelle d'enrichissement. Si certaines élites politiques ont pu envisager, dans un premier temps, de privilégier l'immobilisme, l'option d'échapper totalement aux réformes est rapidement apparue difficile à appliquer et peu d'Etats ont ouvertement refusé d'entamer les ajustements requis. Voyant qu'ils ne pourraient pas s'en extraire, ils ont alors cherché à instrumentaliser ces réformes. «Most governments» – affirme sur ce point N. Van de Walle (2001; 159) –

> were playing a complex game with the donors, seeking to extract a maximum of resources from them while giving up a minimum of actual reforms [...] Leaders have understood that partial reforms and the actual implementation process would provide them with new kinds of rents, as well as with discretion over the evolution of rents within the economy.

Les ajustements ont donc paradoxalement contribué à renforcer le néo-patrimonialisme, fournissant des arguments à ceux qui considèrent aujourd'hui que la bonne gouvernance résulte d'une illusion de bonne conduite.

22. La bonne gouvernance: l'illusion d'une bonne conduite?

> La responsabilisation de la collectivité en vue de son propre développement la contraindra à prendre en considération les préoccupations réelles des populations et créera l'émulation nécessaire à la mobilisation des ressources indispensables à la réalisation des programmes de développement. Cela présage du pouvoir de contrôle et de sanction détenu par les populations d'une part, et d'autre part, la certitude qu'une gouvernance locale traduite par une décentralisation bien pensée, bien conduite, bien assimilée et bien appliquée aboutit à la réduction de la pauvreté notamment à travers ses objectifs et ses priorités.
>
> PNUD, 2002a. *Gouvernance locale et réduction de la pauvreté au Niger;* 5

Depuis les années 1990, le monde du développement redécouvre une «gouvernance» profondément universalisante bien que non nécessairement universelle (Power, 2003). Alors que les enjeux idéologiques de la Guerre froide n'imposent plus de parler de «gouvernement», la terminologie récente leur substitue celui de «gouvernance», «évoquant un modeste gouvernement d'intendance [qui] incite tout aussi modestement à agir par successives ‹régulations›, remplaçant ainsi par une fonction corrective la fonction de choix des orientations infléchissant le devenir commun» (Balandier, 2001; 254). La communauté internationale s'accorde alors à reconnaître que la (bonne) gouvernance correspond à «the institutional capability of public organization to provide the public and the other goods demandes by a country's citizens or their representatives in an effective, transparent, impartial, and accountable manner, subject to resource constraints» (World Bank, 2000; 48). Il s'agit là d'une définition qui met l'accent sur les mécanismes du marché et la transparence des activités plutôt que sur l'autorité ou le pouvoir des représentants démocratiques, marquant ainsi un glissement du domaine politique pur vers un champ plus technique que les agences peuvent investir plus directement. Cette gouvernance est reconnue fonctionnelle «lorsque l'interaction ainsi que la répartition des rôles entre l'Etat, la société civile et l'économie privée reposent sur quelques principes essentiels: participation, transparence, non-discrimination, efficacité et fiabilité dans les affaires publiques» (DDC, 2003a; 27). Ces «principes essentiels» paraissent pourtant éloignés de ceux qui régissent le fonctionnement des sociétés sahéliennes, aujourd'hui marquées par des logiques clientélistes plutôt discriminantes.

Les éléments qui suivent sont destinés à illustrer le fait que la promotion de la bonne gouvernance s'inscrit dans un contexte particulièrement conflictuel. D'une part, à l'échelle internationale, l'analyse des montants attribués au titre de l'Aide Publique du Développement (APD[1]) tend à montrer que la démocratisation des années 1990 n'a pas toujours apporté de plus-value aux Etats engagés dans ce processus. D'autre part, l'étude de la décentralisation aux échelons locaux montre que ce processus importé rencontre de profondes difficultés d'implantation dans des environnements socio-politiques dominés par un enchevêtrement des instances de décision, traditionnelles et modernes. Dans ce cadre, la bonne gouvernance ne s'impose-t-elle pas comme une façade internationale, creusant toujours davantage l'écart entre le discours sur la nécessité de réforme de l'Etat et le fonctionnement réel des acteurs et institutions politiques, favorisant de ce fait l'illusion d'une bonne conduite?

22.1 Conditionnalité politique et valeur ajoutée de la démocratisation

Durant la Guerre froide, la «bonne gouvernance» correspond au mode de gouvernement garantissant aux Etats post-coloniaux une allocation préférentielle des moyens issus de l'un ou de l'autre des deux blocs. La chute du mur de Berlin marque ensuite pour les pays africains la possibilité de s'affranchir de la tutelle des deux grandes puissances mais aussi une certaine incertitude pour ceux qui avaient fait preuve d'opportunisme géostratégique. Le 16e Sommet franco-africain de La Baule (1990) conditionne dans le même temps le futur de l'aide au développement à la mise en place d'élections

1 L'Aide Publique au Développement (APD) est définie par le PNUD (2005; 268) comme les «versements de prêts accordés à des conditions de faveur [...] et de dons par les instances officielles des pays membres du Comité d'aide au développement (CAD), ainsi que par des institutions multilatérales et par des pays non membres du CAD, en vue de favoriser le développement et le bien-être économique dans les pays et territoires figurant en partie I de la liste des pays destinataires établie par le CAD. Sont compris dans cette statistique les prêts assortis d'un mécanisme de don représentant au moins 25 % du total».

démocratiques et du multipartisme. «La France» – dit François Mitterrand – «liera tout son effort de contribution aux efforts qui seront accomplis pour aller vers plus de liberté» et son aide financière «sera plus tiède en face des régimes qui se comporteraient de façon autoritaire sans accepter d'évolution vers la démocratie et enthousiaste vers ceux qui franchiront le pas avec courage» (Barrin, 1990). Désormais, seuls les Etats les plus méritants seront assurés de recevoir une aide au développement importante, tandis que les «mauvais élèves» ne seront plus soutenus comme auparavant. C'est du moins cette version qui fut le plus souvent rapportée. La réalité fut nettement différente, comme le montre l'analyse des relations entre les montants accordés au titre de l'APD au Niger, Bénin et Nigeria, et l'évolution du processus démocratique de ces pays au cours des années 1980 à 2000. Si le discours de La Baule avait précipité la démocratisation du sous-continent, une nette corrélation entre l'effort démocratique de chaque Etat et les sommes allouées par les différentes agences de coopération au développement devrait être observée.

Les volumes de l'APD adressés au Niger, au Bénin et au Nigeria ont connu des variations considérables depuis 25 ans, marquées par un maximum de 453 millions de dollars en 2003 au Niger, de 367 millions en 1995 au Bénin et de 318 millions en 2003 au Nigeria (Figure 48). Rapportés en dollars par habitant, ces montants dévoilent que le Niger a reçu une aide extérieure tendanciellement plus élevée que le Bénin jusqu'en 1988, avant que le rapport ne s'inverse, ces deux Etats ayant bénéficié d'une APD par habitant très largement supérieure à celle accordée au Nigeria du fait de leur taille respective mais également à cause de la priorité qui leur a été accordée par un grand nombre de bailleurs.

Les années 1990 et 2000 marquent indiscutablement une réorientation démocratique en Afrique de l'Ouest. Entre 1990 et 1994, 29 des 47 Etats d'Afrique subsaharienne connaissent leurs premières élections multipartites. Pourtant, au Niger et au Bénin, plus tardivement au Nigeria, ces événements ne signifient pas nécessairement que les crédits augmentent immédiatement en conséquence pour les «bons élèves». En considérant ici uniquement la période comprise entre 1990 et 2003 il existe même dans certains cas une forte contradiction entre l'évolution politique de chaque Etat et le montant de l'APD. Au Niger par exemple, les volumes consacrés à l'APD de 1991 à 1997 sont en très nette opposition avec l'évolution démocratique: lorsque le pays met en œuvre des institutions démocratiques, instaure le multipartisme de la IIIe République et recourt aux élections législatives et présidentielles (1990-1993), l'APD diminue significativement, alors qu'elle augmente lorsque le

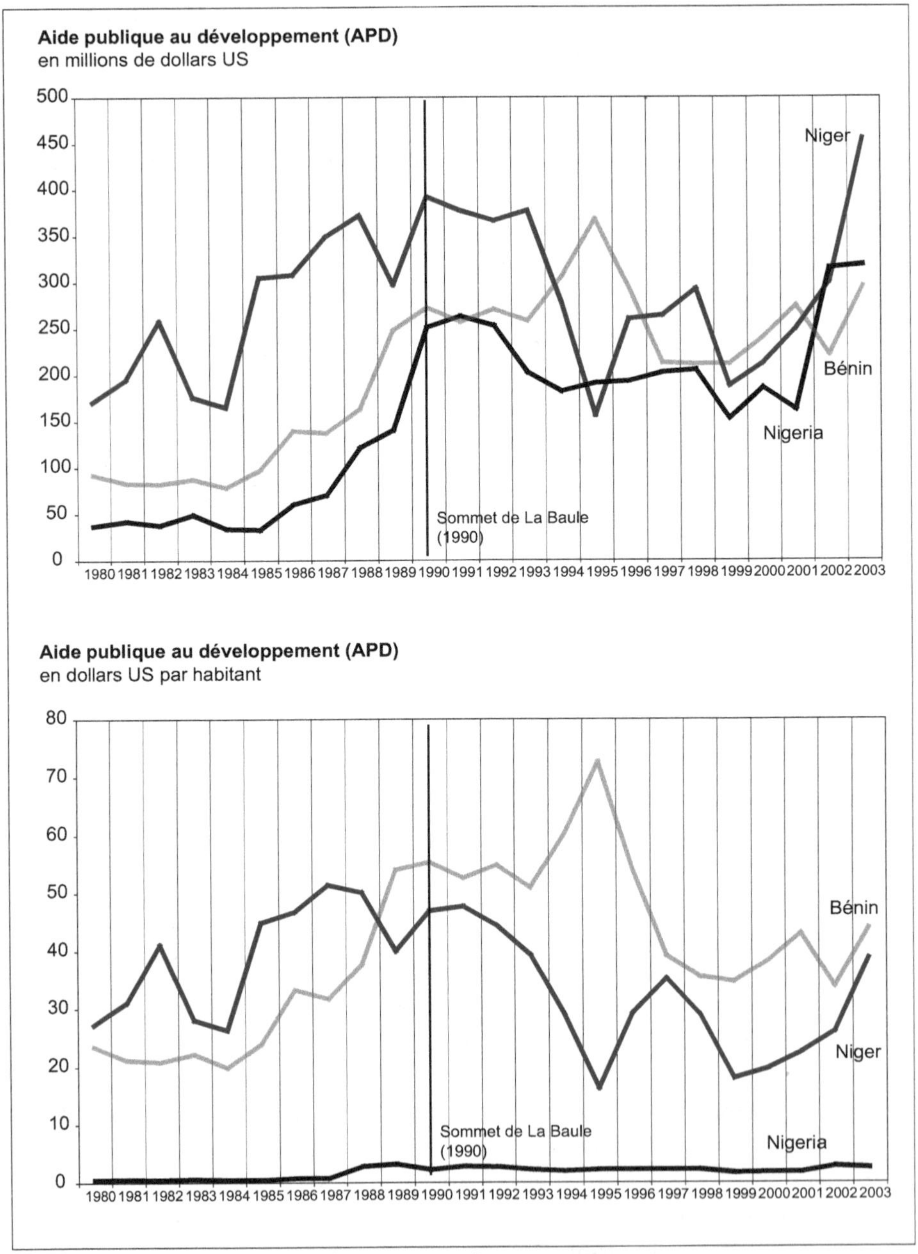

Figure 48. Aide publique au développement totale par pays, 1980-2000
Sources: PNUD, *Rapports Mondiaux sur le Développement Humain 1980-2005*; Banque mondiale, *Rapports sur le Développement dans le Monde 1980-2005*; OCDE, 2006.

pays connaît un coup d'Etat en 1996. Certes, cette époque est également marquée par une guérilla menée dans le nord du pays qui fragilise les institutions démocratiques de 1990 à 1995 mais ne remet toutefois pas en cause les élections. La période la plus récente allant de 1998 à 2002 est en revanche plus cohérente du point de vue de l'allocation des moyens financiers: les crédits diminuent suite au coup d'Etat de Daouda Malam Wanké en 1999 et reprennent après l'élection de Mamadou Tanja (Figure 49).

Au Bénin, les montants accordés au titre de l'APD n'augmentent pas significativement durant les trois années qui suivent le Sommet de La Baule (1990-1993), lorsque le pays met en place des institutions démocratiques en destituant pacifiquement le gouvernement (1990) et en organisant des élections législatives et présidentielles (1991); de même durant la période de démocratisation qui voit le retour de Mathieu Kérékou au pouvoir par les urnes (1995-1999). Depuis 2000, les volumes attribués à l'APD connaissent une évolution variable, atteignant plus de 270 millions de dollars lors de la seconde élection du président Kérékou en 2001.

Au Nigeria, le rapport entre l'allocation de l'aide au développement et l'évolution politique a été relativement cohérent, compte tenu de la démocratisation tardive et fragile qu'a connu cet Etat à la fin des années 1990. Durant toute la période de gouvernements militaires (1963-1993), le pays présente une hausse régulière de l'APD en volume atteignant un maximum en 1991, sans toutefois que cela influence significativement l'aide par habitant. Par la suite, l'APD diminue relativement à la prise de pouvoir de Sani Abacha ainsi qu'à la suspension des institutions démocratiques et des partis politiques. L'exécution de l'écrivain et homme politique Ken Saro Wiwa en 1995 signe la mise du Nigeria au ban des nations sans que l'APD ne chute significativement. La démocratisation opérée par le président Olosegun Obasanjo en 1999 marque en revanche un très net regain des donateurs internationaux en faveur du Nigeria.

Les contradictions relevées entre l'attribution générale de l'APD et les contextes spécifiques de démocratisation ne signifient pas que l'attitude des différents bailleurs de fonds ait été similaire durant la période considérée. Si, d'une manière globale, les donateurs n'ont pas accru leurs efforts en direction des pays les plus méritants et n'ont pas brusquement coupé les ressources extérieures de ceux qui s'obstinaient à appliquer des politiques autoritaires et anti-démocratiques, de grandes différences peuvent être observées entre ceux-ci, qu'il s'agisse des IFIs ou des bailleurs bilatéraux (Figure 50). Entre 1996 et 2000, les six plus grands bailleurs multilatéraux du Niger ont mis en

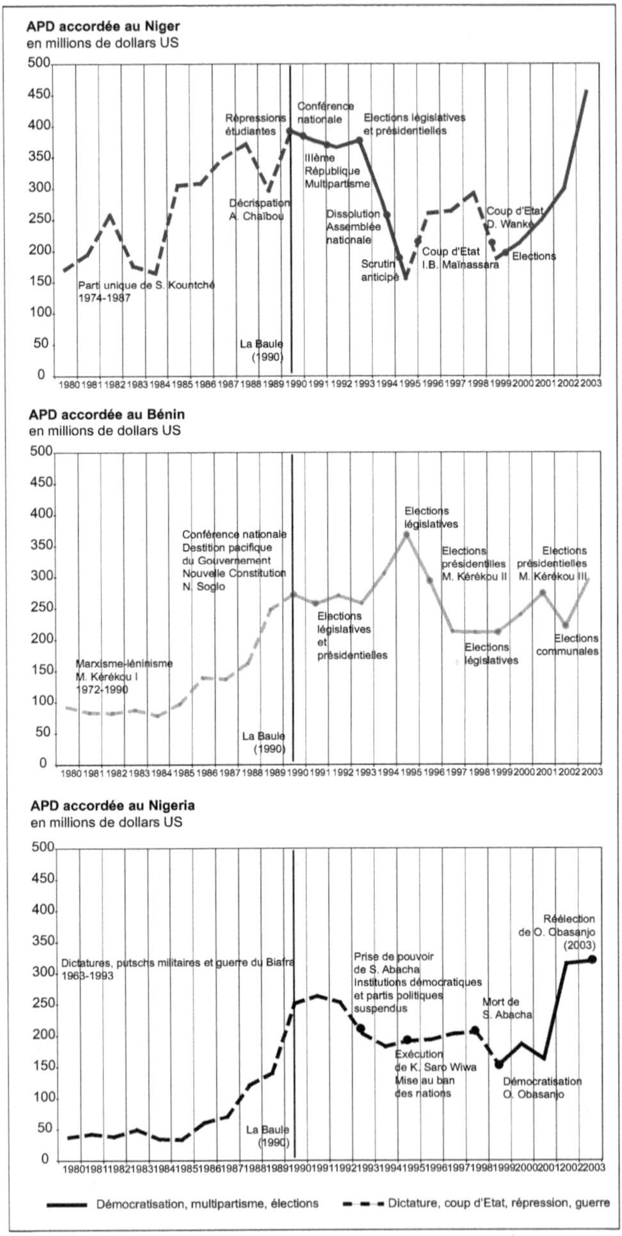

Figure 49. Aide publique au développement par pays et démocratisation, 1980-2000
Sources: PNUD, *Rapports Mondiaux sur le Développement Humain 1980-2005*; Banque mondiale, *Rapports sur le Développement dans le Monde 1980-2005*; OCDE, 2006.

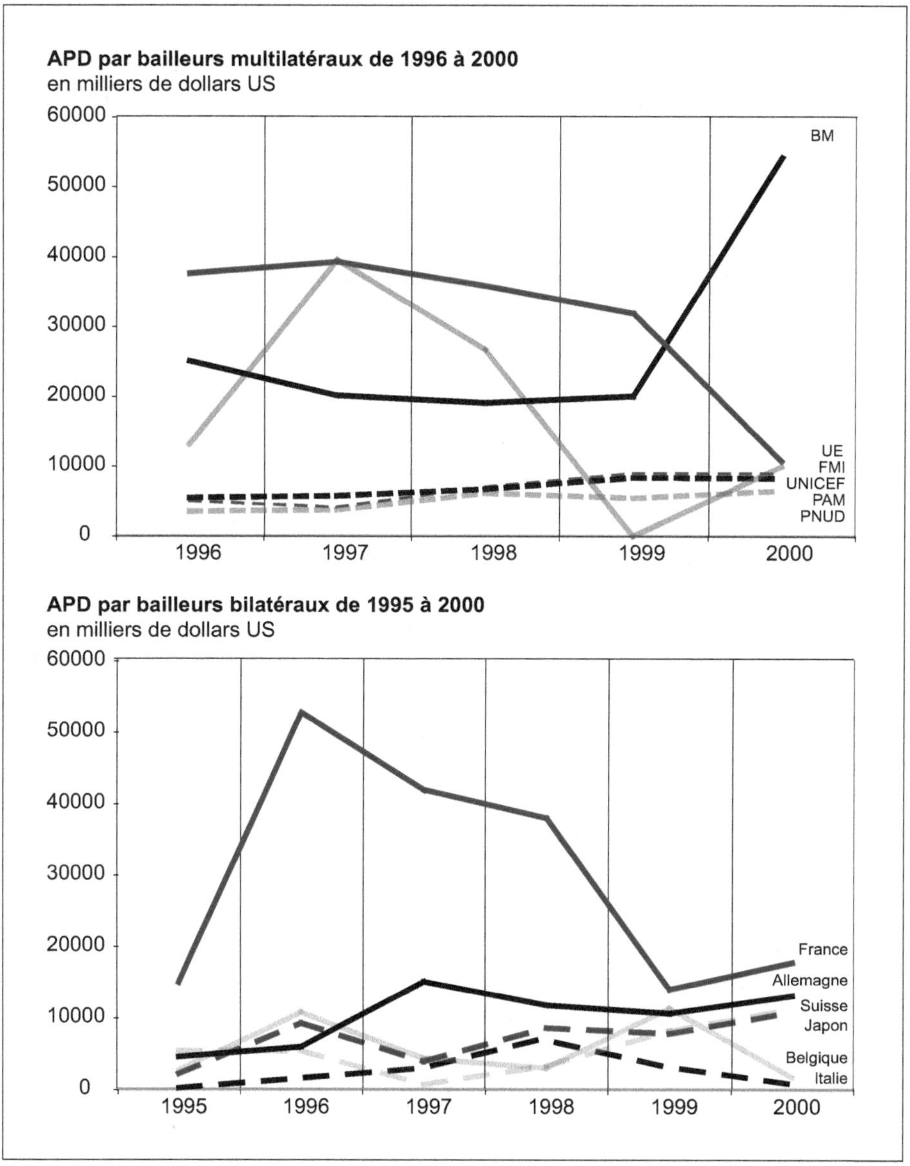

Figure 50. Aide publique au développement par bailleurs au Niger, 1995-2000
Note: les années 1995 à 2000 sont considérées ici en raison de leur contexte politique, caractérisé par deux coups d'Etat (1996 et 1999), qui précèdent le retour à la démocratie (2000). Les six bailleurs représentés ont été sélectionnés sur la base de leur contribution à l'APD, par ordre d'importance en 2000.
Sources: DDC, 2004a; OCDE, 2006.

œuvre des politiques divergentes du point de vue de l'allocation de l'APD. Alors que les Nations Unies (PNUD, PAM, UNICEF) affectaient des budgets modestes mais stables, les IFIs et l'Union Européenne ont attribué des montants beaucoup plus irréguliers mais dont la conditionnalité fut plus importante.

Ainsi, consécutivement à l'assassinat du président Ibrahim Baré Maïnassara au Niger en avril 1999, la Banque mondiale et le FMI interrompent l'assistance technique à ce pays et ne la rétablissent qu'après les élections présidentielles de la même année, renouant avec un programme économique et financier prévu de 2000 à 2003. De même, la reprise des prêts survenue entre 1999 et 2000 est très liée au paiement des arriérés de l'Etat aux IFIs et à la possibilité, pour le Niger, de bénéficier des prêts gelés accordés précédemment ainsi que de nouveaux financements (PNUD, 2000b). En ce qui concerne les bailleurs bilatéraux, l'évolution des montants de l'APD est très fluctuante dans le temps. L'action de la France, plus grand pays donateur de la région, n'a pas joué le rôle annoncé par François Mitterrand. Après un bref sursaut en 1996, lié à la nécessité de soutenir la dévaluation du franc CFA, l'aide extérieure française passe de 52732 à 17755 milliers de dollars de 1996 à 2000 au Niger, alors que l'aide totale à ce pays chute de 206078 à 193744 milliers de dollars dans cette même période. La politique de la Suisse est, en revanche, plus cohérente: elle diminue drastiquement lors de la période la plus agitée politiquement (1997-1999) et accorde plus de moyens dès les élections de 2000, devenant à ce titre le troisième bailleur bilatéral du pays (11,3 millions de dollars en 2000 et 12,5 en 2004). Ces résultats signifient qu'il n'y a pas eu réellement de «valeur ajoutée» à la démocratisation et par conséquent, que l'intérêt financier de démocratiser, lorsqu'il a existé, est retombé dès lors que les dirigeants africains ont pu mesurer l'écart entre les promesses faites et les sommes récoltées.

Le contexte de démocratisation n'est pas le seul facteur d'évolution de l'aide. Si le début des années 1990 marque une avancée des Etats ouest-africains en terme de multipartisme, les intérêts stratégiques, la situation financière et la réorientation des bailleurs de fonds en direction des nouveaux Etats de l'Europe de l'Est qui entrent en compétition avec les pays africains en ce qui concerne les montants de l'APD, expliquent également les fluctuations constatées. Ainsi, l'APD par habitant à destination de l'Afrique de l'Ouest connaît une baisse depuis le début des années 1990 qui s'explique par la péjoration de la situation économique mondiale et le découragement de certains bailleurs consécutivement aux échecs répétés de leurs programmes de

Secteurs	*Aide extérieure*	
	En milliers de US$	En % du total
Gestion de l'économie et administration du développement	41792	21,5
Santé	38283	19,7
Développement social	25244	13,0
Agriculture, foresterie et pêcherie	19379	10,0
Education	16332	8,4
Transports	14591	7,5
Développement régional	12020	6,2
Ressources naturelles	10684	5,5
Aide et secours humanitaire	10087	5,2
Energie	2582	1,3
Industrie	(780*)	(1,4*)
Communications	835	0,4
Total	*193744*	*100*

Tableau 19. Attribution sectorielle de l'aide extérieure au Niger, 2000
Note: le secteur «Education» est appelé «Mise en valeur des ressources humaines» dans le document original des Nations Unies. Les données (*) datent de 1999.
Source: PNUD, 2003b.

développement. De 1990 à 2001, les montants nets de l'APD passent de 34 à 21 $/hab pour l'Afrique subsaharienne (OCDE, 2006) et représentent donc une part décroissante du PNB des Etats donateurs. La Suisse, qui a consacré 0,44 % de son PIB à l'aide au développement en 2005 est, à ce titre, dans une position difficile. D'une part, des pressions politiques importantes s'exercent en vue de diminuer les budgets de ses actions, d'autre part, elle doit honorer ses engagements internationaux, notamment ceux qui sont liés aux OMD et qui engagent les Etats à consacrer 0,7 % de leur PIB à cet effet.

Dans le mouvement de baisse générale de l'APD au cours des années 1990, la proportion de l'aide versée par source de financement a varié fortement. Au Niger, la part des bailleurs bilatéraux a progressivement diminué (38 % en 2000) au profit des organisations des Nations Unies (53 %), alors que celle des aides multilatérales (8 %) et des ONGs (1 %) restait stable. Le secteur qui a le plus bénéficié de l'aide est celui de l'économie et de l'administration du développement (21,5 %), chargé des politiques macroéconomiques ainsi que du secteur public, de la dette et de l'aide extérieure (Tableau 19). En d'autres termes, une part importante des sommes versées par les pays donateurs est consacrée à gérer les prêts et les dons relatifs à la coopération, suivie de celles destinées aux secteurs de la santé (19,7 %) et du développement social (13,0 %). A noter que les soutiens attribués à la décentralisation, qui constitue le volet territorial de la bonne gouvernance, sont ventilées à l'intérieur des différents secteurs.

22.2 Décentralisation et coûts d'Etat

Jugés excessivement centralisés, les Etats sahéliens ont mis en œuvre des politiques de décentralisation depuis moins d'une dizaine d'années dans la plupart des cas, en ayant pour objectif principal le transfert de certaines compétences de l'échelle nationale vers l'échelon local. Les instigateurs de ces mesures, parmi lesquels figurent les IFIs et les agences bilatérales, espèrent que la décentralisation permettra de rapprocher la population de ses élus, et aboutira à une utilisation plus équitable des ressources à disposition de la société.

Le fonctionnement des nouvelles entités issues de la décentralisation reste pourtant problématique pour deux raisons principales: d'une part, l'état actuel des finances gouvernementales ne permet généralement pas de procéder à des transferts financiers massifs entre les niveaux hiérarchiques, ce qui limite la mise en œuvre des ambitions locales. D'autre part, la légitimité des nouvelles communes se heurte souvent aux structures traditionnelles qui dominaient jusqu'ici l'arène politique locale. Cette situation est alors susceptible de réduire considérablement l'efficacité des transferts de compétences. Dans l'espace frontalier de Gaya – Malanville – Kamba, le manque de ressources internes et les conflits qui peuvent survenir dans l'attribution respective des pouvoirs entre les autorités municipales et les chefferies traditionnelles questionnent ainsi très directement la viabilité économique et sociale des récentes communes créées.

Au Niger, les débats précédant la mise en œuvre de la décentralisation portaient sur deux options principales: d'abord une refonte générale des niveaux administratifs permettant de créer des entités spatiales radicalement nouvelles sur la base des enjeux sociaux et économiques contemporains, ensuite un processus de création de communes progressif autorisant l'équipement des centres les plus aptes à assurer leur développement endogène dans une première étape, et des communes moins dotées dans une seconde phase. C'est pourtant une troisième voie qui a été choisie, dans laquelle les nouvelles entités se surimposent à des niveaux politiques préexistants dans l'ensemble du pays, une option qui ménage les intérêts des chefferies traditionnelles particulièrement actives au niveau local. De fait, la décentralisation s'est implantée dans un contexte déjà particulièrement chargé en instances de décision diverses, parfois informelles et souvent diffuses. Les représentants des communes récemment instituées se sont alors trouvés dans la délicate situation de devoir entrer en concurrence avec des formes de pouvoir plus éprouvées historiquement, quoique moins légitimes démocratiquement. Ne pouvant pas affronter directement les chefferies traditionnelles sur le terrain de la gestion locale des terroirs ou des quartiers, ces représentants en sont venus à imaginer des formes originales de compromis, souvent locaux et circonstanciels, qui ne contribuent pas nécessairement à clarifier les enjeux spatiaux et sociologiques de la décentralisation, mais qui résultent de l'équilibre politique à l'échelle locale.

C'est ainsi qu'au niveau territorial, la décentralisation ne remet pas en cause le découpage précédent: aux départements, arrondissements et communes ont succédé des régions, des départements et des communes rurales ou urbaines, alors que l'échelon cantonal était maintenu dans ses attributions traditionnelles. Le changement le plus manifeste provient du fait que les limites de communes seront vraisemblablement bornées (pour autant que les municipalités en aient jamais les moyens) et qu'elles pourront diviser un même canton, ce qui pose parfois des problèmes politiques du fait qu'un chef de canton pourra avoir plusieurs maires pour interlocuteurs et que certains arrondissements seront recréés à partir de la réunion de nombreuses communes. Il faut reconnaître que les dimensions de ces nouvelles entités nigériennes, qui regroupent plusieurs villages administratifs, paraissent cohérentes du point de vue des dynamiques économiques et ont l'avantage de ne pas multiplier les instances de décision. Dans l'espace frontalier, la ville de Gaya est logiquement devenue une commune urbaine tandis que les chefs-lieux de canton existants sont tous devenus des mairies de communes rurales, parfois divisées spatialement lorsqu'il existait de gros bourgs comme à Bengou, Tanda et Tounouga. Les élections municipales de juillet 2004 ont alors désigné les conseillers de ces entités au suffrage direct tandis que les maires ont été choisis parmi les membres élus. Sur le plan sociologique, la décentralisation ne remet pas en cause l'influence de la chefferie et superpose des échelons légitimes mais généralement dépourvus de ressources. Elle reste très inspirée dans ses formes par le modèle français et dans son contenu et ses enjeux, par la politique de clientélisme à la nigérienne.

Les mêmes principes animent la décentralisation béninoise intervenue après les élections municipales de décembre 2002 et fortement appuyée par les bailleurs internationaux. Ce processus s'inscrit dans un ensemble complexe et parfois contradictoire d'aménagement territorial qui mêle interventionnisme d'Etat et structures décentralisées (Dorrier-Apprill et Domingo, 2004). Aux dires des observateurs locaux, il résulte plus de la volonté extérieure d'instaurer des administrations locales que d'une réelle volonté béninoise de transfert de compétences des échelons supérieurs vers le niveau local. La question du rôle de l'Etat dans ce dispositif reste irrésolue tant il est manifeste que ses institutions sont systématiquement dédoublées par des structures mises en place par la Banque mondiale. Comme au Niger, la décentralisation n'est pas achevée malgré les pressions constantes des bailleurs de fonds; elle risque donc d'aboutir à des résultats pour le moins éloignés des prévisions originelles, tant l'attribution des pouvoirs reste imprécise entre les représentants de l'Etat et les autres acteurs politiques (Bierschenk et Olivier de Sardan, 2003).

Le Nigeria se distingue quant à lui par l'ancienneté de ses institutions décentralisées et le poids de ses chefferies traditionnelles, lesquelles, comme au Niger, continuent de percevoir l'impôt au profit des Local Government Areas (LGA). Les régions situées à l'ouest du pays ont ainsi été administrées, depuis Lord Frederick Lugard, gouverneur général du Nigeria de 1912 à 1919, sous le principe de l'*indirect rule*, c'est-à-dire par une administration coloniale détachée du règlement des conflits locaux. Le choix de ce mode de gouvernement fut motivé par la peur des problèmes «which might follow the possible demise of indigenous cultures, and so maintained traditional institutions and African rulers, wherever possible working through these leaders who were delegated the difficult task of keepinf order over the mass of the people» (Potter, Binns, Elliott et Smith, 2004; 69). Aujourd'hui, le pouvoir des chefferies nigérianes reste important et reconnu, comme en témoigne par exemple le nouveau palais du chef local de Kamba, construit récemment par le gouvernement local à son intention et destiné à remplacer l'ancienne résidence traditionnelle de *banco* (Photo 9).

Photo 9. M. Kyanga Ibrahim Wata, chef de Tchengakoy (au centre) et sa cour devant son palais
Source: Walther, 2005.

22.3 Des chefferies en recomposition

Quels que soient les contextes nationaux, trois grandes structures politiques doivent aujourd'hui trouver entre elles une combinaison originale: le secteur traditionnel qui regroupe les chefs de canton, les chefs des terres et les chefs de quartier, celui de l'Etat qui comprend les Préfets, leurs adjoints et leurs fonctionnaires, celui de la Mairie ou de l'entité locale qui concerne le maire, le *chairman*, leurs adjoints, les membres des conseils et des services communaux. Dans l'hypothèse où la décentralisation parvient à implanter des services locaux qui prennent progressivement le relais des représentants de l'Etat, l'enjeu principal demeure celui des rapports qui lieront à l'avenir les nouvelles structures communales à celles des pouvoirs hérités. Y aura-t-il alliance entre les anciennes élites et les nouvelles issues de la communalisation ou au contraire disparition progressive de l'échelon traditionnel, relégué à des fonctions d'apparat? Répondre à cette question nécessite de prendre en considération, dans un premier temps, les prérogatives passées et actuelles des chefferies traditionnelles pour vérifier ensuite dans quelle mesure ces prérogatives se heurtent aux devoirs légitimes des nouvelles communes.

Contrairement à une opinion très répandue, les attributs précoloniaux des chefferies traditionnelles sont très différents de ceux du temps colonial. Ils étaient très limités politiquement dans la zone de Gaya – Malanville – Kamba, du fait de sa situation périphérique par rapport aux grands royaumes historiques du Kebbi et du Songhay. Jusqu'au début du XXe siècle, la région fut certes souvent disputée mais n'appartint jamais longtemps à la même zone d'influence (Bako-Arifari, 1997), ce qui fait que les chefferies zarma y étaient atomisées et soumises à des dominations extérieures. Deux cas de figures se présentaient à cette époque. Dans les chefferies paysannes, le chef possédait une autorité très limitée sur le domaine foncier et

> n'avait aucune «propriété» des terres collectives: il attribuait des directions, des espaces, voire des terres aux «étrangers» désireux de s'adjoindre au village, mais ne recevait aucune redevance foncière d'aucune sorte. Impôt ou tribut restaient inconnus. Et les prestations dont il bénéficiait étaient avant tout symboliques (Olivier de Sardan, 1984; 90).

Dans les chefferies aristocratiques, comme à Gaya dès l'arrivée des conquérants songhay, les hiérarchies étaient plus marquées mais, note l'auteur,

> une seule constante ressort clairement: l'absence, à l'époque pré-coloniale, de redevance foncière. Jamais l'hégémonie politique ne se traduit en appropriation de terres. La chefferie aristocratique, à cet égard, n'innove pas par rapport à la chefferie paysanne: elle se contente d'attribuer elle aussi, des terres aux nouveaux venus [...], mais sans transformer cette prérogative en privilège «foncier» et sans exiger de contrepartie *à ce niveau* (ibid.; 101).

La période coloniale va profondément bouleverser les rapports de pouvoir, au bénéfice de certains chefs désireux de s'allier aux colons pour construire leur propre zone d'influence. C'est le cas de la chefferie de Dosso, progressivement érigée en pouvoir provincial s'étendant sur le «pays zarma» par la force du Zarmakoy, le chef zarma (Rothiot, 1988). Pourtant,

> l'existence d'un «état» zarma, dominé par le Zarmakoy [...] de Dosso est un mythe, forgé pour l'essentiel par la chefferie de Dosso sous la colonisation française, afin de légitimer l'extension du pouvoir que lui valut sa collaboration avec les militaires français (Olivier de Sardan, 1984; 65).

Le souvenir de cet épisode est resté vivace dans la population de Gaya:

> Il ne pouvait pas y avoir de province ici, mais avec l'arrivée des Blancs, le Zarmakoye a su détruire le Tessa et d'autres chefferies, détruire des chefs de canton à plein titre. Il a balayé ces chefferies et se les est accaparé. Finalement, tout l'arrondissement de Dosso a appartenu à Dosso, alors qu'avant l'arrivée des Blancs, il y avait des chefs qui avaient leur portion de terres et Dosso n'était qu'un village, qui était commandé par rotation. C'était des quartiers qui commandaient à tour de rôle.[2]

Lors de la colonisation, les chefferies furent ainsi remaniées en fonction de l'allégeance qu'elles assuraient aux Français, de même qu'un nouveau découpage territorial fut instauré par la création des cantons. La stratégie coloniale était liée à l'insuffisance de l'encadrement administratif, autrement dit à son incapacité de dominer l'échelon local par manque de moyens. En autorisant les chefferies à s'approprier les terres et à se faire payer la «dîme», les Français vont permettre à ce type de pouvoir de s'affirmer et de s'implanter durablement auprès des paysans. Il résulte de ces éléments que les chefs de village de la région de Gaya possédaient des prérogatives limitées sur leurs administrés, sauf pendant le court épisode de la période coloniale au cours de laquelle certains chefs locaux ont acquis une autorité grandissante. En dehors de quelques cas particuliers, qui résultent plus d'une habile collaboration avec le conquérant que de la fonction traditionnelle intrinsèque, les chefs ont peiné à mobiliser autant qu'à convaincre.

L'incapacité des chefferies à se faire obéir hors du cercle restreint des villages environnants durant la période précoloniale est un trait qui a perduré à l'époque actuelle et qui contraste avec le cérémonial dont sont entourées ces autorités. Le lignage garantit certes une position fondamentalement plus élevée aux individus qui appartiennent aux familles princières, mais cette supériorité n'inclut pas de relations de contrainte absolues. Le chef est par conséquent toujours contesté, d'abord par ceux qui lui sont le plus intimes, c'est-à-dire ses proches parents. En dehors d'une cour d'apparat, il ne peut mobiliser les citadins en faveur de projets publics et, contrairement à une image d'Epinal qui fait du chef de village l'autorité incontestée des terres et des hommes, les chefferies n'assurent pas une gestion idéale de l'espace villageois, soit par manque de personnel dévoué ou déficit d'organisation, soit parce que les villageois leur refusent cette prétention en raison des multiples conflits qui animent les lignages.

2 Entretien avec A. Na Argoungou, 22.11.04, Gaya.

Le fait que les chefferies manquent d'agents territoriaux qui leur soient entièrement dévoués ne signifie par pour autant que leur capacité de «gouvernance» soit inexistante. Au contraire, depuis l'époque précoloniale, les chefferies ont toujours manifesté suffisamment de souplesse pour s'adapter aux nouveaux enjeux de pouvoir, devenant de ce fait presque inamovibles, notamment parce qu'elles excellent à conclure des alliances circonstancielles. Ainsi, au Niger, le pouvoir traditionnel se rapprocha du gouvernement de Diori Hamani (1960-1974) lorsque celui-ci eut besoin de consolider l'unité nationale pour lutter contre le parti Sawaba, avant de progressivement s'en éloigner à cause des ponctions exigées par le régime sur les populations rurales. Plus tard, les chefferies eurent plus de difficultés à instrumentaliser le parti unique, tant le président Seyni Kountché, pourtant lui-même issu de la chefferie traditionnelle, montra une «volonté de transformer profondément l'institution pour mieux la contrôler» (Abba, 1990; 58) en réformant la manière dont les chefs étaient élus et en y introduisant des cadres administratifs. Il n'y eut pourtant jamais de remise en cause fondamentale des chefferies au Niger, peut-être parce que, selon J.-P. Olivier de Sardan (1984; 203) «comme la colonisation, la bourgeoisie nigérienne au pouvoir s'appuie sur l'aristocratie traditionnelle (transformée) et lui confie de ‹tenir les campagnes› et de contrôler les masses paysannes.»

La situation est radicalement différente au Bénin où, après l'indépendance du pays en 1960, les chefferies furent combattues par le régime marxiste de Mathieu Kérékou, avec pour résultat de les priver de tout pouvoir, contrairement au Niger ou au Nigeria. Comme le rapporte d'une manière désabusée le fils d'un ancien chef de canton habitant Malanville: «La Révolution nous a cassé les pieds! Elle a abouti au renversement des valeurs traditionnelles. Regardez! Aujourd'hui, c'est l'herbe qui mange le cheval!» A la Révolution, les chefs étaient considérés comme des représentants du féodalisme et de la sorcellerie et symbolisaient une menace pour l'exercice du pouvoir du Parti unique dans les campagnes. Après la Conférence nationale de février 1990 qui marque l'avènement de la démocratie, les revendications liées à l'exercice des chefferies ont pris de l'ampleur sans toutefois parvenir encore à reconquérir les pouvoirs locaux.

Avec la décentralisation, les chefferies ont été contraintes à redéfinir leurs prérogatives, déjà passablement affectées par une perte de prestige et de privilèges, attestée depuis le début du XXe siècle consécutivement aux grands bouleversements de société qu'ont connu les populations zarma-songhay dès la fin de l'esclavage. Les chefs évoquent avec nostalgie cette période: «Dans ce temps, on leur facilitait les choses. Aujourd'hui il ne reste que les devoirs et le titre de chef. Les chefs sont donc obligés de travailler et on ne peut plus compter sur la chefferie pour vivre.[3]» Les chefs de quartier ont particulièrement souffert de cet état de fait et regrettent que leur influence diminue ou que leur avis soit moins pris en considération qu'auparavant, ce qu'ils expliquent par la scolarisation et par l'émancipation des jeunes et des femmes vis-à-vis des anciens et de leur mari. Auparavant, notent-ils, les femmes pouvaient difficilement refuser de prendre en compte l'avis du chef de quartier concernant leurs problèmes conjugaux tandis que les maris devaient également se conformer à ses recommandations. Le chef de quartier, qui représentait autrefois une autorité respectée en matière de relations civiles, est passé du rang de «grand communicateur» à celui d'intermédiaire parmi d'autres. Avec les chefs de canton, ces autorités traditionnelles assurent aujourd'hui une fonction de médiation dans les affaires courantes entre ménages, de même qu'entre la Préfecture et les citoyens. Les structures préfectorales, les instances communales et les nombreux comités communautaires mis en place par les agences de coopération multiplient les canaux de revendication et permettent mieux qu'avant de contourner les attributions des chefs coutumiers pour porter les doléances devant des organes officiels ou considérés comme légitimes. Certains membres de l'élite aristocratique locale ont également développé une conscience très aiguë des problèmes soulevés par la décentralisation et l'évolution des chefferies. A la question de savoir si le pouvoir traditionnel nigérien va diminuer d'influence, un observateur avisé de la politique locale, lui-même issu d'un lignage aristocratique de Gaya, répond ceci:

> Si aujourd'hui nous avons une chefferie forte, c'est à cause de la proximité avec le Nigeria. Le Sénégal, le Bénin, le Mali: on ne parle pas de chefferie là-bas. C'est pourquoi nous sommes gagnés par le temps, un temps irréversible. On a l'impression que les grandes puissances veulent nous avaler. On n'a pas le droit à la différence. On veut nous amener à quelque chose qui n'est pas nous. Si nous allons vers cette chose, d'abord, combien de temps mettrons-nous? Est-ce que nous l'aurons? Selon Hampâté Bâ, «Quand ce qui n'est pas à vous n'est pas à vous et ce qui est à vous n'est plus à vous, alors qu'est-ce que vous êtes?» Je ne dirais pas «bâtard», c'est un mot choquant chez nous, mais on est entre deux. [...] Est-ce que la globalisation aura besoin de la chefferie? [...] L'administration a tout juste besoin de quelques auxiliaires pour travailler, avoir ses impôts, être en contact avec la population. Ils n'ont pas la même voix que la chefferie lorsqu'ils s'adressent à la population. C'est un peu différent quand même. Je ne sais pas combien de temps ça va durer. Le monde évolue. C'est un mouvement qu'on ne peut arrêter.[4]

3 Entretien avec Moussa Gani, chef de quartier de Lawey, 29.11.04, Gaya.
4 Entretien avec Ibrahim Beïdou, 03.12.04, Gaya.

Les chefs de quartier sont généralement démunies face au défis des aménagements urbains. A Gaya, ils identifient certes un certain nombre de problèmes spécifiques au milieu urbain mais sans disposer des moyens ou des leviers nécessaires à leur résolution. Ils notent en premier lieu que la ville souffre d'insalubrité, due aux déchets liés à l'activité économique et aux très nombreux animaux de bât qui sont installés en pleine rue, une particularité de Gaya qui manifeste l'intensité des travaux champêtres de la région. Il ressort toutefois de l'observation que la saleté des animaux ne constitue pas un aspect prioritaire des habitants et qu'ils ne souhaitent pas d'amélioration significative tant les animaux vivant dans la rue font partie du système de production et leurs nuisances sont acceptées. Il en va différemment du problème des inondations saisonnières et de la stagnation des eaux qui sont liées au manque d'infrastructures de la ville. Gaya est en effet dépourvue d'égouts nécessaires à l'évacuation des eaux de pluies comme des eaux usées et ne dispose pas de système de ramassage des ordures. Les conditions sont donc réunies pour favoriser les maladies en saison des pluies, notamment le paludisme. Le fait que la ville soit située à la confluence de plusieurs petits cours d'eau temporaires *(kori)* qui prennent leur source à une dizaine de kilomètres au nord-est et à l'ouest est un facteur perturbant de l'activité économique. Lors de fortes pluies, le courant du *kori* local appelé Lambourougou empêche en effet les habitants des quartiers est de se rendre en ville par Dendikourey, les obligeant à faire un détour par l'unique pont sur lequel circulent déjà les camions. C'est pourquoi le programme des Routes Rurales de Gaya (RRG) a proposé son appui pour réaliser un second ouvrage destiné aux paysans qui transitent par ce lieu pour se rendre à leurs champs.

Ces problèmes concrets sont du ressort des autorités nationales et, de façon croissante, des nouvelles communautés urbaines. Celles-ci manquent toutefois manifestement de moyens et de représentants dans les quartiers et doivent, par conséquent, sans cesse négocier avec les chefferies. C'est ce qui explique que, dans le contexte actuel, «la chefferie traditionnelle» – notent N. Bako-Arifari et F. Laurent (1999; 6) –

> reste […] une des pièces maîtresses du jeu politique local à la fois dans le conseil communal et dans la relation aux populations. Ainsi, en même temps que la décentralisation offre des opportunités de réduire les attributions statuaires de la chefferie, elle lui offre aussi à Gaya les moyens d'une plus grande capacité de nuisance du fait de la position statuaire que lui confèrent de nombreux textes de loi avant et avec la décentralisation.

Les représentants de l'Etat comme les nouveaux maires sont alors obligés de ménager les chefs traditionnels sous peine de subir des blocages préjudiciables à leurs activités. Cette politique de proximité est complexifiée par le fait que les représentants de l'Etat ou des communes possèdent une légitimité démocratique encore insuffisamment ancrée au niveau local. L'exemple des relations entretenues entre le chef de canton de Gaya et le Préfet est, de ce point de vue, assez représentatif des attributs et des qualités de médiation et de conciliation qui leur sont propres. En poste depuis 1970, le chef de canton de Gaya est en effet une figure incontournable de l'autorité locale, à la fois pour le Préfet et pour le Maire. Compte tenu de son expérience, il est en mesure de jouer un rôle tout particulier vis-à-vis du représentant de l'Etat nigérien, un militaire pouvant changer d'affectation au gré des régimes successifs. Confronté à une diminution de ses prérogatives au profit des autorités communales, le Préfet doit également trouver les moyens de ne pas affronter ouvertement le chef de canton. Ce dernier conserve alors une marge de manœuvre appréciable et relativement imprécise en ce qui concerne les questions de voisinage, de salubrité, d'impôt, de sensibilisation et de conciliation. Vis-à-vis du maire en fonction, il affirme que son concours sera nécessaire pour «faire passer le message à la population» et parvenir à collecter les impôts d'une manière satisfaisante. Les maires se doivent donc de ménager les structures traditionnelles dans l'espoir qu'elles leur permettront d'engranger des taxes suffisantes pour permettre des investissements urbains qui favoriseront éventuellement leur réélection. Comme le note avec pertinence le maire de Gaya «Dans la situation actuelle, j'ai préféré donner la priorité aux investissements concrets dans un premier temps; je veux faire du ‹palpable› pour montrer aux gens que la mairie est là même si elle est récente.[5]» Sa position face aux autorités traditionnelles est pourtant moins conflictuelle qu'il n'y paraît au premier abord car, même si la répartition des fonctions entre le chef de canton et le maire semble imprécise, des liens de parenté unissent les institutions communales et coutumières, de même qu'il existe une profonde unité politique entre autorités municipales et préfectorales, regroupées sous la bannière du MNSD.

Cet exemple n'est pas isolé dans le département de Gaya où, manifestement, les maires sont parvenus à créer un certain équilibre sur la scène des rapports locaux, en se positionnant comme des autorités à l'écoute des revendications des citoyens, en quelque sorte des médiateurs généraux entre les

5 Entretien avec M. le Maire Hassoumi Dan Barro, 04.09.05, Gaya.

différents chefs de village ou de quartier qui forment la commune. C'est le cas du maire de la commune rurale de Tounouga, qui rappelle que les chefs de village sont membres d'honneur des conseils municipaux, c'est-à-dire qu'ils disposent d'un droit de regard mais non d'un droit de vote et que par conséquent ils sont légalement les subordonnés du maire. Dans ces conditions, la position envisagée par le maire est de privilégier la médiation plutôt que la confrontation directe avec les chefs coutumiers, ces derniers ayant l'avantage d'être «déjà assis dans la place».

Les rapports de force entretenus entre structures de l'Etat et pouvoirs traditionnels se manifestent également dans le territoire. A Tounouga par exemple, le processus de décentralisation a entraîné la construction d'une mairie, érigée à plusieurs centaines de mètres du village, en face du poste de douanes et de police. Le choix de placer l'édifice symbolique de cette nouvelle commune rurale en périphérie est représentatif de la volonté de distinguer clairement les services de l'Etat de l'espace villageois, à la fois par la distance et par l'usage de matériaux différents, les premiers étant construits en ciment alors que les seconds sont faits de *banco*. D'une manière générale au Niger, toutes les constructions entreprises par la République, comme les écoles, les dispensaires ou les mairies, sont localisées loin du centre et forment un ensemble déconnecté du centre villageois. Ce dernier reste organisé autour des trois attributs villageois traditionnels que sont le palais du chef de village ou de canton, le marché et la mosquée, situés au plus près du tissu villageois. Pour justifier la distribution des bâtiments étatiques ou communaux, les représentants des chefferies prétextent un manque de terrains disponibles au centre des localités mais cette explication fait peu de cas des rapports de pouvoirs entretenus entre l'Etat ou les communes et l'autorité traditionnelle. En réalité, si réellement la République avait voulu investir les espaces villageois, elle aurait procédé comme ailleurs, par expropriation, réhabilitation de friches ou destruction du bâti plus ancien. Il semble plus probable que l'Etat n'ait pas souhaité ce genre de confrontation et ait laissé les chefs de village choisir les terrains adéquats, quitte à ce que ceux-ci soient relégués le plus loin possible de leur centre de pouvoir. Ce faisant, la construction désarticulée des édifices publics ne fait que renforcer l'antagonisme latent ou affiché entre pouvoirs publics et modes de gouvernements traditionnels. A noter que cette situation peut rappeler par certains aspects celle qui prévalut à l'époque coloniale lorsque le pouvoir colonial fut systématiquement investi dans des lieux séparés de la «ville indigène», sur ce qui est toujours appelé *Plateaux*.

22.4 Taxer les citadins?

Outre les aspects liés à la répartition des pouvoirs locaux entre mairie, préfecture et chefferie, la décentralisation concerne également le transfert de certaines compétences et ressources des échelons supérieurs de l'Etat aux échelons locaux. A Gaya cependant, le changement de statut de l'arrondissement n'a été suivi ni d'un accroissement des moyens financiers à disposition ni d'un transfert de compétences depuis le chef-lieu de région de Dosso. Certes, la décentralisation a permis à la mairie de prendre en charge les écritures relatives aux actes de naissance, de mariage et de décès préalablement effectuées par la Préfecture, mais ce transfert ne s'est pas accompagné d'une augmentation des effectifs. Sans moyens supplémentaires, les communes peinent désormais à assumer le coût des services courants sans même parler de la mise en œuvre des plans d'aménagement nécessaires à leur développement. Ces communes sont certes plus libres de déterminer des partenariats spécifiques avec les bailleurs de fonds internationaux mais l'intérêt limité de ceux-ci pour les petites et moyennes villes ne suffit pas à répondre aux besoins des centres urbains.

Dans cette situation, certains se demandent alors si une taxation plus efficace ou plus importante des citoyens ne permettrait pas de pallier le manque chronique de ressources internes et, dans le même temps, grâce à la réalisation d'infrastructures urbaines de qualité, de renforcer le sentiment d'appartenance des citoyens à la communauté urbaine. En l'absence d'impôts sur le revenu au Niger, le potentiel fiscal le plus important reste celui de la taxation individuelle. Celle-ci s'effectue toujours par l'intermédiaire de la chefferie, laquelle reçoit une redevance proportionnelle à l'impôt total collecté dans chaque circonscription. Le compromis actuel qui fait des chefs de village ou de quartier les collecteurs d'impôts des mairies était sans doute le plus acceptable pour l'Association des chefs traditionnels lorsqu'elle a accepté le principe de la décentralisation. Cependant, du fait de l'incivilité qui caractérise la perception en Afrique subsaharienne, les montants collectés restent très inférieurs aux besoins des collectivités. A Gaya par exemple, la taxe d'arrondissement n'a pas été perçue de manière satisfaisante en 2005, la commune n'ayant récupéré qu'un peu moins d'un million de CFA (1500 €) sur 12 millions de recettes potentielles (18 300 €). Les autorités municipales relèvent à ce propos que la démocratisation engendre un sentiment déresponsabilisant auprès des citadins, qui pensent pouvoir échapper à la taxation parce que la contrainte physique qui caractérisait le régime de parti unique jusqu'à la fin des années 1980 a disparu. Le maire actuel espère néanmoins arriver à un taux de recouvrement proche de 60% dans les années à venir grâce à un recensement plus fiable de ses administrés et à de nouveaux découpages des quartiers de Kwara Tégui et Plateau. Mises en œuvre à partir de la fin de l'année 2005, ces mesures doivent permettre de régler l'imprécision du statut des contribuables qui peuplent la commune tout en affirmant être enregistrés dans une autre commune pour ne pas payer d'impôts et de resserrer les liens entre la population et les chefs de quartier responsables de l'imposition.

Le budget total de la mairie de Gaya est de 132 millions de CFA (201 000 €) en 2005 pour plus de 30 000 habitants, ce qui implique que les dépenses pouvant être consacrées aux citadins sont très faibles (4400 CFA/hab., 7 €). Les principales dépenses d'investissement, qui représentent 67% du budget de l'année 2005, ont été réalisées dans le domaine des équipements municipaux (réfection des bâtiments et piste latéritique, véhicule de fonction) de l'éducation et de la formation (construction ou réhabilitation de classes), des activités agricoles et pastorales (achat de semences, vaccination) et des infrastructures communautaires pour lesquelles la commune verse une quote-part de 10% exigée par les programmes de la DDC à titre participatif. Compte tenu des maigres ressources de la commune, plusieurs grands dossiers restent en suspens, notamment celui de l'éclairage public et du réaménagement routier de la ville, dont les rues étroites ne permettent pas d'assurer dans des conditions de sécurité acceptables le transit des poids lourds qui ravitaillent le Niger depuis Cotonou.

Dans un contexte où l'imposition est aléatoire et les réalisations peu visibles, il n'est pas surprenant de constater que les attentes des commerçants vis-à-vis de la mairie sont faibles. D'une manière générale, ils ne conçoivent pas que la commune puisse devenir un acteur important de la sphère économique et se demandent ce qu'elle va exiger d'eux plutôt que ce qu'elle peut leur fournir en termes de services. Les plus instruits espèrent des améliorations sanitaires (caniveaux), routières (élargissement des voies) et des formations professionnelles spécifiques, par exemple dans l'artisanat. Ceux qui ne sont pas allés à l'école craignent en particulier les taxes que la mairie pourrait leur imposer. A l'heure actuelle, ils s'acquittent d'une taxe de 200 CFA (0,3 €) par jour, d'une patente annuelle de 90 000 CFA (137 €) auxquelles s'ajoute une taxe d'installation de 5000 CFA (7,6 €). En fin de compte, la situation actuelle est très insatisfaisante à la fois pour les responsables communaux, qui ne peuvent mettre en œuvre des actions publiques et pour les administrés, qui considèrent le processus de décentralisation comme un phénomène éloigné de leurs préoccupations.

Ces insuffisances militent en faveur d'un relèvement graduel du taux d'imposition. L'année 2005 n'était pas favorable à une telle mesure en raison du prix très élevé des céréales sur les marchés locaux. Néanmoins, le montant de cette taxation per capita est très faible puisqu'il se chiffre à 1000 CFA (1,5 €) par personne de plus de 13 ans, élèves et infirmes exceptés. Malgré ce tarif, seule une minorité des citadins s'acquitte de ses taxes. Sachant que le seuil de pauvreté urbain est fixé au Niger à 75000 CFA (114 €) par an et le seuil d'extrême pauvreté à 50000 CFA (76 €) en 1994, cela signifie que l'impôt ne représente que 1,3 % du revenu de la population pauvre et 2 % du revenu des très pauvres. Il semble dès lors qu'une augmentation de l'imposition puisse être envisagée, pour autant que soient menées parallèlement des actions de renforcement du cadastre et d'enregistrement systématique des individus auprès de l'état civil. En outre, le redressement du taux de recouvrement de l'impôt devrait conduire les responsables politiques à investir les montants supplémentaires de manière transparente dans la ville où les citadins paient leurs taxes. Trop peu d'éléments permettent encore de réfuter totalement une évolution pessimiste de la décentralisation, marquée par un marasme des institutions étatiques décentralisées incapables de répondre aux souhaits du plus grand nombre et privilégiant une optique de gestion partisane mais il faudrait vraiment l'équivalent d'une révolution sociale pour que soit acceptée l'idée que l'Etat ou la commune perçoive plus pour redistribuer équitablement.

23. Une société civile émergente?

> Toujours dans le cadre de la consolidation de la paix, les acteurs de la société civile, de l'armée et les hommes politiques ont, au cours d'un séminaire atelier, planché sur la problématique des «rôles et places de l'armée et de la société civile dans le contexte démocratique actuel». Ils ont échangé sur leurs expériences dans le but de renforcer les acquis démocratiques au Niger.
>
> PNUD, 2004. *Note de synthèse. Niger;* 2

L'usage du terme de société civile pour qualifier certains interlocuteurs s'est aujourd'hui très largement répandu aux organismes de développement qui, quelles que soient d'ailleurs leur idéologie respective, partagent le point de vue selon lequel l'Etat constitue la courroie de transmission des besoins de la société civile et fonctionne au service des individus, qui s'entendent à lui donner une forme en adéquation avec leurs intérêts nécessairement antagonistes (Moravcsik, 1993). En reconnaissant qu'il est difficile de définir précisément ce qu'elle contient, la Direction du Développement et de la Coopération suisse (DDC, 2003a; 23) affirme que la société civile «englobe d'une manière générale toutes les organisations non étatiques et les citoyens» notamment

> les organisations non gouvernementales (ONG) et d'autres associations à but non lucratif qui défendent certains intérêts particuliers des citoyens: associations de consommateurs, syndicats, groupements pour les droits de l'homme, mouvements de base, médias indépendants et organisations écologiques.

Cette conception de la société civile est alors sensiblement éloignée de sa définition historique liée au capitalisme. Pour K. Marx et F. Engels (1846) [1932] en effet:

> Le terme de société civile apparut au XVIIIe siècle, dès que les rapports de propriété se furent dégagés de la communauté antique et médiévale. La société civile en tant que telle ne se développe qu'avec la bourgeoisie; toutefois, l'organisation sociale issue directement de la production et du commerce, et qui forme en tout temps la base de l'Etat et du reste de la superstructure idéaliste, a toutefois été constamment désignée sous le même nom.

Pour les acteurs du développement d'aujourd'hui, la société civile est en revanche conçue comme un tiers secteur, une arène de revendications qui se développe en parallèle des institutions publiques et du secteur privé, son rôle étant précisément de servir de passerelle entre les deux. Elle doit ainsi constituer un garant du bon respect des normes et des lois en vigueur à l'échelle nationale et internationale et avoir la force de relayer les «besoins» exprimés par le plus grand nombre au niveau des Etats et, de manière croissante, sur la scène mondiale.

Dans le cas des sociétés sahéliennes, est-il envisageable de considérer qu'une telle construction sociale est sur le point d'émerger sous l'action concertée des bailleurs de fonds qui se chargeront d'appuyer ses représentants les plus légitimes? Ou faut-il, au contraire, envisager que la société civile résulte d'une conception importée qui cherche à s'appliquer à des contextes sociaux eux-mêmes animés de logiques différentes et, dans ce cas, considérer qu'elle ne peut être qu'inventée? Après avoir discuté la division usuellement établie entre les secteurs de l'Etat, du marché et de la société civile, les arguments qui suivent sont destinés à montrer comment les logiques clientélistes s'opposent au leitmotiv actuel de la participation et contribuent à brouiller les espoirs de ceux qui considèrent l'avènement d'une société civile comme le troisième volet nécessaire de la bataille du développement.

23.1 Un tiers-secteur vertueux?

La conception contemporaine de la société civile est directement influencée par la vision écologiste ou associative, proche des modèles d'autogestion, développés depuis la fin des années 1970 (Lochak, 1986). Elle fut par la suite récupérée par des institutions internationales aux ambitions idéologiques diamétralement opposées, mais qui partageaient avec les modèles associatifs la même aspiration à un certain affaiblissement des prérogatives de l'Etat. C'est ce qui explique que, dans la littérature du développement, le concept de société civile se situe vertueusement entre deux pôles très critiqués: le domaine public, considéré à travers le prisme d'un Etat corrompu, oppressif, hypercentralisé, impuissant à contrôler ses ressources et son territoire, tentaculaire et le domaine strictement privé, considéré comme une sphère uniquement dévouée au profit, au capitalisme le plus ignorant des réalités sociales, à l'impératif marchand, à l'inégalité et à l'exploitation.

Les agences de coopération qui font la promotion de la société civile ont dès lors progressivement adopté une position intermédiaire entre les deux pôles, ce qui a nécessité de leur part de satisfaire quatre éléments contradictoires:

1. Eviter les détournements et la faible efficacité des Etats en mettant en œuvre des actions de développement local fondées sur l'appui ou la création de structures parallèles à celles de l'Etat.
2. Lutter contre les inégalités engendrées par le marché en privilégiant des structures communautaires plutôt qu'en investissant directement dans le secteur de la production ou de la circulation privée.
3. Maintenir des relations ministérielles minimales qui permettent de ne pas se trouver isolé des actions et des changements internes au gouvernement de même que de celles des autres bailleurs de fonds.
4. Assurer de bonnes relations avec les élites de manière à pouvoir compter sur l'appui local au moins informel de certains facilitateurs sociaux auprès de la population.

Le registre de la société civile marque un regain d'intérêt en faveur de la dimension locale et rend compte des critiques adressées à l'Etat et à l'économie privée. Alors que le terme de classes sociales est pratiquement tombé en désuétude et puisque les notions de tribu ou de chefferie sont devenues peu légitimes, la société civile permet de proposer un cadre immédiat et valable pour toutes les configurations socio-politiques. Appliquée au champ du développement, la société civile trouve un terrain d'expansion qui autorise une lecture simplifiée des rapports de pouvoir. En particulier, la focalisation de son intérêt sur des «groupes-cibles» ne lui permet pas d'accorder l'attention nécessaire aux logiques des autres agents transformateurs de la société, notamment aux entrepreneurs ou *patrons* qu'elle considère uniquement sous la forme de la corruption ou de la spéculation. Dans ses velléités de court-circuiter leurs logiques politico-économiques, elle isole un champ supposément vertueux mais, ce faisant, elle s'expose à la critique de ceux qui relèvent que les *patrons* ne connaissent pas les frontières lexicales et investissent la sphère civile, à mesure que le développement devient une rente parmi d'autres. Elle suppose que les représentants de cette société se distinguent nécessairement des agents de l'Etat, quand bien même les sciences sociales africanistes continuent de montrer le rôle fondamental de l'Etat dans l'enrichissement des élites – étatiques ou non –, la négation de la différence public/privé à travers le patrimonialisme (Médard, 1992; Van de Walle, 2001) et l'intense interpénétration des registres économiques, politiques et sociaux, contrairement aux sociétés capitalistes fondées sur leur séparation (Polanyi, 1944 [1983]). Ce faisant, les promoteurs de la société civile oublient que, dans la sphère occidentale, celle-ci «n'a pu s'épanouir pleinement [...] qu'après que la sphère de l'économie se fût érigée en sphère autonome, distincte à la fois de la sphère domestique et de la sphère politique» (Lochak, 1986; 52). Comme le montrent les deux exemples suivants tirés de la scène civile locale de Gaya, les sphères sociales, économiques et politiques s'entremêlent au Sahel.

Le premier cas concerne le chef de canton de Gaya, personnage incontesté en ce qui concerne le registre socio-politique traditionnel mais qui ne peut légalement appartenir à un parti politique. En parallèle à ses fonctions coutumières, ce notable est également Commissaire au sein de la Commission Nationale des Droits de l'Homme et des Libertés Fondamentales, un organisme qui joue assurément un rôle civil. A ces registres relevant de la sphère politique et de la société civile s'ajoute le fait que le chef de Gaya est aussi un propriétaire terrien ayant consenti d'importants investissements en périphérie de la ville dans le domaine de l'irrigation. Le second exemple concerne un hôtelier peul qui est à la fois un acteur politique important du parti présidentiel, donc appartient à la sphère politique, qui exploite un établissement de commerce, donc relève du domaine économique, et qui possède une position dominante au sein de l'Association Régionale pour la Réanimation de l'Elevage (AREN), donc investi dans la société civile et reconnu par les bailleurs comme tel.

Au risque de multiplier les exemples, il faut conclure qu'il est impossible d'isoler un champ civil dans l'entrelacs des responsabilités et des centres d'intérêt des acteurs. A un certain niveau de pouvoir, comme le montre l'analyse des *patrons*, la conjonction des capitaux individuels amène nécessairement les individus les plus entreprenants à investir à la fois l'Etat, le marché et ce que les bailleurs appellent la société civile. Pour ces raisons, vaut-il la peine de les retrancher du nombre des acteurs sur lesquels il est judicieux d'appuyer des actions de développement? Leur influence locale et régionale rend évidemment cette hypothèse absurde. En outre, pas plus que leurs homologues du Nord, les associations ou ONGs sahéliennes ne peuvent s'affranchir totalement des liens étroits qu'elles entretiennent avec la sphère étatique et marchande et ne sauraient évoluer de manière séparée des deux pôles dont elles sont théoriquement distinctes, sans trouver dans ces pôles les ressources indispensables au maintien de leurs activités. L'interpénétration de ces registres laisse alors penser que la société civile est profondément incluse dans les logiques clientélistes qui marquent les sociétés sahéliennes et détournée au profit de certains acteurs qui se profilent utilement sur la scène internationale, tout en conservant ou renforçant des modes clientélistes très éloignés de la participation.

23.2 L'important c'est de participer

Plus de trente approches différentes marquent l'histoire du développement participatif de ces vingt dernières années, à la recherche de la meilleure manière de pérenniser les programmes et d'y associer les populations, la plupart concernant d'ailleurs le milieu rural et l'échelon local. Dès les années 1960, c'est-à-dire en fait dès l'indépendance de la plupart des Etats sahéliens modernes, émergent en effet les fondements constitutifs des approches participatives connues aujourd'hui (Olivier de Sardan, 1997). Au Niger, les politiques rurales mises en place par le gouvernement de Diori Hamani (1960-1974) illustrent cette orientation:

> Parallèlement au réseau de comités du parti implantés dans chaque village et qui étaient étroitement contrôlés par les notables, des animateurs furent désignés par les paysans, soumis à des sessions de formation, alphabétisés en langue nationale pour certains d'entre eux et devinrent ainsi les interlocuteurs privilégiés des services de développement (Abba, 1990; 56).

Le souvenir de ces pratiques, étroitement associées à des objectifs modernistes et politiques, est resté vivace dans la population: «Déjà dans les années 60, le président Diori, avant sa chute, parlait de la prise en charge par certaines localités qui pouvaient se suffire, pour essayer d'organiser la population. Déjà au temps de Diori.»[1] En 1962, les intentions déclarées du Gouvernement du Niger étaient bien, déjà, d'accorder une attention soutenue à la base, par la mise en œuvre de politiques de développement participatives. Par la suite, le régime militaire de Seyni Kountché a quelque peu remanié cette approche, en accordant une attention toute particulière aux associations de jeunesse *(samaria)* mais globalement l'histoire moderne du Niger montre que les gouvernements ont toujours reconnu officiellement la nécessité de favoriser ce type de démarche.

1 Entretien avec A. Na Argoungou, 10.10.2005, Gaya.

Cette ambition fut pour le moins difficile à mettre en œuvre durant l'ère des programmes modernistes (ou *top-down*), élaborés dans les années qui suivirent les indépendances selon le principe que la diffusion des innovations devait suivre des canaux hiérarchiques et concevaient le développement selon des principes dualistes, opposant modernité et tradition ou villes et campagnes. En effet, ces programmes inspirés de l'économie classique ignorèrent généralement les attentes et besoins des bénéficiaires et conduisirent à une centralisation excessive et à une utilisation clientéliste des fonds alloués au profit de certaines élites désireuses d'alimenter leurs propres clients. Ils furent progressivement remplacés par d'autres approches appelées *bottom-up*, dont l'objectif principal était de concevoir des actions de développement plus participatives. Ces nouvelles stratégies étaient radicalement différentes dans les deux sens du terme: d'une part, elles possédaient des fondements socialisants remis au goût du jour (Potter, Binns, Elliott et Smith, 2004), d'autre part l'accent était mis sur le bénéfice et la pérennité d'une élaboration conjointe, entre organismes de développement et populations concernées, dont le préalable était la «responsabilisation» de ces dernières. Car comment peut-on imaginer que les populations assumeront le suivi des programmes si elles ne sont ni conviées à leur conception, ni informées sur le bénéfice qu'elles peuvent en tirer? C'est l'avis du PNUD (2002a; 5) qui considère que «la responsabilisation véritable des populations garantit leur participation pleine et entière à la gestion des affaires locales», un avis aujourd'hui partagé par l'ensemble des acteurs du monde du développement. En outre, une des raisons du succès de ces initiatives réside dans la bonne compréhension des mécanismes spécifiques aux sociétés considérées et des unités spatiales retenues car, contrairement aux approches *top-down*, l'essentiel des programmes *bottom-up* concerne très directement les individus.

Passant d'une vision excessivement verticale et centralisatrice à une conception renouvelée des rapports sociaux, la théorie du développement participatif est désormais basée sur un certain nombre d'éléments qui sont considérés comme des présupposés plutôt que comme des ensembles construits. Ainsi, la participation devrait garantir l'efficacité des programmes *bottom-up*, quelle que soit la nature des relations entretenues par les acteurs à l'intérieur de la «pyramide sociale» qui résume la société. Les arguments suivants ont pour objectif de discuter ce présupposé, en montrant que le clientélisme, généralement défini comme un type d'organisation des rapports sociaux dans lequel les liens personnels sont créateurs de dépendances et qui valorise «la médiation personnelle par rapport à la médiation institutionnelle» (Badie,

1992) dans le contrôle de ressources inégales, est investi de logiques contraires à la participation et à l'expression d'une société civile.

23.3 Une grille d'analyse des rapports entretenus entre l'Etat, la société civile et les *patrons*

Pour montrer comment les approches *bottom-up* peuvent également aboutir à des résultats éloignés de leurs perspectives originales, une grille d'analyse des rapports entretenus entre les sphères politique, sociale et économique est proposée. Cette grille est destinée à remettre en question la vision pyramidale précédemment exposée dans laquelle l'aide se dirigerait «naturellement» de bas en haut de la société ou réciproquement, et s'appuie sur une conception «en réseau» des relations clientélistes caractérisant les sociétés sahéliennes, dans laquelle sont représentés à la fois l'Etat, la société civile et les *patrons*.

La grille d'analyse retenue est fondée sur plusieurs postulats qui s'appliquent en premier lieu aux ensembles de l'Etat, de la société civile et du marché et en second lieu aux relations entretenues entre ces différents ensembles (Figure 51).

1. L'Etat et la société civile sont représentés comme des arènes (surfaces) alors que le marché est représenté par des individus-clés (points). Ces derniers peuvent être considérés comme des *patrons* et sont représentés par un signe équivalent quelle que soit leur position dans le réseau dans la mesure où leur influence dépend de situations contextuelles. Leurs activités, privées ou publiques, peuvent déborder des limites de l'Etat et s'étendre à l'échelle internationale grâce à des liens frontaliers (F). L'Etat est caractérisé par le fait qu'il fait système de toutes les limites (géographiques, politiques) tandis que celles de la société civile sont formées par l'ensemble des individus qui s'en réclament, mais n'est pas réductible à la société gouvernée par l'Etat. L'Etat, la société civile et le marché sont représentés dans un ensemble global qui correspond à l'horizon social général.
2. Les relations qui unissent les agents de l'Etat, de la société civile et de la sphère marchande sont ordonnées selon le principe d'une dominance diffuse et d'une absence de linéarité unique (lignes). Des segments sont reconnus dominants lorsqu'ils permettent un accès privilégié aux ressources

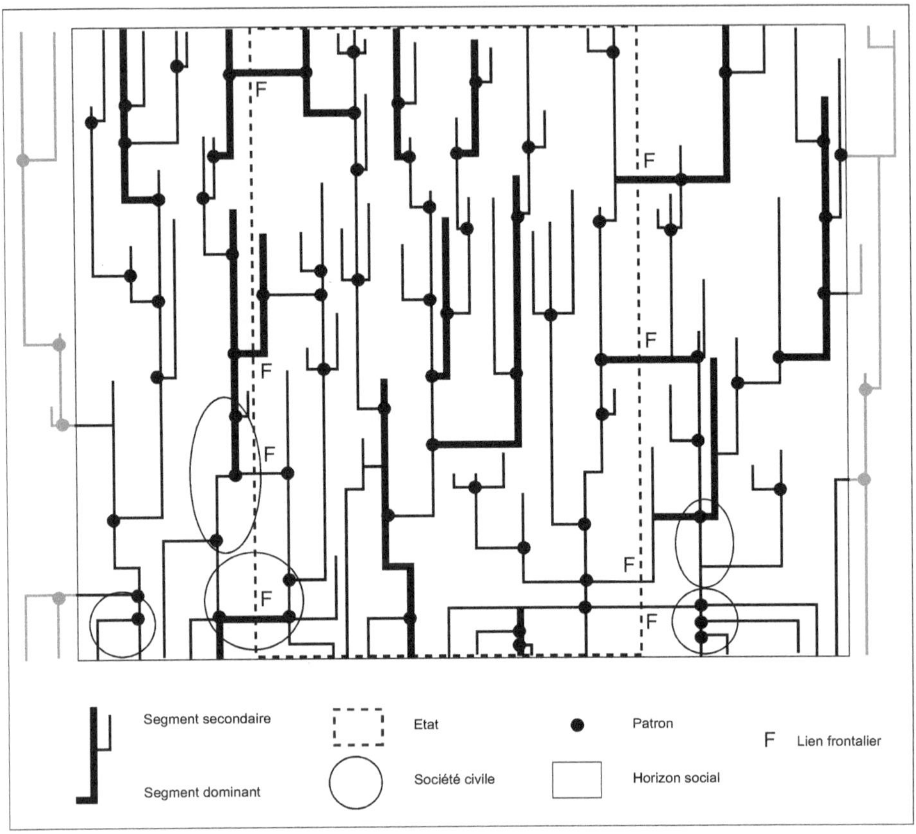

Figure 51. Grille d'analyse des rapports entretenus entre l'Etat, la société civile et les patrons
Source: Walther, 2006.

(trait gras) et normaux dans le cas contraire (trait simple), quelles que soient les ressources en question. Les segments interrompus correspondent aux culs-de-sac provisoires des itinéraires clientélistes. Ils marquent des choix non pertinents ou des erreurs de parcours qui ne peuvent être que temporaires compte tenu de l'interrelation des segments. Il n'existe pas de voie gagnante dans le réseau, puisque celui-ci s'étend au travers de connections multiples.

A partir de cette grille, il devient possible de discuter les limites des approches fondées sur la participation et l'affirmation d'une société civile dans le cadre des sociétés dominées par le clientélisme.

Les agences de développement souhaitent généralement éviter toute forme de clientélisme et préfèrent se distancier des logiques fondées sur des critères qui ne sont ni transparents, ni égalitaires mais, dans le même temps, elles agissent dans des environnements où ces logiques sont omniprésentes et subvertissent les objectifs de leurs programmes. L'enjeu principal de ces agences est alors de concevoir des actions qui remettront en cause les hiérarchies locales pour permettre à des groupes ou à des individus habituellement marginalisés de renforcer leurs capitaux et de satisfaire, par ce biais, leurs besoins fondamentaux. Les agences de coopération et les ONGs essaient donc de contourner l'obstacle en formulant des programmes participatifs qui s'adressent prioritairement aux populations et qui leur permettront d'acquérir du pouvoir. Elles partent alors de l'hypothèse que la participation est fondée sur une base structurée, composée d'individus conscientisés et indépendants. Or, selon la grille retenue par l'analyse, où les logiques verticales sont dominantes, cette base arrive difficilement à dégager des consensus, parce qu'elle est elle-même incluse dans des processus de clientélisme. L'autonomie des acteurs du bas demeure par conséquent limitée par le fait qu'ils dépendent des segments, dominants ou non, qu'ils pourront éventuellement activer à leur profit.

Dans l'approche *bottom-up*, la «base» est directement alimentée en programmes, selon ses besoins et selon la formulation des attentes de la société civile. Le paradoxe de cette représentation est qu'elle se fonde sur une conception horizontale des rapports socio-politiques, dans laquelle l'unité citoyenne est forgée et qui correspond à un idéal philosophique libéral, mais qui est relativement éloigné des réalités sahéliennes, dans lesquelles un certain nombre d'intermédiaires structurent hiérarchiquement la société. Ces médiateurs sociaux, les *patrons*, n'ont de cesse de recréer aux intersections inférieures les mêmes hiérarchies qu'à une échelle globale. La grille présente cela en figurant d'innombrables médiateurs installés au sommet de pouvoirs locaux et découpant la société en segments inégaux. L'affirmation du leadership ne conduit donc pas nécessairement à la concentration des pouvoirs dans les mains d'un très petit nombre d'individus, mais plutôt à la multiplication des niveaux de pouvoir au sein du réseau. Il n'existe donc pas un seul niveau auquel s'exerce l'autorité des *patrons* car tous les acteurs un peu influents peuvent exercer ce rôle pour leurs obligés. Ce raisonnement se fonde sur l'idée que «les stratégies de simple survie de la part de la majorité de la population sont de même nature que les stratégies d'accumulation poursuivies par une minorité d'opérateurs dominants» (Bayart, 1989; 291). De même, l'organisation en réseau ne permet généralement pas d'authentifier rigoureusement la hiérarchie des niveaux occupés par les *patrons*. Certes, on peut éventuellement distinguer des grands et des petits *patrons* sur la base de leur position à l'intérieur des rapports de dépendance, mais plus fondamentalement, l'influence des acteurs dépend de leur situation, c'est-à-dire des liens qu'ils entretiennent entre eux. Dans ces relations, toutes les radicelles issues des troncs principaux n'ont pas la même valeur et seule l'organisation des linéaments de réseaux a un sens, qui se manifeste ici par la multiplicité des directions et des «raccords» entre linéaments. Les *patrons* sont donc ces individus-clés qui se positionnent aux nœuds des réseaux, qui permettent l'ascension sociale ou la revendication civile et politique, qui ne sont jamais tous au même niveau et qui possèdent une hiérarchie mouvante, quoique structurée par l'impératif de la réciprocité.

Il découle de ces propriétés qu'il ne peut y avoir de participation au sens où l'entendent les agences de développement, puisque les clients de la base sont les répondants des *patrons* d'un segment inférieur, chaque segment reproduisant le schéma dans l'ensemble du réseau. Cela explique de quelle manière le clientélisme survit dans l'Etat et résiste également aux initiatives des agences de développement qui tentent de l'éradiquer. Sa pérennité est d'autant plus aisée qu'il garantit, de fait, un des fondements de la société, c'est-à-dire la redistribution. Les conséquences de cette structuration signifient que l'efficacité des programmes *bottom-up* risque fort d'être contrecarrée par la structure même des relations clientélistes et que l'*empowerment* reste donc une notion lointaine tant que l'accès aux revendications continue de se réaliser par la médiation entre *patrons* et clients. Comme le souligne l'écrivain A. Kourouma (1998; 182), un analyste avisé du politique africain, «On ne regarde pas chez nous dans la bouche de celui qu'on a chargé de décortiquer les arachides de la communauté ou dans la bouche de celui qui fume les agoutis chassés par le village. En Afrique, nous faisons confiance à nos chefs.»

Contrairement à la conception de la société civile comme alternative à l'Etat et au marché, il semble qu'on ne puisse clairement distinguer société civile et société politique dans le contexte sahélien. «La dichotomie Etat/société civile» – mentionnent à ce propos P. Chabal et J.-P. Daloz (1999; 32) – «n'est guère opérante compte tenu d'une interpénétration constante qui la nie.» Idéalement élaborée pour servir de contrepoids à la fois à l'Etat et aux acteurs privés, et affranchie des solidarités de lignage, la société civile semble trouver en Afrique sahélienne des bases organisationnelles différentes de celles que lui attribuent ses théoriciens. A un Etat et à un marché dominés par l'informel, par la privatisation de l'intérieur et par le clientélisme, il est par conséquent vain d'opposer une société civile investie par des logiques similaires.

24. Synthèse: une bataille menée au moyen d'une stratégie importée

Les politiques de développement conçues et mises en œuvre au Sahel dans les domaines du libéralisme économique, de la gouvernance et de la société civile relèvent d'un modèle à trois temps:

1. Sur ce champ de bataille, un discours incantatoire formulé par l'avant-garde du développement énonce tout d'abord les mots d'ordre qui serviront à motiver le gros des troupes et à coordonner leur avancée dispersée en vue de l'objectif annoncé: la «lutte contre la pauvreté». Peu importe, à ce niveau, que les impératifs motivés par ce discours soient éloignés ou déconnectés de la réalité à laquelle ils s'appliquent puisque leur fonction est essentiellement idéologique, au sens où les mots utilisés servent une stratégie particulière.
2. Celle-ci est inspirée par des valeurs résultant d'un intense brassage historique, qu'il est toutefois possible de rapprocher de celles qui caractérisent la société postmoderne occidentale. Qualité de vie, intérêt pour l'individu, personnalisation de la pauvreté, sensibilité aux questions environnementales, convergence idéologique des intervenants conjuguée à un extrême éparpillement de leurs motivations factuelles, valorisation de la participation, de l'échelon local et des croyances et pratiques traditionnelles sont quelques-unes de ces valeurs qui servent de cadre idéologique à la stratégie internationale du développement.
3. Ces valeurs permettent de réunir des acteurs auparavant divisés et de les engager dans la bataille proprement dite selon une attaque sur trois fronts: injonction à l'ouverture des marchés, appui fortement conditionné à la mise en œuvre d'une bonne gouvernance et instauration d'une société civile. L'étude de l'application de ces fronts dans le cadre spécifique de l'Afrique sahélienne montre qu'aucun n'est cependant parvenu à satisfaire ses objectifs initiaux.

Le libéralisme économique tout d'abord, marqué par l'ère des ajustements structurels s'est soldé par des résultats inégaux et éloignés de ses ambitions premières, lesquelles se donnaient pour but de désendetter l'Etat, de réduire ses charges pour favoriser la croissance et de privatiser les entreprises publiques. Jugeant que ces Etats étaient trop gros, les ajustements successifs ont conduit à plonger les fonctionnaires dans une situation difficile, dans laquelle l'issue la plus évidente était de privatiser leurs propres services pour continuer à satisfaire leurs clients ou à s'échapper dans les structures parallèles financées par les bailleurs de fonds. Dans les deux cas cependant, l'efficacité de l'appareil d'Etat n'a pas été significativement améliorée. La privatisation des entreprises publiques, bien engagée dans les domaines les plus lucratifs, a également souffert des logiques clientélistes qui ont conduit à l'accumulation des unités les plus rentables aux mains d'individus proches de la sphère militaro-étatique. D'une manière générale, les logiques clientélistes se sont donc adaptées aux interventions extérieures.

Cette capacité d'adaptation a également fortement marqué les interventions effectuées dans le domaine de la promotion de la bonne gouvernance. Considérant que la démocratisation des années 1990 ne leur avait pas apporté de valeur ajoutée particulière, les élites des pays sahéliens, bien que démocratiquement élues, ont poursuivi des logiques peu transparentes et entretenu, de ce fait, l'illusion d'une bonne conduite. Au plan local, le processus de décentralisation intervenu dans un contexte où l'Etat était généralement faible ou affaibli par une décennie de programmes d'ajustements, a conduit à des résultats originaux. Au Niger par exemple, la pression des chefferies et l'incapacité du gouvernement à exercer son autorité à l'échelon local ont abouti à une décentralisation dont les enjeux socio-politiques sont peu évidents. Refusant de choisir entre un système traditionnel bien ancré dans les réalités locales mais peu légitime démocratiquement et un système démocratique mais insuffisamment doté en ressources, le Niger a créé des communes généralement indigentes dont les élus doivent sans cesse s'accommoder du pouvoir des chefs locaux.

En ce qui concerne la société civile, force est de constater que les bailleurs de fonds s'appuient sur une vision importée des relations sociales, laquelle a bien conduit les sociétés capitalistes occidentales à concevoir les sphères politiques, sociales, économiques comme des domaines séparés, mais qui s'applique difficilement aux contextes sahéliens. Dans le modèle des relations entretenues entre l'Etat, la société civile et le marché, l'émergence d'une base structurée sur des relations horizontales est très directement contredite par la structure hiérarchique de l'ensemble sociétal. Dans ce schéma dégagé par l'analyse, la possibilité de mettre en œuvre des politiques *bottom-up* fondées sur un appui aux éléments marginalisés de la société et sur la société civile vertueusement placée entre un Etat corrompu et oppressif et un marché générateur d'inégalités, paraît illusoire étant donné l'omniprésence des *patrons*. Ces derniers jouent le rôle d'intermédiaires dans le flux général de relations qui parcourt l'ensemble des champs politiques, économiques et sociaux et se servent de leur position aux embranchements des segments de pouvoir pour s'adresser à leurs clients situés «en bas» ou à leurs propres *patrons*, situés «en haut». Les initiatives participatives se heurtent alors à la structure même de la société dans laquelle elles souhaitent promouvoir un développement différent.

En définitive, l'exemple des actions entreprises dans le domaine du libéralisme économique, de la bonne gouvernance et de la société civile révèle la profonde ignorance des modèles importés vis-à-vis des modes de fonctionnements sahéliens. Ce constat pourrait paraître suranné dans la mesure où les bailleurs contemporains s'attachent constamment à promouvoir des solutions «adaptées» ou «participatives» pour répondre aux insuffisances des logiques modernistes ou *top-down* précédentes. Il demeure cependant que, malgré ces efforts, la bataille menée au nom du développement ou de la lutte contre la pauvreté est intimement inspirée par des valeurs qui se veulent universalisantes et qui restent éloignées des logiques qui ont permis avec originalité de répondre à la question de savoir comment gérer l'incertitude.

Partie VI

Conclusion et perspectives: renouveler les politiques transfrontalières

Conclusion et perspectives: renouveler les politiques transfrontalières

> Si on mène les affaires d'une ville comme celle de la campagne, on finit par en faire un village.
>
> W. Faulkner, 1929 [1972]. *Le bruit et la fureur;* 292

Au Sahel, une intense mobilité a toujours constitué un gage de survie. C'est cette mobilité qui explique en premier lieu la très forte diversité de son peuplement et la structure de son organisation territoriale, laquelle réunit, autour de villes-marchés, des formes productives et circulatoires très différentes mais complémentaires. L'exemple de l'espace frontalier nigéro-bénino-nigérian montre, de ce point de vue, que des noyaux densément peuplés sont séparés par des vides intercalaires, dans le cadre d'un schéma qui doit moins à la zonation climatique qu'à l'action des pouvoirs précoloniaux, appuyés par des réseaux marchands méridiens. Dans cette zone, les entités socio-politiques comme le Dendi semblent constituer des références à géométrie variable, dans le sens que leurs attributs peuvent être interprétés diversement selon les intérêts en jeu. Les récits de fondation illustrent alors la souplesse des liens qui unissent le territoire et l'identité, en montrant que la société dendi actuelle résulte d'un partage des pouvoirs entre populations païennes tchenga et conquérants songhay.

En instaurant des limites entre colonies puis entre nations, en attribuant à chacun des centres une fonction et un rang et en adoptant une vision zonale de l'espace, les pouvoirs coloniaux et postcoloniaux ont certes profondément remanié la territorialité sahélienne et ont conduit à faire de cette région un espace mobile désarticulé, cependant ils ne sont pas parvenus à une gestion plus efficace de l'incertitude. De même, les très nombreuses interventions des organismes de développement n'ont pas abouti à améliorer significativement les indices très faibles du développement humain à l'échelle des nations et des grandes régions. Sur ce point, la situation du Niger est particulièrement alarmante en termes de pauvreté. Parmi les indicateurs qui sont à l'origine d'un développement humain faible, l'urbanisation semble particulièrement discriminante. Les régions dans lesquelles une plus forte proportion d'habitants vivent en ville sont également celles qui, au Niger et au Bénin, présentent des indicateurs plus élevés.

Les potentialités associées à la ville doivent être pourtant situées dans un cadre dynamique dans lequel l'urbain et le rural sont en recomposition. D'une part, sous le double mouvement de migration et d'extension urbaine, ce n'est pas seulement la ville qui se propage mais aussi l'*urbanité* des lieux qui s'étend, à travers ses pouvoirs et ses représentations. D'autre part, la ville elle-même est investie d'une part significative de ruralité, ne serait-ce qu'en raison des pratiques fort répandues de l'agriculture dans les petites et moyennes villes. Les caractéristiques propres de l'urbanité sahélienne – parmi lesquelles la mobilité et l'affirmation de pouvoirs construisant en terre – doivent alors être cherchées à la fois dans les signes *de la ville* et dans le sens attribué *à la ville*. «La ville» – confirme G. Balandier (1955 [1985]; 128) –, «en permettant de se dérober et d'échapper aux contraintes et dangers qui maintiennent l'ordre traditionnel, permet de choisir.» Elle est donc le lieu du possible pour tous ceux qui doivent jouer avec l'adversité.

Les échanges intenses qui concernent les villes et les campagnes résultent alors d'une stratégie de maximalisation sociale et financière. Ainsi cette économie de la mobilité entre urbain et rural est d'abord un risque calculé face à l'adversité. Pour certains individus, il s'agira de partager leur temps entre travaux des champs et emplois urbains temporaires, pour d'autres, il sera nécessaire d'effectuer scolarité ou retraite en fonction des avantages comparatifs de la brousse et de la cité, certains chercheront en ville de l'argent pour se marier avant de revenir au village alors que d'autres tenteront de réduire la taille de leur ménage urbain en délocalisant une partie des dépendants (femmes, cadets et enfants) à la campagne.

Il en va ainsi de la ville comme du puits dans le désert: les citadins tentent de trouver la *bonne* distance par rapport aux deux objets, à la fois pour profiter des avantages qui sont liés à la centralité, et à la fois pour en éviter ses nuisances. Le puits comme la ville restent incontournables en termes de richesse, de lien social et d'appropriation symbolique. Cette recherche de la distance idéale est autant spatiale que sociale. Or, dans ce mouvement, seule une approche dynamique, dans le temps et l'espace, est à même de penser les nouveaux territoires urbains d'Afrique sahélienne. Grâce à ce regard, certains usages comme l'agriculture en ville ou le retour en campagne ne signifient ni faillite des villes, ni faillite des campagnes. Bien plutôt, les observations montrent une profonde fluidité de toutes les migrations humaines et la plasticité même de la ville, comme espace d'un pouvoir régénérateur des morphologies urbaines, comme espace d'émancipation des cadets généalogiques et sociaux que produit toute société et surtout, comme espace d'alternative devant l'adversité. Il y a une certaine forme de continuité spatiale entre urbanité et ruralité, ce que montrent les parcelles agricoles des cités ou la diffusion des feuilletons télévisés au plus profond de la brousse, autant qu'il existe une certaine forme de continuité sociale entre les conditions urbaines et rurales, ce que montrent les relations sociales, étendues des villes en direction des campagnes.

En fournissant des opportunités spécifiques aux *patrons* qui y investissent, les frontières issues de la colonisation font plus que séparer des ethnies: elles offrent un terreau approprié à l'épanouissement de l'informel. Considéré à la fois comme le secteur de la débrouillardise par les uns ou comme le signe manifeste du déclin des économies «modernes» pour les autres, l'informel occupe une proportion variable mais croissante de la population des Etat concernés. Sa vitalité repose sur une extrême souplesse qui trouve dans le milieu urbain matière à se développer pour autant que l'espace économique soit structuré sur des bases mobiles.

A ce sujet, l'enclavement qui caractérise certaines régions frontalières peut être considéré, du point de vue de la production, comme une entrave à l'approvisionnement des marchés urbains et aux échanges humains en général. Malgré leurs succès récents, les programmes qui s'attachent à densifier ou améliorer les réseaux routiers ruraux sont susceptibles de répondre aux attentes des producteurs bien que leur action soit limitée au département de Gaya et que leur portée reste marginale pour les activités d'import-export. Ces dernières possèdent en effet la propriété d'aller s'approvisionner là où les produits sont conjoncturellement disponibles, ce qui explique que les blocages récurrents observés le long des frontières terrestres séparant le Niger du Bénin ou le boycott du port de Cotonou n'ont pas significativement affecté les activités des opérateurs du capitalisme marchand, lesquels ont fait jouer leurs réseaux pour se connecter à d'autres sources le temps que les crises trouvent un dénouement. Il serait certes possible d'envisager des actions de désenclavement qui répondent aux besoins de ces marchands mais, comme le montre l'exemple de l'axe reliant Gaya à Kamba, dégradé depuis plusieurs années malgré son importance stratégique, cette option ne constitue pas une priorité des gouvernements concernés.

Les chemins qui traversent les frontières restent tortueux, malgré les conventions et les organisations supposées encadrer les flux à l'échelle de l'Afrique de l'Ouest. Ils affectent aussi bien les marchandises que les passagers, ces derniers étant, jusqu'à la libéralisation du secteur des transports, considérés comme une clientèle captive des transporteurs syndiqués. L'émergence des grandes lignes reliant les capitales de la sous-région est alors venue perturber la rente de situation dont bénéficiaient les gares routières frontalières. Compte tenu d'un investissement insuffisant dans le renouvellement du parc automobile motivé par des logiques rentières, les petits transporteurs syndiqués ont perdu l'essentiel de leur clientèle au profit des grandes lignes et, de façon plus marginale, d'acteurs indépendants des syndicats. Ces éléments permettent alors de montrer que l'essentiel des activités frontalières s'effectuent selon deux usages prédominants, que sont l'esquive ou l'arrangement vis-à-vis des représentants des forces publiques. Dans la plupart des cas cependant, les marchands privilégient une négociation monnayée avec les «porteurs de tenue» pour garantir à leurs biens ou à leurs passagers d'arriver à destination dans les meilleures conditions. Il arrive cependant, dans certaines régions particulièrement concernées par les flux frontaliers, que le dosage entre l'application de la législation douanière et les usages des marchands ne coïncide pas, conduisant alors au dépérissement des marchés ruraux, notamment dans l'est du département de Gaya. C'est dire si ces arrangements ne résultent pas d'une prédisposition «naturelle» des populations à négocier la limite mais d'ajustements dont la mécanique n'est pas toujours parfaitement réglée.

A ce titre, la dynamique des marchés est sans cesse en recomposition et sa hiérarchisation selon les critères de l'analyse spatiale classique reste problématique. Certes, il est possible d'ordonner les marchés selon la taille démographique de leur centre urbain ou rural et de calculer l'influence de chacun au moyen des services proposés, mais l'image qui se dégage de ce type d'analyse demeure trop statique. De ce point de vue, les récentes études consacrées aux *Perspectives à long terme en Afrique de l'Ouest* (Club du Sahel, 1994) parviennent à donner une meilleure image des transformations qui affectent le sous-continent, en montrant que les «tensions de marché», définies comme des aires de connexions privilégiées entre les marchés urbains et leurs périphéries, s'étendent notamment au profit des régions frontalières sahéliennes. A partir de ce résultat et à une échelle plus fine, l'observation du fonctionnement des marchés de la zone de Gaya – Malanville – Kamba révèle que les essais typologiques destinés à ordonner les différents marchés sont nécessairement limitatifs. En effet, il est moins utile de classer ceux qui appartiennent à la catégorie des marchés frontaliers d'importance des marchés régionaux ou locaux, que de considérer les villes de Gaya, Malanville et Kamba comme un marché unique soumis à des variations saisonnières ou conjoncturelles. L'extension de ce principe à l'ensemble de l'espace économique régional est une hypothèse que les données disponibles, notamment en ce qui concerne les ondes de prix, ne permet pas de vérifier.

Ces marchés sont animés par un ensemble d'individus aux activités très diverses, mais que le langage commun reconnaît comme des *patrons*. Un essai de définition montre alors que ces *patrons* sont des figures distinctes à la fois des Big Men mélanésiens, des Big Men africains motivés par la captation d'un électorat, et des courtiers en développement. Il s'agit plutôt d'individus bien introduits dans les logiques clientélistes de production et de commercialisation, lesquelles illustrent deux des formes spécifiques d'organisation territoriale de l'Afrique sahélienne. Les premiers forment une élite plutôt éduquée revenue aux champs après une carrière dans l'administration et désireuse d'investir localement dans le domaine des produits de rente et/ou de contre-saison. Les seconds appartiennent quant à eux au monde du capitalisme marchand qui se développe au travers des frontières nationales dans le but d'approvisionner les Etats et les régions enclavées du Sahel à partir des ports du Golfe de Guinée. Ils privilégient l'import-export en vertu de leur connaissance des spécificités sahéliennes, espace dans lequel l'organisation la plus mobile est aussi la plus sûre. Ces deux types de *patrons* sont producteurs de deux formes différentes d'un même espace. L'enjeu du développement, au-delà de ses divisions stériles entre rural et urbain, enclavement et désenclavement, est de réconcilier ces deux logiques parce que ce sont elles qui fondent véritablement la territorialité sahélienne. Nonobstant leurs différences, ces catégories de *patrons* sont réunies par une disposition commune à la consommation ostentatoire et à l'entretien d'une cour de dépendants. Au Niger, ce clientélisme se nourrit de leurs investissements dans la sphère politique à la faveur de la crise alimentaire des années 1980 et de la démocratisation des années 1990 et se marque, dans les villes essentiellement, par des constructions somptuaires d'édifices religieux et dans les relations sociales, par un usage fréquent des appuis familiaux ou lignagers. L'enrichissement de ces acteurs trouve alors une justification dans les deux piliers que sont la religion et la famille. La phrase récurrente «Dieu merci, j'arrive à nourrir ma famille» qui marque la réussite sociale renseigne bien sur le but poursuivi par ces acteurs, très éloigné dans son éthique de celui des capitalistes occidentaux mais paradoxalement très proche de leurs méthodes, qui est dominée par une recherche de la flexibilité sur les marchés de l'espace économique. C'est cette particularité qui permet de conclure au fait que les *patrons* identifiés dans cette étude ne sont ni progressistes ni conservateurs, mais profondément attachés à une forme d'innovation qui utilise la modernité pour renforcer leur situation.

En ce qui concerne les formes d'organisation qui concourent à la structuration de l'économie, l'étude s'est attachée à analyser d'une part les dynamiques de production centrées sur les cultures de rente en distinguant celles qui étaient organisées sous forme de coopératives de celles qui étaient privées, d'autre part les logiques circulatoires caractéristiques de l'import-export et du commerce de détail. D'une manière générale, l'interprétation spatiale des flux économiques est rendue difficile par l'extrême fragmentation des moyens et des itinéraires retenus pour l'écoulement des différentes produits. Telle ressource, comme la canne à sucre, peut être acheminée par charrette, voiture ou camion, sur plusieurs itinéraires à partir d'un lieu de production et à destination de plusieurs marchés différents en fonction de variables spéculatives. L'absence de grandes structures de commercialisation, le petit nombre de grossistes d'envergure nationale, de camions de forts tonnages et de marchés fixes rend alors toute évaluation quantitative de la production très ardue. En outre, l'absence de réelle spécialisation et la dispersion des parcelles dans les terroirs potentiellement productifs que sont les *dallols* ou la vallée du fleuve conduit à un marché diffus, difficilement appréhendable dans sa dimension géographique et temporelle sans moyens de contrôle conséquents. Mais cette fragmentation n'a pas uniquement des conséquences en termes d'évaluation des flux commerciaux; elle peut aussi poser problème à l'évaluation et à la gestion des structures étatiques ou privées qui interviennent dans la région.

L'analyse du fonctionnement des structures coopératives montre que celles-ci se trouvent généralement démunies dans le cadre du marché actuel, dominé par des exportateurs opérants à l'échelle de l'Afrique de l'Ouest. En outre, ces structures sont généralement confrontées à des problèmes de gestion et d'entretien du matériel communautaire. En comparaison, les entreprises privées soutenues par la Banque mondiale semblent, dans l'immédiat, donner des résultats supérieurs à ceux des initiatives collectives et bénéficier en priorité à des investisseurs à la fois étrangers à l'agriculture et à l'espace étudié. Cependant, la nouveauté des programmes d'appui à l'irrigation ne permet pas de conclure à leur durabilité. Fondamentalement, les deux types d'investissements résultent d'une même logique de production, potentiellement instrumentalisés par les investisseurs de la même manière.

La question n'est alors plus d'opposer deux types de structures et d'en déduire que le privé fonctionne mieux que le collectif mais d'opposer deux logiques, celle d'une production agricole profondément ancrée dans un terroir au moyen d'infrastructures rigides et celle d'investissements plus mobiles. Le succès de ces initiatives dépend moins de leur caractère privé ou coopératif que de la souplesse de leur fonctionnement, c'est-à-dire de leur capacité à répondre à des demandes très volatiles. Il semble à ce sujet que la gestion coopérative soit la moins souple dans ce domaine puisqu'elle oblige les producteurs à se concerter avant de décider d'un éventuel changement des règles de production et de distribution, ce qui, dans un marché aussi fluide que celui de Gaya – Malanville – Kamba, conduit à manquer certaines opportunités de vente ou d'approvisionnement. Compte tenu des incertitudes qui pèsent sur le secteur productif au Sahel, la pérennité de l'engagement des investisseurs n'est jamais garantie, ceux-ci préférant parfois délaisser leurs activités lorsque d'autres opportunités se présentent.

Entre les trois marchés urbains concernés par l'étude, des flux importants quoique difficilement quantifiables de denrées agricoles, de marchandises d'import-export et de produits de détail empruntent alors des itinéraires opaques et informels. Les variations saisonnières, annuelles et conjoncturelles de l'activité économique constituent dans ce cadre une donnée prépondérante de ce type de système urbain frontalier. Ces propriétés militent pour une approche différente de l'espace marchand dans laquelle les villes-marchés forment un lieu dont la centralité se déplace au gré de circonstances politiques et économiques locales, régionales et internationales et dont les rapports sont par conséquent nécessairement concurrents et complémentaires. Dans ce cadre, le pouvoir des acteurs économiques et des centres urbains reste diffus et variable dans le temps et dans l'espace. Il en résulte une dynamique assez marquée de dominance ou de déclin des marchés ruraux et urbains.

Du fait d'une décentralisation à la fois trop récente et insuffisamment capable de renforcer le rôle des pouvoirs publics dans la gestion territoriale, une grande liberté d'action est laissée aux agents économiques privés. Ceux-ci développent des affinités mouvantes de part et d'autre des frontières, dont l'intensité est très largement dépendante du degré d'enclavement des territoires, de la libre circulation de leurs biens et de leur personne et des relations, parfois conflictuelles parfois coopératives, qui se tissent entre les centres urbains. L'exemple des flux agricoles qui transitent entre Gaya à Malanville montre qu'une certaine convergence est à l'œuvre entre les deux villes. Celle-ci s'explique par le haut degré d'ouverture des frontières et les nombreuses stratégies mises en place par les opérateurs des deux places économiques pour faciliter l'approvisionnement de l'une ou de l'autre ville. Elle illustre la mise en place d'un «marché commun» plus équilibré que par le passé mais encore fortement dépendant des crises politiques qui peuvent, à tout instant, provoquer de brusques augmentations des cours. L'évolution du commerce de la friperie présente une évolution différente, marquée par la prépondérance de Gaya sur Malanville, grâce à un environnement fiscal plus attrayant, lequel a permis à la ville nigérienne de devenir un centre d'envergure internationale au détriment de sa voisine.

En ce qui concerne les relations entretenues avec Kamba au Nigeria, l'analyse montre qu'un ensemble de facteurs concourent au déclin de ce marché, au profit des autres villes de l'espace frontalier. Kamba est en particulier affecté par des politiques restrictives en matière d'importations, par un renchérissement du prix des hydrocarbures et par des violences religieuses qui entraînent la fuite des marchands chrétiens spécialisés.

Il résulte de ces dynamiques que l'espace frontalier de Gaya – Malanville – Kamba est soumis à une forme de centralité mobile, profondément affectée par les stratégies des *patrons* locaux.

Ces spécificités posent aujourd'hui des problèmes considérables aux agences chargées de concevoir des programmes de développement local. D'une part, il est évident que les logiques de *patrons* interfèrent avec les objectifs de participation et d'égalitarisme promus par ces organismes, d'autre part, l'influence et la capacité de redistribution de ces *patrons* en fait des intermédiaires incontournables d'un développement «à la base». En raison des multiples échelons qui structurent le pouvoir local, les stratégies qui souhaitent partir de la société civile sont aisément récupérées par les *patrons*, qui fonctionnent alors comme des médiateurs privilégiés. Leur profil spécifique, marchands enrichis par le négoce international ou investisseurs revenus au pays, leur assure une position de notabilité qui, en retour, leur autorise une redistribution multiple. Ce clientélisme s'accommode fort bien des changements de logiques des programmes, de même que des nouvelles règles formelles de fonctionnement des Etats que sont le libéralisme et la bonne gouvernance. Le clientélisme tel qu'il est vécu dans le milieu marchand de Gaya et de Malanville n'exclut pas la pratique du capitalisme international et la fréquentation des marchés mondiaux. En définitive, le cas du Niger, du Bénin et du Nigeria est tout à fait paradigmatique du fait que les élites en place se positionnent comme les intermédiaires obligés dans l'accès à une rente internationale. Il s'agit là d'un processus qui combine à la fois des statuts hérités d'inégalités anciennes et des logiques inspirées de la plus grande modernité.

Les stratégies de développement sont dès lors confrontées au défi de proposer des cadres conceptuels permettant de réduire l'antagonisme entre les politiques de développement conçues en faveur du Sahel et les dynamiques de ses acteurs. Pour garantir leur viabilité, les politiques de coopération qui s'appliquent aux frontières devraient être fondées sur une analyse préalable de l'organisation territoriale générale de l'Afrique de l'Ouest et venir renforcer des logiques existantes plutôt que d'être élaborées selon des schémas préconstruits. En tenant compte des spécificités sahéliennes, ces actions devraient, autant que possible, favoriser la mobilité et la souplesse et renoncer aux investissements lourds si ceux-ci ne peuvent s'adapter rapidement aux évolutions des marchés.

Trois grands axes d'interventions pourraient alors être dégagés, lesquels permettent de réconcilier des acteurs et des logiques longtemps dissociés: ceux des espaces séparés par une limite administrative, ceux de la sphère urbaine et rurale, ceux du capitalisme marchand et de l'investissement agricole.

Favoriser la coopération économique transfrontalière

Actuellement, très peu de villes et d'Etats ont réussi à mettre en place des programmes de coopération transfrontalière. Une des raisons en est que le processus de décentralisation en cours en Afrique de l'Ouest manque singulièrement de ressources. Les municipalités frontalières sont récentes et n'ont pas encore mis en œuvre des plans de développement communaux. L'appui à la coopération économique passe donc par l'identification des communautés d'intérêts qui lient certaines villes par-delà les frontières et la mise en œuvre de politiques coopératives spécifiquement adaptées à chaque contexte d'intervention.

Le fonctionnement des relations entre les espaces frontaliers peut être appréhendé selon deux orientations principales. Dans la première conception, dite (néo)réaliste, la compétition des individus, des entreprises, des villes et des Etats encourage chacun d'entre eux à exercer une domination sur ses voisins jusqu'à atteindre une position hégémonique. Ce point de vue considère alors que les acteurs ne peuvent vivre que des situations conflictuelles par le fait qu'il n'existe aucune instance susceptible d'empêcher le recours à la violence entre eux et que les acteurs adoptent des points de vue rationnels et maximisateurs de profit économique (Morgenthau, 1948 [1973]; Waltz, 1979). Il se dégage alors de l'analyse appliquée aux villes frontalières que chacun des centres suit une destinée à la fois solitaire et concurrentielle avec ses voisins, qui servent de contrepoids à son influence et assurent ainsi une forme de stabilité régionale frontalière. Il découle également de ces principes que tous les moyens sont autorisés pour s'assurer une position dominante, étant entendu que les opportunités laissées en friche ne sauraient profiter qu'aux concurrents. Les politiques qui en résultent considèrent alors les acteurs situés de part et d'autre des limites administratives comme des entités séparées et conduisent alors à adopter des programmes défensifs (protectionnistes).

La seconde conception, dite (néo)libérale, se base sur le postulat que les intérêts divergents des marchés peuvent néanmoins être dépassés à certaines conditions et conduire à des alliances privées entre marchands ou à des politiques de coopération transfrontalière entre cités ou entre Etats. En retour, ces alliances et ces politiques peuvent conduire à une certaine spécialisation ou différentiation des centres urbains considérés. Ce point de vue refuse de considérer «l'état de nature» caractéristique des relations internationales comme l'horizon indépassable de toute entreprise humaine. Sa théorie doit alors faire face au défi de concevoir des formes inédites de coopération alors même que les partenaires de celle-ci possèdent des intérêts antagonistes «under constraints imposed by material scarcity, conflicting values and variations in societal influence» (Moravcsik, 1993; 516). Dans ce cadre, la coopération s'impose dans la mesure où les agents sont convaincus de l'intérêt à entreprendre des actions communes plutôt qu'à adopter des stratégies unilatérales qui ne leur permettraient pas d'atteindre des gains aussi élevés. Dans un milieu économique à l'interdépendance toujours accrue, la coopération devient alors un moyen d'éviter le recours systématique au conflit de tous contre tous. Elle impose nécessairement de démanteler les barrières à l'information ou à la libre circulation qui pourraient introduire des heurts entre acteurs, de remplacer l'informel par des actions transparentes et également de créer des institutions internationales susceptibles de réguler les différents en diminuant l'incertitude. Les politiques qui en sont issues conduisent généralement à des programmes d'intégration régionale ou de coopération transfrontalière. Leurs résultats sont essentiellement dépendants de la redistribution, équitable ou clientéliste, des coûts et avantages de la coopération pour les différentes parties.

Plusieurs éléments permettent cependant de faire l'hypothèse que ces conceptions doivent être ajustées au contexte spécifique des petites villes frontalières concernées. D'une part, contrairement au point de vue (néo)réaliste, les agents économiques que sont les *patrons* entretiennent au travers des frontières des relations qui ne sont pas nécessairement synonymes de maximalisation du profit mais qui visent plutôt à leur assurer une position sociale dominante dans le domaine lignager et religieux (Grégoire, 1991). En outre, leurs activités sont généralement plutôt complémentaires dans la mesure où ces acteurs sont installés dans plusieurs marchés à la fois. Ces *patrons* mettent alors en œuvre des stratégies extrêmement fluides, privilégiant systématiquement des réseaux de commercialisation fondés sur la réciprocité des relations de parenté et d'affaires.

D'autre part, contrairement au paradigme (néo)libéral, les revendications des individus ne sont pas relayées jusqu'au sommet de l'Etat par une société civile forte et structurée, mais présentent des formes de domination essentiellement clientélistes. Si le pouvoir traditionnel ordonnait la tenue des marchés au travers d'un calendrier hebdomadaire tenant compte de la rivalité des lieux de commerce, l'émergence de grands marchés urbains liés aux flux de réexportation provoque des tensions entre les collectivités frontalières et remet en cause cette organisation territoriale. Ces tensions ne parviennent pas à être régulées au niveau supranational, du fait de l'incapacité des organismes comme l'Union Africaine (UA), l'Union Economique et Monétaire Ouest Africaine (UEMOA) ou le Nouveau Partenariat Economique pour l'Afrique (NEPAD), à faire appliquer les normes légales au niveau local, et, plus important encore, du fait de l'absence de politique interurbaine à l'échelle frontalière. Cette situation laisse aux agents privés toute liberté pour tisser les liens, conflictuels ou coopératifs, qui leur semblent appropriés dans un marché qui est à la fois profondément libéral dans la mesure où tous les produits s'échangent (presque) sans entraves, mais également profondément réaliste, par le fait qu'aucune instance de régulation des flux marchands ne coordonne les activités privées ou n'incite les acteurs privés à travailler ensemble. Les conflits de grande envergure qui animent parfois les agents économiques et conduisent à des fermetures conjoncturelles des frontières ne sont pas réglés par une autorité supranationale capable de faire appliquer les normes légales au niveau local (Taylor, 2006). Ceci implique qu'en l'absence de politique intergouvernementale (ou des moyens de faire appliquer les politiques existantes), la régulation de la concurrence s'exerce exclusivement selon le canal clientéliste qui lie les opérateurs économiques aux élites politiques de l'Etat. A l'échelle du monde, J. Burton (1972; 29) se demandait à ce propos «To what extent is the making of policy the free decision of governments, and to what extent do governments reflect the needs and interests of others conducting their own transactions across state boundaries?». A l'échelle des frontières considérées par cette étude, il devient évident que la politique urbaine ne reflète pas l'orientation stratégique des gouvernements mais l'intérêt des plus grands *patrons*. En ce sens, l'Etat, comme dans la vision libérale, «is not an actor but a representative institution constantly subject to capture and recapture, construction and reconstruction by coalitions of social actors» (Moravcsik, 1993; 518). C'est ce qui explique que les plus grands acteurs économiques n'aient de cesse de multiplier les alliances avec le pouvoir politique, voire, comme au Niger, de s'y substituer démocratiquement par le biais des urnes.

Répondre au défi de concevoir des politiques de développement adaptées à ce contexte frontalier nécessite de renouveler les programmes des Etats et des agences de coopération. Ces derniers sont généralement conçus sur une base nationale puis sont harmonisés par des accords sous l'égide d'institutions internationales, l'intégration régionale se heurtant alors à la volonté des Etats de travailler sur leur espace de production, à l'encontre des stratégies marchandes. Il est donc exceptionnel que ces politiques s'attachent aux régions frontalières de manière spécifique. Or, les marchands les plus influents ignorent à la fois l'Etat et les organismes de régulation et établissent des relations d'affaires qui s'étendent à une échelle internationale à partir des zones frontalières. En effet, les opportunités exploitées par les agents économiques dépendent en grande partie des différentiels nationaux et, par conséquent, du passage au moindre coût des frontières. Il existe donc aujourd'hui une profonde inadéquation entre les logiques économiques ouest-africaines et les politiques qui sont supposées réglementer les flux entre Etats (Meagher, 2001). Le fait que les politiques de développement soient toujours fondées sur des limitations étatiques et sur des conceptions fonctionnalistes de l'activité économique entrave en grande partie le développement des espaces frontaliers. En outre, le caractère informel et flexible des flux commerciaux de ces régions rend toute mise en œuvre de politiques transfrontalières extrêmement risquée car les opérateurs économiques agissent souvent selon des logiques opaques. Les initiatives entreprises jusqu'ici dans le domaine économique visent essentiellement à encadrer, c'est-à-dire à rendre formel des dynamiques qui se nourrissent justement du fait qu'elles ne sont pas soumises au contrôle des Etats ou des institutions internationales.

Prendre en considération les interactions croissantes entre villes et campagnes

Les politiques transfrontalières nécessitent de renoncer aux approches exclusivement focalisées sur le monde rural ou, à l'inverse, sur le domaine urbain. Il est vrai que cette démarche n'est pas encore appliquée par la plupart des gouvernements ou des agences de coopération, lesquels considèrent souvent que les problèmes urbains constituent une dimension transversale des vrais enjeux du sous-continent que sont l'éducation, la santé, l'environnement ou la réduction de la pauvreté ou, inversement, qui mettent en œuvre des actions techniques destinées à améliorer les infrastructures urbaines sans tenir compte du monde rural. Celles qui ont développé des politiques axées sur les petites et moyennes villes ont rencontré des difficultés considérables depuis la mise en œuvre de ces programmes il y a une quarantaine d'années. Les raisons de l'échec de ces politiques sont multiples mais peuvent être expliquées d'une manière générale par l'insuffisante prise en compte des différentes échelles géographiques qui structurent les contextes globaux, nationaux et locaux (Satterthwaite et Tacoli, 2003). Il s'est avéré difficile en effet de prendre en compte le fait fondamental que le rôle des petites et moyennes villes ne pouvait être appréhendé indépendamment du contexte général de la mondialisation et de faire en sorte que les initiatives prises au niveau local, à travers l'appui aux municipalités par exemple, puissent se brancher sur le niveau global des marchés mondiaux.

Il est pourtant possible d'imaginer des programmes spécifiquement destinés à appuyer les liens entre villes et campagnes, dans le domaine des échanges agricoles et environnementaux, des flux de population, des échanges d'idées ou des flux financiers (Lynch, 2005). Dans ce contexte, les initiatives les plus fécondes sont celles qui se fondent sur les relations entre villes et campagnes, dans la mesure où les positions pro- ou anti-urbaines ne correspondent plus aux stratégies sahéliennes (Club du Sahel, 1994; DfID/ODI, 2002; UN-Habitat, 2004; World Bank, 2000). Au point de vue conceptuel, ce mouvement est porté par des auteurs ou des institutions qui, comme la Direction du Développement et de la Coopération suisse (DDC, 2003b; 1), reconnaissent que «la focalisation exclusive sur le développement rural n'est pas pertinente en ce qui concerne l'amélioration des moyens de subsistance des populations rurales, qui dépendent de plus en plus du développement des centres urbains». Au Niger, le *Programme par Pays* de cet organisme gouvernemental affirme par exemple vouloir fournir «un appui renforcé au développement de centres urbains considérés comme des ‹moteurs› du développement socio-économique des zones rurales» (DDC, 2004b; 2). De manière plus détaillée dans la région de Gaya, la volonté est de «considérer l'élargissement des interventions du fonds d'investissement (FSIL) et le renforcement de ce dernier en vue d'en faire un instrument de soutien au développement local et urbain et de créer une dynamique ville-campagne indispensable à un développement durable» (DDC, 2003b; 7).

Appuyer les activités marchandes

Les politiques transfrontalières devraient permettre de prendre en considération le rôle prépondérant des marchands locaux, lesquels sont parvenus à mettre en pratique des réseaux flexibles et informels, fréquemment sous-estimés par les bailleurs de fonds ou les gouvernements. Les activités qui résultent de ces échanges sont susceptibles de conduire à un accroissement des inégalités socio-économiques si aucune législation n'est entreprise pour réglementer le passage des frontières ou prévenir les mécanismes spéculatifs.

Le faible investissement des agences de développement en faveur des activités de commerce s'explique avant tout par la difficulté d'appréhender le sujet. En effet, l'échelle d'analyse des flux de marchandises informels est plus déroutante que celle des productions rurales, bien délimitées par des «terroirs» et des «systèmes» dans le cadre des «régions naturelles» qui ont nourri les études géographiques classiques. La complexité des phénomènes marchands est, de ce point de vue, accentuée par l'opacité des origines et destinations des produits, ce qui ne facilite évidemment pas l'élaboration de politiques de développement. Mais le désintérêt des bailleurs pour le domaine marchand s'appuie également sur un a priori défavorable vis-à-vis de l'activité informelle, supposée déstabiliser les Etats, fragiliser les économies locales et exploiter sans vergogne les producteurs locaux. Le capitaliste marchand est au mieux considéré comme un intermédiaire et, plus généralement, comme un parasite ou un spéculateur qui se débrouille très bien sans l'aide des bailleurs de fonds. Cette vision trouve des relais dans l'opinion populaire qui ne manque pas de stigmatiser le comportement des spéculateurs des crises alimentaires, en passant sous silence les relations de réciprocité contenues dans l'échange clientéliste. Cet avis est encore renforcé par le fait que les agences de coopération sont peu enclines à financer des activités auparavant partiellement aux mains de l'Etat par l'intermédiaire du contrôle des prix et aujourd'hui soumises aux lois du marché libre suite aux ajustements structurels. Pour justifier leur appui au secteur productif, les bailleurs de fonds s'appuient à juste titre sur le fait que le Sahel est régulièrement soumis à des crises alimentaires qui viennent questionner la faiblesse des rendements agricoles et l'impossible autosuffisance. En réalité, comme le montre le modèle adopté au cours de ce travail, la variabilité des précipitations est une donnée structurelle qui ne peut trouver de solution localement, par l'intermédiaire de vocations de productions, mais qui peut, en revanche, être contournée par la mise en place de grands réseaux d'approvisionnement internationaux fondés sur une logique de l'espace mobile. En raison du présupposé d'origine rostowienne (Rostow, 1960), que les services marchands suivent le développement des secteurs primaires et secondaires, les bailleurs de fonds sont peu nombreux à reconnaître la prééminence des logiques circulatoires actives même au niveau rural, ce qui légitime l'appui aux producteurs et aux coopératives de transformation, mais qui déconsidère les activités de commercialisation et rend toute approche combinée du rural et de l'urbain difficile.

L'importance du thème des relations frontalières est justifiée par leur potentiel économique. En effet, les frontières concentrent des activités marchandes qui peuvent contribuer à réduire significativement la pauvreté, pour autant que des politiques appropriées permettent de prévenir ou de réduire les inégalités socio-économiques engendrées par le marché. En l'absence de politiques de développement traitant spécialement de la dimension circulatoire de l'économie, les *patrons* des régions frontalières demeurent des agents de leur propre économie et non des représentants des Etats ou d'entreprises ancrées dans des territoires de production et de commercialisation.

L'observation des relations entretenues entre les marchés de Gaya, Malanville et Kamba montre donc à la fois les limites des contraintes pouvant être exercées par les Etats, mais également la nécessité du maintien de leur fonction de sécurité, à défaut de pouvoir intervenir avec efficacité dans le système économique frontalier.

Les politiques territoriales des organismes nationaux ou des agences bilatérales et multilatérales de développement qui œuvrent en Afrique de l'Ouest ne peuvent ignorer cette dimension si elles souhaitent parvenir à leur objectif de réduction de la pauvreté. Peut-être le moment est-il venu de repenser l'aide au développement local en appuyant des programmes transfrontaliers qui permettent à la fois de prendre en compte le potentiel important des agents économiques privés et la nécessité d'une régulation des flux marchands, par l'intermédiaire de politiques publiques spécifiquement adaptées aux problèmes que rencontrent ces espaces.

Bibliographie

Abba, S. (1990) La chefferie traditionnelle en question, *Politique africaine* 38, pp. 51-60.

Abiodun, J. O. (1967) Urban hierarchy in a developing country, *Economic Geography* 43, 4, pp. 347-67.

Abitbol, M. (1999) La fin de l'empire songhay, in: Ogot, B. A. (dir.) *Histoire générale de l'Afrique. L'Afrique du XVIe au XVIIIe siècle*, t. V, Paris, UNESCO, pp. 363-392.

Adepoju, A. (2000) Les migrations internationales en Afrique subsaharienne: problèmes et tendances récentes, *International Social Science Journal* LII, 3, Oxford, Blackwell/UNESCO, pp. 383-394.

Agier, M. (1982) Etrangers, logeurs et patrons. L'improvisation sociale chez les commerçants soudanais de Lomé, *Cahiers d'Etudes africaines* 81-83, pp. 251-265.

Aigbokhan, B. E. (2000) *Poverty, Growth and Inequality in Nigeria: A Case Study*, Nairobi, African Economic Research Consortium 112.

Amin, S. (1973) *L'échange inégal et la loi de la valeur. La fin d'un débat*, Paris, Anthropos.

Amin, S. (1976) *Impérialisme et sous-développement en Afrique*, Paris, Anthropos.

Amselle, J.-L. (1990) *Logiques métisses. Anthropologie de l'identité en Afrique et ailleurs*, Paris, Payot.

Amselle, J.-L. (2001) *Branchements. Anthropologie de l'universalité des cultures*, Paris, Flammarion.

Amselle, J.-L. et Grégoire, E. (1987) Complicités et conflits entre bourgeoisie d'Etat et bourgeoisie d'affaires au Mali et au Niger, in: Terray, E. (dir.) *L'Etat contemporain en Afrique*, Paris, L'Harmattan, pp. 23-47.

Amselle, J.-L. et M'Bokolo, E. (dirs) (1999) *Au cœur de l'ethnie: ethnies, tribalisme et Etat en Afrique*, Paris, La Découverte.

Antheaume, B. et Giraut, F. (2002) Les marges au cœur de l'innovation territoriale. Regards croisés sur les confins administratifs (Afrique du Sud, France, Maroc, Niger, Togo), *Historiens et Géographes* 379, pp. 133-151.

ANPIP (2005) L'ANPIP: un instrument au service de la lutte contre la pauvreté, *Bulletin Trimestriel d'Information de l'ANPIP* 0.

Ardant du Picq, C. (1931) Une population africaine: les Dyerma, *Bulletin du Comité d'Etudes Historiques et Scientifiques de l'Afrique Occidentale Française*, t. XIV, 4, pp. 471-704.

Arnaud, M. (dir.) (1998) *Dynamique de l'urbanisation de l'Afrique au sud du Sahara*, Secrétariat d'Etat à la Coopération et à la Francophonie, Institut des Sciences et des Techniques de l'Environnement pour le Développement.

Asiwaju, A. I. (1996) Dahomey, pays yoruba, Borgu (Borgou) et Bénin au XIXe siècle, in: Ajayi, J. (dir.) *Histoire générale de l'Afrique. L'Afrique au XIXe siècle jusque vers les années 1880*, t. VI, Paris, UNESCO, pp. 745-770.

Bâ, O. (1982) *L'évolution des petits centres urbains du delta intérieur du Niger (Konna et Sofara)*, Université de Rouen, Thèse de doctorat.

BACH, D. (1994) Afrique de l'Ouest: organisations régionales, espaces nationaux et régionalisme transétatique: les leçons d'un mythe, *Afrique politique*, Paris / Talence, Karthala / CEAN, pp. 93-115.

BACH, D. (dir.) (1998) *Régionalisation, mondialisation et fragmentation en Afrique subsaharienne*, Paris, Karthala.

BADIE, B. (1992) *L'Etat importé: essai sur l'occidentalisation de l'ordre politique*, Paris, Fayard.

BAKER, J. (dir.) (1990) *Small Town Africa: Studies in Rural-Urban interaction*, Uppsala, Nordiska Afrikainstitutet.

BAKER, J. (dir.) (1997) *Rural-Urban Dynamics in Francophone Africa*, Uppsala, Nordiska Afrikainstitutet.

BAKO-ARIFARI, N. (1997) *Institutions et types de pouvoir en milieu rural: description d'un paysage politique-administratif local au Niger (canton de Gaya)*, Berlin, Working Papers on African Studies 8.

BAKO-ARIFARI, N. (1998) Construction et dynamique identitaire chez les Dendi des anciens caravansérails du Borgou (Nord-Bénin), in: Boesen, E. et al. (éds) *Regards sur le Borgou. Pouvoir et altérité dans une région ouest-africaine*, Paris, L'Harmattan, pp. 265-285.

BAKO-ARIFARI, N. et LAURENT, F. (1999) *Programme de développement urbain de la ville de Gaya. Rapport de la mission d'identification*, Niamey, Direction du Développement et de la Coopération.

BALANDIER, G. (1955) [1985] *Sociologie des Brazzavilles noires*, Paris, Presses de la fondation nationale des sciences politiques.

BALANDIER, G. (1988) *Le désordre. Eloge du mouvement*, Paris, Fayard.

BALANDIER, G. (1992) *Le pouvoir sur scènes*, Paris, Balland.

BALANDIER, G. (2001) *Le grand système*, Paris, Fayard.

BANÉGAS, S. et WARNIER, J.-P. (2001) Nouvelles figures de la réussite et du pouvoir, *Politique africaine* 82, pp. 5-23.

BARNES, S. T. (1986) *Patrons and Power. Creating a Political Community in Metropolitan Lagos*, Indianapolis, Indiana University Press et Londres, International African Institute.

BARRIN, J. de (1990) La fin du Sommet de La Baule, *Le Monde*, 20-21.06.

BARTH, H. (1859-1863) *Voyages et découvertes dans l'Afrique septentrionale et centrale, pendant les années 1849 à 1855*, Paris, A. Bohné et Bruxelles, A. Lacroix, Van Meenen.

BAYART, J.-F. (1989) *L'Etat en Afrique. La politique du ventre*, Paris, Fayard.

BEAUCHEMIN, C. (2002) Des villes aux villages: l'essor de l'émigration urbaine en Côte d'Ivoire, *Annales de Géographie* 624, pp. 157-178.

BENNAFLA, K. (2002) *Le commerce frontalier en Afrique contemporaine*, Paris, Karthala.

BERNUS, S. (1969) *Particularismes ethniques en milieu urbain: l'exemple de Niamey*, Paris, Musée de l'Homme.

BERRY, B. J. L. (1967) *Geography of market centers and retail distribution*, Englewood Cliffs, Prentice Hall.

BERTRAND, M. (1990) *Question foncière et villes secondaires au Mali. Les communes méridionales de Sikasso, Koutiala et Bougouni*, Université de Paris X, Thèse de doctorat.

BERTRAND, M. (1995) Petites et moyennes villes d'Afrique noire, *Villes en parallèles* 22, pp. 107-122.

BERTRAND, M. et DUBRESSON, A. (éds) (1997) *Petites et moyennes villes d'Afrique noire*, Paris, Karthala.

BIERSCHENK, T., CHAUVEAU, J.-P. et OLIVIER DE SARDAN, J.-P. (2000) *Courtiers en développement. Les villages africains en quête de projets*, Paris, Karthala et Mayence, APAD.

BIERSCHENK, T. et OLIVIER DE SARDAN, J.-P. (2003) Powers in the village: rural Benin between democratisation and decentralisation, *Africa* 73, 2, pp. 145-173.

BIT (2003) *L'économie informelle en Afrique francophone. Structure, dynamiques et politiques*, Genève, Bureau International du Travail.

BLANCHOD, F. (1936) *La randonnée africaine*, Lausanne, Payot.

BLANCHOD, F. (1948) *Au cœur brûlant de l'Afrique*, Lausanne, Payot.

BOAS, M. (2001) *Regions and regionalisation: A heretic's view.* Uppsala, Nordiska Afrikainstitutet.

BOCQUIER, P. et TRAORÉ, S. (2000) *Urbanisation et dynamique migratoire en Afrique de l'Ouest. La croissance urbaine en panne*, Paris, L'Harmattan.

BOESEN, E. (1998) Identité culturelle et espace culturé: les Fulbe entre brousse et village, in: Boesen, E. et al. (éds) *Regards sur le Borgou. Pouvoir et altérité dans une région ouest-africaine*, Paris, L'Harmattan, pp. 221-242.

BOISSEVAIN, J. (1974) *Friends of Friends. Networks, Manipulators and Coalitions*, Oxford, Basil Blackwell.

BOLUVI, G.-M. (2004) *Malanville – Gaya: comptoir commercial et couloir de spéculations (pays-frontière de l'informel)*, Paris, Club du Sahel.

BONFILS, M. (1987) *Halte à la désertification au Sahel*, Paris, Karthala – CTA.

BONTÉ, P. et IZARD, M. (dirs) (2000) *Dictionnaire de l'ethnologie et de l'anthropologie*, Paris, P.U.F.

BOONE, C. (1994) Trade, taxes and tribute: market liberalization and the new importers of West Africa, *World Development* 22, 3, pp. 453-467.

BOSERUP, E. (1965) *The condition of agricultural growth: the economics of agrarian change under population pressure*, Chicago, Aldine.

BOSSARD, L. (1995) *Mutations sociales et politiques en Afrique de l'Ouest. Etude des perspectives à long terme en Afrique de l'Ouest. Synthèse des réflexions menées dans le cadre de WALTPS*, Paris, Club du Sahel – OCDE, Document de travail 9.

BRÉGAND, D. (1998) *Commerce caravanier et relations sociales au Bénin: les «Wangara» du Borgou*, Paris, L'Harmattan.

BRUNEAU, J.-C. (2002) Vivre la ville à la campagne: crise des sociétés et exurbanisation en Afrique tropicale, *Historiens et Géographes* 379, pp. 185-195.

BRUNET, R. et al. (dirs) (1993) *Les mots de la géographie. Dictionnaire critique*, Paris, RECLUS – La Documentation française.

BURTON, J. (1972) *World Society*, Cambridge, Cambridge University Press.

CAILLÉ, R. (1830) [1996] *Voyage à Tombouctou*, t. II, Paris, La Découverte.

CHABAL, P. et DALOZ, J.-P. (1999) *L'Afrique est partie. Du désordre comme instrument politique*, Paris, Economica.

CHALÉARD, J.-L. (1998) Croissance urbaine et production vivrière, *Afrique contemporaine* 185, pp. 3-18.

CHALÉARD, J.-L. et DUBRESSON, A. (1989) Un pied dedans, un pied dehors: à propos du rural et de l'urbain en Côte d'Ivoire, in: *Tropiques. Lieux et liens*, Paris, ORSTOM, pp. 277-290.

CHAMPAUD, J. (1989) A la recherche des villes moyennes, in: *Tropiques. Lieux et liens*, Paris, ORSTOM, pp. 362-374.

CHRISTALLER, W. (1933) *Die Zentrale Orte in Süddeutschland*, Iena, Fischer.

CIRAD/CILLS (2005) *Après la famine au Niger. Quelles actions de lutte et de recherche contre l'insécurité alimentaire au Sahel?* Niamey, CIRAD et CILLS.

CISSOKO, S.M. (1985) Les Songhay du XIIe au XVIe siècle, in: *Histoire générale de l'Afrique, L'Afrique du XIIe au XVIe siècle*, tome IV, Paris, UNESCO, pp. 213-240.

CLAPPERTON, H. (1826) *Voyages et découvertes dans le nord et dans les parties centrales de l'Afrique: au travers du grand désert, jusqu'au 10e degré de latitude nord et depuis Kouka, dans le Bornou, jusqu'à Sackatou, capitale de l'empire des Felatah: exécutés pendant les années 1822, 1823 et 1824 par le major Denham, le capitaine Clapperton et feu le Dr Oudney*, Paris, Arthus Bertrand.

CLAUSEWITZ, K. von (1832) [1955] *De la guerre*, Paris, Minuit.

CLUB DU SAHEL (1994) *Etude des Perspectives à long terme de l'Afrique de l'Ouest*, Paris, Club du Sahel – OCDE.

CLUB DU SAHEL (1996) *Etat des réflexions sur les transformations de l'agriculture dans le Sahel*, Note de synthèse, Paris, Cub du Sahel – OCDE.

CLUB DU SAHEL (2000) *Urbanisation, liens entre milieu rural et milieu urbain et implications stratégiques pour le développement rural et agricole: étude de cas en Afrique de l'Ouest*, Paris, Club du Sahel – OCDE.

CLUB DU SAHEL (2001) *Gérer l'économie localement en Afrique. Evaluation et prospective de l'économie locale.* Manuel ECOLOC, tome 1, Synthèse, Paris, OCDE – Programme de Développement Municipal.

CLUB DU SAHEL (2003) *Atelier régional sur la Coopération transfrontalière en Afrique de l'Ouest, Frontières et intégration en Afrique de l'Ouest*, Ouagadougou, Paris, Club du Sahel – OCDE.

CLUB DU SAHEL (2004) *La coopération transfrontalière au service du processus d'intégration régionale. Deuxième atelier du réseau «Frontières et intégration en Afrique de l'Ouest» prévu du 26 au 28 octobre 2004 à Abuja (Nigeria),* Paris, Club du Sahel – OCDE.

CNUCED (1996) *Rapport sur le commerce et le développement*, Genève, Conférence des Nations Unies sur le Commerce et de Développement.

CNUCED (2002) *Le développement économique en Afrique. De l'ajustement à la réduction de la pauvreté: qu'y a-t-il de nouveau?* Genève, Conférence des Nations Unies sur le Commerce et le Développement.

CNUCED (2004) *Rapport 2004 sur les pays les moins avancés,* Genève, Conférence des Nations Unies sur le Commerce et le Développement.

CODO, L. C. (1986) Incidences économiques des flux frontaliers clandestins: le cas du Nigeria et du Bénin, *Afrique contemporaine* 140, pp. 11-23.

COLLECTIF (1939) *Coutumiers juridiques de l'A.O.F. Tome III, Mauritanie, Niger, Côte d'Ivoire, Dahomey, Guinée française*, Paris, Publications du Comité d'Etudes Historiques et Scientifiques de l'Afrique Occidentale Française, Paris, Larose.

COMMISSION FOR AFRICA (2005) *Our Common Interest: Report of the Commission for Africa*, Londres, Commission for Africa.

CONNAH, G. (2000) African City Walls. A Neglected Source? in: Anderson, D.A. et Rathbone, R. (éds) *Africa's Urban Past*, Oxford, James Surrey, pp. 36-51.

COQUERY-VIDROVITCH, C. (1993) *Histoire des villes d'Afrique noire: des origines à la colonisation*, Paris, Albin Michel.

COQUERY-VIDROVITCH, C., ALMEIDA-TOPOR, H. d' et SÉNÉCHAL, J. (dirs) (1996) *Interdépendance villes-campagnes en Afrique. Mobilité des hommes, circulation des biens et diffusion des modèles depuis les indépendances*, Paris, L'Harmattan.

COSTE, J. et SOULÉ, B. G. (2003) *L'Ec(h)o des frontières. Bulletin régional de suivi des échanges frontaliers*, Cotonou, LARES 25-26.

COULIBALY, S. (1995) *Contribution à l'étude des activités marchandes fixes dans l'aménagement régional du département de Dosso: le rôle des centres (Niger),* Université de Bordeaux III, Thèse de doctorat.

COUR, J.-M. (2004) Développer à la fois villes et campagnes d'Afrique de l'Ouest, Nairobi, Organisation des Nations Unies HABITAT 10, 3.

COUR, J.-M. et SNRECH, S. (dirs) (1998) *Pour préparer l'avenir de l'Afrique de l'Ouest. Une vision à l'horizon 2020. Etudes des perspectives à long terme en Afrique de l'Ouest*, Paris, Club du Sahel – OCDE.

CREVOISIER, O. (2000) Les milieux innovateurs et la ville, in: Crevoisier, O. et Camagni, R. (éds) *Les milieux urbains: innovation, systèmes de production et ancrage*, Neuchâtel, IRER.

DALOZ, J.-P. (1990) Voitures et prestige au Nigeria, *Politique africaine* 38, pp. 148-154.

DALOZ, J.-P. (1991) *Les élites locales au Nigeria*, Université de Bordeaux, Thèse de doctorat.

DALOZ, J.-P. (2002) *Elites et représentations politiques: la culture de l'échange inégal au Nigeria*, Pessac, Presses Universitaires de Bordeaux.

DAMBO, L. (2001) *Atlas de l'arrondissement de Gaya*, Niamey, Mémoire de maîtrise de l'Université Abdou Moumouni, Département de Géographie.

DAMBO, L. (2005) Coopération et aide au développement au Niger: le cas de Gaya, in: Dambo, L. et Reynard, E. (éds) *Vivre dans les milieux fragiles: Alpes et Sahel*, Lausanne et Niamey, Travaux et Recherches de l'Institut de Géographie de l'Université de Lausanne 31, pp. 211-226.

DDC (1995) *Challenges of urbanisation in developing countries: the role of Switzerland. Contribution to the Swiss National Report*, United Nations Conference on Human Settlements Habitat II, Berne, Direction du Développement et de la Coopération.

DDC (1997) *Programme par pays: Niger*, Berne, Direction du Développement et de la Coopération.

DDC (1999a) *Programme de développement urbain de la ville de Gaya. Rapport de la mission d'identification de mars 1999,* Niamey, Direction du Développement et de la Coopération.

DDC (1999b) *Département de Gaya: ville de Gaya. Inventaire des études et identification des équipements marchands et socio-administratifs. Rapport provisoire*, Niamey, Direction du Développement et de la Coopération.

DDC (1999c) *Politique de la DDC pour le développement social*, Berne, Direction du Développement et de la Coopération.

DDC (2002) *Evaluation des impacts socio-économiques du programme «Routes Rurales Gaya»*, Niamey, Direction du Développement et de la Coopération.

DDC (2003a) *Au fait, qu'est-ce que…?* Berne, Direction du Développement et de la Coopération.

DDC (2003b) *Evaluation indépendante du Programme de la coopération suisse au Niger 1997-2004*, Niamey, Direction du Développement et de la Coopération.

DDC (2004a) *Aide de la Suisse aux pays en développement et aux pays en transition. Statistiques 2002*, Berne, Direction du Développement et de la Coopération.

DDC (2004b) *Niger Programme 2004*, Berne, Direction du Développement et de la Coopération.

DDC (2004c) *Le Fonds de Soutien à l'Investissement Local: concrétiser la nouvelle approche de l'aide de la Coopération suisse au Niger*, Gaya, Direction du Développement et de la Coopération.

DDC (2004d) *Situation de référence des indicateurs de suivi-évaluation du programme RRG. Phase III*, Niamey, Direction du Développement et de la Coopération.

DDC (2005a) *La Coopération suisse au Niger. Stratégie de coopération 2004-2008*, Berne, Direction du Développement et de la Coopération.

DDC (2005b) *Auto évaluation de la troisième phase (avril 2003-mars 2006) du Programme d'Appui au Développement Local/PADEL Gaya*, Niamey, Direction du Développement et de la Coopération.

DDC et GÉOCONSEIL (1998) *L'arrondissement de Gaya: potentialités et contraintes au développement local. Rapport définitif*, Niamey, Bureau de coordination de la Direction du Développement et de la Coopération et Géoconseil.

DDC et GÉOCONSEIL (2002) *Etude régionale des milieux physique et humain des vallées de foga et maouri dans l'Arrondissement de Gaya*, rapport provisoire, Niamey, Direction du Développement et de la Coopération, Géoconseil et Genève, RUIG.

DELAFOSSE, M. (1912) *Haut-Sénégal – Niger (Soudan français). Le Pays, les Peuples, les Langues*, t. 1. Paris, Larose.

DfID (2000) *Eliminating World Poverty: Making Globalisation Work for the Poor*, White Paper on International Development, Londres, Department for International Development.

DfID/ODI (2002) Rural-Urban Linkages. *Key Sheets for Sustainable Livelihoods* 10, Londres, Department for International Development and Overseas Development Institute.

DILLÉ, B. (2000) *Frontières et développement régional. Impacts économique et social de la frontière Niger-Nigeria sur le développement de la Région de Konni*, Université de Lyon 2, Thèse de doctorat.

DORIER-APPRILL, E. et DOMINGO, E. (2004) Les nouvelles échelles de l'urbain en Afrique. Métropolisation et nouvelles dynamiques territoriales sur le littoral béninois, *Vingtième Siècle. Revue d'Histoire* 81, pp. 41-54.

DUBRESSON, A., MARCHAL, J.-Y. et RAISON, J.-P. (1994) *Les Afriques au sud du Sahara*, Géographie Universelle, Paris, Belin – RECLUS.

DUBRESSON, A. et RAISON, J.-P. (1998) *L'Afrique subsaharienne: une géographie du changement*, Paris, Armand Colin.

EHRLICH, P. (1968) *The Population Bomb*, New York, Ballantine Books.

EISENSTADT, S.N. et RONIGER, L. (1984) *Patrons, clients and friends. Interpersonnal relations and the structure of trust in society*, Cambridge, Cambridge University Press.

EMMANUEL, A. (1972) *L'échange inégal. Essai sur les antagonismes dans les rapports économiques internationaux*, Paris, Maspero.

FAO (1982) *Potential Population Supporting Capacities of Lands in the Developing World*, Rome, Food and Agriculture Organisation.

FIDA (2001) *Rapport 2001 sur la pauvreté rurale*, Rome, Fonds International de Développement Agricole.

FOUCHER, M. (1991) *Fronts et frontières. Un tour du monde géopolitique*, Paris, Fayard.

FRÉMONT, A. (1976) *La région, espace vécu*, Paris, P.U.F.

FRIEDMANN, J. (1972) A general theory of polarized development, in: Hansen, M. (éd.) *Growth centers in regional economic development*, New York, The Free Press, pp. 82-102.

GALLAIS, J. (1984) *Hommes du Sahel. Espaces-Temps et Pouvoirs. Le Delta intérieur du Niger 1960-1980*, Paris, Flammarion.

GEERTZ, C. (1986) *Savoir local, savoir global. Les lieux du savoir*, Paris, P.U.F.

GEERTZ, C. (1996) *Ici et Là-bas. L'anthropologue comme auteur*, Paris, Métailié.

GIBBAL, J.-M et al. (1982) Position de l'enquête anthropologique en milieu urbain, *Cahiers d'Etudes Africaines* XXI, 1-3, 81-83, pp. 11-24.

GIRAUT, F. (1994) *La petite ville, un milieu adapté aux paradoxes de l'Afrique de l'Ouest. Etudes sur le semis et comparaison du système spatial et social de sept localités: Badou et Anié (Togo); Jasikan et Kadjebi (Ghana); Torodi, Tamaské et Keïta (Niger)*, Université de Paris I, Thèse de doctorat.

GIRAUT, F. (1995) Pour une modélisation de la petite ville ouest-africaine, *Peuples méditerranéens* 72-73, pp. 317-329.

GIRAUT, F. (1997) Contemporary dynamics of small towns in West Africa, in: Baker, J. (éd.) *Rural-urban dynamics in francophone Africa*, pp. 26-50.

GODELIER, M. (1996) *L'énigme du don*, Paris, Fayard.

GOLD, R. (1958) Roles in Sociological Field Observation, *Social Forces* 36, pp. 217-223.

GOULD, P. (1969) The structure of space preferences in Tanzania, *Area* 1, pp. 29-35.

GOULD, P. (1970) Tanzania 1920-1963: the spatial impress of the modernization process, *World Politics* 22, pp. 149-170.

GRÉGOIRE, E. (1986) *Les Alhazaï de Maradi (Niger). Histoire d'un groupe de riches marchands sahéliens*, Paris, ORSTOM, Travaux et documents 187.

GRÉGOIRE, E. (1991) Les chemins de la contrebande: étude des réseaux commerciaux en pays hausa, *Cahiers d'Etudes Africaines* 124, pp. 509-552.

GRÉGOIRE, E. (1993) Réseaux de pouvoirs et contrôle urbain: l'exemple d'une ville moyenne au Niger (Maradi), in: Jaglin, S. et Dubresson, A. (dirs) *Pouvoirs et cités d'Afrique noire. Décentralisations en questions*, Paris, Karthala, pp. 205-218.

GRÉGOIRE, E. (1994) Démocratie, Etat et milieux d'affaires au Niger, *Politique africaine* 56, pp. 94-107.

GRÉGOIRE, E. (2002) Territoires marchands en Afrique subsaharienne, *Historiens et Géographes* 379, pp. 227-234.

GRÉGOIRE, E. et LABAZEE, P. (1993) Mobilité marchande et urbanisation. Le cas de Korhogo (Côte-d'Ivoire) et de Maradi (Niger), *Cahiers des Sciences Humaines* 29, 2-3, pp. 527-546.

GRÉGOIRE, E. et RAYNAUT, C. (1980) *Programme de recherches sur la région de Maradi*, D.G.R.S.T, Bordeaux, Université de Bordeaux II.

GRIAULE, M. (1948) [1987] *Dieu d'Eau. Entretiens avec Ogotêmmeli*, Paris, Fayard.

GUGLER, J. et FLANAGAN, W.G. (1978) *Urbanization and Social Change in West Africa*, Cambridge, Cambridge University Press.

GWIN, C. (1995) A comparative assessment, in: Ul-Haq, M. et al. (éds) *UN and the Bretton Woods Institutions: New Challenges for the 21st Century*, Basington, Macmillan, pp. 95-116.

HARDOY, J.E. et SATTERTHWAITE, D. (1986) *Small and intermediate urban centres: Their roles in national and regional development in the third world*, Londres, Hodder and Stoughton et International Institute for Environment and Development.

HETTNE, B. (1995) *Development theory and the three worlds: towards an international political economy of development*, Harlow, Addison Wesley Longman (2e éd.).

HOLDER, G. (1998) Esclaves et captifs au pays dogon. La société esclavagiste sama, *L'Homme* 145, pp. 71-108.
HOLDER, G. (2001) *Poussière, Ô Poussière! La Cité-Etat sama du pays dogon (Mali)*, Paris, Société d'ethnologie.
HUET, J.-C. (1994) *Villages perchés des Dogons du Mali*, Paris, L'Harmattan.
IGUÉ, J. O. (1989) Le développement des périphéries nationales en Afrique, in: *Tropiques. Lieux et liens*, Paris, ORSTOM, pp. 594-605.
IGUÉ, J. O. (1993) Echanges et espaces de développement: cas de l'Afrique de l'Ouest, *Travaux de l'Institut de géographie de Reims* 83-84, pp. 19-23.
IGUÉ, J. O. (1995) *Le territoire et l'Etat en Afrique: les dimensions spatiales du développement*, Paris, Karthala.
IGUÉ, J. O. (1999) *Le Bénin et la mondialisation de l'économie: les limites de l'intégrisme de marché*, Paris, Karthala.
IGUÉ, J. O. et N'BESSA, B. (1980) *Le réseau de distribution dans les districts ruraux de Malanville et de Karimama. Etude socio-économique de la vallée du Niger au Bénin*, Projet ONU-BEN 77001 – SONIAH.
IGUÉ, J. O. et N'BESSA, B. (1987) Le marché de Malanville (Bénin), *Travaux de géographie urbaine: Zaïre, Côte d'Ivoire, Bénin*, Travaux et documents de géographie tropicale 58, pp. 123-140.
IGUÉ, J. O et SOULÉ, B. (1993) *L'Etat entrepôt au Bénin*, Paris, Karthala.
INSAE (2004) *PIB du Bénin: Composantes et emplois*, Cotonou, Institut national de statistiques et d'analyses économiques du Bénin.
IZARD, M. (1985) *Gens du pouvoir, gens de la terre*, Paris, Maison des sciences de l'homme et Cambridge, Cambridge University Press.
JAGLIN, S. et DUBRESSON, A. (dirs) (1993) *Pouvoirs et cités d'Afrique noire. Décentralisations en questions*, Paris, Karthala.
JAMAL, V. et WEEKS, J. (1993) *Africa Misunderstood: or Whatever Happened to the Rural-Urban Gap?* Londres, Macmillan.
JAUBERT, R., BAKONYI-MOESCHLER, M., CALOZ, R. et WINISTORFER, J. (2005) *L'eau: quelles crises dans les régions à fortes contraintes?* Genève, Réseau Universitaire International de Genève.
JEUNE AFRIQUE (1980) *Atlas du Niger*, Paris, Editions Jeune Afrique.
JEUNE AFRIQUE (2003) *Atlas du Nigeria*, Paris, Editions Jeune Afrique.
JEUNE AFRIQUE (2005) L'état de l'Afrique, *L'Intelligent* n° spécial.
JONES, R. (1998) The Ethnic Groups of Present Day Borgou, in: Boesen, E. et al. (éds) *Regards sur le Borgou. Pouvoir et altérité dans une région ouest-africaine*, Paris, L'Harmattan, pp. 71-89.
KOUROUMA, A. (1998) *En attendant le vote des bêtes sauvages*, Paris, Seuil.
KUBA, R. (1998) Les Wasangari et les chefs de la terre au Borgou. Une histoire d'intégration culturelle, in: Boesen, E. et al. (éds) *Regards sur le Borgou. Pouvoir et altérité dans une région ouest-africaine*, Paris, L'Harmattan, pp. 93-120.
LACOSTE, Y. (1976) *Géographie du sous-développement*, Paris, P.U.F.
LAST, M. (1996) Le califat de Sokoto et le Borno, in: Ajayi, J. (dir.) *Histoire générale de l'Afrique. L'Afrique au XIXe siècle jusque vers les années 1880*, t. VI, Paris, UNESCO, pp. 599-646.
LAYA, D. (1999) Les Etats hawsa, in: Ogot, B.A. (dir.) *Histoire générale de l'Afrique. L'Afrique du XVIe au XVIIIe siècle*, t. V., Paris, UNESCO, pp. 453-491.

LEIRIS, M. (1934) [1981] *L'Afrique fantôme*, Paris, Gallimard.

LÉVI-STRAUSS, C. (1950) Introduction, in: Mauss, M. (dir.) *Sociologie et anthropologie*, Paris, P.U.F., pp. IX-LII.

LÉVY, J. et LUSSAULT, M. (dirs) (2003) *Dictionnaire de la géographie et de l'espace des sociétés*, Paris, Belin.

LIPOVETSKY, G. (1983) *L'ère du vide. Essais sur l'individualisme contemporain*, Paris, Gallimard.

LOCHAK, D. (1986) La société civile: du concept au gadget, in: Collectif, *La société civile*, Paris, P.U.F., pp. 44-75.

LOUISET, O. (2000) L'urbanité ailleurs, in: Lévy, J. et Lussault, M. (dirs) *Logiques de l'espace, Esprits des lieux. Géographies à Cerisy*, Paris, Belin, pp. 157-164.

LYNCH, K. (2005) *Rural-Urban Interaction in the Developing World*, Londres et New York, Routledge.

LYNCH, K., BINNS, T. et OLOFIN, E. (2001) Urban agriculture under threat. The Land Security Question, *Cities* 18, 3, pp. 159-171.

MABOGUNJE, A. L. (1968) *Urbanization in Nigeria*, Londres, University of London Press.

MALINOWSKI, B. (1922) [1963] *Les Argonautes du Pacifique occidental*, Paris, Gallimard.

MAMAN, C. (1999 et 2003) *Répertoire bibliographique des personnalités de la classe politique et leaders d'opinion du Niger de 1945 à nos jours*, t. 1 et 2, Niamey, Editions Démocratie 2000.

MARSHALL, J. (1989) *The structure of urban systems*, Toronto, Toronto University Press.

MARX, K. et ENGELS, F. (1846) [1932] *L'idéologie allemande*, consulté sur www.marxists.org.

MAUSS, M. (1924) [1997] Essai sur le don. Forme et raison de l'échange dans les sociétés archaïques, in: *Sociologie et anthropologie*, Paris, P.U.F., pp. 143-280.

MCINTOSH, R. J. (1999) Western Representations of Urbanism and Invisible African Towns, in: McIntosh, S. (éd.) *Beyond Chiefdoms. Pathways to Complexity in Africa*, Cambridge, Cambridge University Press, pp. 56-65.

MEAGHER, K. (2001) Throwing out the Baby to Keep the Bathwater. Informal Cross-border Trade and Regional Integration in West Africa, in: *Regionalism and Regional Integration in Africa. A debate of Current Aspects and Issues*, Uppsala, Nordiska Afrikainstitutet Discussion Paper 11.

MEAGHER, K. (2003) A Back Door to Globalisation? Structural Adjustment, Globalisation and Transborder Trade in West Africa, *Review of African Political Economy* 95, pp. 57-75.

MÉDARD, J.-F. (1992) Le «Big Man» en Afrique: esquisse d'analyse du politicien entrepreneur, *L'Année sociologique*, Paris, P.U.F., pp. 167-192.

MEILLASSOUX, C. (1971) Introduction, in: C. Meillassoux (éd.) *L'évolution du commerce africain depuis le XIXe siècle en Afrique de l'Ouest*, Oxford, Oxford University Press, pp. 3-50.

MEILLASSOUX, C. (1986) *Anthropologie de l'esclavage. Le ventre de fer et d'argent*, Paris, P.U.F.

MERCER, C., MOHAN, G. et POWER, M. (2003) Towards a critical political geography of African development, *Geoforum* 34, pp. 419-436.

MORAVCSIK, A. (1993) Taking Preferences Seriously: A Liberal Theory of International Politics, *International Organizations* 51, 4, pp. 513-553.

MORGENTHAU, H. J. (1948) [1973] *Politics amond Nations. The Struggle for Power and Peace*, New York, Alfred A Knopf.

MORICONI-EBRARD, F. (1995) Villes secondaires et métropoles du tiers monde, *Villes en parallèle* 22, pp. 39-56.

MORTIMORE, M. (1993) The intensification of peri-urban agriculture: the Kano Close-settled Zone, 1964-1986, in: Turner, B. et al. (éds) *Population Growth and Agricultural Change in Africa*, Gainesville, University Press of Florida.

MORTIMORE, M. (2002) Development and Change in Sahelian Dryland Agriculture, in: Belshaw, D. et Livingstone, I. (éds) *Renewing Development in Sub-Saharan Africa*, Londres et New York, Routledge, pp. 135-152.

MORTIMORE, M. et ADAMS, W. (1999) *Working the Sahel: Environment and Society in Northern Nigeria*, Londres, Routledge.

NARAYAN, D. et al. (2000) *La parole est aux pauvres: écoutons-les*, New York, Oxford University Press.

NAUDET, J.-D. (2000) Les «guignols de l'info». Réflexions sur la fragilité de l'information statistique, in: Jacob, J.-P. (dir.) *Sciences sociales et coopération en Afrique: les rendez-vous manqués, Nouveaux Cahiers de l'IUED* 10, pp. 31-55.

NICOLAS, G. (1986) *Don rituel et échange marchand dans une société sahélienne*, Paris, Musée de l'Homme, Mémoire de l'Institut d'Ethnologie XXV.

OCDE (2006) *Development Co-Operation Report 2005*, Paris, OCDE.

OCDE/BAfD (2005) *Perspectives économiques en Afrique 2004-2005*, Paris, OCDE et Banque Africaine de Développement.

OFFICE NATIONAL DES AMÉNAGEMENTS HYDRO-AGRICOLES (ONAHA) (2005) *Rapport annuel 2004*, Gaya, Service régional de l'ONAHA.

OKAFOR, F. C. (1988) The role of medium-sized towns in the spatial integration of Nigeria, *African Urban Quarterly* 3, 3-4, pp. 253-263.

OLIVIER DE SARDAN, J.-P. (1984) *Les sociétés Songhay-Zarma (Niger-Mali): chefs, guerriers, esclaves, paysans*, Paris, Karthala.

OLIVIER DE SARDAN, J.-P. (1995) *Anthropologie et développement: essai en socio-anthropologie du changement social*, Paris, Karthala.

OLIVIER DE SARDAN, J.-P. (1997) *Chefs et projets au village (Niger). Etude socio-anthropologique*, Niamey, Direction du Développement et de la Coopération.

OLIVIER DE SARDAN, J.-P. (2004) La rigueur du qualitatif. L'anthropologie comme science empirique, *Espaces Temps* 84-85, pp. 38-50.

PAM (2005) *Rapport intérimaire: Niger – Analyse des marchés de céréales en 2004-2005*, Programme alimentaire mondial.

PARK, M. (1799) [1975] *Travels in the interior of Africa*, Genève, Edito-Service.

PEDERSEN, P. O. (1997) *Small African Towns – between Rural Networks and Urban Hierarchies*, Aldershot, Avebury.

PÉLISSIER, P. (1966) *Les paysans du Sénégal. Les civilisations agraires du Cayor à la Casamance*, Saint-Yrieix, Imprimerie Fabrègue.

PÉRIÉ, J. et SELLIER, M. (1950) Histoire des populations du cercle de Dosso (Niger), *Bulletin de l'Institut française d'Afrique noire*, t. XII, 4, pp. 1015-1071.

PERRON, M. (1924) Le pays dendi, *Bulletin du Comité d'Etudes Historiques et Scientifiques de l'Afrique Occidentale Française*, Paris, Larose, t. VII, n° 1, pp. 51-83.

PETIT, V. (1998) *Migrations et société dogon*, Paris, L'Harmattan.

PIAULT, M. (1971) Cycles de marchés et «espaces» socio-politiques, in: C. Meillassoux (éd.) *L'évolution du commerce africain depuis le XIXe siècle en Afrique de l'Ouest*, Oxford, Oxford University Press, pp. 285-299.

PNUD (1997) *Nigerian Human Development Report 1996*, Lagos, Programme des Nations Unies pour le Développement.
PNUD (1998) *Rapport sur la Coopération au Développement (RCD) au Niger*, Niamey, Programme des Nations Unies pour le Développement.
PNUD (2000a) *Rapport Mondial sur le Développement Humain*, Paris, Economica.
PNUD (2000b) *Rapport National sur le Développement Humain au Niger*, Niamey, Programme des Nations Unies pour le Développement.
PNUD (2002a) *Gouvernance locale et réduction de la pauvreté au Niger*, 5e Forum sur la Gouvernance en Afrique, Maputo (Mozambique).
PNUD (2002b) *Rapport Mondial sur le Développement Humain*, Paris, Economica.
PNUD (2003a) *Rapport sur la situation économique et sociale du Bénin en 2002*, Cotonou, Programme des Nations Unies pour le Développement.
PNUD (2003b) *Rapport National sur le Développement Humain au Bénin*, Cotonou, Programme des Nations Unies pour le Développement.
PNUD (2003c) *Mettre le commerce international au service de tous*, Londres, Earthscan Publication Ltd.
PNUD (2003d) *Rapport Mondial sur le Développement Humain*, Paris, Economica.
PNUD (2004) *Note de synthèse. Niger.* Niamey, Programme des Nations Unies pour le Développement.
PNUD (2005) *Rapport Mondial sur le Développement Humain*, Paris, Economica.
POLANYI, K. (1944) [1983] *La Grande Transformation. Aux origines politiques et économiques de notre temps*, Paris, Gallimard.
POTTER, R., BINNS, T., ELLIOTT, J. et SMITH, D. (2004) *Geographies of Development*, Londres, Prentice Hall.
POURTIER, R. (1993) Petites villes et villes moyennes: développement local et encadrement étatique, *Afrique contemporaine*, n° spécial, pp. 82-97.
POURTIER, R. (2001) *Afriques noires*, Paris, Hachette.
POUTIGNAT, P., STREIFF-FENART, J. et BARTH, F. (1995) *Théories de l'ethnicité* suivi de *Les groupes ethniques et leurs frontières*, Paris, P.U.F.
POWER, M. (2003) *Rethinking Development Geographies*, Londres – New York, Routledge.
PROJET DALLOL MAOURI (PDM) (2005) *Rapport annuel d'activités 2004*, Gaya, Projet d'Irrigation dans le Dallol Maouri.
RACINE, J.-B. (1996) Entre paradigme critique et visions humanistes, in: Derycke, P.-H., Huriot, J.-M. et Pumain, D. (éds), *Penser la ville. Théories et modèles*, Paris, Anthropos, pp. 201-258.
RACINE, J.-B. (1998) «Sonnant dans l'ombre un creux toujours futur». La question du changement, le changement en questions, perspectives transdisciplinaires. Prologue au colloque, *Revue européenne des sciences sociales* XXXVI, 110, pp. 5-11.
RACINE, J.-B. (1999) Entre logique de concentration et logique d'éclatement: la ville ordinaire en transition, in: Commerçon, N. et George, P. (dirs) *Villes de transition*, Paris, Anthropos, pp. 203-217.
RACINE, J.-B. (2001) *Villes et marges*, Lausanne, DESS Développement durable des espaces et sociétés à fortes contraintes.
RACINE, J.-B., ISNARD, H. et REYMOND, H. (1981) *Problématiques de la géographie*, Paris, P.U.F.

RACINE, J.-B., RAFFESTIN, C. et RUFFY, V. (1980) Echelle et action, contributions à une interprétation du mécanisme de l'échelle dans la pratique de la géographie, *Geographica Helvetica* 35, 5, pp. 87-94.

RACINE, J.-B. et WALTHER, O. (2003) Géographie et religions: une approche territoriale du religieux et du sacré, *L'Information géographique* 66, pp. 193-221.

RAFFESTIN, C. (1986) Eléments pour une théorie de la frontière, *Diogène* 134, pp. 3-21.

RAISON, J.-P. (1993) Les formes spatiales de l'incertitude en Afrique contemporaine, *Travaux de l'Institut de Géographie de Reims* 83-84, pp. 5-18.

RECLUS, E. (1887) *Nouvelle Géographie universelle. La Terre et les Hommes,* XII L'Afrique Occidentale, Paris, Hachette.

RÉPUBLIQUE DU BÉNIN (1992) *Recensement général de la population*, Cotonou.

RÉPUBLIQUE DU BÉNIN (2001a) *Recensement général de la population et de l'habitat*, Cotonou.

RÉPUBLIQUE DU BÉNIN (2001b) *Atlas monographique des communes du Bénin*, Cotonou.

RÉPUBLIQUE DU BÉNIN (2004) *Plan de développement de la Commune de Malanville (2005-2009)*, Ministère de l'Intérieur, de la sécurité et de la décentralisation, Département de l'Alibori.

RÉPUBLIQUE DU NIGER (1997) *Bilan diagnostic de la problématique environnementale et identification de programmes prioritaires pour un développement durable au Niger. Contribution de l'arrondissement de Gaya*, s. l.

RÉPUBLIQUE DU NIGER (2000a) *Etat de la décentralisation au Niger*. Programme de Développement Municipal.

RÉPUBLIQUE DU NIGER (2000b) *Statistiques nationales*, Niamey, Ministère de l'Education nationale.

RÉPUBLIQUE DU NIGER (2002a) *Analyse – Diagnostic du périmètre de la Coopérative Fruitière de Gaya*, Département de Dosso, Direction Régionale du Développement Agricole.

RÉPUBLIQUE DU NIGER (2002b) *Procès verbal de l'Assemblée générale des exploitants du Périmètre fruitier*, Département de Dosso, Arrondissement de Gaya.

RÉPUBLIQUE DU NIGER (2002c) *Rapport de suivi des activités sur le Périmètre fruitier de Gaya*, Département de Dosso, Service de l'Agriculture.

RÉPUBLIQUE DU NIGER (2002d) *Poverty Reduction Strategy. Full Poverty Reduction Strategy prepared by the Government of Niger*, Niamey, Office of the Prime Minister, Permanent Secretariat of the PRSP.

RETAILLÉ, D. (1986) Les structures territoriales et la sécheresse au Sahel, *Cahiers Géographiques de Rouen*, n° spécial, pp. 27-42.

RETAILLÉ, D. (1989) Comment lire le contact Sahara-Sahel? in: *De l'Atlantique à l'Ennedi*, Abidjan, Centre Culturel Français, pp. 17-33.

RETAILLÉ, D. (1993) L'invention géographique en Afrique, in: Durand, M.-F., Lévy, J. et Retaillé, D. (dirs) *Le monde, espaces et systèmes*, Paris, Presses de la Fondation nationale des sciences politiques, pp. 392-433.

RETAILLÉ, D. (1995) Structures territoriales saháliennes. Le modèle de Zinder, *Revue de géographie alpine*, hors série, vol. 2, pp. 127-148.

RETAILLÉ, D. (1997) *Le monde du géographe*, Paris, Presses de la Fondation nationale des sciences politiques.

RETAILLÉ, D. (1998) Concepts du nomadisme et nomadisation des concepts, in: Knafou, R. (dir.) *La planète nomade*, Paris, Belin, pp. 37-57.

RETAILLÉ, D. (2005) L'espace mobile, in: Antheaume, B. et Giraut, F. (éds) *Le territoire est mort. Vive les territoires! Une (re)fabrication au nom du développement*, Paris, IRD Editions, pp. 175-202.

RIVIÈRE, C. (1992) Introduction: développement «corrigé» ou «retraité»? *L'Année sociologique* 42, pp. 25-46.

RODRIK, D. (1999) Where did all the growth go? External shocks, social conflicts and growth collapses, *Journal of Economic Growth* 4, 4, pp. 385-412.

RONDINELLI, D.A. (1988) Market towns and agriculture in Africa: the role of small urban centers in economic development, *African Urban Quarterly* 1-2, pp. 3-10.

RONDINELLI, D.A. (1989) Les villes-marchés et le développement rural: mise en place des liaisons villes-campagnes, in: USAID, *Conférence de l'Afrique subsaharienne sur les villes-marchés et le développement rural*, pp. 81-100.

ROSTOW, W. (1960) *The Stages of Economic Growth: a Non-communist Manifesto*, Cambridge, Cambridge University Press.

ROTHIOT, J.-P. (1988) *L'ascension d'un chef africain au début de la colonisation: Aouta le conquérant (Dosso, Niger)*, Paris, L'Harmattan.

S.A. (1988) *Niger. Diagnostic du secteur urbain*. Niamey, s.éd.

SAHLINS, M. (1963) Poor man, rich man, big-man, chief, *Comparative studies in society and history* 5, pp. 285-303.

SAÏBOU, S. (2006) *Approvisionnement et distribution des céréales de consommation courante sur les marchés urbains du Niger: cas de Gaya*, Niamey, Université Abdou Moumouni, Mémoire de maîtrise.

SAÏD, E. W. (2000) *Culture et impérialisme*, Paris, Fayard – Le Monde diplomatique.

SANAGO, B. (1996) Les mutations de l'agriculture péri-urbaine autour de Sikasso (Mali) en milieu senufo, in: *Agri-Cultures en mutation*, Niamey, Annales de l'Université Abdou Moumouni, hors série, pp. 171-193.

SANTOS, M. (1971) *Les villes du Tiers Monde*, Paris, Editions M.-Th. Génin, Librairies techniques.

SANTOS, M. (1975) *L'espace partagé. Les deux circuits de l'économie urbaine des pays sous-développés*, Paris, Editions M.-Th. Génin, Librairies techniques.

SATTERTHWAITE, D. et TACOLI, C. (2003) *The urban part of rural development: the role of small and intermediate urban centres in rural and regional development and poverty reduction*, Londres, International Institute for Environment and Development (IIED).

SAUTTER, G. (1966) *De l'Atlantique au fleuve Congo: une géographie du sous-peuplement*, Paris, Mouton.

SELLIER, J. (2003) *Atlas des peuples d'Afrique*, Paris, La Découverte.

SÉNÉCHAL, J. (1996) Quelques aspects de la problématique actuelle des relations villes-campagnes en Afrique noire, in: Coquery-Vidrovitch, C. et al. (dirs) *Interdépendances villes-campagnes en Afrique. Mobilité des hommes, circulation des biens et diffusion des modèles depuis les indépendances*, Paris, L'Harmattan, pp. 17-27.

SÉRÉ DE RIVIÈRES, E. (1965) *Histoire du Niger*, Paris, Berger-Levrault.

SIMON, J.L. (1977) *The economics of population growth*, Princeton, Princeton University Press.

SIMON, J.L. (1986) *Theory of population and economic growth*, Oxford et New York, Blackwell.

SJOBERG, G. (1960) *The preindustrial city*, New York, Free Press.

SLATER, D. (1975) Underdevelopment and spatial inequality, *Progress in Planning* 4, n° 2.

SMITH, R. H. T. (1971) West African market-places: temporal periodicity and locational spacing, in: C. Meillassoux (éd.) *L'évolution du commerce africain depuis le XIXe siècle en Afrique de l'Ouest*, Oxford, Oxford University Press, pp. 319-358.

SOULÉ, B. G. (2000) *Les perspectives des échanges entre le Nigeria et ses voisins*, Paris, Club du Sahel – OCDE.

STÖHR, W. et TAYLOR, D. (1981) *Development from Above or Below? The Dialectics of Regional Planning in Developing Countries*, Chichester, John Wiley.

SWINDELL, K. et MAMMAN, A. B. (1990) Land expropriation and accumulation in the Sokoto periphery, northwest Nigeria, 1976-1986, *Africa* 60, 2, pp. 174-187.

TACOLI, C. (2002) *Changing rural-urban interactions in sub-Saharan Africa and their impact on livelihoods: a summary*, Londres, International Institute for Environment and Development (IIED), Working Paper Series on Rural-Urban Interactions and Livelihood Strategies 7.

TAYLOR, I. (2006) Partnership through Accomodation? African Development Initiatives and Universal Policy Prescriptions, in: *Africa, Regional Cooperation and the World Market. Socio-Economic Strategies in Times of Global Trade Regimes*. Uppsala, Nordiska Afrikainstitutet, pp. 9-39.

TESTART, A. (1998) L'esclavage comme institution, *L'Homme* 145, pp. 31-69.

TIDJANI ALOU, M. (2004) Etat, réseaux marchands et mondialisation. Le cas des convois au Niger, in: Monnier, L. et Droz, Y. (éds) *Côté jardin, côté cour. Anthropologie de la maison africaine*, Nouveaux Cahiers de l'IUED, pp. 125-140.

TIFFEN, M. (2003) Transition in sub-Saharan Africa: Agriculture, Urbanization and Income Growth, *World Development* 8, 31, pp. 1343-1366.

TIFFEN, M., MORTIMORE, M. et GICHUKI, F. (1994) *More People, Less Erosion*, Chichester, John Wiley.

TILHO, J. (1911) *Documents scientifiques de la Mission Tilho (1906-1909)*, Paris, Imprimerie nationale.

TOUPET, C. (1992) *Le Sahel*, Paris, Nathan.

TSIKATA, Y. (dir.) (2006) *Assessing World Bank Support for Trade 1987-2004: An IEG Evaluation*, Washington, The World Bank, Independant Evaluation Group.

UN-HABITAT (2004) *Urban-Rural Linkages*, Nairobi, UN Human Settlements Programme.

UNITED NATIONS (1986) *Report of the International Conference on Population and the Urban Future*, Barcelone, United Nations Fund for Population Activities.

UNITED NATIONS (2001a) *World Urbanization Prospects. The 2001 Revision*, New York, United Nations Department of Economic and Social Affairs/Population Division.

UNITED NATIONS (2001b) *The State of the World's Cities Report 2001*, United Nations Human Settlements Programme UN-Habitat.

UNITED NATIONS (2003) *Poverty Mapping for Selected African Countries*, Economic Commision for Africa.

UNITED NATIONS (2004) *World Population to 2300*, New York, United Nations Department of Economic and Social Affairs/Population Division.

UNITED NATIONS (2005) *Investing in Development. A Pratical Plan to Achieve the Millenium Development Goals*, New York, Programme des Nations Unies pour le Développement.

URVOY, Y. (1936) *Histoire des populations du Soudan Central (Colonie du Niger)*, Paris, Larose.

VAN DE WALLE, N. (2001) *African Economies and the Politics of Permanent Crisis, 1979-1999*, Cambridge, Cambridge University Press.

VEBLEN, T. (1899) [1978] *Théorie de la classe de loisir*, Paris, Gallimard.

VON THÜNEN, J.H. (1826) [1966] *Der isolierte Staat in Beziehung auf Landschaft und Nationalökonomie*, Darmstadt, Wissenschaftliche Buchgesellschaft.

WALTHER, O. (2003) Le tourisme au Pays Dogon entre verticalité et répétition de la tradition, in: Reynard, E. et al. (éds) *Géomorphologie et tourisme*, Lausanne: Travaux et Recherches de l'Institut de Géographie 24, pp. 93-104.

WALTHER, O. (2004a) *Economie spatiale des réseaux marchands liés aux productions de rente de la région de Gaya (Niger)*, Universités de Genève et Lausanne, Mémoire de DESS.

WALTHER, O. (2004b) Au-delà de l'opposition entre villes et campagnes. Eléments pour un modèle territorial dynamique en Afrique de l'Ouest, *L'Information géographique* 68, pp. 308-319.

WALTHER, O. (2005) «Merci patron...» L'espérance de recevoir et l'obligation de donner dans les relations clientélistes au Niger et au Bénin, in: Reynard et Dambo, L. (éds) *Vivre dans les milieux fragiles: Alpes et Sahel*, Lausanne, Travaux et Recherches de l'Institut de Géographie de l'Université de Lausanne 31, pp. 309-326.

WALTHER, O. (2007) Villes-frontières et réseaux informels sahéliens (Gaya – Malanville – Kamba), *Geographica Helvetica. Swiss Journal of Geography*, 1/07, pp. 33-42.

WALTHER, O., BEEK, W. van et LEMINEUR, P. (2007) Tourisme et patrimoine au Mali. Destruction des valeurs anciennes ou valorisation concertée? *Geographica Helvetica. Swiss Journal of Geography*, 4/07, pp. 249-258.

WALTZ, K. (1979) *Theory of International Politics*, New York, McGraw Hill.

WAMPFLER, B. (1998) *Diagnostic de la demande et de l'offre en matière de financement rural dans la zone de Gaya (Niger)*, CIRAD – TERA, Projet Gattawani-Dolé.

WAZIRI MATO, M. (2000) *Les cultures de contre-saison dans le sud de la région de Zinder (Niger)*, Thèse de doctorat, Travaux et Recherches de l'Institut de Géographie de l'Université de Lausanne 15.

WERTHEIMER, M. (1985) Les villes secondaires en Afrique: leur rôle et leurs fonctions dans le développement régional, in: *Nourrir les villes en Afrique sub-saharienne*, Paris, L'Harmattan, pp. 136-159.

WIRTH, L. (1938) Urbanism as a Way of Life, *American Journal of Sociology* 44, pp. 1-24.

WORLD BANK (1990) *Rapport sur le développement dans le monde*, Washington, World Bank.

WORLD BANK (2000) *Can Africa Claim the 21st Century?* Washington, World Bank.

WORLD BANK (2001) *Rapport sur le développement dans le monde 2000-2001*, Washington/Paris, World Bank/Eska.

WORLD BANK (2002) *Rapport sur le développement dans le monde 2002*, Washington/Paris, World Bank/Eska.

WORLD BANK (2003) *Rapport sur le développement dans le monde 2003*, Washington/Paris, World Bank/Eska.

WORLD BANK (2004) *Rapport sur le développement dans le monde 2004*, Washington/Paris, World Bank/Eska.

WORLD BANK (2005a) *Rapport sur le développement dans le monde 2005*, Washington/Paris, World Bank/Eska.

WORLD BANK (2005b) *Global Monitoring Report 2004: Policies and Action for Achieving the MDGs and Related Actions*, Washington, World Bank.

Annexes

A. Histoire de Tchengakoy

Entretien avec M. Kyanga Ibrahim Wata, chef de Tchengakoy, 21.10.2005, Tchengakoy. *L'histoire de la chefferie de la région de Kyangakwai avant l'arrivée des Blancs qui sont venus coloniser jusqu'en 2003.* Traduction de *Tahirin masarautar gundumar Kyangakwai kafin zuman Turawan mulkin mallaka zuwa yau 2003* (haoussa) par Issoufou Mamadou Koné, Gaya, 22.10.2005.

L'origine du nom Kyangakwai. Kyanga est le prénom du père du chef de Yanka de l'ethnie kyanga avant l'arrivée des Blancs qui sont venus coloniser. Il y a aussi une version zarma qui veut dire «il est parti». Pour cela, si on réunit les versions, on trouve que Kyangakwai signifie «Kyanga est parti». Ensuite, le nom de la ville de Kyangakwai date du déplacement de la ville originelle au nouvel endroit, qui correspond à la ville d'aujourd'hui. Lorsqu'on a demandé à un Zarma où était Kyanga, celui-ci a répondu en disant «Kyanga est parti». On faisait aussi l'éloge de la ville de Kyangakwai en la surnommant «le centre du Dendi, la ville du père du roi» *(garin baban sarki).*

L'origine de la ville de Kyangakwai. Le roi des Kyanga s'appelait Barkasa dans le temps, il était chasseur comme la plupart des Kyanga de l'époque. C'est ainsi que ce roi et ses sujets partirent à la chasse. Lorsqu'ils se séparèrent, le roi fit la découverte d'une vallée *(gumbi)* dans laquelle les oiseaux et les bêtes sauvages venaient s'abreuver. Il fut émerveillé par cet endroit et continua sa chasse après avoir constaté les lieux. Après son retour au village, il fit à son peuple le récit de sa découverte. C'est alors qu'il se rendit sur les lieux avec quelques témoins. Lorsqu'ils arrivèrent, ils constatèrent qu'il y avait un puits à l'ombre d'un très grand arbre qui s'appelait *tarka*. Comme l'endroit était favorable à la vie humaine, après consultation, les Kyanga se sont décidés à transférer le village au nouvel endroit. Jusqu'à nos jours, le puits existe encore dans la ville de Kyangakwai. Les habitants le surnomment «le puits tarka». Il y a une légende qui dit que quand une malédiction s'abat sur le village, on peut utiliser l'eau du puits *tarka* pour conjurer cette malédiction et elle s'en va aussitôt. C'est pour cela que les habitants n'ont pas regretté de s'être installés à cet endroit.

Les premières personnes à s'installer dans la ville de Kyangakwai et au Dendi en général sont les Kyanga, d'où l'éloge «Kyangakwai, centre du Dendi, ville du père du roi».

L'historique de ceux qui ont régné sur le trône du Kyangakwai. Ils sont au nombre de vingt-six, dix-huit d'entre eux ont régné avant l'arrivée des Blancs qui sont venus les coloniser. Jusqu'au 16e siècle, c'était la chefferie de Yanka. Encore huit d'entre eux ont régné à la chefferie de Hakimawa avec moi. Son excellence le roi de Kabi El Hadj Samaila Muhammad Mera m'a élu le 8 août 1998 à la fonction de «père du territoire» (uban kassar). Et la totalité de l'histoire de ceux qui ont régné après l'arrivée des Blancs (Tourawa «ceux de Touré» de l'Occident) jusqu'à aujourd'hui: Kyanga Daka, fils de Muhammadu Askiya de l'empire songhaï (Daga Daular), Kyanga Kauri, Kyanga Sanga-Sanga, Kyanga Miji, Kyanga Maza, Kyanga Barkassa, Kyanga Taru, Kyanga Dawa, Kyanga Kamba, Kyanga Bado. Au moment de son règne, ils se sont déplacés de Barkasa à Kyangakwai. Après Kyanga Bado vient Kyanga Kema, fils de Kyanga Bado. Après vient Kyanga Bargi, fils de Kyanga Kema, ensuite Kyanga Na Shiko Na I Daya, fils de Kyanga Barji. Après vient Kyanga Namata, fils de Kyanga Barji, ensuite vient Kyanga Hodi. Celui-ci a fait quatre ans sur le trône. Après lui vient Kyanga Manu, père de Gwarzo qui lui-même est fils de Kyanga Namata. Kyanga Namata a fait quatre-vingt ans sur le trône.

Après Kyanga Manu vient Kyanga Giwa, fils de Kyanga Manu. A son tour, il a fait dix-neuf ans sur le trône. Dans ces dix-neuf ans, il a fait onze ans six mois avec les Blancs qui sont venus les coloniser en qualité de roi de Yanka. A partir du règne de Kyanga Giwa, à cause des problèmes d'hypocrisie et de discorde, on a donné la chefferie de cette maison *(wan nan guida)* mais sur l'historique on a eu dix-huit rois en qualité de chefs de Yanka. Bien qu'on a transféré la chefferie de Hakimi, on n'a pas changé le nom de l'ethnie *(lakabe ou kabila)* kyanga. On a eu les Hakimawa comme Kyanga Ango, fils de Galadima Kamasou, fils de Kyanga Nashiko Na I, qui a fait dix-sept ans de règne. Après, est venu Kyanga Arzika, fils de Kyanga Manu, qui a fait trois ans. Après lui vient Kyanga Mamman, fils de Basharu, fils de Kyanga Manu, il a fait deux ans sur le trône. Ensuite vient Kyanga Na-Shiko II, qui a fait dix-sept ans sur le trône. Après vient Kyanga Arugu, fils de Kyanga Na-Shiko II, qui a fait trente-deux ans de règne. Après lui, vient Kyanga Dantani, fils de Gero Yawa, fils de Kyanga Manu aussi, qui a fait six ans de règne. A partir de lui vient Kyanga Sako Mailafya, fils de Gero Yawa, fils de Kyanga Manu, qui a fait vingt-neuf sur le trône. Après lui vient mon règne, Kyanga Ibrahim

Wata. J'ai été intronisé à la chefferie de Hakimi de 1985 à 1998. A partir de là, son Excellence le roi de Kebbi d'Argoungou El Hadj Ismaila Muhammad Mera m'a nommé «père de territoire» de Kyangakwai le 8 août 1998. Après cette élection, on a élu Hakimi à la chefferie de Maranfara Kyangakwai le 8 août 1998. On a aussi élu El Hadj Muhammad Danbuga, fils de Kyanga Na-Shiko II, lui-même fils de Kyanga Manu. Quatre années après l'élection de Marafan Kyangakwai, on a destitué Kirkiru de la chefferie Hakimi Barajé. On a divisé le village de Kyangakwai en deux et on a élu Malam Salihu, fils de Gado Daniya, lui-même fils de Kyanga Manu. Pour cela, en qualité de chef on a eu huit rois *(sarakuna)* y compris moi. Si on fait la somme de dix-huit et de huit, on obtient vingt-six rois en tout, jusqu'au moment où je vous parle.

Voici mon histoire. Je suis né à Kyangakwai en 1937. J'ai fréquenté l'école primaire à Kamba de 1953 à 1956. Après, j'ai abandonné ces études, j'ai été envoyé à Chiko en qualité de marabout du roi jusqu'en 1972. A partir de là, je suis revenu à la maison, à cause d'un certain nombre de difficultés, j'ai continué mon métier de marabout du roi, jusqu'en 1984, où j'ai commencé à chercher la chefferie, et le Bon Dieu m'a donné la victoire. J'ai été élu à la chefferie le 12 décembre 1985. Depuis ce temps, je n'ai jamais eu de difficultés à maintenir mon règne [personne n'a voulu le renverser]. En 1998, son Excellence le roi d'Argoungou El Hadj Samaila Muhammad Mera m'a nommé «père du territoire» de Kyangakwai à cause de ma bonne conduite. Ensuite encore, avant que je ne sois le père du territoire, j'ai été mis en résidence surveillée pendant neuf mois parce que en ce moment j'ai affirmé que le Dendi était notre pays, était le pays des Kyangawa et ce sont nos ancêtres qui l'ont fondé. Mais cela ne m'a pas empêché de continuer d'affirmer que le Dendi nous appartenait, pour pouvoir prétendre à la chefferie. Maintenant, j'ai dix-huit ans sur le trône parce que même au moment où j'ai été élu «père du territoire», j'avais treize ans de règne. De l'époque où j'ai été élu «père du territoire» à aujourd'hui, j'ai régné pendant cinq ans, mais si on ajoute les treize années précédentes, cela fait dix-huit ans.

Les villages qui étaient sous l'autorité de Kyangakwai avant l'arrivée des Blancs sont: Birnin Debbé, Kawara N' Debbé, Sia, Gaya, Tanda, Bana, Bengou, Tounouga, Sabon Birni, Dolé Kaïna qui sont dans l'Etat du Niger maintenant. Ensuite, au Bénin, il y a des régions comme Tara, Madécali, Karimama, Bodjécali, Garou, Gyalanlaga, Chandji et Chan'i. Au Nigeria, avant l'arrivée des Blancs, les villages qui étaient sous l'autorité de Kyanga Manu sont Samiya,

Illo, Lolo, Kassatchi, Tondi, Kantchiba, Sabon Gari, Kuru-Kuru, Gueza, Fingillah, Fana, Chiko, Kwakkwaba et Kamba. Mais au moment de l'arrivée des Blancs, c'était Kyanga Guiwa qu'on a nommé à la chefferie hakimi à cause de l'hypocrisie et des difficultés de l'époque. Les villages qui sont sous l'autorité de Kyangakwai sont Malan Yaro, Toungan Noma, Bauna I et II, Mahuntan Ango, Asarara, Awala, Runtuwar Fulani. Ensuite, du moment où on a nommé cette chefferie de «père du territoire» jusqu'à aujourd'hui où je suis en train de vous parler, nous avons les villages hakimawa suivants: Marafan à Kyangakwai; Barajen à Kyangakwai; Badajin à Kwakkwaba; Gwaden à Fingillah; Magajin Yaman à Fagen Mata; Gubekwai à Tsika; Magajin à Gorun Yamma; Hakimin Gabas à Gorun Barmu. Voilà les huit Hakimi.

Les activités pratiquées par les populations sont l'agriculture, la chasse, la pêche, l'extraction du sel, la forge, la coupe et la vente de bois, le tressage des rôniers.

La religion musulmane a changé profondément les traditions et les coutumes des populations. Il a eu notamment des changements dans les domaines du mariage. Selon les coutumes, en matière de mariage, les parents choisissent une fille pour leur garçon en fonction de la classe sociale de la fille. Les parents acceptent à leur tour de donner la main de leur fille à un garçon de même classe sociale. Ensuite, dans nos traditions de mariage, la maison du garçon amène des récoltes chaque année dans la maison de la fille en guise de remerciements comme le mil, le sorgho, le riz et autres. Ensuite les jours de fête le garçon amène du bois de cuisson chez la fille. Ensuite le garçon va aider les parents de la fille à cultiver leurs champs ou bien à récolter le riz ou encore à construire. Ensuite le garçon va quotidiennement chez la fille avec ses copains pour causer au moment où la fille est en âge de se marier. On fait appel aux parents du garçon pour qu'ils paient la dot fixée par les parents de la fille. S'ils paient la dot, on fixe le jour du mariage où les parents du garçon vont venir avec de la cola à la maison du père de la fille pour célébrer le mariage.

Ensuite il y a une tradition qui dure une semaine. Le garçon et la fille vont faire sept jours de noces avant de célébrer le mariage. A sa première grossesse, la fille se rend chez ses parents pour y accoucher. Sept jours après la naissance, les parents du garçon viennent pour célébrer le baptême et attribuer un nom à leur enfant en tuant un bélier. Ceux qui sont plus riches égorgent deux béliers. Après la célébration du baptême, la jeune fille continue de prendre de la bouillie dans sa famille pendant quarante jours. Après cela, elle est ramenée chez son mari. Les femmes n'ont pas l'habitude de dire le nom de leur premier enfant parce qu'elles ont honte.

La circoncision se fait aux enfants qui ont atteint l'âge de deux ans à sept ans, ils sont réunis dans un hangar pour cela le même jour. Leurs parents continuent de bien les nourrir avec des poulets pour qu'ils puissent récupérer et les grands-parents contribuent en donnant des poules à leurs petits-fils circoncits. Ensuite on met ces enfants dans un autre endroit pour pouvoir s'occuper d'eux jusqu'à ce que leurs plaies guérissent. Pendant les fêtes traditionnelles, les populations sont habituées à faire de la lutte, des jeux avec des couteaux *(dabangarfi)*. Ce genre de jeux n'est pratiqué que par celui qui est courageux.

B. Histoire de la chefferie de Yélou

Entretien avec le chef de canton de Yélou El Hadj Souley Malam Wanké, 22.10.2005, Yélou. Entretien par Moussa Moumouni, Gaya. Traduction du haoussa par Issoufou Mamadou Koné, Gaya, 22.10.2005.

Q: Bonjour, votre Excellence, je demande d'abord votre vrai nom.

R: Mon nom est El Hadj Souley Malan Wanké.

Q: Vous êtes le chef de canton de Yélou. Selon vous, quelle est la signification du nom de Yélou?

R: Auparavant, le chef ne s'appelait pas chef de Yélou. Au moment où nos grands-parents ont traversé la montagne *(toudou)*, ils sont d'abord restés à l'île de Lété. Ce n'est pas Lété, mais Lâta. C'était Lâta avant. En peul ou en zarma, on a transformé ça en Lété.

Q: Qu'est-ce que c'est que Lâta?

R: Nos grands parents étaient venus à l'île de Lété et ils avaient un grand fétiche qui s'appelait Lâta. Le roi était nommé d'après ce fétiche. Si vous avez lu le Coran, il y a un passage où le Bon Dieu dit «Si vous avez vu le fétiche qui s'appelle Lâta…». C'est ce fétiche que nos grands-parents avaient pris comme Dieu. Ceux qui devenaient rois étaient surnommés Lâta quelque chose, par exemple Lâta Souleyman. On ne dirait pas le chef de village de Yélou Souley, on dirait plutôt Lâta Souleyman. Le premier à régner sur l'île de Lété s'appelait Lâta Mohamadou. Il est resté roi et nous avons son histoire de son époque jusqu'à aujourd'hui. Il a régné jusqu'à sa mort. Le premier à s'installer à l'île de Lété s'appelait Lâta Askia. Il est décédé là-bas et son fils Mohamadou lui a succédé sur le trône. Il s'appelait Lâta Mohamadou.

Après son règne, les Tchenga ont quitté cet endroit et sont partis à un endroit non loin de là qui s'appelait Katanga. Il y avait des Yoruba sur ce territoire. Ils ont chassé ces Yoruba pour s'installer là-bas. C'est à côté de Ouna. Après il y eut trois ou quatre chefs et ils se sont déplacés pour venir ici à côté de Yélou, à deux kilomètres, à Toudoun Magari. De Toudoun Magari, ils sont venus à Yélou. Celui qui était le roi de l'époque, venu à Yélou, n'a pas régné tout de suite. Il est parti à La Mecque et est revenu. Au moment de son retour, il s'appelait Oumarou. C'est lui qui est le fondateur de Yélou. Après son arrivée, on l'appelait El Hadj. Tout le monde ne le connaissait pas sous le nom d'Oumarou, parce que des gens l'appelaient El Hadj. Il a cherché un marabout qui s'appelait Balarabé, qui est venu donner un nom à sa ville. Il l'a appelé «Yélou oul Islam», ce qui veut dire «la clarté de l'Islam». C'est à ce moment que nous avons quitté l'animisme pour entrer dans l'ère de l'islam. Par la suite, les gens ont continué à utiliser le nom Yélou en abandonnant l'autre partie du nom. C'est pour cela que lorsqu'on dit «Yélou», on ne peut pas savoir exactement ce que cela signifie, si on ne fait pas appel à nous et si on n'ajoute pas l'autre partie du nom. Voilà l'origine du nom de Yélou.

Q: Il y a combien d'années de cela?

R: C'est écrit dans les archives. Cela fait trois cent et quelques années. Parce que cela fait à peu près mille ans qu'ils sont partis de Lété à Yélou. A Yélou, cela fait trois cent et quelques années.

Q: Nous voudrions comprendre maintenant, alors que les gens de Yélou viennent de Lété, d'où venait la première personne qui s'appelait Askia? Il venait du Nigeria, du Bénin ou du Niger?

R: Askia venait de Badr, qui est situé entre La Mecque et Médine. C'était l'origine des Tchenga comme ça. C'étaient des Arabes.

Q: Au moment où ils sont partis de Badr, ils sont passés de ville en ville jusqu'à Lété?

R: Ils se sont installés à Lété, de là ils sont passés à Katanga, puis dans une ville qui s'appelait Barsamba, de là ils sont venus à Toudoun Magari, puis à Yélou.

Q: Ils étaient Arabes... Pourquoi sont-ils devenus des Tchenga maintenant?

R: C'est exactement ça. Parce qu'il y a eu métissage. Les Tchenga, les Songhaï et les Gobirawa sont tous de la même maison. Ils sont nés de la même femme, qui s'appelait Zeïnabou. Cette femme était la fille de Zabarkada. C'est elle qui était la mère des Songhaï, des Tchenga et des Gobir, mais chacun avait son père. Elle était Arabe, mais ses maris étaient des Noirs. Chacun avait suivi la tradition de son père. Le père des Zarma s'appelait Abdourahamane. Abdourahamane et Zeïnabou étaient de même père et de même mère. Nous, on est les enfants de la femme et les Zarma sont les enfants de l'homme. Tu as compris? Abdourahamane et Zeïnabou sont de même père et de même mère.

Q: J'ai compris.

R: Abdourahamane était le père des Zarma, Zeïnabou était la mère des Zarma, des Tchenga et des Gobirawa.

Q: Bon, très bien, maintenant nous allons parler de la ville de Yélou, «Yélou oul Islam». Il y a combien de personnes qui vivent actuellement à Yélou selon vous?

R: On a fait un recensement il y a six ans de cela. On a recensé trois mille trois cent soixante et quelques personnes. Mais il y a eu un recensement l'année passée dont je ne connais pas le résultat avec certitude. Mais maintenant, la population avoisine les quatre à cinq mille habitants.

[…]

Q: Il y a combien de quartiers à Yélou?

R: Dans la ville de Yélou, il y a quatre quartiers. Le chef de village de Yélou a quatre autres «quartiers» aux alentours du village. Donc cela fait huit quartiers.

Q: Est-ce que vous pouvez me donner le nom de ces quartiers?

R: C'est possible. Il y a Fada, Kongo Magaji, Kongo Goumki, Goumkin Arzika, Kambouzeï, Kaher, Betawa, Garin Goubé. Cela fait huit quartiers au total.

Q: Dans la ville de Yélou, quelle est l'ethnie majoritaire?

R: Ce sont les Tchenga qui dominent à Yélou, parce qu'ils sont les fondateurs. Après eux viennent les Moussawa, les Gobirawa, les Zarma et les Arewa. Il y a aussi les Peul qui étaient nos voisins de longue date. Au moment où il y avait la guerre, nous étions ensemble avec les Peul. Au moment où la paix est revenue, les Peul ont demandé à partir un peu plus loin dans la brousse avec leur bétail. Mais même maintenant, il existe une minorité de Peul à Yélou.

Q: Au moment où El Hadj Oumarou est venu à Yélou, y avait-il d'autres populations sur place?

R: Il n'y avait que la brousse, les animaux sauvages, les génies et autres. Comme ils étaient des chasseurs et des guerriers… Auparavant, les gens ne se déplaçaient pas comme ça, il leur fallait préalablement consulter la terre. On leur a dit qu'à côté de Toudoun Magari, il y avait un endroit qui était propice *(«dindindin»).*

Q: Mais qu'est-ce que ça veut dire «dindindin»*?*

R: «Dindindin» veut dire «là où on s'installe sans avoir envie de se déplacer pour aller ailleurs». Si tu as remarqué, les Tchenga n'ont pas duré dans les endroits où ils s'étaient installés. Ils consultaient la terre, par géomancie, et la terre leur indiquait que leur lieu d'installation n'était pas propice pour eux, ainsi de suite jusqu'à ce qu'ils viennent à Yélou où on leur a dit que c'était une terre favorable. Tu as compris?

Q: Oui, très bien… Depuis…

R: Au moment où El Hadj Oumarou est venu à Yélou, il n'y avait rien que les animaux sauvages. Au moment où il a découvert l'endroit, il était retourné dire à ses sujets qu'il avait découvert l'endroit qui leur fallait et qui était situé là où la géomancie le leur avait indiqué.

Q: Depuis combien d'années êtes-vous sur le trône?

R: Depuis quatorze ans.

Q: Comment avez-vous été élu? Par suffrage?

R: J'ai été élu par suffrage.

Q: Vous savez, auparavant, si un chef de village décédait, on prenait automatiquement son fils ou son frère pour lui succéder…

R: Après que mon père soit décédé, son frère lui a succédé, par suffrage. Après lui, c'est moi qui ai été élu à la chefferie, par suffrage également. Le moment est révolu où quelqu'un est investi sur le trône sans le consentement des populations.

Q: Quel genre de difficultés rencontrez-vous dans le village de Yélou? Par exemple, il n'y a pas longtemps de cela, on disait qu'il y avait des coupeurs de route non loin de Yélou et des problèmes entre les éleveurs et les cultivateurs, des problèmes d'eau et entre cultivateurs. Quels sont les problèmes les plus fréquents?

R: Le problème des coupeurs de route nous embête beaucoup et dure jusqu'à présent. Mais maintenant ça va un peu mieux, parce que le Sous-préfet envoie régulièrement des patrouilles de gendarmes dans la région jusqu'au Nigeria. Mais le phénomène existe toujours. Le problème entre les cultivateurs et les éleveurs est un vieux problème. Il remonte à l'époque de nos grands-parents. D'une manière ou d'une autre, on ne peut cohabiter longtemps avec quelqu'un sans avoir de problèmes. Même entre le mari et la femme. Les conflits arrivent, non parce qu'on le désire, mais parce que ce sont des choses qui arrivent. Et on n'y peut rien. Nous sommes en train de chercher les moyens d'éviter les conflits entre eux. Mais on n'arrive pas à empêcher cela définitivement. C'est obligé. Tout ce qui arrive entre eux provient du Bon Dieu, parce que ce sont des frères qui vivent ensemble, qui logent ensemble. C'est pour vous expliquer que ce n'est pas de leur propre volonté qu'ils se battent souvent, ça vient du Bon Dieu et non d'eux. On rencontre ce genre de difficultés dans tout le pays. Les problèmes entre les cultivateurs sont liés le plus souvent aux champs. Ils se battent le plus souvent pour les champs dont chacun affirme qu'il appartenait à son grand-père. Et nous sommes en train de régler ces problèmes de façon continue. Il va falloir l'aide de l'Etat pour promulguer une loi qui règlera ce genre de difficultés. Jusqu'à présent, l'Etat n'a pas prévu de loi pour régler ce genre de conflits.

(Suit une discussion sur l'état des infrastructures scolaires et sanitaires, les maïgari et la nécessité de travailler avant de faire appel à l'aide extérieure.)

C. Variables relatives aux pays d'Afrique de l'Ouest

	IDH 2000	*IDH 1975*	*Espérance de vie 2000*	*Alphab. adultes 1975*	*HPI-1 2000*	*Pop. privée d'eau 1999*	*Crois-sance démo. 1975-2000*	*Crois-sance démo. 2000-2015*	*Popula-tion urbaine 1975*	*Popula-tion urbaine 2000*	*Popula-tion urbaine 2015*	*Moins de 15 ans 2000*	*Moins de 15 ans 2015*	*ISF 1970-1975*	*ISF 1990-2000*
Niger	0.277	0.234	45.2	15.9	62.5	41	3.2	3.6	10.6	20.6	29.1	49.9	49.7	8.1	8
Burkina Faso	0.325	0.236	46.7	23.9	58.4	58	2.5	3.2	6.4	16.5	23.1	48.7	47.7	7.8	6.9
Mali	0.386	0.251	51.5	41.5	47.3	35	2.4	2.9	16.2	30.2	40.7	46.1	46.3	7.1	7
Guinée	0.414	0.25	47.5	41	49	52	2.8	2.2	16.3	27.5	35.5	44.1	41.6	7	6.3
Tchad	0.365	0.256	45.7	42.6	50.5	73	2.6	3	15.6	23.8	30.9	46.5	46.4	6.7	6.6
Bénin	0.42	0.286	53.8	37.4	46.8	37	2.9	2.7	21.9	42.3	53	46.4	42.8	7.1	6.1
Sénégal	0.431	0.311	53.3	37.3	45.2	22	2.7	2.4	34.2	47.4	57.4	44.3	40.1	7	5.6
Nigeria	0.462	0.326	51.7	63.9	34.9	43	2.9	2.5	23.4	44.1	55.5	45.1	41.4	6.9	5.9
Togo	0.493	0.4	51.8	57.1	37.9	46	2.8	2.5	16.3	33.4	42.7	44.3	41.2	7.1	5.8
Côte d'Ivoire	0.428	0.368	47.8	46.8	42.3	23	3.5	2	32.1	43.6	50.9	42.1	38.4	7.4	5.1
Ghana	0.548	0.436	56.8	71.5	28.7	36	2.7	2.1	30.1	36.1	42.4	40.9	36	6.9	4.6
Mauritanie	0.438	0.337	51.5	40.2	47.9	63	2.7	2.9	20.3	57.7	73.8	44.1	43.5	6.5	6

	Médecins/ 100 000 hab. 1990-1999	*Dépenses santé/hab. 1998*	*Contra-ception 1995-2000*	*Mortalité infantile 1970*	*Mortalité infantile 2000*	*Dépenses publiques éducation 1995-1997*	*Scolari-sation primaire 1998*	*Croissance du PIB/hab. 1975-2000*	*Croissance du PIB/hab. 1990-2000*	*PIB/hab. 2000*	*APD/hab. 2000*	*APD en % du PIB 1990*	*APD en % du PIB 2000*	*Dette en % des exporta-tions 2000*	*Dette en % du PIB 2000*
Niger	4	20	8	197	159	2.3	26	-2.1	-1	746	20	16	11.6	9.4	1.6
Burkina Faso	4	25	8	163	105	3.6	34	1.4	1.4	976	29	12	15.3	17.3	2.5
Mali	4	34	14	221	142	2.2	42	-0.5	1.1	797	32	20	15.7	12.1	4.2
Guinée	13	19	6	197	112	1.9	46	1.4	1.7	1982	19	10	5.1	15.3	4.4
Tchad	3	7	4	149	118	5.1	60	0	-0.8	871	17	18	9.3	9.3	1.9
Bénin	6	29	16	149	98	3.2	68	0.5	1.8	990	38	15	11	12.6	3.5
Sénégal	8	61	13	164	80	3.7	59	-0.2	0.6	1510	45	14	9.7	14.4	5.2
Nigeria	19	23	6	120	110	1.7	60	-0.7	-0.5	896	2	1	0.4	4.3	2.5
Togo	8	36	24	128	80	4.9	88	-1.2	-0.5	1442	15	16	5.7	6.1	2.4
Côte d'Ivoire	9	62	15	158	102	5	59	2.1	0.6	1630	22	6	3.8	22.4	10.9
Ghana	6	85	22	112	58	3.4	43	0.1	1.6	1964	32	10	11.7	19.3	9.1
Mauritanie	14	19	4	150	120	2.2	55	-0.1	1.2	1677	80	23	22.7	25.9	10.7

Résumé

L'objectif de cet ouvrage est de comprendre le mode d'organisation économique spécifique aux petits centres urbains qui composent les espaces frontaliers sahéliens, en s'interrogeant sur leur concurrence ou leur complémentarité éventuelle à l'intérieur d'un régime de spatialité particulier. En s'appuyant sur l'exemple du carrefour économique de Gaya-Malanville-Kamba situé à la frontière entre le Niger, le Bénin et le Nigeria, il questionne le rôle de la ville-frontière ainsi que le jeu des acteurs marchands localement dominants appelés *patrons*, à partir de quatre grandes interrogations: Quelles sont les spécificités de l'Afrique sahélienne qui obligent à renouveler les approches géographiques de l'espace marchand? Quels sont les facteurs déterminants de l'activité économique frontalière? Les formes d'organisation de l'espace qui concourent à la structuration de l'économie sont-elles concurrentes ou coopératives? Les logiques économiques frontalières sont-elles compatibles avec l'orientation des programmes de développement adoptés par les pays sahéliens et leurs partenaires bi- ou multilatéraux?

Dans une première partie, un modèle territorial de l'Afrique sahélienne permet de rendre compte de la prédominance des logiques circulatoires sur les logiques productives, une propriété essentielle de toute organisation économique confrontée à l'instabilité climatique. Dans une seconde partie, l'étude considère les facteurs déterminants de l'activité économique frontalière que sont le degré d'enclavement des territoires, la libre circulation des biens et des personnes, les relations concurrentielles ou coopératives qui lient les marchés ainsi que les liens clientélistes qui unissent *patrons* et obligés. Une troisième partie est consacrée aux productions agricoles de rente organisées sous forme de coopératives paysannes ou d'initiatives privées. Une quatrième partie s'intéresse aux réseaux de l'import-export et du commerce de détail qui bénéficient de l'augmentation des besoins engendrée par l'urbanisation sahélienne. L'économie spatiale qui résulte de ces flux est organisée selon deux logiques distinctes: d'une part, les opportunités relatives à la production agricole conduisent certains investisseurs à intensifier l'irrigation pour satisfaire la demande des marchés urbains, d'autre part, les acteurs du capitalisme marchand, actifs dans l'import-export et la vente de détail, développent des réseaux informels et mobiles qui se jouent des différentiels nationaux. Les activités commerciales des villes-marchés connaissent alors des fluctuations liées aux entreprises productives et circulatoires de ces *patrons*, lesquelles concourent à l'organisation territoriale générale de l'Afrique sahélienne.

Ces logiques évoluent dans un contexte fortement marqué par les politiques des institutions financières internationales, des agences bilatérales de coopération et des ONGs. Celles-ci se donnent pour ambition de transformer les économies, les systèmes politiques et les organisations sociales sahéliennes, en faisant la promotion du libéralisme, de la bonne gouvernance et de la société civile. Ces axes directeurs, qui constituent le champ de bataille contemporain du développement, forment un ensemble dans lequel la spécificité sahélienne – notamment frontalière – est rarement prise en compte. C'est pourquoi l'étude conclut en faveur d'un renouvellement des politiques de développement appliquées aux espaces frontaliers. Trois grands axes d'intervention peuvent alors être dégagés, lesquels permettent de réconcilier des acteurs et des logiques longtemps dissociés: ceux des espaces séparés par une limite administrative, ceux de la sphère urbaine et rurale et ceux du capitalisme marchand et de l'investissement agricole, en renforçant la coopération économique transfrontalière, en prenant en considération les interactions croissantes entre villes et campagnes et en appuyant les activités marchandes.

Argument

En travaillant sur le commerce frontalier sahélien, cet ouvrage avance que, par le milieu urbain et le jeu d'acteurs localement dominants (les *patrons*), l'espace social est porteur du développement recherché par les Etats et les agences de développement selon des voies qui ne sont pas celles reconnues par les spécialistes. En s'appuyant sur un modèle territorial original du Sahel, il contribue au débat du développement au travers de trois apports principaux.

1. Il soutient l'idée selon laquelle les activités économiques des espaces frontaliers témoignent d'une rente de situation favorable au développement de négoces informels, mais également de rapports de pouvoir entretenus entre le centre des Etats-nations et ses périphéries. Seuils d'observation privilégiés des transactions qui échappent à l'Etat, les frontières n'en sont

pas moins reliées aux élites qui dominent celui-ci par le biais de réseaux clientélistes. Cette particularité, explicitée par un modèle des frontières postcoloniales sahéliennes, permet de remettre en question les schémas qui opposent habituellement un petit nombre d'ethnies spécialisées dans le commerce frontalier au fonctionnement général de l'appareil étatique et les relations nécessairement conflictuelles que ces acteurs sont censées entretenir entre eux. Le propos revient alors sur la construction historique des identités pour montrer que les marchands actifs dans l'économie informelle ne sont pas réductibles à des ethnies homogènes arbitrairement découpées par le pouvoir colonial.

2. Il s'appuie sur une révision majeure de la définition des villes sahéliennes. Alternant au gré des auteurs et des périodes entre deux pôles radicalement opposés, ces villes ont servi le discours alarmiste des afro-pessimistes, qui voyaient en elles l'incarnation du «sous-développement», ou, au contraire, ont alimenté les espoirs de ceux qui voyaient dans la fondation de nouvelles capitales les signes d'un renouveau africain. Conformément au modèle territorial élaboré par l'auteur, l'ouvrage soutient que les villes sahéliennes se distinguent des autres centres urbains par le fait qu'elles sont affectées par une forte mobilité qui affecte aussi bien leurs fonctions économiques et les pouvoirs qui s'y expriment que la forme générale du tissu urbain. Cette disposition est directement liée à une forme de gestion originale de l'incertitude. Elle oblige aux déplacements incessants mais également à l'accueil des agents de la circulation que sont les migrants ou les commerçants.
3. Il porte son regard sur l'élite des *patrons* et sur leur capacité à entraîner l'économie locale, plutôt que sur les dépendants et marginaux, en postulant que les *patrons* sont une porte d'entrée méthodologique appropriée à la compréhension de la société dans son ensemble. Montrer les ressorts du clientélisme, son efficacité dans la recherche de l'ascension sociale et l'importance du milieu urbain dans ces dynamiques sert à mieux connaître les disparités structurant la société frontalière. A travers la réhabilitation d'un champ économique spécifique, certes profondément marqué par des logiques éloignées de la démocratie ou de la participation, il devient possible de mettre en évidence les principales inégalités sociales et spatiales.

La méthodologie permet d'aborder l'identité transfrontalière portée par une catégorie mouvante d'acteurs amenés à prendre position entre logique d'Etat, logique de marché, logique clientéliste et ce par des solutions continuellement adaptables. Il apparaît alors que l'Afrique est paradoxalement un bon laboratoire d'observation de la mondialisation. Cela tient à la nature de l'espace avec lequel les sociétés réalisent leur développement, lequel échappe au «nationalisme» méthodologique, pour se loger dans des formes urbaines originales et marquées par l'éphémère.

Cadre institutionnel

Les résultats de ce travail ont été acquis dans le cadre du programme de recherche *Négocier les conflits d'intérêt liés à l'eau* du Réseau Universitaire International de Genève (RUIG), puis complétés par des études de terrain menées dans les villes de Gaya, Malanville et Kamba ainsi que sur les marchés de la région frontalière de 2004 à 2006. En outre, ce travail est le fruit d'une collaboration de l'Institut de Géographie de l'Université de Lausanne (IGUL) avec le Département de Géographie de l'Université Abdou Moumouni de Niamey (DGUAM), les programmes locaux de la Direction du Développement et de la Coopération suisse (DDC), l'Agence Nigérienne pour la Promotion de l'Irrigation Privée (ANPIP) financée par la Banque mondiale et les autorités municipales et douanières de Gaya, Malanville et Kamba.

Abstract

The Sahel region is faced with a recent and explosive urbanization. The main economic activities are found in the informal sector whereas, from a territorial viewpoint, trade finds fertile ground along cross-border areas.

In this context, this book, based on a PhD dissertation called *Patrons' Business. Cities and Cross-Border Trade in the Sahel*, examines the economic structure specific to the small urban centres that make up the Sahelian border regions. Building on the example of the economic crossroads of Gaya-Malanville-Kamba, on the border between Niger, Benin and Nigeria, it explores the role of the border city as well as the interplay of locally dominant traders *(patrons)*, who essentially favour patronage-driven strategies.

The potential of this cross-border junction results from a combination of conditions that favour the development of commercial agriculture and of strategic elements linked to its location on the Sahelian crossroads. Its geographic analysis shows the importance of local logics in the models usually developed by international financial backers.

Four main questions are addressed: What are the specificities of Sahelian Africa that force the renewal of geographic approaches to market space? What are the decisive factors of border economic activity? Do the forms of spatial organization that help structure the economy compete or cooperate? Are border economic principles compatible with the orientation of development programs adopted by Sahelian countries and their bilateral or multilateral partners?

In the first part, a territorial model of Sahelian Africa accounts for the predominance of circular logics over productive ones. This is an essential property of any economy faced with climatic instability. The second part examines the decisive factors of border economic activity, i. e. the role of territorial enclaves, the free flow of goods and people, the competitive or cooperative relations that link markets and finally, the patronage-driven bonds between so-called *patrons* and clients. The third section studies farm income productions organized in farming cooperatives or private initiatives. The fourth part focuses on import-export and retailing networks that thrive on the growing needs resulting from the Sahelian urbanization process. The spatial economy that originates from these flows is structured around two distinct logics: on the one hand, opportunities linked to farming production push some investors to intensify irrigation so as to satisfy the increasing demand of urban markets; on the other, market capitalists active in import-export and retailing develop informal and mobile networks that evade national differentials. The commercial activities of market cities thus experience fluctuations linked to the productive and circular businesses of these *patrons*. Such businesses also help structure the general territorial organization of Sahelian Africa.

These logics evolve in a context strongly marked by the policies of international financial institutions, bilateral cooperation agencies and NGOs. All of these have as their aim the transformation of Sahelian economies, political systems and social organizations, by promoting free-market economies, good governance and civil society. These guidelines make up the current battlefield of development and result in a situation that seldom takes into account the Sahelian – most notably cross-border – specificity. Therefore, the study argues in favour of a renewal of development policies applied to cross-border areas. Three major avenues of action can be identified: strengthen cross-border economic cooperation, take into account the growing interactions between cities and rural areas, and support market activities. These actions should help reconcile long-time separate actors and logics: those from regions separated by an administrative limit, those from urban and rural spheres and those from market capitalism and farming investment.

Focus

By studying cross-border Sahelian trade, this book suggests that, through the urban environment and the interplay of locally dominant actors, the social space fuels the development sought by States and development agencies along avenues other than those recognized by specialists. Building on an original territorial model of Sahel, it takes part in the debate over development through three main contributions:

1. It supports the idea that cross-border economic activities highlight long-standing privileges that favour the development of informal trade but also

of power relations between the centre of Nation-States and their peripheral areas. As privileged observation posts of transactions that escape State monitoring, borders are nevertheless linked to the dominating elites through patronage-driven networks. Building on this distinguishing character, explained by a model of postcolonial Sahelian frontiers, this study questions the frameworks that usually oppose a small number of ethnic groups specialized in cross-border trading to the State general functioning and the supposedly necessary confrontational relations between the two. The argument therefore goes back to the historical construction of identities to show that traders active in informal economy cannot be reduced to homogeneous ethnic groups arbitrarily divided by colonial powers.

2. The study builds on a major revision of the definition of the Sahelian city. Alternating according to different authors and periods between radically opposed extremes, these cities have served the alarmist views of afro-pessimists, who saw in them the incarnation of "under-development" or, on the contrary, have fuelled the hopes of those who saw in the founding of new capitals the sign of an African renewal. In accordance with the territorial model developed by the author, this dissertation claims that Sahelian cities differ from other urban centres in that they are characterized by a high degree of mobility that influences their economic functions and the powers expressed in them as well as the general shape of the urban tissue. This disposition is directly related to traditional ways of managing uncertainty, which forces both constant travelling and the welcoming of migrants and traders, who are the agents of circulation.
3. This book focuses on the elite of *patrons* and on their ability to fuel the local economy, rather than on dependent and marginal actors, positing that *patrons* are an appropriate methodological entryway to understand Sahelian society as a whole. By bringing to light how patronage works, by highlighting its effectiveness in the quest for social ascension, and by showing the importance of the urban environment in these dynamics, this study helps to better understand the disparities that structure Sahelian border societies. Through the rehabilitation of a specific economic field – be it profoundly marked by logics foreign to democracy or participation – it underscores the main social and spatial inequalities of Sahelian society.

Through this methodology the study deals with the notion of a cross-border identity carried by a moving category of actors who are continuously required to devise adaptable solutions and choose between State logic, market logic and patronage-driven logic. Paradoxically, Africa thus appears to be a perfect laboratory for observing globalization. This stems from the nature of the space on which societies develop. Indeed, their development evades methodological "nationalism" and settles into original forms of urbanity and economic space that are ephemeral in nature.

Institutional framework

The results have been acquired through a Geneva International Academic Network (GIAN) Programme called "Negociating Conflicts of Interest Related to Water Management". The study of urban dynamics has been improved through the author's fieldworks from 2003 to 2006 in Gaya, Malanville and Kamba. This work is furthermore based on a collaboration between the Institute of Geography at the University of Lausanne and the Department of Geography at the University of Niamey, the local programmes of the Swiss Agency for Development and Cooperation (SDC) in Niger, the Agence Nigérienne pour la Promotion de l'Irrigation Privée (ANPIP), a national program funded by the World Bank, and a close relationship with the local municipal and customs authorities of Gaya, Malanville and Kamba.